二点委夜蛾

董志平　姜京宇　王振营 等　著

科 学 出 版 社

北　京

内 容 简 介

二点委夜蛾是我国首次发现为害夏玉米幼苗的重大新害虫。本书对该虫的分布与危害、形态学特征、生物学习性、生态适应性、人工饲养技术、生活史、天敌种类、分子生物学研究、预测预报、防控技术等方面进行了详细介绍，全面系统地阐述了作者对二点委夜蛾的研究思路、研究过程和取得的研究成果。

本书是二点委夜蛾理论研究和应用技术紧密结合的一部专著，是相关专业科技工作者和大专院校师生学习研究的重要参考书。书中附有大量彩色图片，图文并茂，也适合农业科技推广人员和农民群众阅读，直接指导生产和防治。

图书在版编目(CIP)数据

二点委夜蛾 / 董志平等著. —北京：科学出版社，2018.12

ISBN 978-7-03-060185-8

Ⅰ. ①二… Ⅱ. ①董… Ⅲ. ①玉米–病虫害防治 Ⅳ. ①S435.132

中国版本图书馆 CIP 数据核字(2018)第 292110 号

责任编辑：韩学哲 孙 青 / 责任校对：樊雅琼

责任印制：张 伟 / 封面设计：刘新新

科 学 出 版 社 出版

北京东黄城根北街 16 号

邮政编码：100717

http://www.sciencep.com

北京虎彩文化传播有限公司 印刷

科学出版社发行 各地新华书店经销

*

2018 年 12 月第 一 版 开本：787×1092 1/16

2018 年 12 月第一次印刷 印张：20 3/4

字数：490 000

定价：198.00 元

（如有印装质量问题，我社负责调换）

《二点委夜蛾》编辑委员会

本书资助项目

1. 国家粮食丰产科技工程课题河北项目区“新耕作制度下河北省小麦玉米病虫草害种类及防控技术体系研究与应用”(2004BA520A07-05，2006BAD02A08-04)；

2. 国家粮食丰产科技工程课题河北项目区“黄淮海北部小麦-玉米重要灾害绿色防控与减灾关键技术”(2017YFD0300906)；

3. 国家粮食丰产科技工程课题河北项目区“河北小麦-玉米重要灾害统防统治技术集成与示范”(2018YFD0300502)；

4. 国家玉米产业技术体系专项资金(CARS-02)；

5. 农业部公益性行业(农业)科研专项“二点委夜蛾、玉米螟等玉米重大害虫监测防控技术研究与示范”(201303026)；

6. 河北省科学技术厅支撑计划重点项目“主要粮食作物新发生重大病虫害发生规律及防控体系研究与应用”(11220301D)；

7. 河北省重点科技支撑计划“夏/秋粮重大病虫害绿色防控技术研究与示范”(17226507D)项目；

8. 渤海粮仓科技示范工程项目“主要粮食作物病虫害诊断和防控技术服务体系建设及高效减药控害技术示范与推广”。

序

随着我国社会经济的全面发展，农作物生产已由传统方式向现代农业快速转换。农业全程机械化、秸秆还田、免耕播种等技术得到了广泛应用，提高了耕作效率和生产资源的利用效率，解放了农村劳动力。但另一方面，新的生产方式也导致了作物病虫害种群的演替，产生了一些新的问题。河北省农林科学院董志平研究员课题组于2005年率先发现了二点委夜蛾对夏玉米的危害，并预测在黄淮海小麦/玉米连作区实施小麦机械化收割和秸秆还田的生产模式下，该虫可能会演化成为玉米生产的重大问题。到2011年，二点委夜蛾在黄淮海7省(市)发生为害面积超过219万hm^2，对玉米生产构成了严重威胁，引起了各级部门的高度重视，时任国务院总理温家宝同志和农业部部长韩长赋同志等均做出了重要批示。

2012年农业部将该虫列为农业重大新发害虫和重点监测与防治对象。2013年农业部设立“二点委夜蛾、玉米螟等玉米重大害虫监测防控技术研究与示范”公益性行业(农业)科研专项，中国农业科学院植物保护研究所王振营研究员为项目首席科学家，董志平研究员作为二点委夜蛾研究的课题主持人之一，组织国内30多家科研教学推广单位协同攻关。研究明确了该虫发生为害特点、适宜生境、食性、生殖力、趋性、温湿度适应性等生物学习性，明确了黄淮海地区发生代别和暴发成灾的主要原因，研发了种群监测预测模型，创制了高效性诱剂、高效诱杀灯、麦茬/秸清除机具等关键技术，建立了以农业生态调控预防措施为重点，早期成虫理化诱控和幼虫为害期药剂应急防治为辅助的综合治理技术体系，为我国二点委夜蛾的区域性防控提供了科技支撑。该项目先后发表论文100余篇，获授权国家发明专利13项、实用新型专利2项，制定农业行业标准2项，整体研究荣获2015年农业部中华农业科技一等奖。

由董志平研究员等完成的《二点委夜蛾》一书，全面系统地阐述了作者对该虫的研究思路、研究过程和取得的研究成果，包括二点委夜蛾的分布危害、形态学特征、危害症状、人工饲养技术、生活习性、生态环境、生活史、天敌种类、分子遗传特性、预测预报和综合防控技术等。书中附有大量彩色图片，图文并茂，语言流畅，通俗易懂，既有学术价值，又有实用价值。可作为本领域科技工作者和大专院校师生学习研究的重要参考书，也适合基层植保技术人员和农民阅读。

董志平研究员是我国植物保护领域的知名科学家，她长期从事农作物病虫害研究。正是她长期立足农业生产一线，才能及早发现耕作制度变更引发的二点委夜蛾等新问题，并及时提供防控对策，解决了玉米生产的突发问题。她先后主持省部级以上课题20余项，发表论文150余篇，出版著作4部，获得国家发明专利14项，软件著作权3项，制定地方标准13项，农业部行业标准1项。主持完成的研究成果获国家科学技术进步奖二等奖

1 项，省长特别奖 1 项，农业部中华农业科技奖 1 项。她是中国青年科技奖获得者，享受国务院特殊津贴，现任河北省人大代表，河北省高端人才。该书的出版不但展示了二点委夜蛾的研究成果，还反映了董志平研究员对农业科技的执着探索和服务农业发展的精神风貌。

吴孔明

2018 年 1 月 16 日

前　言

小麦、玉米是我国北方主要粮食作物，长期以来，遵循着“小麦—清除或焚烧秸秆、耕翻土地—玉米—清除或焚烧秸秆、耕翻土地—小麦”的耕作模式。20世纪末，随着机械化程度的提高，大田作物普遍推行了机械跨区收割、秸秆还田、免耕播种等新的耕作方式，是我国由传统农业向机械化现代农业推进的一次重大变革，一是大大提高了耕作效率，解放农村大批劳动力，加速了我国城镇化建设速度；二是缩短了农时，充分利用光、热资源，显著提高产量；三是减少田间水分蒸发，有利于节水；四是充分利用秸秆营养，有利于节肥。但也导致了农田生态的巨大变化。由于一方面取消了秋粮、夏粮之间的耕作屏障，另一方面将十余天的收获播种时间缩短到1～2天，使以往相对独立的小麦、玉米等单一作物生态，变成了相互影响的“小麦—玉米—小麦”一体化的农业生态体系。在该体系中，农田免耕播种保护了土传病虫害的栖息地，为一些有害生物的生存与繁衍创造了有利的环境条件；秸秆还田把病残体和在秸秆内越冬越夏的害虫留在了大田，导致了菌源和害虫数量的积累；农机异地收割使病虫草害在不同地块、不同地区间的传播和扩散更为快捷。受这些因素的影响，田间病虫害种类和发生程度均出现了一系列新的变化，新病虫草害不断发生，某些已经被控制的病虫害再度猖獗，次要病虫害变为主要病虫害，多种作物连带受害现象突出。

为了深入了解耕作制度的变革对作物病虫害的影响，笔者深入田间地头，对大田作物病虫害发生变化情况进行调研，2002年撰写的“耕作制度变革引发新的重大病虫害问题我省应予以高度重视”的建议，以及2004年1月在河北省政协九届二次全会上介绍的“加强植保科技创新与技术推广促进我省无公害食品行动计划的落实”的提案，均受到时任省长季允石、副省长宋恩华等领导的重要批示。为了解决农业生产中的这一突出问题，针对我国种植作物的农户高度分散、种植方式和品种复杂，以及病虫草害发生随机性、多样性和复杂性等现实问题，从2004年开始，在国家重大科技专项“粮食丰产科技工程”河北项目区的支持下，以基层植保站为依托，植物医院为信息源，深入田间地头，对新耕作制度下小麦、玉米、谷子等主要旱粮作物病虫害进行了普查和防治技术研究，及时控制了玉米烂心、夏玉米区丝黑穗病的危害，提醒政府部门高度重视河北新发生的小麦赤霉病以免病麦引发人畜中毒，正确诊断麦田新发生恶性杂草看麦娘等。编著的《小麦病虫草害防治彩色图谱》、《玉米病虫草害防治原色生态图谱》、《谷子病虫草害防治原色生态图谱》等著作陆续由中国农业出版社出版。

二点委夜蛾[*Athetis lepigone*(Möschler)]是在病虫草害普查过程中，于2005年在河北省中南部发现的一种新害虫，其幼虫钻蛀玉米幼苗茎基部造成萎蔫，或咬食玉米根造成倒伏，河北安新、正定、曲周等县发生尤为严重。笔者从正定和安新采集幼虫，将饲养得到的成虫送中国科学院动物研究所，经武春生博士鉴定，确定为二点委夜蛾。

二点委夜蛾属鳞翅目、夜蛾科。主要分布于日本、朝鲜半岛、俄罗斯、欧洲等地。我国早在1993年就有该虫分布的记载，当时称为黑点委夜蛾。国内外文献仅限于分布及形态的简单描述，均没有为害农作物的记载，在世界上属首次发现该虫为害玉米，是我国夏玉米苗期的一种新害虫。通过大量田间调查发现，小麦收获后耕翻的田块、秸秆焚烧的田块和清除田间秸秆的田块均未见该虫危害，只在小麦秸秆还田的部分田块发生，且田间秸秆覆盖量大的田块发生更加严重。当时小麦秸秆还田正在大力推广，二点委夜蛾和许多夜蛾科害虫一样，具有食性杂、繁殖能力强等暴发危害的特点，有可能导致二点委夜蛾的严重发生！为此，自2005年发现该虫后，就联合科研、教学、推广等30多家单位对该虫进行系统监测和全面研究。

随着虫情的发展，该虫为害逐年扩大。自2005年在河北中南部的保定、石家庄、邯郸、衡水等地发现为害后迅速扩展，2007年河北省邢台、邯郸、衡水3地市共发生343.5万亩①，山东省宁津县也发现该虫危害。2010年该虫在河北省中南部夏玉米产区普遍发生，河北省科学技术厅组织重点支撑计划“主要粮食作物新发生重大病虫害发生规律及防控技术体系研究与应用”加强研究。2011年该虫在黄淮海夏玉米区全面暴发，初步统计发生3290万亩，占夏玉米播种面积的20%，重发面积260万亩，单株最高虫量达30多头，害株率最高达90%。在前期研究的基础上，课题组准确预警了该虫的暴发为害，6月下旬及时召开了河北省二点委夜蛾防控现场会，录制的《二点委夜蛾发生与防治》在河北电视台“农博士在行动”节目全程播放。7月初山东、河南、山西、安徽、江苏、北京等其他省(直辖市)陆续发现二点委夜蛾发生严重，时任总理温家宝、农业部部长韩长赋均给予重要批示，课题组及时提供技术资料，进行技术咨询，并参与各级政府制定防控技术方案等，其中《二点委夜蛾发生与防治》点击率达4217次，创年度最高纪录，为各地对该虫的认识以及有效防治做出了应有的贡献。2012年农业部将该虫列入重大病虫害之一，在黄淮海地区进行重点监测和防治，并设立公益性行业(农业)科研专项：“二点委夜蛾、玉米螟等玉米重大害虫监测防控技术研究与示范”(201303026)，进一步完善二点委夜蛾监测与防控技术研究内容，提升研究水平，该行业专项由中国农业科学院植物保护研究所王振营研究员主持，全国农业技术推广服务中心、河北省农林科学院谷子研究所和植物保护研究所、山东省农业科学院植物保护研究所等单位参加。

通过十余年的协作攻关，课题组研究澄清了二点委夜蛾的形态特征、地理分布与危害、症状类型、生物学和生态学特性，明确了其发生规律，暴发原因，开发了预测预报技术，研制了以改进秸秆还田方式的农业生态调控预防措施为主导，成虫早期控制为重点，为害期用毒饵、毒土应急防治为补充的“预、控、治”综合治理技术体系，前期预防措施到位可以不进行防治，为黄淮海夏玉米区二点委夜蛾的防控提供了技术支撑。目前课题组共发表研究论文100余篇，在《科技日报》、《农民日报》、《河北日报》、中央电视台、中国教育电视台、河北电视台等专题报道60余次，发布专题病虫情报400多期，获得国家发明专利13项，实用新型专利2项，制定并发布了《二点委夜蛾测报技术规范》和《二点委夜蛾综合防控技术规程》行业标准，出版了《二点委夜蛾识别与防治》等光盘和《玉米重大新害虫二点委夜蛾综合防控技术手册》，为各地政府和科研单位提供大量技术咨询和防控建议，在黄淮海二点委夜蛾发生区域得到广泛应用，研究成果2015年获得中华农业科技奖一等奖。为使该成果得到更加广泛的应用，全面做好二点委夜蛾发生

① 1亩≈667m^2，下同。

区域的测报和防治工作，保障夏玉米生产安全，特撰写《二点委夜蛾》研究专著以供参考。

在本课题研究过程中得到了各部门和专家的大力支持与帮助。感谢中国科学院动物研究所武春生博士对害虫进行了鉴定；中国科学院动物研究所朱朝东研究员、浙江大学陈学新教授对天敌种类进行鉴定；东北林业大学林学院韩辉林副研究员帮助澄清了委夜属昆虫种类及其分布；玉米和谷子糜子产业技术体系有关专家以及湖南省农业科学院、云南农业大学、华南农业大学、上海交通大学、西北农林科技大学、兰州大学、青海大学、西藏农牧科学院等协助澄清了二点委夜蛾在我国的分布；河北省众多的基层植保站、植物医院参与了二点委夜蛾发生危害调查、防治技术试验示范和推广工作；中国科学院动物研究所协作开发二点委夜蛾高效性诱剂；鹤壁佳多科工贸有限责任公司协作筛选二点委夜蛾高效杀虫灯；河北威远生物化工股份有限公司、安阳市全丰农药化工有限责任公司协作开发二点委夜蛾专用杀虫剂；河北省农林科学院农业经济研究所深入田间地头录制二点委夜蛾危害和防控效果，并协作编制多种二点委夜蛾防控技术宣传推广音像资料；同时感谢中央电视台、中国教育电视台、河北电视台、《科技日报》、《农民日报》、《河北日报》、《河北科技报》、《河北农民报》等在二点委夜蛾防治技术宣传上的大力帮助。在项目执行和本书编写过程中，得到了河北省农林科学院以及谷子研究所、河北省农业厅植保植检站领导的关心，河北省科学技术厅、河北省质量技术监督局的大力支持。承蒙中国农业科学院植物保护研究所郭予元院士、中国农业科学院吴孔明院士、河北大学康乐院士、中国科学院动物研究所乔格侠研究员、中国科学院遗传与发育生物学研究所李继钧研究员、华南农业大学温秀军研究员等进行了多次指导，并提出了宝贵意见。在此一并深表感谢。

由于作者水平有限，本书不足之处在所难免，恳请读者批评指正。

著　者

2018 年 9 月于石家庄

目　录

第一章 二点委夜蛾地理分布、食性及危害

第一节 二点委夜蛾地理分布

一、二点委夜蛾的分布

二点委夜蛾[*Athetis lepigone*(Möschler 1860)]，属鳞翅目(Lepidoptera)，夜蛾科(Noctuidae)，委夜蛾属(*Athetis*)，主要分布于亚欧大陆(Fauna Europaea，2010)。

中国最早的报道在1993年，中国科学院动物研究所利用性信息素在北京通县胡各庄诱集到该虫雄蛾(李维维等，1993)，当时称黑点委夜蛾；随后陈一心(1999)在《中国动物志》中将其更名为二点委夜蛾。2005年河北省首次发现二点委夜蛾为害夏玉米(姜京宇等，2005)，并在河北省中南部夏玉米种植区扩展危害(苏增朝，2010；董志平等，2009；徐璟琨，2009；姜京宇等，2008；董志平等，2007；姜京宇和席建英，2006)。2007年山东也发现了二点委夜蛾(刘忠强，2007)，2009年沈阳也曾有灯诱记录(张志良等，2009)。2011年该虫在北京、河北、河南、山东、山西南部、安徽、江苏北部等地暴发，成为黄淮海夏玉米产区的主要害虫(姜玉英，2012a)。为了明确二点委夜蛾在全国的地理分布，2012年7～8月马继芳等(2013a)曾在西北、东北及长江流域、珠江流域、海南等地区利用二点委夜蛾高效性诱剂进行大规模成虫监测，并在辽宁、吉林、黑龙江、内蒙古、陕西、宁夏等地诱集到二点委夜蛾，而新疆、西藏、青海、甘肃等高海拔地区，以及长江以南的湖南、湖北、浙江、上海、云南、广东、海南等地尚未诱到(表1-1)。至2015年，湖北省植物保护总站在襄阳市枣阳发现了二点委夜蛾危害，2016年在襄阳市襄州区、南漳县、枣阳市、老河口市等均发现有二点委夜蛾为害玉米。

表1-1 二点委夜蛾在我国未暴发危害区地理分布调查结果(2012年)

省(直辖市)	地点	诱蛾量/头	省(直辖市)	地点	诱蛾量/头
黑龙江	哈尔滨	24	甘肃	兰州、会宁	0
	齐齐哈尔	21	青海	西宁	0
吉林	吉林	59	新疆	库尔勒	0
辽宁	沈阳	6	西藏	拉萨	0
	朝阳	29	湖北	潜江、十堰、武汉、荆门、襄阳	0
内蒙古	呼和浩特	57	湖南	长沙	0
	赤峰	2	浙江	临安	0
陕西	杨凌	55	上海	上海	0
	延安	2	广东	广州	0
	榆林	0	云南	昆明	0
宁夏	固原	6	海南	三亚	0

通过全球生物多样性数据库以及公开发表的相关论文(Poltavsky et al.，2009；

Lindeborg，2008；Nikolaevitch and Vjatcheslavovna，2003；Nowacki et al.，2001；Nieminen and Hanski，1998）得知，该虫在韩国、日本、伊朗、芬兰、瑞典、丹麦、法国、意大利、奥地利、捷克、斯洛伐克、波兰、匈牙利、罗马尼亚、保加利亚、塞尔维亚、斯洛文尼亚、马其顿、波斯尼亚和黑塞哥维那、俄罗斯、爱沙尼亚、摩尔多瓦、乌克兰等地均有分布。

目前，在亚洲已获得380个二点委夜蛾地理分布点，其中353个在中国，日本13个，韩国13个，伊朗1个；在欧洲获得174个地理分布点，其中芬兰69个，奥地利34个，罗马尼亚26个；全球共554个地理分布点。利用Google earth获取二点委夜蛾分布地点经纬度信息后，绘制出二点委夜蛾地理分布图，见图1-1。二点委夜蛾最北端分布点位于瑞典Frevisören（北纬65°75′，东经23°4′），最南端分布点位于中国湖北省襄阳市南漳县（北纬31°46′，东经111°49′），最东端在俄罗斯Южно-Курильский（北纬43°56′，东经120°15′），最西端在法国Poitou-Charentes（北纬45°54′，西经0°16′）；美洲、非洲和大洋洲尚未有二点委夜蛾分布报道（Wang et al.，2017）。

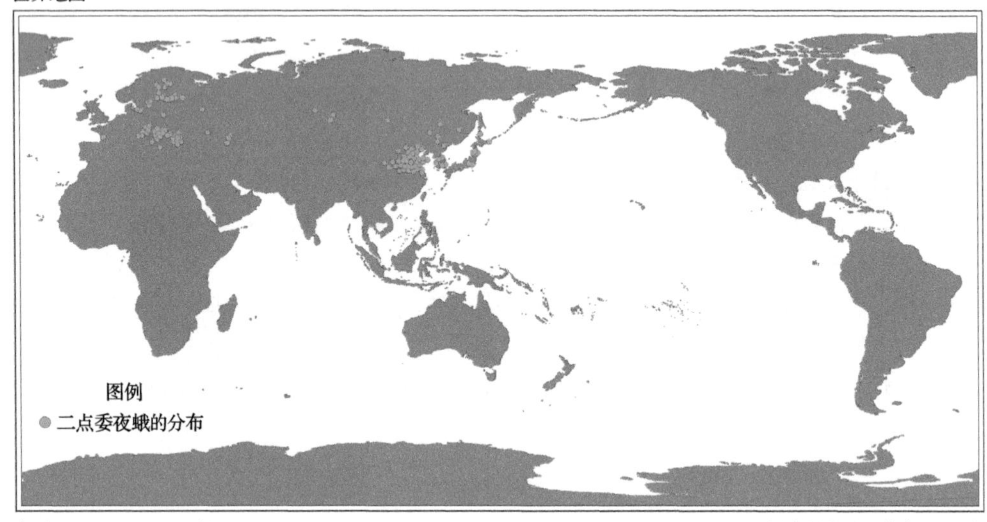

图1-1　二点委夜蛾的地理分布

二、二点委夜蛾潜在分布区域预测

Wang等（2017）利用生态位模型GARP（genetic algorithm for rule-set production）和MaxEnt（maximum entropy model），将已知的554个地理分布点作为发生数据，将从Berkeley大学Worldclim下载中心获得的1950～2000年的气象资料，选取19个年份环境数据和48个月环境数据作为环境变量，对二点委夜蛾的潜在分布区域进行预测。预测过程中随机选择75%的数据用于模型训练，其余25%的数据用于模型测试，将得到的两种预测模型分别赋予不同权重，最终得到了一个二点委夜蛾潜在分布预测图（图1-2）。结果表明，二点委夜蛾高适生区主要集中在中国北京、天津、河北中南部、江苏北部、山东、河南大部分地区、安徽北部、山西中南部、陕西中南部、湖北西北部、甘肃东部、宁夏部分地区、新疆西部和辽宁丹东。此外，亚洲的韩国、朝鲜、日本也是二点委夜蛾高适生区。在欧洲，俄罗斯西南部、乌克兰、摩尔多瓦、罗马尼亚、匈牙利、保加利亚、斯洛文尼亚、克罗地亚、波斯尼亚和黑塞哥维那、塞尔维亚、奥地利、波兰西部、捷克、德国、意大利北部、丹麦、立陶宛、拉脱维亚、爱沙尼亚、芬兰南部、瑞典也是二点委夜蛾高适生区。虽然在美洲尚未有关于二点委夜蛾发生的报道，但美国的密歇根州、纽约州、密苏里州、俄亥俄州、伊利诺伊州和印第安纳州也是二点委夜蛾高适生区。

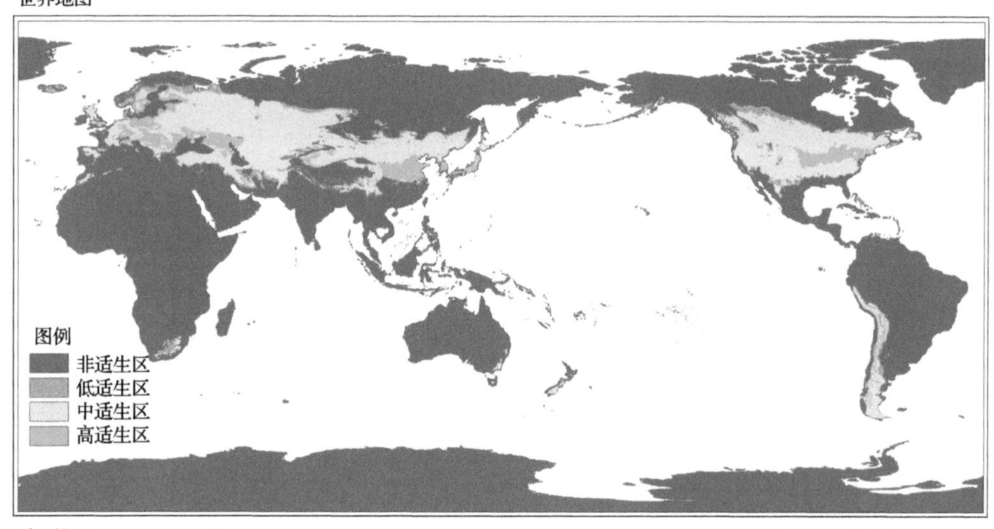

图 1-2　二点委夜蛾潜在地理分布

需要说明的是生态位模型仅仅涉及一个物种的模型，而不是实际生态位。在预测过程中选定的环境数据是实际生态环境的一个子集，因此，二点委夜蛾的实际分布要比预测的潜在分布范围小。同时，一些影响二点委夜蛾分布的因素未被考虑，如生物间竞争、地理阻隔和人类活动等，其中天敌因素，如田间步甲、寄生蜂等对二点委夜蛾分布的影响就未被考虑。人类活动对自然环境的改造等可能也会影响二点委夜蛾的生存。例如，21 世纪初，中国黄淮海地区普遍推广机械收割小麦，造成了高麦茬上覆盖麦秸，这种有空隙的生态环境很适宜二点委夜蛾成虫在麦秸间空隙内集聚栖息并产卵繁衍，而玉米贴茬直播后的灌溉造墒又大大提高了卵的孵化率和低龄幼虫的存活率，使得二点委夜蛾群体得到快速积累，并最终导致了 2011 年的暴发为害。此外，预测结果还显示，北美洲中部也是二点委夜蛾适宜发生区域，南美洲南部是中度适宜区，这些地区是否有二点委夜蛾分布，有待于进一步调查。

第二节　二点委夜蛾食性

马继芳等(2012b)通过对 3～4 龄幼虫的室内饲养发现，二点委夜蛾取食范围非常广泛，包括禾本科(Gramineae)的麦类、玉米、高粱、谷子(粟)、狗尾草；豆科(Leguminosae)的花生、大豆；旋花科(Convolvulaceae)的甘薯、打碗花；十字花科(Cruciferae)的萝卜、油菜、白菜；伞形科(Umbelliferae)的胡萝卜；茄科(Solanaceae)的番茄、辣椒；菊科(Compositae)的苦苣菜、油麦菜、茼蒿、泥胡菜；藜科(Chenopodiaceae)的菠菜、小藜；大戟科(Euphorbiaceae)的地锦；百合科(Liliaceae)的葱、韭菜；锦葵科(Malvaceae)的棉花；苋科(Amaranthaceae)的苋菜；马齿苋科(Portulacaceae)的马齿苋 13 科 30 多种植物以及植物的枯黄落叶、腐殖质等。另外还发现，在实验室状态下单纯饲喂植物腐烂茎叶形成的腐殖质，二点委夜蛾幼虫不能顺利完成整个生活史；低龄幼虫期仅取食棉花、花生等作物的新鲜叶片同样也难以发育至蛹期。马继芳等取田间腐熟麦秸于室内饲喂不同龄期二点委夜蛾幼虫，发现幼虫各龄期均可取食腐熟的麦秸，特别是 3 龄之前更趋向取食腐熟物，表明二点委夜蛾幼虫具有营腐生生活的能力。

第三节　二点委夜蛾发生与危害

在国外，目前还没有发现二点委夜蛾为害农作物的报道。在中国，尽管最早于 1993 年发现有该虫分布，但当时没有为害农作物的记录。直至 2005 年，在国家粮食丰产工程河北项目支持下，董志平研究员率领课题组在河北省中南部对小麦、玉米病虫害进行普查时(董志平等，2007，2011)，发现该虫能够钻蛀玉米苗茎基部，造成玉米苗萎蔫枯死，或咬食玉米次生根造成倒伏。当年从正定县和安新县采集 20 余头幼虫，通过饲养获得成虫，甘耀进研究员初步鉴定为鳞翅目夜蛾科委夜蛾属害虫。后经中国科学院动物研究所武春生博士鉴定，确定为二点委夜蛾(姜京宇等，2005)。由于该虫喜欢在麦秸下为害玉米幼苗，小麦秸秆还田是当时主推技术，二点委夜蛾发生和为害必然会更加严重。因此，课题组立即开展了对该虫的调查与研究。

一、2005～2010 年主要在河北省中南部发生蔓延

2005 年 6 月底发现二点委夜蛾为害玉米幼苗后，课题组立即组织河北省各市县植保站对二点委夜蛾进行大面积普查，结果发现该虫在保定的安新、邯郸的曲周、石家庄的正定、藁城、栾城、衡水的饶阳等地均有发生为害。调查显示，其主要以幼虫躲在玉米幼苗周围碎麦秸下或在 2～3cm 土缝中，一般一株玉米苗基部有虫 1～2 头，多的达 10～20 头，被害株率一般为 1%～5%。该虫为害与地老虎类似，常被误认为“地老虎”，多地反映地老虎危害严重的，经现场识别多数是二点委夜蛾。姜京宇等于 2005 年 9 月 10 日在《河北农民报》发表的《河北省发现新玉米害虫——二点委夜蛾》是国内外二点委夜蛾为害农作物的首次报道。

2006 年河北省二点委夜蛾局部偏重发生。衡水深州市 7 月上旬调查，夏玉米虫田率占 7%，被害株率 13%，一般单株有虫 2～4 头，最高 8 头。石家庄辛集市 2006 年 7 月 5～7 日调查，二点委夜蛾有转株为害现象，钻蛀为害可贯穿玉米苗茎基部，切断营养输送通道，造成幼苗萎蔫枯死，连续为害最高达 5～8 株，百株虫量最高 170～200 头，麦茬玉米播种早、小麦产量高及麦秸覆盖密度大的地块发生重。

2007 年二点委夜蛾发生范围进一步扩大。邢台市植物保护检疫站 2007 年 7 月 7～8 日普查，邢台市发生面积 3.3 万 hm^2，占 2007 年邢台市夏玉米播种面积的 10%～15%；发生田一般被害株率 5%～10%，严重地块为 20%～30%，每株受害玉米苗附近有虫 2～5 头。邯郸市发生面积 13.3 万 hm^2，据馆陶县 2007 年 7 月 11～13 日调查北部几个乡镇部分地块，平均百株虫量为 3～35 头，百株最高幼虫 120～200 头，平均被害株率为 5%～19%，严重的被害株率达 40%～80%。衡水市植保植检站 2007 年调查数据显示该市 2007

年二点委夜蛾发生面积 6.3 万 hm^2，武邑县 7 月 12～15 日普查 50 块玉米田，有虫田 8 块，虫田率 16%，一般单株有虫 2～3 头，最高 7 头；故城 7 月 14～15 日普查，一般发生地块百株虫量 20～30 头，百株虫量最高 50 头，单株虫量最高 5 头；武强县 7 月 10 日调查玉米，有倒伏现象，一般百株有虫 7～11 头，严重的 20～30 头，单株一般 1～2 头，多的 2～3 头，最多有 5 头；阜城县一般被害株率 5%～15%，严重的达 40%，虫田率 10%～12%。辛集市发生面积 0.2 万 hm^2，一般被害株率 3%～5%，百株虫量 12～15 头，最高被害株率 13%～15%，最高百株虫量 83 头。同年在相邻的山东省宁津县玉米田也发生了严重的二点委夜蛾危害(刘忠强，2007)。

2008 年二点委夜蛾在河北省南部夏玉米区发生范围比上年有所扩大。主要为害玉米苗茎基部，造成孔洞，致玉米苗萎蔫死亡。6 月中旬开始见到幼虫，为害持续到 7 月中旬。馆陶县 6 月 28 日调查，玉米被害株率平均 3%～15%，严重的达 50%以上，玉米茎基部周围有幼虫 3～5 头，多的达 10 余头，以点片发生为主。7 月 4～5 日调查，虫田率在 50%左右，平均单株有虫 2～5 头，多的达 15 头。一般玉米田被害株率 1%～2%，个别地块被害株率 10%。7 月中旬故城百株有虫 2～10 头，最高 33 头。2008 年 7 月在河南省新乡市辉县夏玉米田观察到二点委夜蛾成虫(王振营等，2012)。

2009 年二点委夜蛾在河北省南部夏玉米区部分田块发生较重。衡水冀州市 7 月 3 日调查，虫田率 100%，一般百株 20 多头，最高 70～80 头，单株最高 14 头。石家庄正定县调查，幼虫始见期 7 月上旬，盛发期 7 月中旬，一般地块百株虫量 0.3 头，最高百株 46 头；辛集市 7 月 6 日田间调查，平均单株有虫 1～2 头，被害株率平均 2%，最高 12%～16%。邯郸馆陶县 7 月 2 日调查，虫田率 5%～15%，有虫株率 3%～10%，严重的达 25%～30%，一般单株有幼虫 1～2 头，平均被害株率 11%。

2010 年二点委夜蛾在河北省中南部夏玉米区偏重发生，比 2009 年发生程度有所加重。保定以南地区均调查到了发生危害的地块，仍以点片发生为主，被害玉米植株在田间呈倾斜或倒伏状，严重的造成幼苗枯死。邢台市发生面积 5 万 hm^2，比上年增加 1 万 hm^2，防治面积 4 万 hm^2 次；隆尧县自 6 月 15 日开始，佳多测报灯诱蛾数量明显增多，6 月 16～27 日单灯诱蛾达 1299 头，其中 21 日诱蛾量达最高值 355 头，25 日诱蛾量降到 60 头以下，但这期间所诱成虫雌蛾比例远远高于雄蛾，雌蛾占 70%～80%，7 月 4 日田间发现为害，玉米苗被害率达 15%，课题组在当地召开二点委夜蛾防治现场会(图 1-3)，并于河北电视台农民频道“农博士在行动”节目播出(图 1-4)；7 月 6 日，南和县等部分县发现幼虫开始在田间点片发生危害，发生较重地块百株有虫 20 头左右，死苗率不足 3%；7 月 13 日，玉米种植较为集中的县市普遍反映二点委夜蛾发生较重，也是以点片为害为主，发生地块一般百株有虫 20～30 头，最高 50～80 头。邯郸馆陶县调查，为害盛期在 6 月下旬至 7 月上旬，7 月 10 日调查虫田率 9%，虫株率 15%左右，严重的达 20%～40%，一般单株有幼虫 3～8 头，平均被害株率 17%(郝延堂等，2011)；衡水武邑县 7 月 5～6 日调查，一般被害株率为 2%～6%，百株虫量 1～5 头，最高被害株率为 10%，单株幼虫量 1～3 头。阜城县调查虫田率为 38.5%，发生面积 1 万 hm^2，被害株率一般为 2%～7%，最高达 33%，被害植株一般单株有虫 1～4 头，最高达 10 头。石家庄高邑县 7 月 6 日调查，被害株率 3%，虫田率 5%，点片局部发生。沧州沧县开始发现二点委夜蛾为害。邢台市植保站提出二点委夜蛾为害程度逐年加重、面积逐年增加的主要原因，一是二点委夜蛾为害部位隐蔽，在初发期很难开展有效防治，往往造成较重为害，同时也有利于田间虫源积累；二是小麦机械化收割田间杂物较多，给二点委夜蛾的发生创造了有利条件；三是各地对二点委夜蛾发生规律还没有掌握，很难开展综合防治。

图 1-3　2010 年隆尧二点委夜蛾防治现场会

图 1-4　河北电视台“农博士在行动”节目

二、2011 年二点委夜蛾在我国黄淮海 7 省市暴发

2011 年二点委夜蛾在河北省中南部夏玉米田暴发，全省发生面积 65.406 万 hm^2，防治面积达 67.70 万 hm^2 次。涉及邯郸、邢台、石家庄、保定、沧州、衡水、廊坊 7 市 91 个夏玉米主产县(市、区)。成虫诱蛾数量、幼虫发生面积、田间虫量及危害程度均为发现以来最重年份，并呈现以下特点(姜京宇等，2011a)。①始见蛾日早。4 月中下旬各地始见成虫，蛾量较低，单日诱蛾 10 头以下。安新县调查，4 月 10 日始见二点委夜蛾成虫；馆陶县、正定县调查 4 月 23 日始见成虫。②蛾峰次数多、峰期长。全年河北省共出现三次大的蛾峰，成虫发生一直持续到 10 月中旬。各系统监测点调查，6 月 8～10 日，各发生地蛾量突增，高峰期一直持续到 6 月底；7 月中下旬进入第二次蛾高峰，高峰期持续到 8 月初，正定 7 月 24 日日诱蛾 1024 头。8 月下旬至 9 月上旬达到第三次成虫高峰，蛾量较前期小，馆陶县调查 9 月 5 日诱蛾 102 头。安新县、馆陶县等调查，成虫分别于 10 月 11 日、13 日结束。③盛期蛾量高。6 月中下旬和 7 月中下旬蛾量均较大，临西县调查，6 月 10 日，蛾量突增至单日灯诱 500 头，其中 6 月 22 日达最高峰，单灯日诱蛾 1235 头。隆尧县调查自 5 月 31 日至 7 月 6 日，单灯累计诱蛾 8114 头，比历年同期多 10 倍以上。正定 7 月 22～26 日，单灯日诱蛾 800～1816 头。安新县 7 月 22～28 日，单灯日诱蛾 146～284 头。④分布范围广、发生面积大。2011 年二点委夜蛾发生范围扩大到河北省邯郸、邢台、石家庄、保定、沧州、衡水、廊坊 7 个市 91 个夏玉米主产县，发生面积达 65.406 万 hm^2。因二点委夜蛾危害，夏玉米补种改种面积达 12.22hm^2。⑤虫量密度高，不同地区、田块间差异较大，总体上南部重于北部。幼虫区域、田块间密度差异较大，一般百株虫量 5～20 头，严重地块单株高达 20 头(广平、临西、望都)。同时各县调查发现，地块间虫量差异较大，麦糠、麦秸覆盖厚、阴暗湿度大的田块虫量较大。玉米茎基部土壤裸露的基本无幼虫，旋耕后播种的基本未造成危害。⑥被害株率高，为害程度重。7 月上中旬二点委夜蛾发生盛期全省普查，被害株率一般为 4%～10%，严重地块一般为 20%～30%，最高 40%(邢台市)，部分地块缺苗断垄严重，造成毁种。其中小麦产量高，麦秸、麦糠覆盖多的田块危害程度重；播种偏晚，玉米苗偏小的受害重，套播玉米

受害轻。博野县7月11日调查，严重地块死苗率达20%以上。⑦龄期不整齐，防控困难。田间幼虫龄期发育不整齐。全省7月5～7日普查，大多数幼虫处于2～4龄，但1～4龄幼虫均有。⑧食性杂、食谱广，为害作物种类多。7月上中旬各系统监测点调查，二点委夜蛾除主要为害苗期玉米外，对大豆、花生等作物也咬食为害。10月中旬至11月上旬调查，二点委夜蛾幼虫主要在花生、甘薯、大豆、蔬菜、棉花、玉米、果园等田间残枝落叶下生存。

在河北省重大科技支撑项目"粮食作物新发生重大病虫害发生规律及防控技术体系研究与应用"支持下，董志平研究员于2011年3月18日召开课题组会议，部署当年新害虫二点委夜蛾的监测和防治工作。6月10日1代成虫进入盛发期，至20日诱蛾量达到1000头以上，比往年同期高出近20倍。根据二点委夜蛾发育历期，进行田间普查，6月18日田间查到卵，6月22日河北省植保植检站发布专题病虫情报"局部二点委夜蛾发生严重，各地要加强调查监测"；6月25日课题组在《河北农民报》、《河北科技报》同时刊登"二点委夜蛾暴发　专家呼吁火速防治"，提出"二点委夜蛾发生时间早、蛾量大、历期长、为害时间提前"；6月26日在宁晋发现二点委夜蛾为害，28日召开二点委夜蛾防控现场会(图1-5)，培训技术人员、组织开展全面防控工作，并将具体防控技术全程录像，对各地的防治工作进行具体指导，于7月5日在河北电视台农民频道"农博士在行动"播出"二点委夜蛾发生与防治技术"专题(图1-6)。该期创最高年度点击率，其中音像视频被点击3223次(图1-7)，文字材料被点击994次(图1-8)，成为当年指导黄淮海其他省份二点委夜蛾首次暴发后了解新害虫并进行科学防治的主要资料。7月9日河北省植保植检站组织专家对二点委夜蛾防控工作再次进行研究部署，在会上董志平研究员详细介绍了该虫研究进展与防控建议，协助起草了"河北省二点委夜蛾防治技术意见"，向全省发布实施。7月10日在河北电视台新闻节目中，时任河北省农业厅植保植检站站长王贺军发布河北省二点委夜蛾发生情况通报(图1-9)，董志平研究员提出切实可行的防控措施(图1-10)，7月11日河北省农业厅植保植检站立即派出督导组分赴全省主要地市，督导各地二点委夜蛾防控工作。7月16日课题组在隆尧县召开了二点委夜蛾防治现场检测会(图1-11)，清洁田园的防效为98.43%，毒饵防效86.52%(图1-12)，全田灌药防效93.59%。生产上防治及时挽回了当年部分损失。7月20日，时任河北省农林科学院谷子研究所所长宋银芳带领董志平研究员到农业部全国农技推广中心防治处，汇报二点委夜蛾研究进展和防治对策，便于在此基础上深入研究。

图1-5　2011年宁晋县二点委夜蛾防治现场会

图1-6　河北电视台"农博士在行动"节目

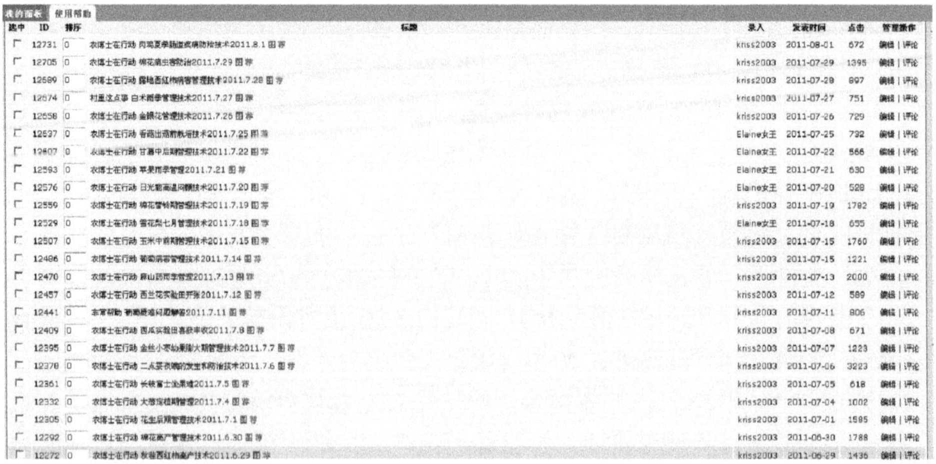

选中	ID	排序	标题	录入	发表时间	点击	管理操作
	12731	0	农博士在行动 肉鸡夏季肠道疾病防控技术2011.8.1 图 荐	kriss2003	2011-08-01	672	编辑 | 评论
	12705	0	农博士在行动 棉花病虫害防治2011.7.29 图 荐	kriss2003	2011-07-29	1395	编辑 | 评论
	12689	0	农博士在行动 露地西红柿病害管理技术2011.7.28 图 荐	kriss2003	2011-07-28	897	编辑 | 评论
	12674	0	村里这点事 白术雨季管理技术2011.7.27 图 荐	kriss2003	2011-07-27	751	编辑 | 评论
	12658	0	农博士在行动 金银花管理技术2011.7.26 图 荐	kriss2003	2011-07-26	729	编辑 | 评论
	12637	0	农博士在行动 香菇出菇前栽培技术2011.7.25 图 荐	Elaine女王	2011-07-25	732	编辑 | 评论
	12607	0	农博士在行动 甘薯中后期管理技术2011.7.22 图 荐	Elaine女王	2011-07-22	566	编辑 | 评论
	12593	0	农博士在行动 苹果雨季管理2011.7.21 图 荐	Elaine女王	2011-07-21	630	编辑 | 评论
	12576	0	农博士在行动 日光能高温闷棚技术2011.7.20 图 荐	Elaine女王	2011-07-20	528	编辑 | 评论
	12559	0	农博士在行动 棉花蕾铃期管理技术2011.7.19 图 荐	kriss2003	2011-07-19	1782	编辑 | 评论
	12529	0	农博士在行动 雪花梨七月管理技术2011.7.18 图 荐	Elaine女王	2011-07-18	655	编辑 | 评论
	12507	0	农博士在行动 玉米中前期管理技术2011.7.15 图 荐	kriss2003	2011-07-15	1760	编辑 | 评论
	12486	0	农博士在行动 葡萄病害管理技术2011.7.14 图 荐	kriss2003	2011-07-15	1221	编辑 | 评论
	12470	0	农博士在行动 麻山药雨季管理2011.7.13 图 荐	kriss2003	2011-07-13	2000	编辑 | 评论
	12457	0	农博士在行动 西兰花实验田开张2011.7.12 图 荐	kriss2003	2011-07-12	589	编辑 | 评论
	12441	0	非常帮助 葡萄遭遇问题解答2011.7.11 图 荐	kriss2003	2011-07-11	806	编辑 | 评论
	12409	0	农博士在行动 西瓜实验田喜获丰收2011.7.8 图 荐	kriss2003	2011-07-08	671	编辑 | 评论
	12395	0	农博士在行动 金丝小枣幼果膨大期管理技术2011.7.7 图 荐	kriss2003	2011-07-07	1223	编辑 | 评论
	12378	0	农博士在行动 二点委夜蛾的发生和防治技术2011.7.6 图 荐	kriss2003	2011-07-06	3223	编辑 | 评论
	12361	0	农博士在行动 长枝富士坐果难2011.7.5 图 荐	kriss2003	2011-07-05	618	编辑 | 评论
	12332	0	农博士在行动 大葱定植期管理2011.7.4 图 荐	kriss2003	2011-07-04	1002	编辑 | 评论
	12305	0	农博士在行动 花生后期管理技术2011.7.1 图 荐	kriss2003	2011-07-01	1585	编辑 | 评论
	12292	0	农博士在行动 棉花高产管理技术2011.6.30 图 荐	kriss2003	2011-06-30	1788	编辑 | 评论
	12272	0	农博士在行动 秋番西红柿高产技术2011.6.29 图 荐	kriss2003	2011-06-29	1436	编辑 | 评论

图 1-7 “二点委夜蛾发生与防治技术”节目年度点击统计表

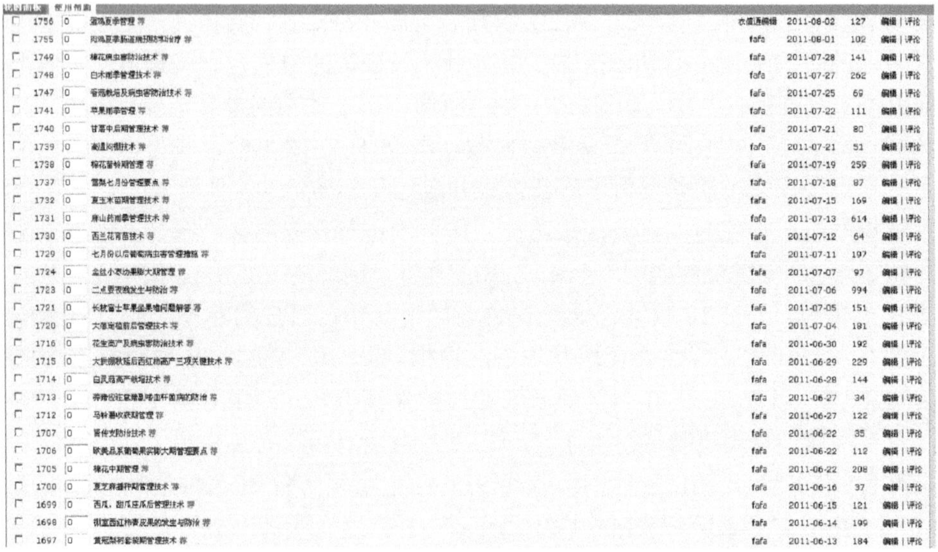

	ID	排序	标题	录入	发表时间	点击	管理操作
	1756	0	蛋鸡夏季管理 荐	农信通编辑	2011-08-02	127	编辑 | 评论
	1755	0	肉鸡夏季肠道病预防与治疗 荐	fafa	2011-08-01	102	编辑 | 评论
	1749	0	棉花病虫害防治技术 荐	fafa	2011-07-28	141	编辑 | 评论
	1748	0	白术雨季管理技术 荐	fafa	2011-07-27	262	编辑 | 评论
	1747	0	香菇栽培及病虫害防治技术 荐	fafa	2011-07-25	69	编辑 | 评论
	1741	0	苹果雨季管理 荐	fafa	2011-07-22	111	编辑 | 评论
	1740	0	甘薯中后期管理技术 荐	fafa	2011-07-21	80	编辑 | 评论
	1739	0	高温闷棚技术 荐	fafa	2011-07-21	51	编辑 | 评论
	1738	0	棉花蕾铃期管理 荐	fafa	2011-07-19	259	编辑 | 评论
	1737	0	雪梨七月份管理要点 荐	fafa	2011-07-18	87	编辑 | 评论
	1732	0	夏玉米苗期管理技术 荐	fafa	2011-07-15	169	编辑 | 评论
	1731	0	麻山药雨季管理技术 荐	fafa	2011-07-13	614	编辑 | 评论
	1730	0	西兰花育苗技术 荐	fafa	2011-07-12	64	编辑 | 评论
	1729	0	七月份以后葡萄病虫害管理措施 荐	fafa	2011-07-11	197	编辑 | 评论
	1724	0	金丝小枣幼果膨大期管理 荐	fafa	2011-07-07	97	编辑 | 评论
	1723	0	二点委夜蛾发生与防治 荐	fafa	2011-07-06	994	编辑 | 评论
	1721	0	长枝富士苹果坐果难问题解答 荐	fafa	2011-07-05	151	编辑 | 评论
	1720	0	大葱定植前后管理技术 荐	fafa	2011-07-04	181	编辑 | 评论
	1716	0	花生高产及病虫害防治技术 荐	fafa	2011-06-30	192	编辑 | 评论
	1715	0	大拱棚秋延后西红柿高产三项关键技术 荐	fafa	2011-06-29	229	编辑 | 评论
	1714	0	白灵菇高产栽培技术 荐	fafa	2011-06-28	144	编辑 | 评论
	1713	0	蒋猪仔猪腹泻及猪血杆菌病的防治 荐	fafa	2011-06-27	34	编辑 | 评论
	1712	0	马铃薯收获期管理 荐	fafa	2011-06-27	122	编辑 | 评论
	1707	0	首传支防治技术 荐	fafa	2011-06-22	35	编辑 | 评论
	1706	0	欧美品系葡萄果实膨大期管理要点 荐	fafa	2011-06-22	112	编辑 | 评论
	1705	0	棉花中期管理 荐	fafa	2011-06-22	208	编辑 | 评论
	1700	0	夏芝麻播种期管理技术 荐	fafa	2011-06-16	37	编辑 | 评论
	1699	0	西瓜、甜瓜座瓜后管理技术 荐	fafa	2011-06-15	121	编辑 | 评论
	1698	0	棚室西红柿裂皮果的发生与防治 荐	fafa	2011-06-14	199	编辑 | 评论
	1697	0	黄冠梨树套袋期管理技术 荐	fafa	2011-06-13	184	编辑 | 评论

图 1-8 “二点委夜蛾发生与防治技术”节目文字年度点击统计表

图 1-9 时任河北省植保植检站王贺军站长发布二点委夜蛾发生情况通报

图 1-10 董志平研究员介绍二点委夜蛾防控技术

图 1-11　二点委夜蛾防治现场检测会(隆尧)

图 1-12　毒饵防治二点委夜蛾效果

a. 未防治田，被害后补种；b. 防治田

在二点委夜蛾暴发期间，河北省植保植检站还为首次发生二点委夜蛾的其他省份提供了诊断和防治技术服务。例如，河北省植保植检站姜京宇研究员于 7 月 2 日接受了山东电视台方翔记者的电话采访；并分别于 7 月 4 日对河南省植保植检站张国彦科长、山西省植保植检站测报科秦引雪科长、天津市植保植检站叶少锋科长，7 月 8 日安徽省植保总站测报科夏风科长、河南省植保植检站的赵文新科长，7 月 18 日湖北省植保总站防治科周国珍科长等，就二点委夜蛾防控方面的技术咨询给予了详细解答，并传递了相关资料和图片；为当年二点委夜蛾的诊断和防治做出了贡献。

同年 6 月 30 日，山东省滕州市植保站发现疑似二点委夜蛾为害夏玉米苗，经国家玉米产业技术体系济宁综合试验站将被害图片发送给植保岗位专家、植保研究室主任王振营研究员鉴定，系二点委夜蛾为害；同时山东省农业科学院植物保护研究所也将在山东临沂等地夏玉米苗为害照片发给王振营研究员，再次鉴定为二点委夜蛾。随后，二点委夜蛾在山东省为害严重的情况上报山东省植物保护总站，山东省植物保护总站上报全国农业技术推广服务中心，全国农技推广中心立即组织黄淮海夏玉米区各省(市)植保站开展二点委夜蛾为害调查。7 月 9 日中央电视台报道了二点委夜蛾在我国黄淮海的山东、河南、山西、安徽、江苏等其他 5 省暴发为害(图 1-13)。据农业部统计，2011 年山东省发生面积 84.7 万 hm^2，涉及 17 个地市，以枣庄、临沂、济宁、菏泽、聊城等地区发生最为严重，发生田虫株率 20%以上，严重地块 30%～50%，个别地块达 90%以上甚至毁种；单株幼虫 3～4 头，高的 10 头以上；其中虫株率 10%以下的 60.8 万 hm^2，10%～30%及以上的 23.9 万 hm^2，重播 1.8 万 hm^2，移栽补种 14.7 万 hm^2。河南省发生面积 39.0 万 hm^2，较重发生 7.3 万 hm^2，涉及 16 个地市近 50 个县(市、区)，以商丘市的民权、虞城、夏邑、宁陵，新乡市的封丘、长垣，开封市的兰考、尉氏，周口市的太康、扶沟、西华，焦作市的沁阳等地发生危害较重，发生田块百株虫量 10～50 头，发生严重的单株有虫 5～10 头，虫株率 10%～20%，重发地块虫株率 30%以上，部分地区出现缺苗断垄甚至毁种现象。山西省发生面积 21.6 万 hm^2，在运城、临汾、晋城、长治 4 市普遍发生，被害株率 3%～5%的 5.9 万 hm^2，6%～10%的 8.7 万 hm^2，11%～20%的 4.5 万 hm^2，21%以上的 2.1 万 hm^2，50%以上改毁种 0.3 万 hm^2；平均百株有虫 10 头左右，高的 30 头，最高 200 多头。江苏省发生面积 7.5 万 hm^2，在徐州、连云港、盐城 3 市 16 个县发生，一般田被害株率 1%～10%，严重田 20%～30%，最高达 90%以上，被害株率超过 10%的为害面积达 2.3 万 hm^2。安徽省发生面积约 3.0 万 hm^2，毁改种 353hm^2，主要在亳州市、宿州市等 2 市 3 县区发生，重发田被害株率 14.3%～66.7%，一般百株幼虫 50～150头，高的单株幼虫 5～7 头。北京市平谷区马昌营镇西双营村发生 13hm^2，平均被害株率 3%，最高 18%。

据 2011 年统计(姜玉英，2012a)，二点委夜蛾在黄淮海小麦玉米连作区的河北、河南、山东、山西、安徽、江苏、北京 7 省(直辖市)50 个地级市 296 个县(市、区)发生，发生面积达 221.2 万 hm^2，占夏玉米播种面积的 20%，重发面积 17.33 万 hm^2，单株虫量最高可达 20 头，被害株率最高达 90%，严重地块毁种(图 1-14)。基于该虫在黄淮海突然大面积暴发，引起农业和相关科技部门的高度重视。7 月 13 日，全国农业技术推广服务中心发出紧急通知(农技办[2011]41 号文)，要求有关省(市)植保机构迅速行动，全力开展玉米田二点委夜蛾应急防控工作。时任总理温家宝、农业部部长韩长赋、副部长危朝安均做了重要批示。农业部安排专项经费、委派督导组到相关省份逐级督导，分村包片落实防治技术。7 月 22 农业部召开“全国二点委夜蛾防控工作研讨会”，对二点委夜蛾防控工作进行总结，中国农业科学院植物保护研究所王振营研究员、河北省植保植检站姜京宇研究员和河北省农林科学院植物保护研究所石洁研究员分别做报告，汇报了二点委夜蛾研究进展及防控现状。经过 2011 年的系统监测与研究，课题组明确了二点委夜蛾在河北省、山东省一年发生四代，对夏玉米造成严重为害的主要是二代幼虫。

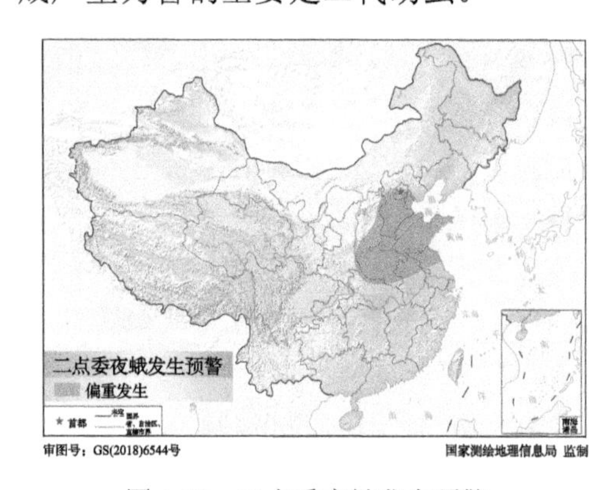

图 1-13　二点委夜蛾发生预警

图 1-14　二点委夜蛾田间为害程度

三、2012 年以来二点委夜蛾成为黄淮海地区常发性重要害虫

2012 年二点委夜蛾在河北省发生程度轻于 2011 年，但发生面积、发生范围进一步扩大，全省发生面积 84.77 万 hm^2，发生范围增至 101 个县(市、区)。受 2011 年虫口基数高影响，当年二点委夜蛾表现出了越冬代成虫发生早、数量多，1 代成虫发生早、来势猛、蛾峰多、峰期持续时间长、蛾量大的特点。全省 5 月 27～30 日虫情测报灯陆续始见 1 代成虫，6 月 1～15 日为蛾盛期，6 月 20 日后蛾量下降，7 月 3 日为 1 代成虫断代日。该年蛾峰出现次数比 2011 年多 1～2 次，且峰期长，诱蛾量大。例如，邢台市临西

县2011年1代成虫累计蛾量5005头，2012年1代累计蛾量9040头；保定市安新县2011年1代成虫累计诱蛾量796头，2012年1代累计蛾量1851头。该年发生面积比2011年进一步增加，增加了19.36万hm^2；发生范围进一步扩大，其中邯郸市、保定市、廊坊市分别比2011年增加了2个、5个、3个县，全省增至101个县(市、区)。该年幼虫区域、地块间差异大，全省被害株率一般为0.5%～3%，个别地块被害较重，如平乡县百株虫量70头，被害株率20%，衡水市桃城区百株虫量120头，被害株率达40%，永年县被害株率最高，达43%。多数地区在6月底降雨，促进了二点委夜蛾卵的孵化和幼虫存活，如邯郸市临漳县7月上旬调查百株幼虫20～30头，鸡泽县百株幼虫30头，最多单株3头。2012年6月6日课题组在正定召开二点委夜蛾成虫防治现场会(图1-15)，组织发动在小麦收获至玉米播种期间杀灭成虫，并录制节目在河北电视台农民频道播放(图1-16)。尽管当年2代幼虫始见日早、分布范围广、发生面积大，但因6月中旬河北中南部地区降水偏少1～8成、气温高，不利于二点委夜蛾产卵、孵化和幼虫成活，致使幼虫虫口峰期推迟，加上2012年重视度高，监测准确、预警及时，防控得力，以及幼虫暴发时玉米苗已偏大，总体玉米苗被害株率较低。

图1-15　杀虫灯、性诱剂防治二点委夜蛾现场会

图1-16　二点委夜蛾成虫防控技术

农业部2012年二点委夜蛾发生为害情况调查统计，当年夏玉米总体受害程度轻于2011年，在黄淮海夏玉米种植区7省(直辖市)发生面积135.57万hm^2，发生面积比2011年减少了85.63万hm^2，其中安徽省、江苏省、河南省、山东省、山西省、北京市发生面积分别为1.31万hm^2、1.79万hm^2、4.07万hm^2、30.47万hm^2、13.07万hm^2、0.11万hm^2；虽然总体发生面积减少，但河北省为害区域比2011年有所扩大，天津市首次监测到二点委夜蛾成虫。

2012年二点委夜蛾正式被列为全国重大监测防控虫害。

2013年二点委夜蛾在河北省总体中等偏轻发生，个别地块偏重发生，全省发生面积61.6万hm^2。2代幼虫低龄期出现连续(4天及以上)高温，危害期遇大到暴雨天气影响，当年发生特点为：1代成虫蛾量高，2代幼虫发生晚，发生普遍，但总体密度低，部分麦秸麦糠残留覆盖物多，管理疏松的田块虫量密度依然较高，受害较重。

2013年成虫始见日早，4月5日开始各地虫情测报灯陆续见越冬代成虫，始见日早于前几年。该年25个成虫监测点调查，越冬代成虫累计蛾量除石家庄正定县、衡水饶阳县低于上年外，其余点均高于上年，其中邯郸市馆陶县越冬代累计蛾量 236 头，是 2012 年的 2.25 倍；廊坊市大城县越冬代累计 519 头，是 2012 年的 5.13 倍。越冬代较高的虫源基数为 1 代成虫提供了虫源量，2013 年 1 代成虫峰期多，持续时间长。但受连续出现大雨和低温，以及成虫上灯量受降雨干扰等多方面因素影响，总体 1 代成虫累计诱蛾量低于 2011 年、2012 年。2 代幼虫发生关键期 6 月 26～28 日主发区又连续出现高温，对成虫产卵孵化和低龄幼虫存活也造成一定影响，该年 2 代幼虫总体密度低，玉米苗被害株率低，一般百株 1～5 头，发生地块玉米被害株率多为 0.1%～0.3%。但部分麦秸麦糠残留覆盖物多、管理松懈的田块虫量密度依然较高，严重发生地块虫口密度达百株 200 头以上，单株最高虫量达 7 头(邯郸市成安县)；临西县被害严重田块被害株率达 10%～15%，最高达 40%，田间出现缺苗断垄现象(图 1-17)，7 月 15 日中央电视台“聚焦三农”节目进行了报道。沧州南大港调查，在同一田块种植玉米、高粱和大豆，田间虫量为 16～45 头/m^2，被害株率高达 25%～30%，而高粱和大豆没有明显受害。

图 1-17 中央电视台“聚焦三农”节目

a. 董志平研究员介绍二点委夜蛾为害特点；b. 二点委夜蛾田间为害状

农业部 2013 年二点委夜蛾发生为害情况调查统计显示，由于幼虫发生关键时期天气条件不适宜，2013 年为害程度进一步下降，明显轻于 2011～2012 年，在黄淮海夏玉米种植区 7 省(直辖市)发生 93.644 万 hm^2，发生面积比 2012 年减少 41.926 万 hm^2，但安徽省、江苏省、河南省发生面积有所增加，其中安徽省、江苏省、河南省、山东省、山西省、北京市发生面积分别为 2.62 万 hm^2、4.807 万 hm^2、5.884 万 hm^2、16.33 万 hm^2、2.07 万 hm^2、0.33 万 hm^2。

2014 年二点委夜蛾在河北省总体偏重发生，局部地块大发生，全省发生面积 85.87 万 hm^2，为有为害记录以来发生面积最大一年，发生区域进一步北扩，廊坊北部的香河县发现幼虫为害。当年总体发生程度重于 2012 年、2013 年，轻于 2011 年，其中衡水市故城县、景县等地发生程度接近 2011 年。7 个夏玉米主产市均出现高密度地块，受生态防控措施落实情况、玉米播种早晚等影响，区域间、地块间发生程度差异较大。

2014 年邯郸市馆陶县、邢台市临西县、保定市安新县等监测，均于 3 月下旬开始始见越冬代成虫，属发生以来最早始见年份，除始见早以外，多数地区越冬代成虫累计蛾量也均高于 2012 年和 2013 年。1 代成虫同样始见日早，5 月中旬越冬代断代，5

月 23 日开始，1 代成虫即陆续始见，5 月 28～31 日蛾量开始增多，成虫蛾峰期比 2013 年早 7 天左右，比 2012 年早 3 天左右，虽峰期持续时间长，但总体全代蛾量一般为 200～1500 头，低于 2012 年、2013 年。成虫出现的范围明显北扩，其中承德市承德县累计诱蛾 332 头，远高于常年零星见蛾情况。该年出现一个新的特点是成虫累计蛾量低，但幼虫为害重。6 月中下旬，河北省持续出现阵雨天气，且温度偏低，未出现连续高温天气，加上大部分玉米出苗前浇“蒙头水”，田间湿度适宜，为二点委夜蛾创造了良好的田间生存条件，利于二点委夜蛾产卵、卵孵化和幼虫存活，致使出现成虫累计蛾量低于 2012～2013 年，但田间幼虫量反而高的现象。同时，幼虫为害盛期正值玉米 2～4 叶苗期，为害期与玉米最易受害的敏感期相吻合，加重了玉米苗被害程度。各地玉米茎基部调查，一般百株有虫 1～15 头，重发地块百株有虫 30～50 头，部分点片较高，其中邯郸市大名县 16 头/株、保定市望都县 16 头/株、沧州市盐山县 15 头/株。发生危害的地块被害株率普遍在 3%～10%，高的 20%～30%，最高的是邢台市的沙河，达 50%，邯郸市永年县为 48%，出现毁种地块。但生态调控预防措施较好的县受害较轻，如邢台市临西县调查，进行了生态调控预防措施田块一般被害株率 0.01%，高的仅 1%。衡水市故城县调查清垄较好的玉米田玉米苗茎基部二点委夜蛾少，被害程度轻，反之被害重；田间调查，进行了秸秆粉碎同时进行了播种行清理的田块百株虫量 5.8 头，平均被害株率 3.9%；秸秆未进行粉碎、麦秸麦糠较多、未清理播种行的田块百株虫量 49.2 头，被害株率达 30.1%。在害虫防治方面，农户普遍接受用毒饵进行应急防治，导致麦麸脱销和涨价现象，有的农药经销商提前购买麦麸，在二点委夜蛾防治盛期与农药一块出售，有的利用拌种机为农户提供拌麦麸服务。图 1-18 为农民在元氏县一农资门市前排队拌毒饵情景。

图 1-18　农民排队制作毒饵防治二点委夜蛾

a. 农民排队等待制作毒饵；b. 用拌种机拌毒饵

农业部 2014 年的二点委夜蛾发生为害情况调查统计显示，二点委夜蛾发生程度总体重于 2012 年、2013 年，轻于 2011 年，河北、河南、山东三省均重于 2012～2013 年，江苏省轻于 2012～2013 年，其余省与 2013 年发生程度相近；其中鲁中北部、鲁西北、鲁北等地发生较重；河南省焦作、新乡、鹤壁、濮阳、周口等地发生较重。发生范围进一步扩大；安徽省新增发生县濉溪县，扩至 4 市 10 县(区)发生；天津市武清区和静海县首次查到二点委夜蛾为害田块，至此，全国二点委夜蛾为害范围由 7 个省(直辖市)增至 8 个。全国发生面积 138.58 万 hm^2，其中安徽、江苏、河南、山东、山西和北京发生面积分别为 4.98 万 hm^2、3.13 万 hm^2、12.57 万 hm^2、30.13 万 hm^2、1.87 万 hm^2 与 0.03 万 hm^2。

2015 年河北省二点委夜蛾总体偏轻发生，全省发生面积 42.27 万 hm^2，为 2011 年暴发后较轻的年份。6 月 30 日至 7 月初各地才陆续始见被害株，为害程度也为发生以来较轻年份。该年越冬代成虫量、1 代成虫量、2 代幼虫量为 2011 年以来最少年份；2 代幼虫发生危害期晚，幼虫为害高峰期在 7 月上旬，为历年来最晚一年。

3 月下旬至 4 月上旬各地开始陆续始见越冬代成虫，始见日与常年相当，总体晚于 2014 年。越冬代成虫数量低，监测点统计，河北省除衡水故城县和石家庄鹿泉区累计蛾量高于 2012～2014 年的累计量外，其余各地均低于前 3 年蛾量。一代成虫中南部地区于 6 月 4～8 日蛾量开始增多，保定及以北地区于 6 月 9～12 日蛾量增多，成虫始盛期比 2014 年晚 5～7 天，接近 2013 年。1 代成虫除邯郸市大名县外，其余监测点累计蛾量均低于 2011 年暴发以来的成虫量，但部分地区蛾量仍偏高，如邢台市临西县累计诱蛾 1046 头，石家庄市正定县累计诱蛾 1575 头。成虫诱测范围上，张家口市的康保、蔚县，承德的承德县继续诱测到一定数量的成虫。2 代幼虫发生程度总体偏轻，只点片被害重，7 月上旬盛发期调查，全省一般密度 0.2～3 头/m^2，严重地块 6～10 头/m^2，虫量较少。分析原因：一是虫源基数低；二是 6 月至 7 月上旬河北省中南部地区降水量偏少 5 成以上，保定、沧州等局部偏少超过 8 成，高温干旱对成虫产卵孵化起到抑制作用；三是随着二点委夜蛾危害性被农民逐步认识，生态调控措施面积逐渐加大；四是 6 月 10 日前河北省中南部持续高温干旱，小麦收获期天气晴好，整体秸秆粉碎度高；五是由于 2015 年幼虫发生为害期晚，至 7 月 6～8 日才陆续见严重被害地块，此时玉米苗大部分已至 5～7 叶，表现为苗大虫小现象，也降低了被害程度。该年发生重的地块多数为晚播地块，其中沧县调查被害株率可达 20%，辛集市调查，马兰农场被害严重地块均为 5 叶期玉米苗，最高点被害株率达 56%，播期早、7 叶一心及以上玉米苗均未见被害。

农业部 2015 年二点委夜蛾发生为害情况调查统计，二点委夜蛾发生程度明显轻于 2011～2014 年，发生程度为暴发以来最轻年份，黄淮海夏玉米种植区 8 个省(直辖市)发生 66.6 万 hm^2(刘杰等，2016)，发生面积也为暴发以来最小。但新发区域发生范围扩大，天津市在 2014 年武清区和静海县发现被害地块后，2015 年在宝坻区、蓟县、宁河县等也相继监测到为害夏玉米情况，湖北省在枣阳市首次发现为害。当年安徽省、江苏省、河南省、山东省、山西省、北京市与天津市发生面积分别为 0.25 万 hm^2、2.49 万 hm^2、7.37 万 hm^2、16 万 hm^2、0.75 万 hm^2、0.05 万 hm^2 和 0.15 万 hm^2，山东青岛、烟台、日照、菏泽、滨州、东营、局部地区虫量较高，河南林州市出现重发毁种地块，安徽省仅在淮北局部地区发生，发生面积较 2014 年减少 94.9%。

至 2015 年，经过十余年的攻关，二点委夜蛾研究取得了重要进展。明确了该虫主要生物学习性，揭示了其发生规律和暴发机制，初步明确了影响发生的关键因子，构建了二点委夜蛾预测模型，在二点委夜蛾防控方面，研制了麦茬地清垄施肥免耕精量播种机、二点委夜蛾防控专用清垄机，发明了二点委夜蛾高效专用性诱剂、高效杀虫灯和毒饵制剂，建立了以农业生态调控预防措施为主导，成虫控制为重点，幼虫为害期毒饵、毒土应急防治为补充的“预、控、治”技术体系并在黄淮海地区推广，研究成果获农业部中华农业科技奖一等奖(图 1-19)。

中华农业科技奖

证　书

为表彰在我国农业科学技术进步工作中做出突出贡献的获奖者，特颁发此证书，以资鼓励。

成果名称：玉米重大新害虫二点委夜蛾暴发机制及治理技术研究与应用

奖励等级：一等奖

获 奖 者：河北省农林科学院谷子研究所（第 1 完成单位）

证书编号：KJ2015-D1-030-01

2015 年 9 月 18 日

图 1-19　二点委夜蛾研究获得中华农业科技奖一等奖证书

2016 年河北省二点委夜蛾总体偏轻发生，为 2011 年暴发以来发生最轻年份，全省发生面积 37.87 万 hm^2，为重发以来发生面积最小一年。2016 年发生特点为越冬代成虫量高，1 代成虫发生早、来势猛、蛾量大，但主害代(2 代)幼虫发生面积小、发生为害轻，被害株率低，不同区域间和地块间发生差异较大。

2016 年 4 月上旬各地开始陆续始见越冬代成虫，始见日与常年相当，总体晚于 2014 年和 2015 年，4 月中下旬至 5 月上旬进入羽化盛期，各地越冬代累计蛾量一般为 80～160 头，其中鹿泉区累计诱蛾 200 头、武邑县累计诱蛾 178 头，远高于历史越冬虫量。1 代成虫中南部地区于 5 月底至 6 月初蛾量开始增多，保定及以北地区于 6 月 7～11 日蛾量增多，成虫始盛期与 2014 年相当，早于 2015 年。1 代成虫量大，峰日蛾量高，多数县诱蛾量超过 2014 年，永年县、沧县为历年最高值。各地监测调查，一般 1 代成虫累计蛾量在 2000 头以上，永年县、故城县、沧县、宁晋县、临西县、平乡县累计诱蛾量分别达 7165 头、4621 头、4381 头、3742 头、3715 头、3627 头，其中永年县 6 月 8 日单灯日诱蛾 1720 头，临西县 6 月 10 日单灯日诱蛾 1080 头，蛾盛期日平均诱蛾量达到偏重至大发生所需虫源基数。由于河北省近几年大力推广农机农艺措施，旋耕、灭茬、秸秆细粉碎、清理播种行等生态防控措施，加上麦收期间多地普降大雨，致使主害代幼虫在河北省总体为害偏轻。全省发生地块一般虫量 2～10 头/百株，被害株率 0.5%～3%。但地区间地块间差异较大，发生区域麦茬高、麦糠多、播种行未清理、播期晚的地块玉米苗受害重，南大港、故城、栾城等地个别严重发生地块被害株率为 10%～24%，沧县兴济镇往年发生轻，没有防控经验，严重发生地块被害率达 60%以上(图 1-20)。

图 1-20　河北沧县兴济镇二点委夜蛾发生危害情况

a. 未防治；b. 防治

农业部病虫测报网对 2016 年黄淮海夏玉米进行了监测，发现 1 代成虫发生量较大。各地 6 月上旬初进入 1 代成虫盛发期。峰日诱蛾量多在百头以上，河北临西、宁晋、永年日超过千头，安徽砀山、天津宁河、山东邹城和济宁在 500 头以上；平均累计诱蛾量河北、山东、天津均在千头以上，显著高于 2013～2015 年，低于大发生的 2012 年；江苏、安徽约为 600 头，低于 2014 年，显著高于 2012 年。整体虫量达到大发生的程度，预计在局部地区偏重或大发生，故在中央电视台及时发布了二点委夜蛾发生预警(图 1-21)，提醒各地高度重视，做好预防准备。据统计，山东等地二点委夜蛾发生程度重于 2015 年，但均轻于 2014 年。黄淮海夏玉米种植区 8 个省(直辖市)发生面积 69.13 万 hm^2，略高于 2015 年，其中安徽省、江苏省、河南省、山东省、山西省、北京市、天津市发生面积分别为 1.59 万 hm^2、2.67 万 hm^2、6.48 万 hm^2、18.2 万 hm^2、1.87 万 hm^2、0.05 万 hm^2、0.41 万 hm^2，安徽省、江苏省、山东省、山西省、天津市发生面积均高于 2015 年。发生

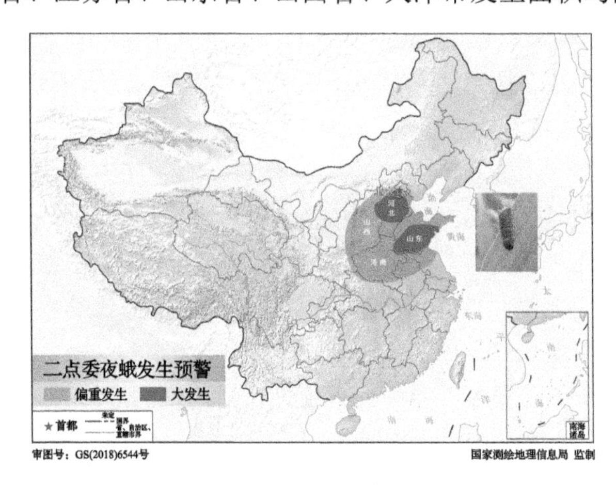

图 1-21　2016 年二点委夜蛾发生预警

区域范围进一步扩大，安徽省由2015年的4市8县(区)扩展至5市10县(区)，湖北省襄阳市发生区域扩展到4个县市，包括襄州区、南漳县、枣阳市、老河口市，发生面积0.4万 hm^2，受害率0.1%～2%。山东省共有14个市发现二点委夜蛾，其中鲁西南、鲁南、半岛局部中等发生，局部地块被害严重，平均幼虫密度1.7头/m^2，最高70头/m^2，最高单株有虫13头，平均被害株率1.5%，最高50%，补种及改种面积0.78万 hm^2。

为了适应当前农业供给侧改革和农药零增长等政策的实施，2016年课题组在正定县七吉村安排了“二点委夜蛾绿色、生态防控技术”现场会，集中展示了清除田间麦秸、小麦秸秆粉碎或灭茬，利用麦茬地清垄施肥免耕精量播种机或二点委夜蛾防控专用清垄机清除播种行麦秸等系列农业机械化新技术防控二点委夜蛾，综合防效可达97.09%。这些技术应用得当，不用农药就能高效控制二点委夜蛾危害，从而达到绿色防控之目的(图1-22)。2017年由全国农业技术推广服务中心组织对黄淮海北京、天津、河北、河南、山东、山西、安徽、江苏、湖北9省(直辖市)植保站系统技术人员进行了二点委夜蛾防控技术现场观摩培训(图1-23)，获得良好反响。

二点委夜蛾自2005年被发现以来，发生范围不断扩大，危害日益严重。随着小麦秸秆还田的普及，该虫在各地测报灯上的数量一直较多，已经成为我国黄淮海冬小麦—夏玉米连作区夏玉米苗期的常发性重要害虫。做好二点委夜蛾的测报和防治工作，对保障黄淮海夏玉米区生产安全具有重要意义。

图1-22　二点委夜蛾绿色、生态防控现场会

a. 二点委夜蛾生态防控现场会；b. 董志平研究员讲解具体技术；c. 现场检测田间防控效果；d. 农业部赵中华总工总结讲话

图 1-23 黄淮海 9 省(直辖市)二点委夜蛾防控技术现场观摩培训

a. 二点委夜蛾防控现场观摩培训；b. 董志平研究员讲解具体技术；c. 籍俊杰研究员讲解有关防控农机具；d. 防控现场观摩

第二章　二点委夜蛾形态特征及近似种

第一节　二点委夜蛾形态特征

1999 年，陈一心曾对二点委夜蛾成虫进行过简单描述：前翅有暗褐细点，内线、外线暗褐色，环纹为一黑点，肾纹小，有黑点组成的边缘，外侧中凹，有一白点，外线波浪形，翅外一列黑点；腹部灰褐色，雄蛾抱器瓣端半部宽，背缘凹，抱钩弯爪状，阳茎有棘形角状器，但未对卵、幼虫和蛹形态有所描述。为了澄清该虫形态学特征，河北省农林科学院谷子研究所马继芳等 2011 年在石家庄采集二点委夜蛾，通过室内饲养得到成虫、卵、幼虫和蛹，用 Olympus SZX12 体视显微镜对各虫态外部结构和局部微小特征进行了详细观察(马继芳等，2011a；董志平等，2011；李立涛等，2011)，期间得到中国科学院动物研究所武春生研究员指导，在此深表感谢！

一、成虫的形态特征

雌虫体长 8.1～11.0mm，翅展 20.5～23.5mm；雄虫体长 7.8～10.5mm，翅展 18.4～20.0mm。头部暗灰色；复眼褐色、半球形，表面光滑；触角丝状、暗褐色，基部两节稍粗；喙淡黄褐色，能伸达胸腹部，平时卷缩；下唇须暗灰色，第 1 节短，第 2 节较长而向上曲。

胸部：颈板灰褐色。前胸背板后缘色浅，与中胸界限明显区分；中后胸背部均被暗灰色长鳞毛(图 2-1)。前翅具金属光泽，布有暗褐色细点；基线隐约可见，中线和外线为暗褐色波浪状；环纹为暗褐色点，有时不明显；中剑纹为黑色三角形或菱形斑；肾形斑由黑点组成边缘，外侧中凹有一白点；翅外缘端部有 7～8 个黑点排成一列(图 2-2)。前翅翅脉 13 条，其中径脉从中上部逐渐分出 4 条支脉形成副室，由径中横脉构成中室，位

图 2-1　成虫头胸部

图 2-2　成虫前翅特征

于翅的中上部(图 2-3)。后翅翅脉 9 条，其中亚前缘脉和径脉从顶部向下延伸至基部之前交合后又分开形成基室，由径中横脉组成中室；第 2 中脉较弱，从中室中部出发至顶端，属三叉型种类(图 2-4)。足暗灰色，腿节短粗，前足胫节无距，中足胫节端部 1 对距，后足胫节中部和端部各有 1 对距(图 2-5)。

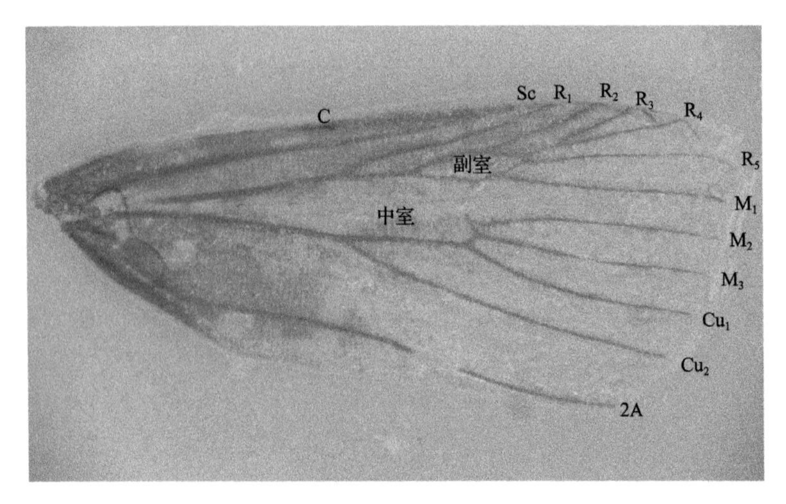

图 2-3　前翅翅脉(伊红染色)

C. 前缘状；Sc. 亚前缘脉；R_1. 第一径脉；R_2. 第二径脉；R_3. 第三径脉；R_4. 第四径脉；R_5. 第五径脉；M_1. 第一中脉；M_2. 第二中脉；M_3. 第三中脉；Cu_1. 第一肘脉；Cu_2. 第二肘脉；2A. 第二臂脉

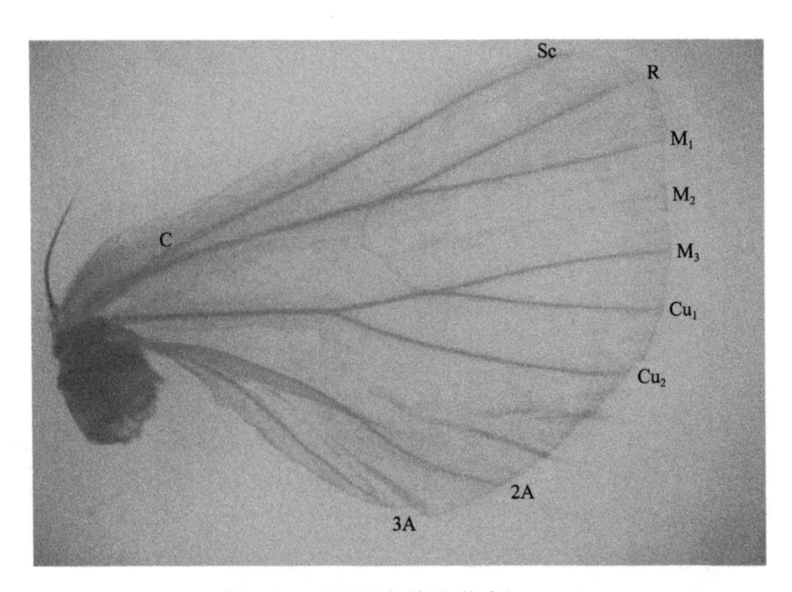

图 2-4　后翅翅脉(伊红染色)

C. 前缘状；Sc. 亚前缘脉；R. 径脉；M_1. 第一中脉；M_2. 第二中脉；M_3. 第三中脉；Cu_1. 第一肘脉；Cu_2. 第二肘脉；2A. 第二臂脉；3A. 第三臂脉

图 2-5　成虫胫节

a. 前足胫节；b. 中足胫节；c. 后足胫节

腹部：10 节，被暗灰色毛片。雌虫腹部肥大，腹面观末端平齐，毛簇张开可见交配孔和产卵瓣。雄虫腹部瘦小，腹面观末端近三角形，毛簇(抱器瓣)闭合(图 2-6)；外生殖器的抱器瓣端半部宽，背缘凹，中部有一钩状突起，阳茎内有刺状阳茎针。

图 2-6　成虫腹部末端

a. ♂；b. ♀

二、卵的形态特征

卵单产；卵粒圆形、馒头状；底宽(横轴)0.63mm，高(纵轴)0.45mm。初产卵淡青色或淡乳白色，逐渐变褐，孵化前一端颜色变深，初孵幼虫从另一端顶开钻出(图 2-7)；卵壳表面有纵棱和横道，纵棱自顶部向下为两岔式或三岔式，至中部有 35～40 条，横道由顶至底共有 25～30 条，多数横道排列不整齐。

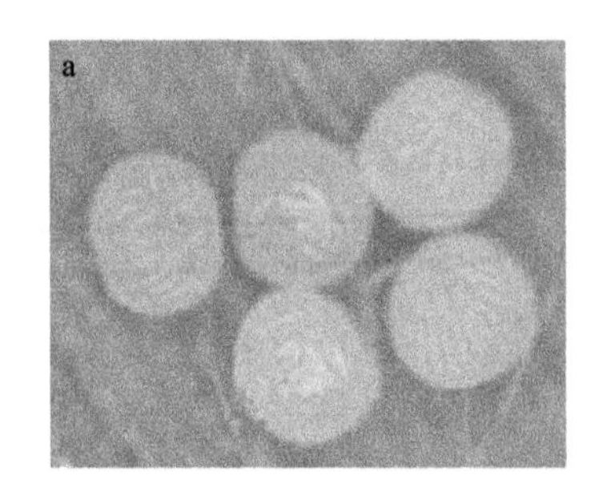

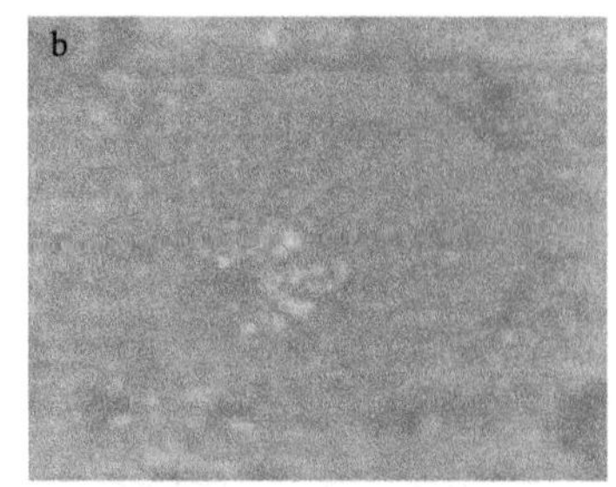

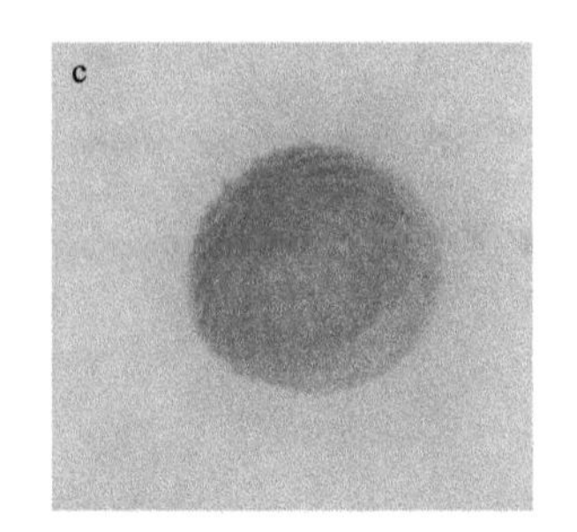

图 2-7 卵

a. 初产卵；b. 褐色卵；c. 待孵化卵

三、幼虫的形态特征

幼虫从初孵到老熟，蜕皮次数不一，在 21～30℃条件下人工饲养的种群，多以 5 龄和 6 龄共存。不同龄期幼虫腹足趾钩数量变化情况见表 2-1，头宽和体长变化情况见表 2-2，不同龄期幼虫形态特征具体情况如下(马继芳等，2011a，2012b)。

表 2-1 二点委夜蛾各龄幼虫腹足趾钩数 （单位：个）

龄期	第 1 对腹足趾钩数	第 2 对腹足趾钩数	第 3 对腹足趾钩数	第 4 对腹足趾钩数	第 5 对腹足趾钩数
1	2	3	3～5	3～5	6
2	2	5	7～8	8	9～11
3	4～6	8～11	11～14	12～14	13～16
4	12～13	14～16	13～16	14～18	18～22
5	14～15	15～18	17～19	18～20	22～24
6	18～20	19～23	20～25	22～28	26～30

表 2-2 二点委夜蛾不同龄期幼虫的头宽、体长 （单位：mm）

龄期	头壳宽度		体长	
	初期	末期	初期	末期
1	0.27	0.29	2.00	3.40
2	0.34	0.39	3.31	6.80
3	0.51	0.62	6.72	10.80
4	0.70	0.82	10.10	14.05
5	1.02	1.18	13.20	20.00
6	1.40	1.62	18.00	25.00

1 龄幼虫：头宽 0.27～0.29mm，体长 2.0～3.4mm；头部黄褐色有光泽，前胸背板黄褐色，体色透明，中后胸有一横排黑色毛瘤，腹部各节黑色毛瘤排列不规则。第 1、第 2 对腹足显微突，步行法呈半结式(图 2-8)。

2 龄幼虫：头宽 0.34～0.39mm，体长 3.31～6.80mm；头和前胸黄褐色，中后胸及腹部淡黄白色，各节有黑色毛瘤，第 1 对腹足已有突起，不如第 2 对明显，但第 2 对仍小于第 3 对和第 4 对腹足。第 1、第 2 对腹足仍不具行走功能，步行法仍呈半结式。

3 龄幼虫：头宽 0.51～0.62mm，体长 6.72～10.80mm；头部黄褐色，背部观头顶倒八字褐色斑纹明显；腹背各节显现 4 个毛瘤。第 1、第 2 对腹足已长成，属正常行走步法。

4 龄幼虫：头宽 0.70～0.82mm，体长 10.10～14.05mm；头部黄褐色；胸部灰褐色。腹部亚背线褐色，边缘灰白色，腹背各节有尖端指向尾部的“V”字形斑纹，4 个褐色毛瘤和黑色气门明显，显现出大龄幼虫特征(图 2-9)。

图 2-8　1 龄幼虫

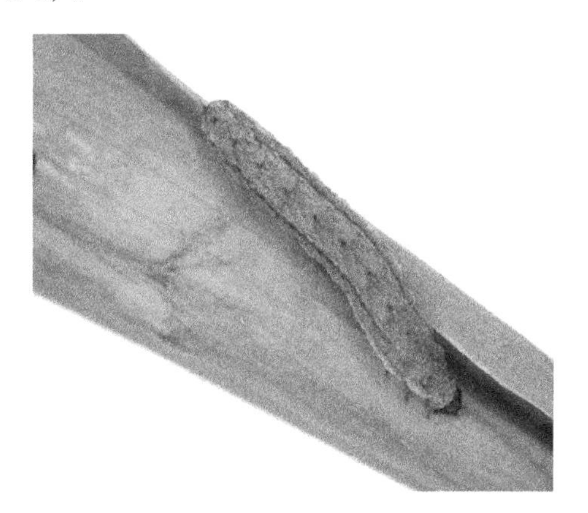

图 2-9　高龄幼虫

5 龄幼虫：头宽 1.02～1.18mm，体长 13.20～20.00mm；头部黄褐色，头顶颅侧区两侧有黑褐色八字纹；胸部灰褐色，前中后胸腹面各具一对足；腹部灰褐色，腹背两侧各具 1 条深褐色、边缘灰白色的亚背线，气门黑色，气门线白色，气门上线呈褐色；腹背各节有“V”形纹和 4 个深褐色毛瘤，前 2 个较近，后 2 个较远；腹足分别位于腹面第 3、第 4、第 5、第 6、第 10 节，趾钩为单序缺环排列。臀板深褐色，下方有 8 根刚毛。

6 龄幼虫：具备典型的幼虫形态特征，具体如下。

头部：头宽 1.40～1.62mm，体长 18.00～25.00mm；头黄褐色，由头盖缝从头顶将头部划分为三大部分，中央三角区为额，两侧为颅侧区(图 2-10)。颅侧区布满白色网状斑纹，并各有一道黑褐色弧形斑纹延伸至三角区两侧，形似倒“八”字。额的底边长度稍短于两腰。颅侧区下方各有圆形黑色发亮的单眼 6 个，呈“S”形排列，其中 4 个弧形排列，另两个在触角附近(图 2-11)。触角圆锥形，只见 1～3 节；基部第 1 节较粗，乳黄色；第 2 节较长，基部紫褐色，中部白色，上部黄褐色，顶端有 2 根刚毛；第 3 节细小，淡黄色(图 2-11)。

胸部：灰褐色，前中后胸腹面各具 1 对胸足。

腹部：10 节，背部两侧各具 1 条深褐色、边缘灰白色的亚背线，气门黑色，气门上线黑褐色，气门线白色，体表光滑(图 2-12)。每节腹背前缘隐约可见“V”形纹(图 2-9)，每节背部对称分布 4 个黑色边缘色浅的毛瘤，前 2 个间距窄，后 2 个间距宽(图 2-13)。腹足分别位于腹面第 3、第 4、第 5、第 6、第 10 节(图 2-12)，趾钩为单序缺环排列(图 2-14)。臀板深褐色，下方有刚毛 8 根，并有不规则白色斑纹分布，边缘区域密布黑点(图 2-15)。

图 2-10　幼虫头部前面观图

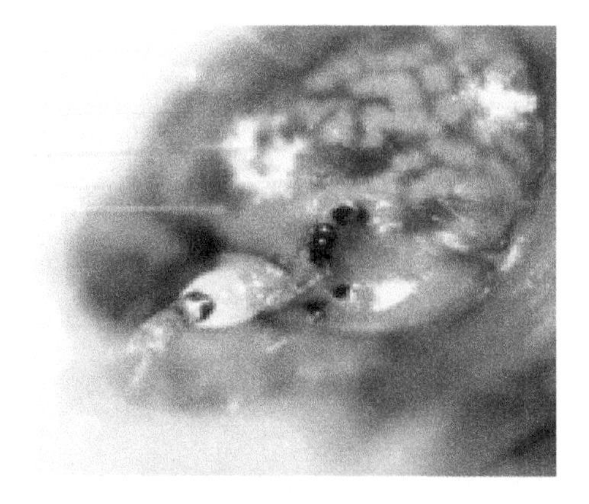

图 2-11　幼虫单眼排列及触角

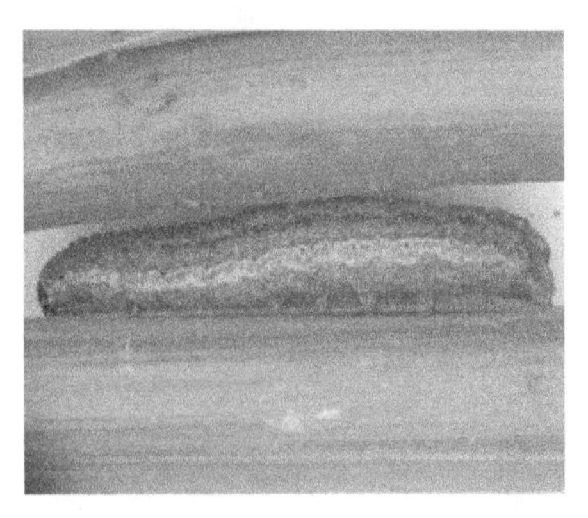

图 2-12　幼虫侧面观(示气门线、气门上线及亚背线)

图 2-13　幼虫腹背毛瘤

图 2-14　幼虫腹足趾钩

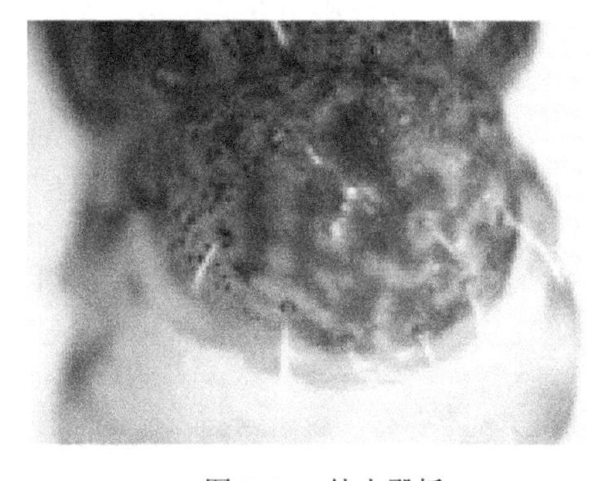

图 2-15　幼虫臀板

李召波等(2014)也对二点委夜蛾各龄期幼虫的头壳宽度、体长和体重进行测量，通过分析指出，幼虫头壳宽度可用于分龄，幼虫体长和体重在各龄间重叠度较大，不宜用于幼虫虫龄的划分，与本结果一致。

四、蛹的形态特征

蛹长 7.0～10.6mm，宽 2.8～3.0mm。黄褐色，主要以黏合周围土粒或麦糠等植物残体、结成土茧的被蛹为主(图 2-16)，也有少量的裸蛹。羽化前色变深。复眼位于头部两侧，黄褐色，羽化前变黑；触角从额部伸出转向左右两侧，延伸至胸腹部中足两侧达到前翅末端(图 2-17)。腹部第 1～3 节在腹部背面暴露，第 4～7 节能活动，第 8～10 节在腹面分界不明显。雌性生殖孔具两个邻接的开口，位于腹面第 8 节与第 9 节之间，雄性生殖孔为一裂痕状，位于第 9 节腹面；肛门孔位于第 10 节腹面，末端有臀刺 2 根(图 2-18)。

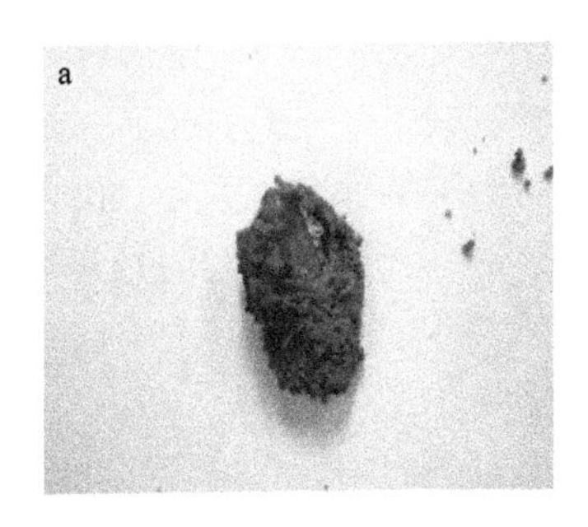

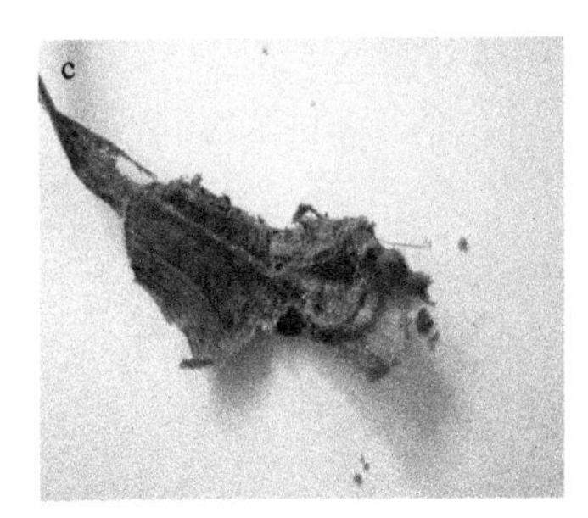

图 2-16　茧蛹

a. 土茧；b. 麦残体茧；c. 玉米残体茧

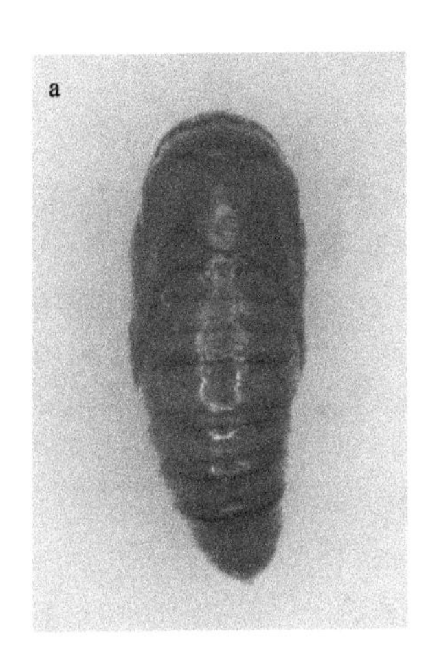

图 2-17　蛹

a. 背面观；b. 侧面观

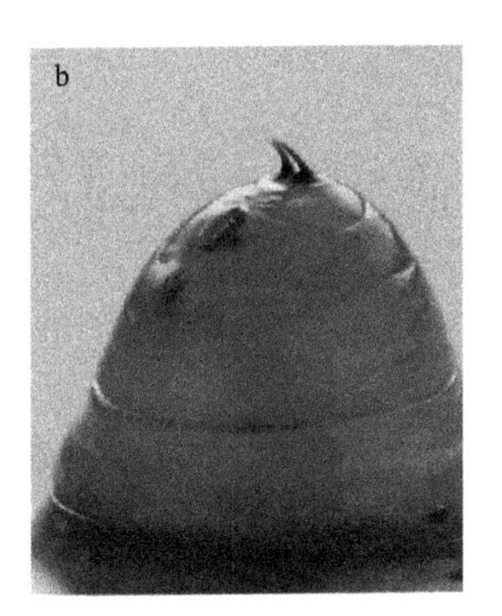

图 2-18　蛹腹面末端(示生殖孔)

a. ♂；b. ♀

第二节　二点委夜蛾的近似种

一、委夜蛾属昆虫种类

通过查阅资料，目前记载委夜蛾属昆虫的主要有：①Poole(1989)记载了 206 个种；②Fibiger 和 Hacker(2007)记载了 63 个种；③Hreblay 等(1998)记载了 9 个种；④陈一心(1999)在《中国动物志》第十六卷记载了在中国分布的 25 个种；⑤韩辉林和李成德(2008)记载了 2 个新种；⑥Lafontaine 等(2010)记载了 1 个种；⑦Han 和 Kononenko(2011)记载了 12 个新种。有些物种在多种文献中记载，经整理目前委夜蛾属种类共计 238 种，按照英文字母顺序排列(表 2-3)，供今后研究参考。

表 2-3　委夜蛾属昆虫种类

委夜蛾属昆虫	委夜蛾属昆虫
Athetis absorbens (Walker, 1857) [1]	*Athetis longiciliata* (Hampson, 1909) [1]
Athetis acutipennis (Dognin, 1919) [1]	*Athetis longidigitus* (Berio, 1976) [1]
Athetis aeschria (Hampson, 1909) [1]	*Athetis longiharpe* (Han & Kononenko, 2011) [3]
Athetis aeschrioides (Berio, 1940) [1]	*Athetis longivalva* (Kononenko, 2005) [2]
Athetis alacra (Prout, 1928) [1]	*Athetis lyrophora* (Boursin, 1970) [1][2]
Athetis albanalis (Warren, 1912) [1]	*Athetis maculatra* (Lower, 1902) [1][7]
Athetis albilineola (Prout, 1928) [1]	*Athetis magniplagia* (Hampson, 1918) [1]
Athetis albipuncta (Hampson, 1902) [1]	*Athetis martoni* (Kononenko, 2005) [2]
Athetis albirena (Hampson, 1902) [1]	*Athetis melanephra* (Hampson, 1909) [1]
Athetis albisignata (Oberthür, 1879) [1][4]	*Athetis melanerges* (Hampson, 1918) [1]
Athetis albispinosa (Saalmüller, 1880) [1]	*Athetis melanomma* (Hampson, 1920) [1]
Athetis albosignata (Oberthür, 1879) [1]	*Athetis melanopis* (Hampson, 1909) [1]
Athetis alternata (Janse, 1938) [1]	*Athetis melanosema* (Hampson, 1914) [1]
Athetis andriai (Viette, 1963) [1]	*Athetis melanosticta* (Hampson, 1909) [1]
Athetis anomoeosis (Hampson, 1909) [1]	*Athetis mendosa* (McDunnough, 1927) [1]
Athetis atriluna (Warren, 1913) [1]	*Athetis metis* (Janse, 1938) [1]
Athetis atripuncta (Hampson, 1910) [1][4]	*Athetis micra* (Hampson, 1902) [1]
Athetis atrispherica (Hampson, 1914) [1]	*Athetis microtera* (Hampson, 1902) [1]
Athetis atristicta (Hampson, 1918) [1]	*Athetis mienshana* (Kononenko, 2005) [2]
Athetis autobrunnea (Janse, 1938) [1]	*Athetis milloti* (Viette, 1963) [1]
Athetis bicolor (Chrétien, 1913) [1]	*Athetis mindara* (Barnes & McDunnough, 1913) [1]
Athetis bicornis (Hampson, 1891) [1]	*Athetis minivalva* (Han & Kononenko, 2011) [3]
Athetis bicornuta (Han & Kononenko，2011) [3]	*Athetis miranda* (Grote, 1873) [1]
Athetis bifurcatea (Hreblay & Ronkay, 1998) [7]	*Athetis morbidensis* (Berio, 1976) [1]
Athetis bilimbata (Berio, 1976) [1]	*Athetis motuoensi* (Han & Li，2008) [5]
Athetis bimacula (Walker, 1862) [1][2]	*Athetis mozambica* (Hampson, 1918) [1]
Athetis bipuncta (Snellen, 1886) [1][2]	*Athetis multilinea* (Wileman & South, 1920) [1]
Athetis biserrata (Han & Kononenko, 2011) [3]	*Athetis mus* (Hampson, 1891) [1]
Athetis bisignata (Hampson, 1907) [1]	*Athetis nephrosticta* (Hampson, 1909) [1]

续表

委夜蛾属昆虫	委夜蛾属昆虫
Athetis *biumbrosa* (Berio, 1940) [1]	*Athetis nigra* (Janse, 1938) [1]
Athetis bremusa (Swinhoe, 1885) [1]	*Athetis nigrifons* (Dognin, 1919) [1]
Athetis brunneaplagata (Bethune-Baker, 1911) [1]	*Athetis nigrilla* (Berio, 1976) [1]
Athetis brunneolineosa (Kononenko, 2005) [2]	*Athetis nitens* (Saalmüller, 1891) [1]
Athetis bytinskii (Schawerda, 1934) [1][2]	*Athetis nonagrica* (Walker, 1863) [1][2][4]
Athetis calypta (Viette, 1958) [1]	*Athetis obscura* (Wileman & South, 1920) [1]
Athetis camptogramma (Hampson, 1910) [1]	*Athetis obscuroides* (Poole, 1989) [1]
Athetis carayoni (Laporte, 1977) [1]	*Athetis obtusa* (Hampson, 1891) [1][2][4]
Athetis castaneipars (Moore, 1882) [1][2]	*Athetis ocellata* (Janse, 1938) [1]
Athetis cervina (Moore, 1881) [1][2]	*Athetis ochracea* (Hampson, 1894) [1][2]
Athetis chionephra (Hampson, 1911) [1]	*Athetis ochreipuncta* (Hampson, 1894) [1][2]
Athetis chionopis (Hampson, 1909) [1]	*Athetis ochreosignata* (Aurivillius, 1910) [1]
Athetis cineracea (Warren, 1914) [1][2]	*Athetis oculatissima* (Berio,1955) [1]
Athetis cinerascens (Motschulsky, 1860) [1][2][4]	*Athetis orthosioides* (Han & Kononenko,2011) [3]
Athetis cognata (Moore, 1882) [1][2][4]	*Athetis pallescens* (Janse, 1938) [1]
Athetis collaris (Wallengren, 1856) [1]	*Athetis pallicornis* (Felder & Rogenhofer, 1874) [1]
Athetis condei (Viette, 1963) [1]	*Athetis pallidipennis* (Sugi, 1982) [1][2]
Athetis conformis (Walker, 1857) [1]	*Athetis pallustris* (Hübner, 1808) [2][4]
Athetis contorta (Berio, 1976) [1]	*Athetis pectinatissima* (Berio, 1976) [1]
Athetis correpta (Püngeler, 1907) [1][2]	*Athetis pectinifer* (Aurivillius, 1910) [1]
Athetis corticea (Hampson, 1918) [1][2]	*Athetis pellicea* (Swinhoe, 1903) [1][2][4]
Athetis costiloba (Sugi, 1982) [1][2]	*Athetis percnopis* (Bethune-Baker, 1911) [1]
Athetis costiplaga (Bethune-Baker, 1906) [1]	*Athetis perineti* (Viette, 1963) [1]
Athetis cristifera (Berio, 1977) [1][2]	*Athetis perparva* (Berio, 1966) [1]
Athetis cryptisirias (Viette, 1958) [1]	*Athetis perplexa* (Janse, 1938) [1]
Athetis dallolmoi (Berio, 1974) [1]	*Athetis pigra* (Guenée, 1852) [1]
Athetis delecta (Moore, 1881) [1][2][4]	*Athetis pilosissima* (Berio, 1955) [1]
Athetis denisi (Viette, 1963) [1]	*Athetis placida* (Moore, 1884) [1][2][4]
Athetis despecta (Viette, 1958) [1]	*Athetis plumbescens* (Wileman & West, 1929) [1]
Athetis didy (Viette, 1963) [1]	*Athetis poliophaea* (Hampson, 1911) [1]
Athetis discopuncta (Hampson, 1916) [1]	*Athetis poliostrota* (Hampson, 1909) [1]
Athetis dissimilis (Hampson, 1909) [1][2]	*Athetis postdentata* (Berio, 1960) [1]
Athetis divisa (Moore, 1882) [1][2]	*Athetis postpuncta* (Holloway, 1979) [1]
Athetis duplex (Janse, 1938) [1]	*Athetis praetexta* (Swinhoe, 1905) [1][2][4]
Athetis elephantula (Berio, 1976) [1]	*Athetis prochaskai* (Viette, 1963) [1]
Athetis erigida (Swinhoe, 1890) [1][2]	*Athetis pseudofunesta* (Kononenko, 2005) [2]
Athetis eupsilioides (Han & Kononenko, 2011) [3]	*Athetis pseudolineosa* (Yoshimoto, 1992) [2]
Athetis excurvata (Janse, 1938) [1]	*Athetis pulvisculum* (Berio, 1976) [1]
Athetis expolita (Butler, 1876) [1]	*Athetis radama* (Viette, 1961) [1]
Athetis externa (Walker, 1865) [1][2]	*Athetis reclusa* (Walker, 1862) [1][2][4]

续表

委夜蛾属昆虫	委夜蛾属昆虫
Athetis farinacea (Moore, 1888)[1][2]	*Athetis rectilinea* (Hampson, 1910)[1][2]
Athetis fasciata (Moore, 1867)[1][2][4]	*Athetis renalis* (Moore, 1884)[1][2][4]
Athetis flacourti (Viette, 1963)[1]	*Athetis reniflava* (Berio, 1960)[1]
Athetis flavicolor (Han & Kononenko，2011)[3]	*Athetis restricta* (Janse, 1938)[1]
Athetis flavipuncta (Hampson, 1909)[1]	*Athetis rionegrensis* (Chiarelli de Gahn, 1949)[1]
Athetis flavitincta (Hampson, 1909)[4]	*Athetis roastis* (Hampson, 1918)[1]
Athetis fontainei (Berio, 1974)[1]	*Athetis robertsi* (Janse, 1938)[1]
Athetis foveata (Hampson, 1909)[1]	*Athetis rufipuncta* (Hampson, 1902)[1]
Athetis fragosa (Viette, 1958)[1]	*Athetis rufistigma* (Warren, 1914)[1]
Athetis fumicolor (Janse, 1938)[1]	*Athetis satellitia* (Hampson, 1902)[1]
Athetis funesta (Staudinger, 1888)[1][2][4]	*Athetis scopsis* (Berio, 1976)[1]
Athetis furcatula (Han & Kononenko, 2011)[3]	*Athetis scotopis* (Bethune-Baker, 1911)[1]
Athetis furvula lentina (Staudinger, 1888)[1][2][4][7] 与 *Athetis furvula* (Hübner, 1808) 同物异名	*Athetis seyrigi* (Viette, 1963)[1]
Athetis gaedei (Berio, 1955)[1]	*Athetis sicaria* (Viette, 1958)[1]
Athetis gemini (Bethune-Baker, 1906)[1]	*Athetis siccata* (Viette, 1958)[1]
Athetis glauca (Hampson, 1902)[1]	*Athetis signata* (Janse, 1938)[1]
Athetis glaucoides (Berio, 1960)[1]	*Athetis simplex* (Han & Kononenko, 2011)[3]
Athetis glaucopis (Bethune-Baker, 1911)[1]	*Athetis sincera* (Swinhoe, 1889)[1][2]
Athetis gluteosa (Treitschke, 1835)[1][2][4]	*Athetis singula* (Möschler, 1883)[1]
Athetis gonionephra (Hampson, 1909)[1]	*Athetis sinistra* (Berio, 1976)[1]
Athetis grandidieri (Viette, 1963)[1]	*Athetis smintha* (Hampson, 1902)[1]
Athetis griveaudi (Viette, 1963)[1]	*Athetis sobria* (Berio, 1955)[1]
Athetis grjebinei (Viette, 1963)[1]	*Athetis spaelotidia* (Butler, 1879)[1]
Athetis heliastis (Hampson, 1909)[1]	*Athetis stellata* (Moore, 1882)[1][2][4]
Athetis hennia (Swinhoe, 1901)[1]	*Athetis stellatula* (Chang, 1991)[2]
Athetis heringi (Viette, 1963)[1]	*Athetis striolata* (Butler, 1886)[1][2][7]
Athetis hanmiensis (Han & Li，2008)[5]	*Athetis stygia* (Hampson, 1909)[1][2]
Athetis hoengshana (Han & Kononenko, 2011)[3]	*Athetis subpartita* (Bethune-Baker, 1906)[1]
Athetis hongkongensis (Galsworthy, 1997)[2]	*Athetis suffusa* (Yoshimoto, 1994)[2]
Athetis hospes (Freyer, 1831)[1][2]	*Athetis tarda* (Guenée, 1852)[6]
Athetis humberti (Viette, 1963)[1]	*Athetis tenuis* (Butler, 1886)[1][7]
Athetis hyperaeschra (Hampson, 1909)[1]	*Athetis terminata* (Hampson, 1898)[1][2]
Athetis ignava (Guenée, 1852)[1]	*Athetis tetraglypha* (Berio, 1939)[1]
Athetis immixta (Warren, 1914)[1][2][4]	*Athetis thoracica* (Moore, 1884)[1][2][4][7]
Athetis impar (Hreblay & Plante, 1998)[7]	*Athetis tornipuncta* (Berio, 1976)[1]
Athetis improbalis (Berio, 1966)[1]	*Athetis transvalensis* (Janse, 1938)[1]
Athetis inconspicua (Bethune-Baker, 1906)[1]	*Athetis transversa* (Walker, 1858)[1][2]
Athetis inquirenda (Strand, 1917)[1]	*Athetis transversistriata* (Strand, 1911)[1]
Athetis interlata (Walker, 1857)[1]	*Athetis triangulata* (Wileman & West, 1929)[1]
Athetis interstincta (Moore, 1882)[1][2]	*Athetis tridentata* (Han & Kononenko, 2011)[3]

续表

委夜蛾属昆虫	委夜蛾属昆虫
thetis jeanneli (Viette, 1963) [1]	*Athetis tristis* (Hübner, 1808) [1][2][4]
Athetis lapidea (Wileman, 1911) [1][2][4]	*Athetis trixysta* (Viette, 1958) [1]
Athetis lapidosa (Berio, 1977) [7]	*Athetis unduloma* (Strand, 1920) [1][2]
Athetis lepigone (Möschler, 1860) [1][2][4]	*Athetis unicuspis* (Hreblay & Plate, 1998) [7]
Athetis leuconephra (Hampson, 1909) [1]	*Athetis variana* (Swinhoe, 1886) [1]
Athetis leucopis (Hampson, 1902) [1]	*Athetis vernalis* (Yoshimoto, 1994) [2]
Athetis linealis (Yoshimoto, 1994) [2]	*Athetis v-parum* (Kozhantschikov, 1923) [1][2]
Athetis lineosa (Moore, 1881) [1][2][4]	*Athetis xantholopha* (Hampson, 1902) [1]
Athetis lineosella (Sugi, 1982) [1][2]	*Athetis zelopha* (Viette, 1963) [1]
Athetis linzhi (Han & Kononenko, 2011) [3]	*Athetis zombitsy* (Viette, 1963) [1]

注：[1]Poole, 1989；[2]Fibiger and Hacker, 2007；[3]Han and Konoenko, 2011；[4]陈一心, 1999；[5]韩辉林和李成德, 2008；[6]Lafontaine and Christian, 2010；[7]Hreblay et al., 1998。

二、中国记载的委夜蛾属昆虫种类及分布

陈一心(1999)在《中国动物志》中记载了中国委夜蛾属昆虫 25 种；Poole(1989)记载了 28 个在中国分布的种；Fibiger 和 Hacker(2007)记载了 27 个在中国分布的种；另外，Hreblay 等(1998)记载了在中国分布的 5 个种；韩辉林和李成德(2008)在《昆虫分类学报》上报道了 2 个种；Han 和 Konoenko(2011)在 *Zootaxa* 报道了 12 个种。经整理共计 48 种，其具体分布见表 2-4。

表 2-4　中国记载的委夜蛾属昆虫种类及其在国内外分布

名称	学名	分布
白斑委夜蛾	*Athetis albisignata* (Oberthür, 1879)	中国黑龙江、陕西；日本、朝鲜、俄罗斯
门斑委夜蛾	*Athetis atripuncta* (Hampson, 1910)	中国云南；斯里兰卡
双角委夜蛾	*Athetis bicornuta* (Han & Kononenko, 2011)	中国云南
藏委夜蛾	*Athetis bifurcatea* (Hreblay & Ronkay, 1998)	中国西藏
锯触委夜蛾	*Athetis biserrata* (Han & Kononenko, 2011)	中国云南
灰委夜蛾	*Athetis cinerascens* (Motschulsky, 1860)	中国黑龙江、湖北；日本
连委夜蛾	*Athetis cognata* (Moore, 1882)	中国云南；印度
疆委夜蛾	*Athetis correpta* (Püngeler, 1907)	中国新疆；日本、西西伯利亚
鄂委夜蛾	*Athetis corticea* (Hampson, 1918)	中国湖北
丽江委夜蛾	*Athetis cristifera* (Berio, 1977)	中国云南
碎委夜蛾	*Athetis delecta* (Moore, 1881)	中国江苏、西藏；印度
双委夜蛾	*Athetis dissimilis* (Hampson，1909)	中国台湾
仿犹冬委夜蛾	*Athetis eupsilioides* (Han & Kononenko, 2011)	中国浙江、广东、广西
条委夜蛾	*Athetis fasciata* (Moore, 1867)	中国西藏；印度

续表

名称	学名	分布
黄委夜蛾	*Athetis flavicolor* (Han & Kononenko, 2011)	中国广东
淡委夜蛾	*Athetis flavitincta* (Hampson 1909)	中国西藏；印度
阴委夜蛾	*Athetis funesta* (Staudinger, 1888)	中国黑龙江、山西；日本、俄罗斯
铗二叉委夜蛾	*Athetis furcatula* (Han & Kononenko, 2011)	中国云南
委夜蛾	*Athetis furvula* (Hübner, 1808) 与 *Athetis furvla lentina* (Staudinger, 1888) 同物异名	中国黑龙江、内蒙古、辽宁、新疆、河北；日本、朝鲜；欧洲东部
后委夜蛾	*Athetis gluteosa* (Treitschke, 1835) 与 *Athetis grisescens* (Poujade, 1887) 同物异名	中国黑龙江、青海、四川、西藏；日本、朝鲜、蒙古国；中亚地区、欧洲
汉密委夜蛾	*Athetis hanmiensis* (Han & Li, 2008)	中国西藏
衡山委夜蛾	*Athetis hoengshana* (Han & Kononenko, 2011)	中国湖南、台湾
合委夜蛾	*Athetis immixta* (Warren, 1914)	中国西藏；印度
尼木委夜蛾	*Athetis impar* (Hreblay & Plante, 1998)	中国西藏
石委夜蛾	*Athetis lapidea* (Wileman, 1911)	中国四川；日本
太白委夜蛾	*Athetis lapidosa* (Berio, 1977)	中国陕西；德国、奥地利、俄罗斯、日本、韩国
二点委夜蛾	*Athetis lepigone* (Möschler, 1860)	中国河北、山东、北京、天津、河南、江苏、安徽、山西、湖北、辽宁、吉林、黑龙江、陕西、内蒙古、宁夏；日本；欧洲
线委夜蛾	*Athetis lineosa* (Moore, 1881)	中国河北、河南、浙江、湖北、湖南、福建、海南、广西、四川、云南；日本、印度
林芝委夜蛾	*Athetis linzhi* (Han & Kononenko, 2011)	中国西藏
铗长委夜蛾	*Athetis longiharpe* (Han & Kononenko, 2011)	中国云南
微瓣委夜蛾	*Athetis minivalva* (Han & Kononenko, 2011)	中国云南
墨脱委夜蛾	*Athetis motuoensi* (Han & Li，2008)	中国西藏
农委夜蛾	*Athetis nonagrica* (Walker, 1863)	中国海南、广西、云南；印度、斯里兰卡、新加坡、马来西亚、印度尼西亚；大洋洲
钝委夜蛾	*Athetis obtusa* (Hampson, 1891)	中国广东；印度；大洋洲
拟梦尼委夜蛾	*Athetis orthosioides* (Han & Kononenko, 2011)	中国福建、广西
干委夜蛾	*Athetis pallustris* (Hübner, [1808])	中国黑龙江；蒙古国、俄罗斯；欧洲
秘委夜蛾	*Athetis pellicea* (Swinhoe, 1903)	中国海南；泰国
柔委夜蛾	*Athetis placida* (Moore, [1884])	中国海南；印度、斯里兰卡、印度尼西亚；大洋洲
复委夜蛾	*Athetis praetexta* (Swinhoe, 1905)	中国西藏；印度
沙委夜蛾	*Athetis reclusa* (Walker, 1862)	中国海南、广西；印度、斯里兰卡、马来西亚、印度尼西亚；大洋洲
白肾委夜蛾	*Athetis renalis* (Moore, [1884])	中国云南；斯里兰卡
简委夜蛾	*Athetis simplex* (Han & Kononenko, 2011)	中国云南

续表

名称	学名	分布
倭委夜蛾 (台委夜蛾)	*Athetis stellata* (Moore, 1882) (*Athetis punctirena* Wileman & West, 1929)	中国福建、四川、西藏；日本、朝鲜、印度、斯里兰卡
乡委夜蛾	*Athetis thoracica* (Moore, [1884])	中国海南、广西、云南、台湾；印度、斯里兰卡、新加坡、印度尼西亚；大洋洲
铗三叉委夜蛾	*Athetis tridentata* (Han & Kononenko, 2011)	中国云南
北委夜蛾	*Athetis tristis* (Hübner, [1808])	中国黑龙江；西伯利亚、克什米尔地区
安平委夜蛾	*Athetis unduloma* (Strand, 1920)	中国台湾
单委夜蛾	*Athetis unicuspis* (Hreblay & Plate, 1998)	中国西藏

在二点委夜蛾调查过程中，发现有与二点委夜蛾形态近似的幼虫和成虫。其中山东省农业科学院植物保护研究所发现并鉴定了双委夜蛾(图 2-19)(李静雯等，2014)，之后在河南、陕西、安徽也发现了双委夜蛾(宋月芹等，2015)；河南科技大学发现并鉴定了后委夜蛾(图 2-20)(董钧锋，未发表)。其中双委夜蛾是我国大陆新记录种，并已进行了部分研究。

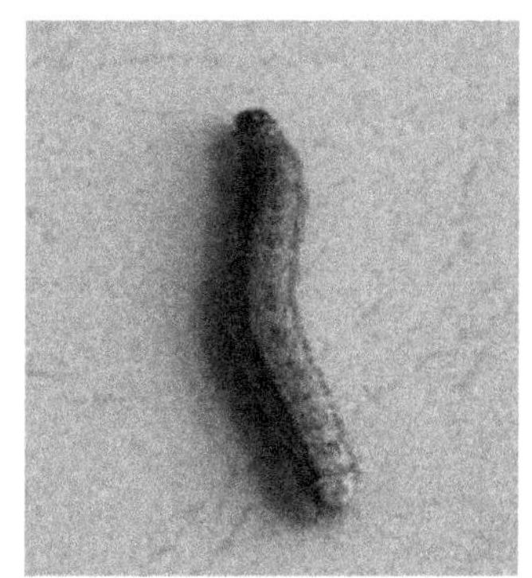

图 2-19　双委夜蛾(成虫、幼虫和蛹)

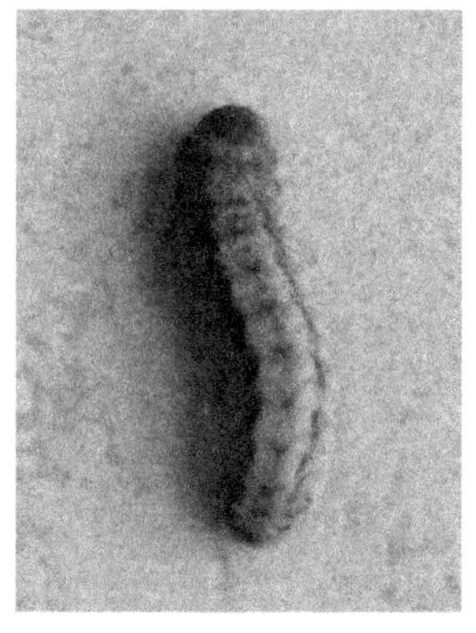

图 2-20　后委夜蛾的成虫和幼虫

三、二点委夜蛾近似种——双委夜蛾[*Athetis dissimilis*(Hampson)]

双委夜蛾 1909 年已有记载(Poole，1989；Fibiger and Hacker，2007)。其前翅黑褐色，附有灰白色鳞片，具有带黑色环的肾状纹，外侧有微小的白色点；后翅翅脉较暗色；雄性交尾器角状物有一大的刺(图 2-21)；老熟幼虫体长 25mm，比二点委夜蛾个体大；在日本一年两代，分别为 5～6 月和 8～9 月。

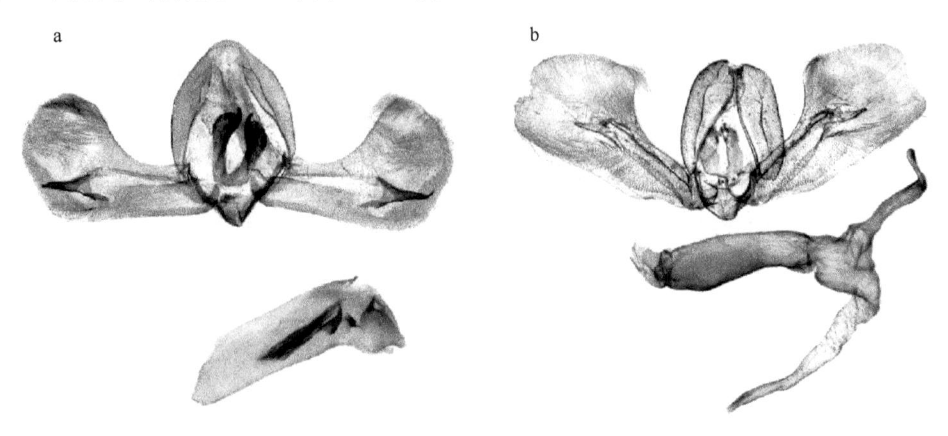

图 2-21　二点委夜蛾(a)和双委夜蛾(b)雄性交尾器
(摘自 Kononenko and Han，2007)

2012 年山东省农业科学院植物保护研究所李静雯等(2014)在威海玉米田采集二点委夜蛾幼虫时发现一与二点委夜蛾幼虫形态近似的种。王静等(2014b)利用线粒体细胞色素氧化酶亚基Ⅰ(*mtCOI*)基因对山东省 12 个地市的二点委夜蛾种群以及威海 1 个二点委夜蛾形态近似种种群进行遗传结构分析，结果表明，130 条二点委夜蛾 *mtCOI* 基因(608bp)共有 24 个单倍型；7 条二点委夜蛾形态近似种的 *mtCOI* 基因(608bp)共有 2 个单倍型；单倍型网络图与系统发育树显示，威海地区二点委夜蛾形态近似种与其他种群分为两大组，它们之间存在着显著遗传分化，遗传距离为 0.044～0.054cM。2013 年 9 月，在德州市一放弃管理的大葱田杂草下又发现此虫，此虫与二点委夜蛾同时混合发生，田间幼虫的种群数量与二点委夜蛾相近；采集后室内成功饲养至成虫，后经中国科学院动物研究所武春生研究员鉴定为双委夜蛾[*Athetis dissimilis* (Hampson)]，为中国大陆新记录种；已知中国台湾有分布，国外在日本、朝鲜、印度、菲律宾和印度尼西亚有分布。室内饲喂试验显示，双委夜蛾幼虫可取食玉米苗，食量较二点委夜蛾大许多。推测在田间条件下双委夜蛾可能与二点委夜蛾共同为害玉米。由于两者形态上极为相似，生产上容易混淆，因此我们将两者形态特征加以对比整理，以期为预测预报及防治做参考。同时将其基本生物学特性进行简单描述，为该虫的进一步研究提供数据支持。

文中所描述的二点委夜蛾与双委夜蛾样本，均为 2013 年 9 月采自德州市一放弃管理的大葱田杂草下、经室内人工饲养多代的试虫。试虫曾与田间种群进行过比较，无论虫体大小、形态、特点都无差异。

（一）双委夜蛾与二点委夜蛾形态比较

成虫：双委夜蛾成虫翅展、体长较二点委夜蛾大(图 2-22)，双委夜蛾成虫翅展 27～30mm，体长 12～15mm；二点委夜蛾成虫翅展 21～24mm，体长 9～12mm。双委夜蛾新羽化成虫胸、前翅覆浓密鳞毛，呈灰褐色至黑灰色；前翅具金属光泽，内横线、外横线为黑褐色波浪状，环状纹黑色，肾形斑具黑边，其下有一白点，后缘黑色(图 2-23a)；后翅灰白色，后缘黑色；前翅颜色比二点委夜蛾深，二点委夜蛾前翅浅灰色至灰褐色(图 2-23b)。双委夜蛾雄蛾中足、后足腿节内侧具浅黄色至金黄色长毛(图 2-23c、图 2-23e)，二点委夜蛾无此特征(图 2-23d、图 2-23f)。双委夜蛾雌蛾腹部末端毛簇张开呈细长形至长椭圆形缝隙，较二点委夜蛾收拢；二点委夜蛾雌虫腹部末端毛簇张开呈圆形。

图 2-22　二点委夜蛾成虫(a)和双委夜蛾成虫(b)大小比较

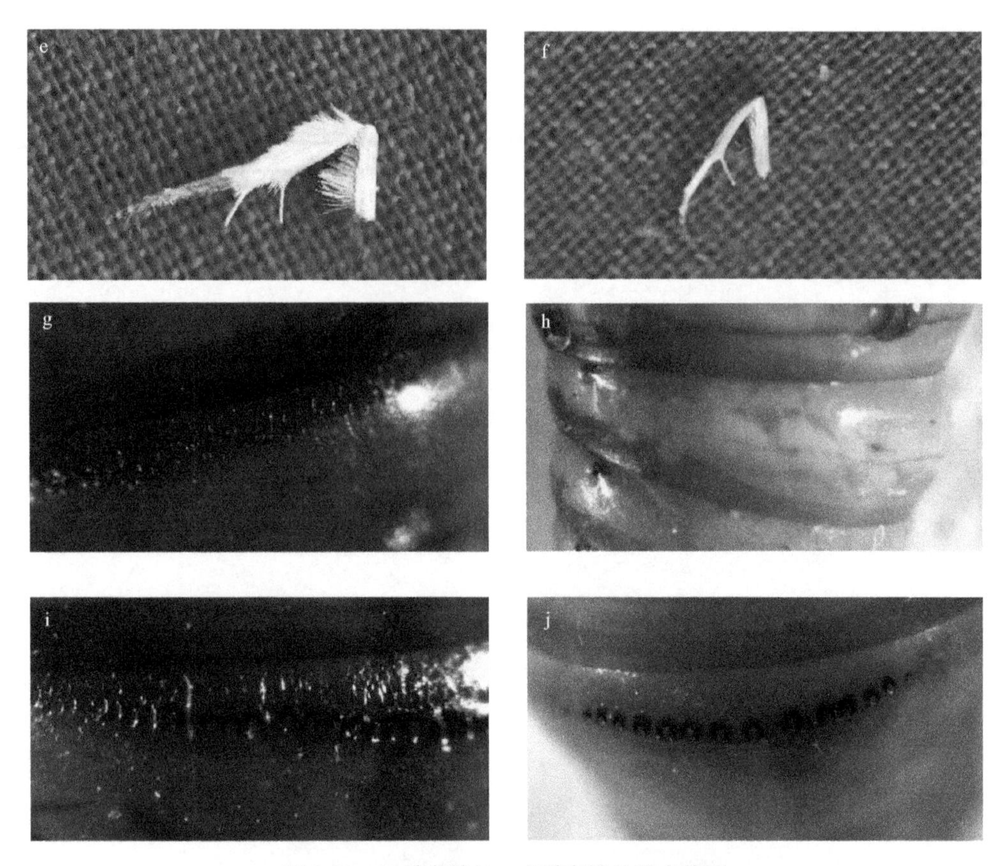

图 2-23　双委夜蛾与二点委夜蛾的形态特征

a. 双委夜蛾成虫前翅；b. 二点委夜蛾成虫前翅；c. 双委夜蛾成虫中足腿节；d.二点委夜蛾成虫中足腿节；e. 双委夜蛾成虫后足腿节；f. 二点委夜蛾成虫后足腿节；g. 双委夜蛾蛹背面刻点；h. 二点委夜蛾蛹背面刻点；i. 双委夜蛾蛹腹面刻点；j. 二点委夜蛾蛹腹面刻点

卵：双委夜蛾卵散产，呈馒头状，初产乳白色，逐渐变褐，孵化前黑色。与二点委夜蛾相似。

幼虫：双委夜蛾幼虫比二点委夜蛾多 1 个龄期，多 6 龄，偶见 7 龄，二点委夜蛾幼虫 5 龄，偶见 6 龄。双委夜蛾 1～2 龄幼虫第 1、第 2 对腹足未发育完全，爬行呈拱桥状。末龄幼虫黑褐色至灰褐色，体长 22～29mm，头壳宽度约 2.2mm。4 龄以前几乎与二点委夜蛾无差异，4 龄以后颜色较二点委夜蛾幼虫稍深。腹部每一腹节背面隐约可见“V”形斑。末龄幼虫比二点委夜蛾大(图 2-24，表 2-5)。

蛹：双委夜蛾蛹长、蛹重均比二点委夜蛾高(图 2-25，表 2-5)；被蛹，纺锤形，长 12.6～13.3mm，宽 4.3～4.5mm；黄褐色，逐渐加深至红褐色，羽化前呈黑色。复眼位于头部两侧，黄褐色，羽化前变黑。双委夜蛾第 5～7 腹节腹面前缘有大小不一的圆形刻点(图 2-23g)，二点委夜蛾腹节腹面无刻点(图 2-23h)。两者第 5～7 腹节背面均有一条由倒“U”形刻点组成的刻带，“U”形刻点大小基本一致，但双委夜蛾刻点多且密集(图 2-23i)，二点委夜蛾刻点少且稀疏(图 2-23j)。双委夜蛾腹面末端生殖孔、肛门清晰可见，有两根尾刺；雌性生殖孔为一纵裂缝，位于第 8 腹节中央，雄性生殖孔位于第 9 腹节，为一纵裂缝且周围明显凸起。

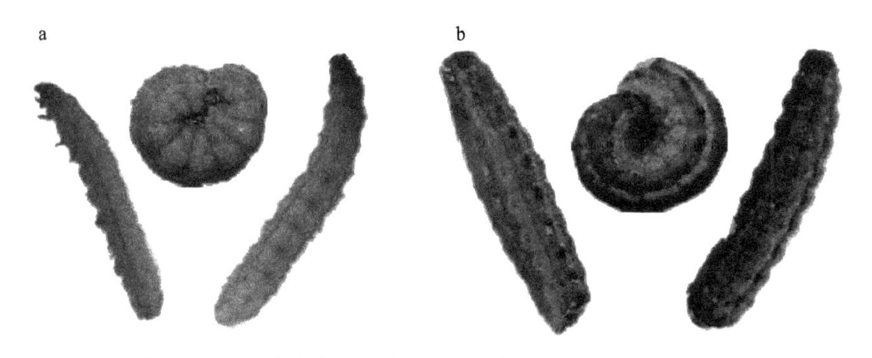

图 2-24　二点委夜蛾幼虫(a)和双委夜蛾幼虫(b)形态比较

表 2-5　双委夜蛾与二点委夜蛾形态对比

种类	成虫		末龄幼虫		蛹	
	翅展/mm	体长/mm	头壳宽度/mm	体长/mm	长/mm	重/g
双委夜蛾	27～30	12～15	2.2	22～29	12.6～13.3	0.14
二点委夜蛾	21～24	9～12	1.3	15～20	8.5～11.0	0.07

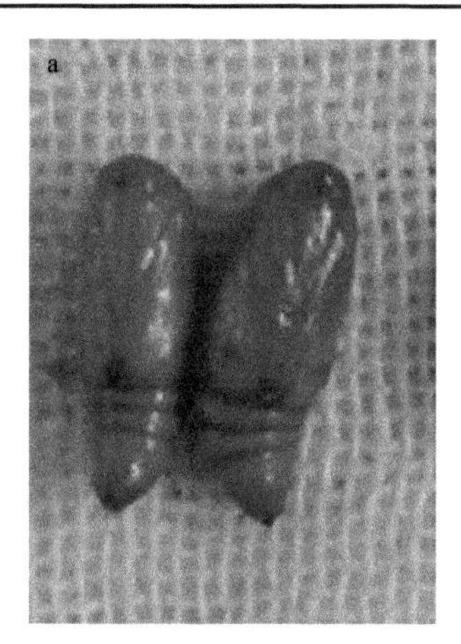

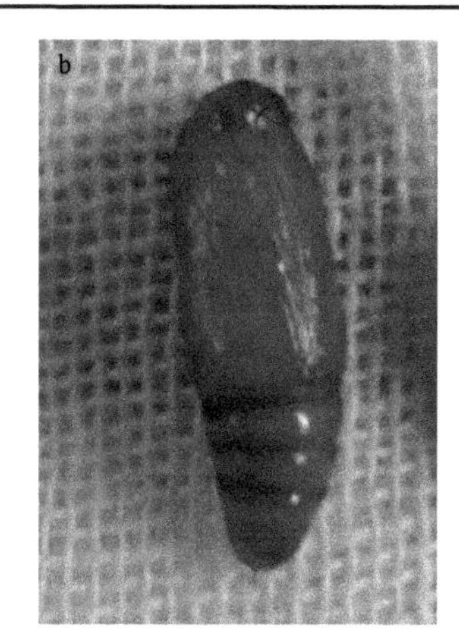

图 2-25　二点委夜蛾蛹(a)和双委夜蛾蛹(b)大小比较

(二)双委夜蛾生物学特性

成虫羽化后即可爬行，10min 之内可完成展翅。产卵前期 2～5 天，雄蛾在中午过后进入活跃期，时常将抱握器伸出，可见抱握器呈黄色至金黄色。雌虫在不交配、不取食蜂蜜水的情况下也可产卵，为非受精卵。单雌产卵量 400～700 粒。成虫寿命长，在饲喂蜂蜜水的条件下大多可存活 10 天以上，最长可存活 30 天。同二点委夜蛾相比，双委夜蛾产卵量更大，成虫寿命更长。

幼虫受惊扰后蜷缩呈“C”状，常用尾部掩盖头部。低龄幼虫受惊扰有悬丝下垂现象。老熟幼虫可吐丝连缀周围物质成一茧(蛹室)，在其内化蛹。在室内温度 25℃、相对湿度 60%条件下，卵期 5～7 天，幼虫历期约 35 天，蛹历期约 13 天。幼虫食量大，整个幼虫期体重增长 2000 多倍，为害潜力很大。室内观察，双委夜蛾幼虫可食玉米苗，幼虫喜欢爬行至叶鞘上部，优先取食幼嫩部分并将叶片切断，一头5龄幼虫2天内可将一株2叶期的玉米苗取食干净。

双委夜蛾栖息环境与生活习性和二点委夜蛾相似，幼虫食量比二点委夜蛾大，成虫繁殖力更强，因此对双委夜蛾的研究工作不能忽视。对二点委夜蛾及双委夜蛾特征的研究，是进行该类害虫更深层次研究的基础，同时也为开展对其预测预报及防控工作提供参考。

(三) 不同温度下双委夜蛾各虫态发育历期

郭婷婷等(2016a)在实验室内设置17℃±1℃、21℃±1℃、25℃±1℃、29℃±1℃和33℃±1℃共5个恒定温度，研究了不同温度下双委夜蛾实验种群各虫态的发育历期，结果表明，温度对双委夜蛾各虫态发育历期有显著影响(表2-6)。在17～33℃范围内，卵、幼虫、蛹的发育历期均随温度升高而明显缩短，成虫寿命也依次缩短，17℃全世代发育历期最长，可达100.75天；33℃历期最短，仅38.02天。同时发现，在17℃和21℃下，双委夜蛾幼虫发育到7龄才化蛹，而25℃以上的幼虫只有6个龄期。除6龄幼虫外，各虫态发育历期随温度升高逐渐缩短；17℃和21℃下双委夜蛾由于存在7龄幼虫状态，6龄幼虫历期短于25℃、28℃和33℃(Guo et al.，2016)。

表2-6　不同温度下双委夜蛾发育历期

发育历期/d	温度/℃				
	17	21	25	29	33
卵	14.11±0.076a	11.23±0.078b	7.75±0.045c	6.99±0.067d	5.35±0.049e
1龄幼虫L1	9.57±0.128a	7.51±0.161b	2.76±0.052c	2.52±0.058cd	2.40±0.072d
2龄幼虫L2	6.21±0.109a	4.81±0.106b	2.13±0.036d	2.09±0.076d	3.27±0.089c
3龄幼虫L3	6.00±0.133a	4.78±0.116b	2.51±0.063c	2.28±0.064c	2.36±0.054c
4龄幼虫L4	6.14±0.148a	5.17±0.147b	2.92±0.067c	2.81±0.089c	2.47±0.079c
5龄幼虫L5	7.15±0.216a	5.80±0.190b	3.55±0.084c	2.63±0.089d	2.00±0.059e
6龄幼虫L6	3.67±0.149c	5.93±0.161b	11.93±0.197a	12.11±0.58a	12.56±0.342a
7龄幼虫L7	21.05±0.497a	16.15±0.492a	—	—	—
蛹	30.96±0.330a	20.78±0.325b	12.80±0.128c	10.66±0.160d	11.28±0.188d
成虫	19.10±0.673a	17.17±0.588a	13.15±0.600b	7.14±0.435c	4.5±0.203d
整个世代	123.18±0.970a	99.17±0.874b	59.41±0.771c	49.11±0.744d	46.01±0.435e

注：表内数据为平均值±标准误；同行数据后不同字母表示经Duncan氏多重比较差异显著($P<0.05$)。“—”代表25℃、29℃和33℃没有7龄幼虫。

(四) 双委夜蛾各虫态发育起点温度和有效积温

郭婷婷等(2016a)根据双委夜蛾各虫态发育历期计算出各虫态发育起点温度和有效积温(表2-7)，卵、幼虫、蛹、成虫和整个世代的发育起点温度分别为8.12℃、10.07℃、9.92℃、16.04℃和9.38℃，有效积温(日·度)分别为136.38、477.88、221.18、81.65和

1015.36。可见双委夜蛾的卵、蛹均可在低于 10℃下发育，表明双委夜蛾比二点委夜蛾更耐低温(表 6-10)。

表 2-7　双委夜蛾各虫态发育起点温度和有效积温

发育阶段	发育起点温度/℃	有效积温/(日·度)
卵	8.12±0.33	136.38±2.51
1 龄幼虫	14.02±0.17	38.85±0.53
2 龄幼虫	16.49±0.15	26.24±0.45
3 龄幼虫	10.36±0.27	44.73±0.79
4 龄幼虫	8.50±0.32	56.51±1.05
5 龄幼虫	12.64±0.19	41.92±0.59
幼虫	10.07±0.29	477.88±8.68
蛹	9.92±0.28	221.18±3.89
成虫	16.04±0.12	81.65±0.95
整个世代	9.38±0.29	1015.36±17.66

注：表中数据为平均值±标准误。

(五)双委夜蛾过冷却点和结冰点温度

郭婷婷等(2016b)以室内双委夜蛾种群为虫源，分别测定了 3 龄、4 龄、5 龄、6 龄和老熟幼虫及蛹的过冷却点和结冰点。结果显示(图 2-26)，不同龄期幼虫和蛹之间过冷却点和结冰点存在显著差异，低龄幼虫的过冷却点和结冰点较高，其中 4 龄幼虫过冷却点最高，为−9.60℃，结冰点也最高，为−5.59℃；随着龄期增长，两者均降低，老熟幼虫的过冷却点和结冰点最低，分别为−18.20℃和−11.72℃，蛹的过冷却点与结冰点次之，分别为−17.25℃和−11.47℃。

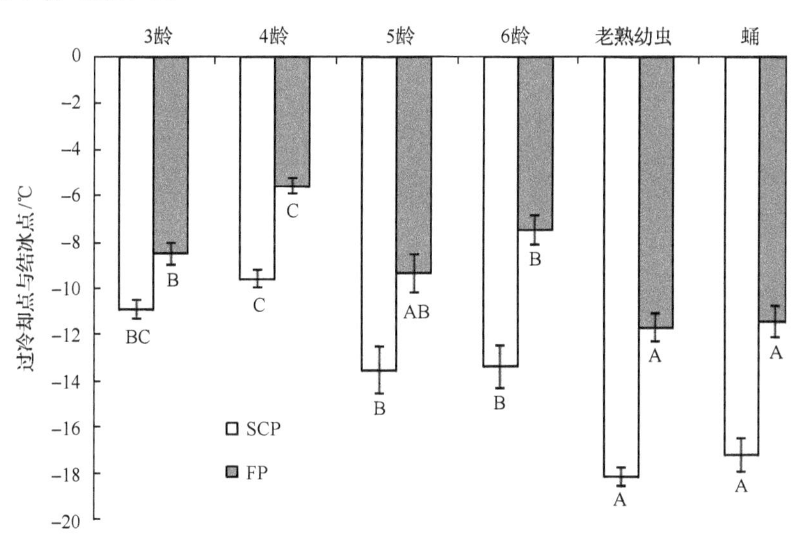

图 2-26　双委夜蛾各龄期幼虫和蛹的过冷却点(SCP)与结冰点(FP)

图中同一指标不同字母表示用 Tukey 氏法进行多重比较后差异显著($P<0.05$)

（六）双委夜蛾非典型嗅觉受体 *Orco* 基因克隆、分子特征及表达

为了解新发现的农业害虫双委夜蛾非典型嗅觉受体 *Orco* 基因的分子特征与表达，宋月琴等（2015）通过分析转录组数据并利用 RT-PCR 技术克隆了双委夜蛾 *Orco* 基因，采用实时定量 PCR 技术研究了该基因的组织表达谱。结果显示，双委夜蛾非典型嗅觉受体 *Orco* 基因可读框全长 1422bp，编码 473 个氨基酸；经氨基酸结构预测具有 7 个跨膜区，N 端在膜内，C 端在膜外；该基因编码的氨基酸序列与其他昆虫 *Orco* 基因序列相似性极高，因此将该基因命名为 *Adis Orco*（GenBank 登录号：KR632987）。此氨基酸序列 C 端第 6 跨膜区和第 7 跨膜区之间以及第 7 跨膜区的序列保守性最高；PCR 结果显示，*Adis Orco* 主要在成虫触角中表达，且在雄蛾触角中表达量是雌蛾触角中的 4.2 倍，在足、翅、下唇须和喙等组织中也有少量表达。

Orco 基因序列上的高度保守性以及在嗅觉识别中的独特地位，暗示 *Orco* 基因可能成为破坏嗅觉信号的一个潜在靶标，对嗅觉的有效干扰或破坏，将严重影响昆虫对气味和性信息素的反应，进而影响到昆虫的取食、交配和产卵等重要生命活动。通过嗅觉干扰防治害虫，将是未来害虫综合防治的一条重要途径。

Dong 等（2016）利用 RNA-seq 技术测定了双委夜蛾触角转录组，并对双委夜蛾化学感受器受体基因进行了鉴定，共鉴定出 60 个嗅觉受体，18 个味觉受体，12 个离子型受体。在鉴定的嗅觉受体中包括一个 Orco 受体和 5 个保守的性信息素受体。在鉴定的味觉受体中，有 5 个味觉受体（GR1、GR6、GR7、GR8、GR94）属于甜味受体，2 个受体（GR3，GR93）与 CO_2 识别有关。在离子型受体中，共表达受体 IR8.1 和 IR8.2 被鉴定出来。这些研究为进一步开展双委夜蛾的嗅觉识别信号传导机制提供了科学依据。

第三章　二点委夜蛾为害玉米苗症状及对产量的影响

第一节　二点委夜蛾为害玉米苗症状

二点委夜蛾喜欢隐蔽潮湿的生态环境，小麦收获后大量麦秸还田的玉米田为二点委夜蛾提供了适宜的生存环境，第二代幼虫期又与夏玉米苗期吻合，为其暴发为害创造了条件。夏玉米从出苗至10叶期间均可被害，不同时期被害部位和症状不同，有时被害苗表现多种症状（董志平等，2011）。

一、咬断幼茎、啃食嫩叶

在玉米出苗至2叶期，玉米出苗但幼苗还被小麦秸秆覆盖时，二点委夜蛾幼虫可以从基部咬断玉米嫩茎（图3-1），或啃食玉米叶片，形成孔洞、缺刻、破损等症状（图3-2）。由于田间二点委夜蛾数量大，玉米幼苗随长随被咬食，往往导致幼苗不能继续生长而致死。该情况主要发生于夏玉米播种偏晚或出苗不齐的地块。

图3-1　二点委夜蛾咬断嫩茎

图3-2　二点委夜蛾啃食叶片

二、钻蛀茎基部造成枯心苗

在玉米幼苗3～5叶期，二点委夜蛾主要钻蛀玉米茎基部（图3-3a），形成3～4mm圆形或椭圆形孔洞（图3-3b），幼虫在内部啃食嫩茎，形成隧道（图3-3c、图3-3d），切断营养输送渠道，造成地上部玉米心叶萎蔫（图3-4a），形成枯心苗（图3-4b），随后外部叶片也逐渐萎蔫，直至整株枯死（图3-4c），这是二点委夜蛾为害玉米的主要形式，可造成不同程度的缺苗断垄（图3-5a、图3-5b），一般为害10%～30%，严重的可达90%，造成毁种（图3-5c），严重影响产量。

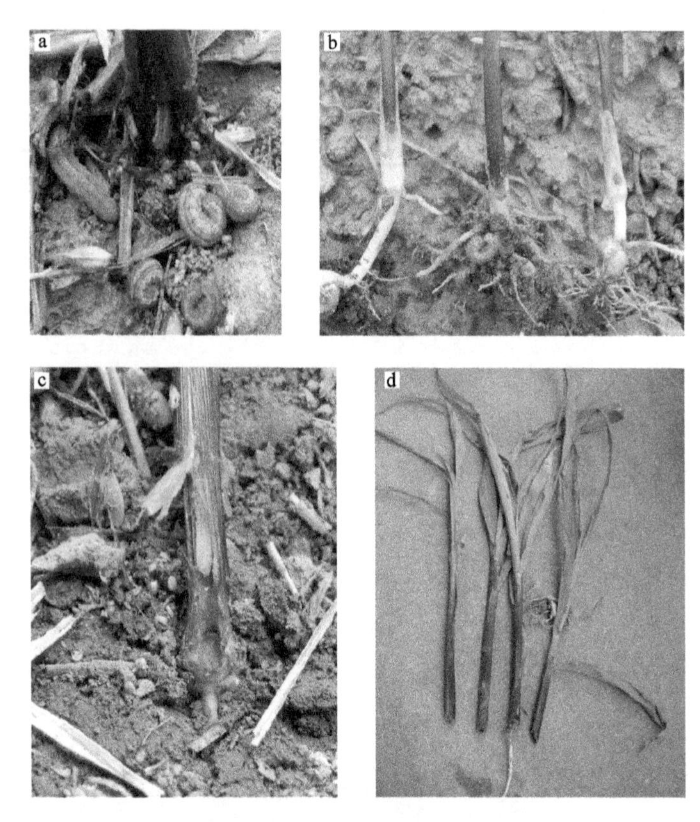

图 3-3　二点委夜蛾钻蛀茎基部为害玉米幼苗过程

a. 幼虫钻蛀玉米幼苗茎基部；b. 钻蛀部位形成孔洞；c. 咬食心叶基部呈隧道；d. 拔苗时容易从孔洞处断开

图 3-4　二点委夜蛾钻蛀茎基部致幼苗枯死过程

a. 钻蛀初期心叶萎蔫；b. 随后形成枯心苗；c. 继而整株枯死

图 3-5 二点委夜蛾为害造成大面积缺苗断垄

a. 玉米幼苗成行被害；b. 田间造成缺苗断垄；c. 被害严重的需要毁种

三、咬食次生根造成倒伏株

在玉米幼苗 6 叶期及以上，玉米开始产生次生根，二点委夜蛾可咬食玉米幼嫩次生根(图 3-6)，严重的被害植株仅剩一条主根(图 3-7)，使玉米倒伏或倾斜(图 3-8)，一般植株不萎蔫。植株被咬食根部后，随着生长还可以再次长出丛生的次生根(图 3-9a)，或者次生根残缺不全，有的剩余几根，有的受害根为半截，不能入土，与正常植株相比(图 3-9b)，被害株矮小、纤细(图 3-10)，发育迟缓，能开花结果，但结实性差，常形成小穗，对产量影响也较大。当有的幼苗被蛀孔同时也被咬根时(图 3-11a)，会加速萎蔫和死亡(图 3-11b)。

图 3-6 二点委夜蛾咬食次生根

图 3-7 次生根被害只剩主根

图 3-8　二点委夜蛾咬根造成植株倒伏(a)及田间表现(b)

图 3-9　二点委夜蛾为害后玉米后再生次生根(a)和正常植株根(b)

图 3-10　被二点委夜蛾为害的玉米倒伏后继续生长的后期表现

图 3-11　二点委夜蛾蛀茎并咬根(a)后植株枯死(b)

四、咬食少量次生根，或茎和叶片呈缺刻

在玉米苗被害期间，特别是苗龄较大时，幼虫咬食了少量次生根，并没有导致植株倒伏(图 3-12)，或咬食茎基部呈缺刻状，并未导致植株萎蔫死亡(图 3-13)，或幼虫爬到玉米苗上部咬食叶片呈缺刻状，并不影响玉米苗正常生长和产量(图 3-14)。

以上是二点委夜蛾二代幼虫为害玉米幼苗的主要症状类型。玉米生长中后期二点委夜蛾的第三代和第四代幼虫也可以咬食玉米气生根和果穗等，但是，二点委夜蛾数量较少，为害损失也小(详见第七章第五节)。为此，将二点委夜蛾确定为玉米苗期害虫。

图 3-12　咬少量根

图 3-13　将茎基部咬成缺刻

图 3-14　将茎和叶咬成缺刻

第二节　二点委夜蛾与地老虎为害玉米苗田间识别

二点委夜蛾幼虫为害玉米造成的枯心萎蔫苗与常发性害虫地老虎幼虫造成的症状非常相似，而且幼虫均有“C”形假死性(李立涛等，2011)，故 2011 年之前二点委夜蛾为害常被误认为是地老虎为害，2011 年后又往往将地老虎为害误认为是二点委夜蛾为害，造成诊断错误，影响防治效果。本节将这两种害虫形态、习性及其为害的差别予以说明。

一、幼虫形态差别

二点委夜蛾个体瘦小，体表光滑，体长多小于30mm（一般14～25mm）；而地老虎个体肥胖，体表粗糙，多皱纹，老熟幼虫体长多大于30mm（小地老虎37～47mm，黄地老虎33～45mm）；二点委夜蛾体表黄灰色到黑褐色，腹部背面每节的前缘有一个隐约可见的倒“V”字形斑（图3-15a）；常见种类的地老虎体背没有倒“V”字形斑；小地老虎体色灰褐色至暗褐色，体表布满龟裂状皱纹和大小不等的黑色颗粒，腹部第一至第八节背面，每节有4个毛瘤，前两个显著小于后两个（图3-15b），而黄地老虎体色淡黄褐色，腹节的毛瘤前两个仅稍小于后两个（图3-15c）。

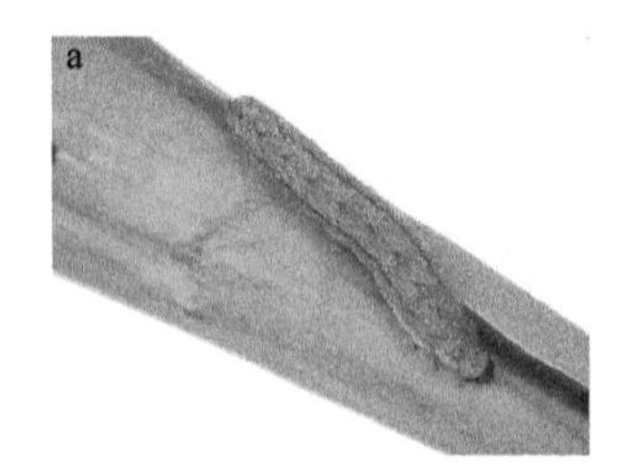
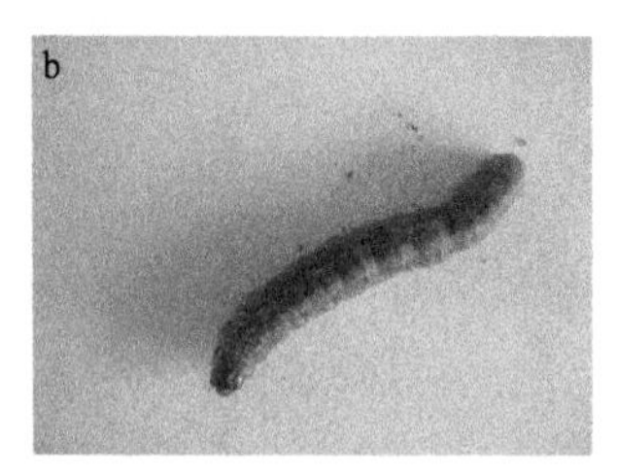
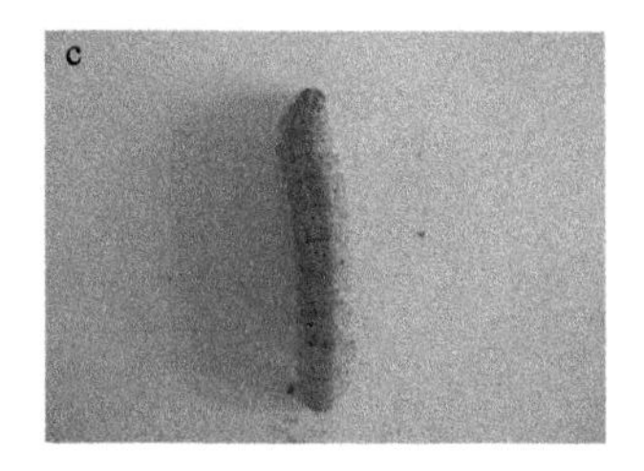

图3-15　二点委夜蛾幼虫与地老虎幼虫形态比较

a. 二点委夜蛾幼虫；b. 小地老虎幼虫；c. 黄地老虎幼虫

二、幼虫为害差别

一般夜蛾科幼虫多数昼伏夜出，二点委夜蛾白天常常在麦秸覆盖下土表面（图3-16a）或在土缝中栖息（图3-16b），在被害苗附近往往可以发现多头幼虫。而地老虎为害不需要有覆盖物，在被害苗附近一般只有1头幼虫，白天在土层内栖息（图3-17）。在玉米2叶期，二点委夜蛾和地老虎都能将嫩茎咬断，但二点委夜蛾咬食的断面不整齐并伴有叶片被害，咬断玉米苗的上下部分多会有少量组织相连（图3-18），地老虎则是在近地表部位将苗咬断，断面整齐（图3-19）。在玉米3～5叶期，两种害虫都能在苗茎基部蛀孔，被二点委夜蛾为害的玉米苗附近麦秸下（图3-20）常可见多头幼虫（图3-21）；地老虎为害玉米不需要麦秸覆盖（图3-22），且白天被害苗附近地表看不到幼虫，在受害苗附近土层中也多只可查到1头幼虫（图3-23），转株危害习性更明显。另外，地老虎能把断头苗拖到洞穴内取食，但没有咬食玉米次生根、气生根的习性，二点委夜蛾则不会拖动玉米受害苗。为害时间上，二点委夜蛾在河北的为害盛期主要是麦茬夏玉米播后6月下旬至7月上旬，地老虎的为害盛期早于二点委夜蛾，通常在麦收前半月至麦收期间，为害的主要是早夏播或晚春播玉米。

图3-16　二点委夜蛾在地表（a）或土缝中（b）

图 3-17　地老虎白天在土层内，挖土才能发现

图 3-18　二点委夜蛾咬断嫩茎断面不整齐

图 3-19　地老虎咬断嫩茎断面整齐

图 3-20　二点委夜蛾在麦秸等覆盖物下为害

图 3-21　二点委夜蛾一般多头幼虫为害

图 3-22　地老虎为害不需要地表覆盖物

图 3-23　地老虎一般单头幼虫为害

第三节　二点委夜蛾为害玉米不同症状造成的产量损失

一、二点委夜蛾为害玉米不同症状造成的产量损失

2011 年 6～7 月于二点委夜蛾 2 代幼虫发生期，马继芳等(2012b)在河北藁城市增村，通过对玉米被害株进行标记、后期对标记株测产的方法，研究了二点委夜蛾为害不同症状类型造成的产量损失情况。由于玉米茎基部被咬断及心叶萎蔫枯死两种类型植株均在苗期死亡，无产量，不在测定范围。故研究只针对根部受害倒伏及叶片受损两种情况进行了标记和产量损失测定。试验品种为夏玉米浚单 20。两种症状类型各标记 30～40 株，以正常健株作对照，重复 3 次，持续观察各标记株生长状况，排除复合被害株及异常株，成熟期各症状类型及正常健株分别测产 20 株，重复 3 次。计算各症状的减产率。测定结果表明(表 3-1)，叶部受害对产量影响不大，与对照产量无显著差异，减产率仅 1.02%。而根部受害倒伏对产量影响大，与对照呈极显著差异，减产率达到 52.70%。

表 3-1　玉米叶片被害株、倒伏株与健株产量检测结果(藁城，2011 年)

症状类型	平均单穗长/cm	平均穗粗/cm	平均产量/(kg/20 穗)	减产率/%
倒伏株	15.47Bb	4.30Bb	1.86Bb	52.70
叶片残损株	19.50Aa	5.08Aa	3.89Aa	1.02
健株	19.50Aa	5.09Aa	3.93Aa	—

注：各处理测产 20 株，3 次重复，以 20 株穗粒重计产，同列数据后小写英文字母不同，表示在 0.05 水平上差异显著；大写英文字母不同，表示在 0.01 水平上差异显著。

二、二点委夜蛾造成玉米缺苗断垄的边际效应

二点委夜蛾为害夏玉米苗，造成严重缺苗断垄后，田间玉米密度变小，为了明确是否能够充分发挥玉米个体产量优势，2011 年马继芳等(2012b)在藁城市增村选择害虫发生 20%以上缺苗严重地块，分别对边行(是指因二点委夜蛾危害造成缺苗的边行)和不缺苗的正常行各选了 3 个点，每点 20 株，成熟期考种测定平均单株产量，结果按照单株平均湿重计算边行比正常行增产 5.82%，按照单株干重计算边行比正常行增产 5.02%，但经显著性测验，两者无显著差异，结果详见表 3-2。

表 3-2　2011 年田间测产数据(藁城，2011 年)

处理		重复 1/kg	重复 2/kg	重复 3/kg	平均/kg	增产/%
单株平均湿重	边行	6.725	6.785	6.550	6.687±0.04985Aa	5.82
	正常行	6.180	6.280	6.435	6.298±0.05245Aa	—
单株平均干重	边行	3.330	3.430	3.230	3.330±0.03651Aa	5.02
	正常行	2.990	3.200	3.300	3.163±0.05777Aa	—

注：同列数据后小写英文字母不同，表示在 0.05 水平上差异显著；大写英文字母不同，表示在 0.01 水平上差异显著。

三、二点委夜蛾为害玉米产量损失评估

二点委夜蛾对夏玉米为害是一个较长的持续过程，不同叶龄玉米受害状不同，对产量影响也不同。田间产量损失是各种症状类型各自的田间被害率及减产率两个因素共同影响的结果。为了准确掌握整个生育期二点委夜蛾为害对实际生产造成的损失，马继芳等(2012b)在玉米田随机设定4个点，对二点委夜蛾为害玉米情况进行定点系统调查和监测。调查各症状类型表现及被害株数，计算被害率，并根据各症状减产率及田间被害率进行产量损失评估。成熟期对以上4个点的玉米进行实际测产，结果见表3-3。田间四点共调查1290株玉米，4种症状的被害总株数为322株，被害率为24.96%；若没有二点委夜蛾为害，应获得的理论产量为245.3580kg，因该害虫为害，评估受害理论产量为202.5152kg，评估减产17.46%，实测产量为205.18kg，实际减产16.38%，产量结果经过显著性测验，二点委夜蛾为害减产显著，而评估理论产量与实际测产结果无显著差异。

表3-3 二点委夜蛾为害夏玉米的系统调查及产量测定结果(藁城，2011年)

地块编号	调查数/株	被害数/株				玉米产量/kg		
		叶片残损株	幼苗咬断株(死苗)	枯心苗株(死苗)	倒伏株	未受害理论产量	受害理论产量	实测产量
1	307	10	8	27	14	58.3914	50.3117	51.08
2	317	10	15	38	17	60.2934	51.9130	50.67
3	334	17	24	35	31	63.5268	49.1647	52.93
4	332	13	12	30	21	63.1464	51.1258	50.50
合计	1290	50	59	130	83	245.3580Aa	202.5152Bb	205.18Bb

注：在田间选择50个健康穗，计算每穗产量为0.1902kg，以此为依据进行产量损失测算；受害理论产量评估方法：调查株数×0.1902–(叶片残损株数×1.02%+幼苗咬断株数×100%+枯心苗株数×100%+倒伏株数×52.7%)×0.1902。产量同行数据后小写英文字母不同，表示在0.05水平上差异显著；大写英文字母不同，表示在0.01水平上差异极显著。

四、不同防治方法对玉米产量损失的影响

2011年隆尧县植保站徐璟琨等在魏家庄镇公子村，由于二点委夜蛾为害严重导致部分地块毁种，选择试验地块6月18日播种，7月5日进行了补种，产量损失为15.69%。而未采取任何防治措施的地块，最后的产量损失为34.08%。同时及时进行了毒饵防治的地块挽回了损失，田间测产与未发生区无明显差异，损失仅为4.65%，结果见表3-4。

表3-4 玉米田二点委夜蛾防治示范区产量调查表(隆尧，2011年)

处理	密度/(株/667m^2)	穗粒数/粒	千粒重/g	产量/(kg/667m^2)	损失率/%	
毒饵防治区	3275	625.4	333	579.7	4.65	Aa
受害后补种区	3628	545	305	512.6	15.69	Bb
发生为害未防治区	2410	602	325	400.8	34.08	Cc
未发生区	3367	630.4	337	608	—	Aa

注：同列数据后小写英文字母不同，表示在0.05水平上差异显著；大写英文字母不同，表示在0.01水平上差异显著。

二点委夜蛾为害后造成严重的缺苗断垄，不同农户采用不同的补救措施。如果缺苗在 50%以上，多数农户采用补种的方式，减产 15.69%，不及时补种可减产 34.08%。如果缺苗较少，而且不集中，补种后玉米幼苗会被周围玉米遮挡，生长缓慢，单株减产明显，此时有的农民选择移栽方式，3～5 叶期小苗，根系少缓苗快，则减产不显著，大苗有时缓苗慢、成活率低，也会影响产量。二点委夜蛾咬根造成的倒伏株，若能及时采取培土扶苗的方法，可促使生根缓苗，减少损失。

第四章　二点委夜蛾的饲养

二点委夜蛾是为害玉米的新害虫，获得大量发育一致的虫源是开展二点委夜蛾系统研究的基础。为此，自发现二点委夜蛾以后，马继芳等(2010)探索开展了二点委夜蛾饲养技术研究，经过几年探索，初步建立了一套高效、规范的饲养方法。

第一节　成 虫 饲 养

用品材料：花盆(直径 18cm)、小铲子、玉米种子、透明塑料桶(直径 14cm，高 30cm)、灭菌纱布、橡皮筋、小毛刷、蜂蜜、小喷壶、平底试管、剪刀、记号笔、天平和量筒等。

准备工作：在直径为 18cm 的花盆中种植玉米 2～3 株，待玉米苗长至 4 叶后备用，玉米苗不宜过高；配制 10%的蜂蜜水，置于 4℃保存备用；剪裁纱布至适宜封住塑料桶开口大小。

饲养方法：将透明塑料桶罩在栽有玉米苗的花盆上，用灭菌纱布封口并以橡皮筋固定，见图 4-1。饲养环境以室温 24～27℃、无阳光直射、适当遮蔽为宜。

用试管将二点委夜蛾成虫转移至桶罩内(图 4-2)，根据试验或继代饲养要求进行配对饲养或群体饲养，一般控制在 10～20 头，雌雄比例 1∶1 或雄虫略多均可；盆内土壤潮湿但不淹水，能供玉米苗正常生长即可。每天上午(或更换纱布后)和傍晚，可用小毛刷将 10%的蜂蜜水涂抹于封口的纱布上(图 4-3)，供成虫取食补充营养。期间可间隔数小时用喷壶喷水湿润纱布，溶化蜂蜜结晶，供成虫随时取食。成虫开始产卵后，根据卵量每 1～2 天更换一次纱布(图 4-4)，成虫产卵期一般 4～6 天，单雌产卵量 200～500 粒，后期成虫虽仍存活但不再产卵，可根据情况适当处理。

图 4-1　成虫筒罩饲养

图 4-2　试管转移成虫

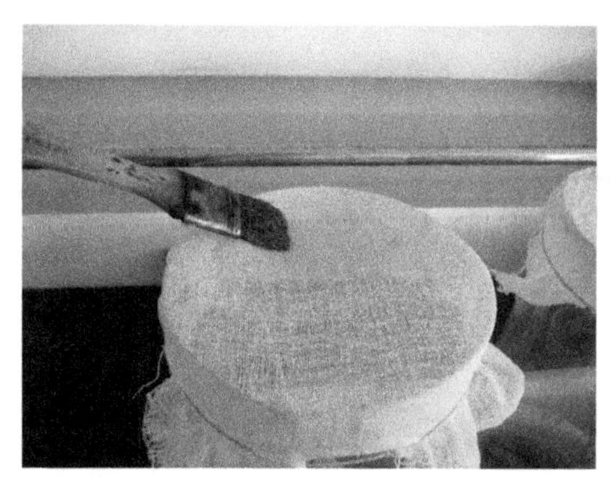

图 4-3　涂抹蜂蜜水饲喂成虫

图 4-4　成虫在封口纱布上取食或产卵

第二节　卵　孵　化

用品材料：烧杯（容量为 2L 和 500ml 两种规格）、37%甲醛试剂、保鲜袋、喷壶、镊子、晾晒架、记号笔等。

准备工作：配制 4%的甲醛溶液，用于卵的消毒处理。

方法：将载有卵的纱布浸入 4%的甲醛溶液中浸泡 5～10min 进行消毒处理；再用无菌水淋洗 3～5 次，在晾晒架上自然晾干；晾干后折叠收起，用喷壶喷水，让纱布微潮，再放入保鲜袋内封口，待其孵化（图 4-5）。卵孵化一般需要 3～5 天，可根据试验需求及时将初孵幼虫转移出来。

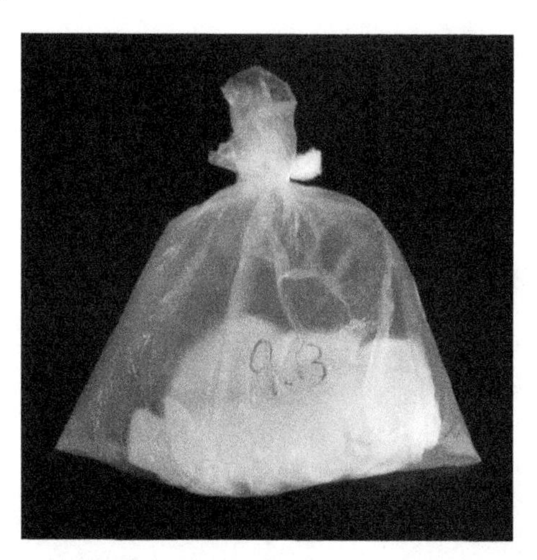

图 4-5　载卵纱布保湿存放待孵化

第三节　幼 虫 饲 养

二点委夜蛾是玉米害虫，采用新鲜玉米叶片等天然饲料喂养，需要每日更换食料，操作繁琐、工作量大，很难扩大饲养规模。已知室内饲养的二点委夜蛾幼虫在群体量大且食物缺乏时具有自相残食习性，因此研制适合二点委夜蛾的人工饲料和简便、高效的饲养技术，是实现试虫大规模、长期、继代饲养的两个关键问题。

一、人工饲料

人工饲料是昆虫学研究的基本技术及重要手段，其研究工作已有 100 多年的历史，涉及众多农林害虫及经济昆虫。以蛾类害虫的基本饲料配方为基础，根据大量田间调查发现，二点委夜蛾在同一生态环境中更喜欢取食苋菜、灰菜，配方中选用了苋菜、灰菜烘干粉。遵循简单、成本低廉、原材料易获取等原则，马继芳等初步筛选出 6 种不同配方的人工饲料，通过室内饲养研究不同营养物质对二点委夜蛾发育历期、蛹重、单雌产卵量等生长发育指标的影响，以便获得高质量、大批量、周年继代饲养的试验用虫。各饲料配方详见表 4-1。

表 4-1　二点委夜蛾幼虫人工饲料配方

成分	配方用量/g						来源
	ⅠY	ⅡX	ⅢH	ⅣP	ⅤM	ⅥC	
麦胚粉	—	—	60	60	60	60	市购
干酪素	—	10	—	—	—	—	Bio Basic
灰菜粉	—	—	86	86	—	—	自制
苋菜粉	100	100	—	—	100	100	自制
玉米粉	150	150	—	—	—	—	市购
大豆粉	100	100	20	40	40	40	市购
酵母粉	60	60	60	60	60	60	Oxoid
维生素 C	5	5	5	5	5	5	天津金世药业
维生素 B	0.5	0.5	—	0.5	0.5	—	石家庄欧意药业
葡萄糖	75	—	—	75	75	—	天津凯通化工
山梨酸	5	5	5	5	5	5	Bio Basic
甲醛	2	2	2	2	2	2	天津百世化工
尼泊金	2	2	2	2	2	2	上海生工
琼脂粉	20	20	20	20	20	20	Solarbio
无菌水	1000	1000	1000	1000	1000	1000	自制

将上述成分麦胚粉、灰菜粉、苋菜粉、玉米粉、大豆粉和酵母粉高压灭菌 30min。按配方称重，混合均匀后倒入溶化好的琼脂内，迅速搅拌均匀，待温度降至 60℃左右时加入维生素 B、维生素 C、甲醛，再次搅拌均匀后自然冷却，4℃冰箱保存。

用上述 6 种人工饲料连续饲养 3 代二点委夜蛾，调查记载二点委夜蛾的幼虫发育历期、幼虫存活率、蛹重、正常羽化率、单雌产卵量等生理指标，各项指标均取该饲养代数的平均值，LSD 法进行多重比较(DPS 分析软件)。具体结果见表 4-2。

表 4-2　不同饲料喂养下二点委夜蛾主要发育指标测定

饲料编号	代数	幼虫发育历期/d	幼虫存活率/%	蛹重/mg	正常羽化率/%	单雌产卵量/粒
Ⅰ	1	29.1±0.3712bB	89.3	67.0±2.0abcABC	87.7	296
	2	30.6±0.256aA	86.6	69.9±3.1abAB	86.21	238
	3	28.25±0.3745bcBC	87.7	64.0±1.7 bcdeABC	87.6	286
Ⅱ	1	27±0.3873deDE	84.5	61.9±2.0 cde BC	83.4	190
	2	26.35±0.2986eE	83.6	61.7±1.5cde BC	82.36	180
	3	27.25±0.5231deCDE	82.1	65.2±2.4 bcdeABC	76.8	185
Ⅲ	1	15.9±0.2449jH	92.4	64.6±1.8 bcdeABC	94.2	108
	2	16.95±0.174iH	91.7	65.7±1.8abcdeABC	87.1	114
	3	16.55±0.1572ijH	89.4	60.3±2.5 deCD	48.2	106
Ⅳ	1	20.9±0.2667fF	90.6	71.9±1.6aA	82.5	146
	2	18.3±0.359hG	90.67	65.1±1.7 bcdeABC	88.89	129
	3	21±0.2108fF	89.6	52.5±0.8 f DE	49.5	130
Ⅴ	1	21.15±0.3078fF	90.3	64.0±1.6 bcdeABC	76.7	182
	2	27.9±0.4269cdBCD	89.6	66.6±2.2abcdABC	86.96	187
	3	29.1±0.2963bB	87.7	66.4±1.7abcdABC	53.6	190
Ⅵ	1	19.95±0.293gF	91.3	59.6±1.3 e CD	83.3	149
	2	16.35±0.1302ijH	91.7	59.7±2.5 e CD	89.29	132
	3	16.35±0.1182ijH	92.1	49.2±1.3 f E	64	120

注：每处理 3 次重复，每重复供试幼虫 120 头。

从表 4-2 的结果可以看出，不同饲料对二点委夜蛾生长发育具有一定的影响。其中，饲料对二点委夜蛾幼虫发育历期影响较为显著，用饲料Ⅰ饲养的二点委夜蛾幼虫发育历期最长，第 1、第 2、第 3 代幼虫的发育历期分别为 29.1 天、30.6 天和 28.25 天；用Ⅱ号饲料饲养的二点委夜蛾幼虫发育历期略小于Ⅰ号饲料，第 1、第 2、第 3 代幼虫的发育历期分别为 27 天、26.35 天、27.25 天；用Ⅲ号饲料饲养时发育历期最短，第 1、第 2、第 3 代幼虫的发育历期分别为 15.9 天、16.95 天和 16.55 天；Ⅴ号饲料饲养的二点委夜蛾幼虫发育历期变化较大，第 1、第 2、第 3 代发育历期分别为 21.15 天、27.9 天、29.1 天。其次，不同饲料饲养下幼虫死亡率也有所差异，其中用Ⅵ号饲料饲养，幼虫存活率最高，第 1、第 2、第 3 代幼虫存活率分别为 91.3%、91.7%、92.1%；Ⅱ号饲料饲养幼虫存活率最低，第 1、第 2、第 3 代幼虫存活率分别 84.5%、83.6%、82.1%。此外，用饲料Ⅳ饲养的第 1 代二点委夜蛾蛹重较大，为 71.9mg，但至第 3 代蛹重仅为 52.5mg，明显降低；用饲料Ⅵ饲养也出现类似蛹重显著下降的情况；而用其他饲料则未出现蛹重明显下降的情况。同时，不同饲料对成虫羽化、产卵也有不同影响，本实验设计的 6 种饲料中，除Ⅰ号、Ⅱ号饲料外，其他 4 种饲料在饲养至第 3 代时均出现了羽化率明显降低的现象。并且成虫产卵量差异较大，第Ⅰ号饲料饲养下第 1、第 2、第 3 代的单雌产卵量最大，分别为 296 粒、238 粒、286 粒；其次为Ⅱ号和Ⅴ号饲料，第 1、第 2、第 3 代单雌产卵量(粒)分别为 190 粒、180 粒、185 粒和 182 粒、187 粒、190 粒；其他饲料饲养时产卵量均较少。总体看来，在供试的 6 种配方中，Ⅰ号饲料更适宜用于二点委夜蛾幼虫的饲养(图 4-6)。

图 4-6　Ⅰ号人工饲料

为了进一步研究明确Ⅰ号饲料在二点委夜蛾长期继代饲养过程中的表现，马继芳等又以玉米叶片的天然饲料进行饲喂作为对照，连续继代饲养。幼虫老熟后，转至铺有适量高温灭菌沙子的保鲜盒内，灭菌纸覆盖，至结茧、化蛹；将蛹从保鲜盒内捡出，放入带盖的透明容器内，直至成虫羽化，饲养条件为 27℃恒温，相对湿度 40%～60%，黑暗饲养；将羽化后的成虫转入放有玉米苗的塑料筒罩内，顶部罩纱布供其产卵，每天早晚在纱布上涂抹 5%蜂蜜水饲喂。每处理 3 次重复，每重复供试幼虫 120 头，饲养过程中均记录幼虫发育历期、蛹重、幼虫存活率、蛹羽化率及单雌产卵量。具体结果见表 4-3。

表 4-3　人工饲料和玉米叶片饲养二点委夜蛾幼虫的效果对比

发育指标	玉米叶		人工饲料	
	第 1 代	第 5 代	第 1 代	第 10 代
幼虫发育历期/d	25.30±2.8b	26.02±1.9b	20.51±1.5a	20.77±2.1a
幼虫存活率/%	50.11%±9.02b	7.35±3.02c	89.30%±2.35a	85.30%±6.02a
蛹长/cm	0.78±0.07b	0.61±0.07b	1.15±0.05a	1.07±0.02a
蛹重/mg	37±10b	33±9b	65±5a	63±6a
蛹羽化率/%	83.5	82.4	87.7	84.9
雌雄比	0.795±0.35a	0.533±0.10a	0.827±0.02a	0.829±0.08a
单雌产卵量/粒	165±56b	35±10c	345±133a	333±62a

从表 4-3 中可以看出，Ⅰ号饲料更适宜二点委夜蛾的生长发育和继代饲养，第 1 代二点委夜蛾幼虫期 18～24 天，平均 20.51 天；幼虫存活率 89.30%；蛹长 1.15cm；蛹重 56～82mg，平均 65mg；蛹羽化率 87.7%；雌雄比 0.827∶1；单雌产卵量 243～509 粒，平均 345 粒。继代饲养 10 代后，以上指标均没有明显的变化。而利用天然玉米叶片饲养的二点委夜蛾，第 1 代只有幼虫发育历期比人工饲料长，是 25 天；其他指标均比人工饲养的低，其幼虫存活率为 50.11%，蛹长 0.78cm，蛹重 37mg，羽化率 83.5%，雌雄比 0.795∶1，单雌产卵量 165 粒。继代饲养 5 代后，只有幼虫发育历期又延长了 1 天，其他指标均有明显的降低，特别是幼虫存活率、蛹长、蛹重、雌雄比和产卵量变化更加显著，分别降

至7.35%、0.61cm、33mg、0.533∶1、35粒。由此可见，使用Ⅰ号人工饲料饲养二点委夜蛾幼虫10代以上没有出现明显的种群退化，而使用新鲜玉米叶片饲养则只能维持5代左右。

目前筛选的二点委夜蛾幼虫人工饲料配方简单，原材料均为常见的营养物质，易于获取，并首次将苋菜粉加入昆虫人工饲料，完全可以满足二点委夜蛾整个世代的营养需求，使二点委夜蛾幼虫的饲养效果得到显著提高。同时，也可简化饲养方法，省工省时，大大降低饲养成本，完全可以满足大批量、周年、继代饲养二点委夜蛾的要求，能够随时获得大量标准虫源，促进各项研究工作的顺利开展。

二、饲养方法

二点委夜蛾幼虫具有避光习性，喜欢在潮湿隐蔽、地面覆盖物多的场所栖息为害。并且在食物缺乏或条件不利时具有自相残食的习性，3龄以后残食性更加明显。因此在人工饲养过程中往往需要进行单头饲喂，费时费力，并且增加了幼虫被机械损伤或病菌感染的机会，存活率低，是制约其大规模饲养的主要原因。马继芳等在使用人工饲料进行饲养的过程中发现，使用灭菌滤纸覆盖幼虫，既解决了幼虫的避光性，也大大减少了幼虫的自相残食，达到进行群体饲养，获得大量虫源的目的。该技术方法简便、节约原料、极大限度地减少了工作量。具体技术详述如下。

用品材料：酒精灯、灭菌的沙子、灭菌滤纸、塑料养虫盒、镊子、手术刀、小毛笔、记号笔、玉米粉、大豆粉、酵母浸粉、苋菜粉、葡萄糖、维生素C、复合维生素B、山梨酸、尼泊金甲酯、琼脂粉、无菌水等。

准备工作：首先玉米粉、大豆粉、酵母浸粉和苋菜粉高压灭菌30min；按配方称重，并将玉米粉、大豆粉、酵母浸粉、苋菜粉、葡萄糖、山梨酸和研磨后的尼泊金甲酯混匀，另外取适量水将琼脂加热溶化，倒入上述混合物中，迅速搅拌均匀，待温度降至60℃左右时加入研磨成粉的维生素C和复合维生素B，搅匀后自然冷却，4℃冰箱保存备用。

饲养方法：将人工饲料切成长宽为1.5cm左右的薄片，均匀放入塑料养虫盒内，再将初孵幼虫用消过毒的干燥毛笔转移至其中，最后在盒内加盖一层灭菌滤纸，创造幼虫适宜的隐藏环境。低龄期幼虫可以较高虫口密度(200头左右)进行饲养(图4-7)；随着龄期的增长，幼虫食量也开始增大，残食性增强，此时需要分装，减少每个养虫盒的幼虫量(50～100头)(图4-8)。人工饲料量也可以适当增加。此时幼虫食量大，排泄物也很多，

图4-7　幼虫爬在避光纸上

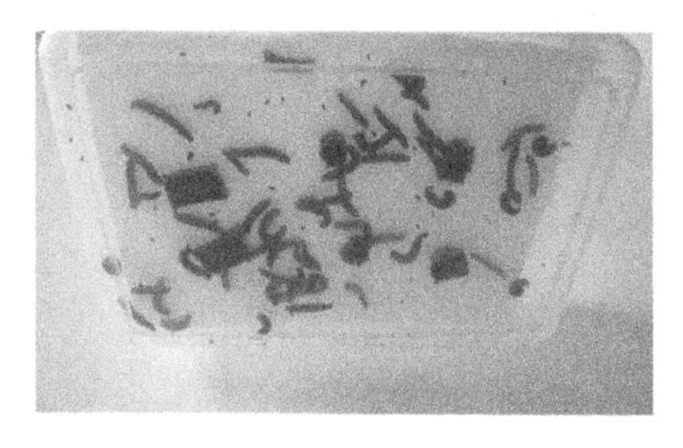

图4-8　幼虫避光群体饲养(底面)

要及时清理，以免污染杂菌和饲料腐败变质；待幼虫老熟后，根据其吐丝结茧的习性，可在盒内铺一层1～2cm厚的灭菌沙子，将老熟幼虫转移至此继续饲养(图4-9a)，老熟幼虫会钻入砂层内(图4-9b)，吐丝粘连沙粒结成茧，在其内准备化蛹(图4-9c)。根据试验要求的不同，前期一般均可以群体饲养，3龄后也可放入12孔板进行单头饲养，饲养方法相同。二点委夜蛾的整个幼虫期20～28天，不同食料会对幼虫历期有所影响。

图4-9　幼虫后期饲养

a. 老熟幼虫铺沙饲养；b. 老熟幼虫钻入砂表层；c. 老熟幼虫吐丝结茧

该方法与单孔饲养在幼虫发育历期、幼虫存活率、蛹长、蛹重、雌雄比、单雌产卵量等指标对比见表4-4。

表4-4　二点委夜蛾幼虫群体饲养与单头饲养下的生长发育指标

发育指标	单头饲养	群体饲养
幼虫发育历期/d	25.30±2.8a	23.51±1.5a
幼虫存活率/%	85.11%±9.02a	89.30%±2.35a
蛹长/cm	1.02±0.07a	0.95±0.05a
蛹重/mg	77±10a	65±5a
雌雄比	0.795±0.35a	0.827±0.02a
单雌产卵量/粒	295±56a	345±133a

注：每处理3次重复，每重复供试幼虫120头。

由表可见，应用本方法对二点委夜蛾幼虫进行群体饲养，主要发育指标与单孔饲养相比无明显差异，且幼虫存活率高于单孔饲养，达到89.30%。幼虫平均发育历期23.51天，平均蛹重65mg，雌雄比0.827∶1，平均单雌产卵345粒。该方法通过合理利用二点委夜蛾幼虫的避光特性来避免群体饲养时幼虫间的自相残杀，期间只需对大龄幼虫进行一次转移，最后化蛹也无须另外提供场所，在很大程度上减少了低龄幼虫易被损伤或被病菌侵染的机会。并且大大节省了幼虫单孔饲养所需的培养板或玻璃管的使用、清洗、消毒及多次移虫的繁琐操作，明显地降低了工作量，提高了工作效率。

第四节　蛹 期 管 理

用品材料：塑料养虫盒、灭菌的沙子、记号笔等。

方法：一般老熟幼虫结茧1～3天内在茧内蜕皮化蛹，沙茧较坚固，因此在发现幼虫结茧后即可用镊子轻轻将其转移至另外一个铺有干燥灭菌沙子的养虫盒内，也可根据需求转移至 12 孔板内单头保存，蛹期一般 6～10 天，在此期间不需要太大的湿度，注意保持盒内干燥(图 4-10)。二点委夜蛾的饲养适宜温度在 27℃左右，环境湿度一般控制在 40%～60%，当然也可以根据需要调节温度延迟和加速二点委夜蛾的生长发育。

图 4-10　沙茧

第五章　二点委夜蛾生活习性

第一节　成虫生活习性

一、成虫活动规律

二点委夜蛾成虫白天潜伏夜间活动。白天多寻找背光阴暗场所隐蔽，常在作物下层叶片的背面、地表缝隙、作物秸秆下、茎基部等处；夏季，二点委夜蛾成虫在阳光下暴晒即可晒死。田间调查发现，二点委夜蛾越冬代和第 1 代成虫多集中在小麦田，特别是第 1 代成虫喜欢在小麦收获后田间遗留的麦秸内集聚隐藏，第 2、第 3 代成虫除少量仍在玉米田外，大量迁移到甘薯、棉花、花生、大豆等有郁闭遮阴环境的作物田栖息。成虫受到惊动即起飞，飞翔高度 1m 左右，距离 3～5m，仍寻找背光处隐藏。傍晚至天黑后飞翔活动明显，开始寻觅食源补充营养和寻偶、交配、产卵等活动。清晨再次寻找隐蔽处隐藏(马继芳等，2011c)。

李立涛 2011 年对室内人工饲养的成虫夜间活动习性进行观察时发现，二点委夜蛾成虫多在傍晚时分开始活动，前半夜较为活跃，主要进行觅食、寻偶等，凌晨 0 时至 4 时进行婚飞及交尾，清晨后会再次静伏于隐蔽处栖息或产卵。董立利用二点委夜蛾的趋光性，于 2010 年 7 月 29 日至 8 月 1 日连续三天在隆尧县观察记录了佳多虫情测报灯 JDA_0-Ⅲ型上的诱蛾数据，采集时间为傍晚 18 时至翌日清晨 6 时，手动控制，每 2h 统计一次诱蛾数量(表 5-1)。

表 5-1　虫情测报灯对二点委夜蛾诱测情况(隆尧，2010 年)

诱蛾日期(月.日)	18～20 时	20～22 时	22～24 时	0～2 时	2～4 时	4～6 时	合计
7.29	357	94	45	29	49	15	589
7.30	329	128	42	35	15	0	549
8.1	57	28	18	24	19	0	146
合计/头	743	250	105	88	83	15	1284
平均/头	248	83	35	29	28	5	428
比例/%	57.9	19.5	8.2	6.8	6.4	1.2	100

结果表明，夜间各时段二点委夜蛾成虫对杀虫灯有一个明显的趋性规律。18 时人工开灯后，大量蛾就开始上灯，至 22 时，诱蛾量可达当天诱蛾总量的 77.4%；其中 18～20 时诱蛾量最大，平均诱蛾 248 头，占当天诱蛾量的 57.9%；20～22 时次之，平均诱蛾 83 头，占当天诱蛾量的 19.5%。22～24 时诱蛾量明显减少，占当天诱蛾量的 8.2%，至清晨 4～6 时，仅诱蛾 5 头，占当天诱蛾量的 1.2%，见图 5-1。这与田间和室内观察情况较为吻合，即傍晚天色渐暗后，二点委夜蛾成虫开始活动，飞翔行为增加，主要进行寻偶、觅食等飞翔活动，对光的敏感性及趋性反应均较强。而后半夜开始进行交配、产卵、栖息

等行为，对光的感应有所降低，加上在一定区域内，前半夜能够被诱的蛾大部分已上灯，可诱之蛾数量减少，故后半夜上灯量逐渐降低。清晨，二点委夜蛾成虫会再寻觅背光场所隐蔽。

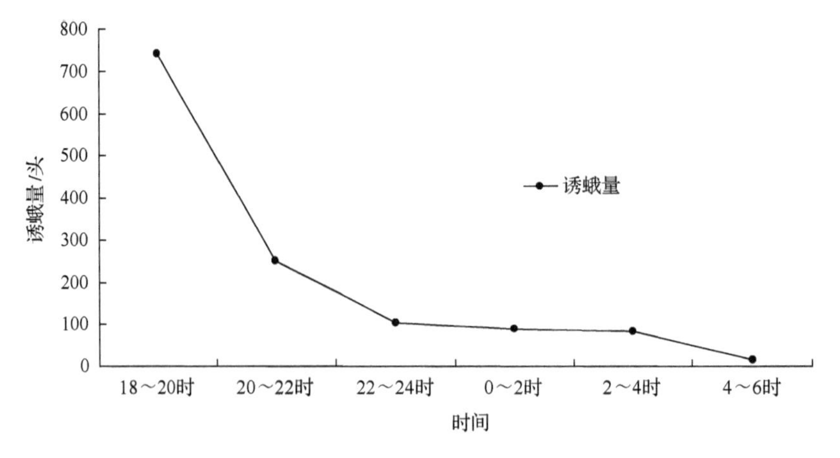

图 5-1　虫情测报灯对二点委夜蛾诱蛾量变化趋势(隆尧，2010 年)

2011 年 7 月 27～31 日，李立涛等(2012c)在河北省农林科学院粮油作物研究所堤上试验站进一步观察了其夜间活动情况。调查采用 5 盏佳多科工贸有限责任公司生产的 PS-15 Ⅱ型光控频振式杀虫灯(图 5-2)，杀虫灯离地面高度 1.5m，一字排开，间距 30m，晚上 20 时左右自动开灯，早晨 5 时左右自动灭灯，期间每小时收集 1 次诱杀袋内虫子，调查并记录各时段二点委夜蛾成虫上灯量，结果见表 5-2、图 5-3。

图 5-2　PS-15 Ⅱ型频振式杀虫灯

2011 年 7 月 27～31 日观测结果同样表明，成虫傍晚开始活动，逐渐活跃。在前 4h，即 20～24 时，杀虫灯单灯平均诱杀的成虫 311.96 头，占全天诱蛾量 417.76 头的 74.67%，尤其在前 2h 即 20～22 时，诱集量最大，单灯日均诱蛾 216.36 头，22～24 时，诱集量次之，为 95.60 头；24 时之后诱集量一直保持在较低水平，与 2010 年隆尧诱蛾规律一致。但其中 20～21 时诱蛾量低于 21～22 时，其原因还有待于进一步研究。

表 5-2　频振式杀虫灯对二点委夜蛾诱测情况(藁城，2011 年)　(单位：头)

诱蛾日期(月.日)	20～21 时	21～22 时	22～23 时	23～24 时	0～1 时	1～2 时	2～3 时	3～4 时	4～5 时	合计
7.27	612	973	347	178	114	134	195	143	94	2 790
7.28	149	753	370	292	131	207	144	215	186	2 447
7.30	221	487	476	125	68	38	41	27	12	1 495
7.31	361	690	189	75	68	55	62	60	46	1 606
8.1	505	658	181	157	136	99	79	205	86	2 106
合计	1848	3561	1563	827	517	533	521	650	424	10 444
平均	369.6	712.2	312.6	165.4	103.4	106.6	104.2	130	84.8	2 088.8
单灯均值	73.92	142.44	62.52	33.08	20.68	21.32	20.84	26	16.96	417.76
比例/%	17.7	34.1	15	7.9	4.9	5.1	5	6.2	4.1	100

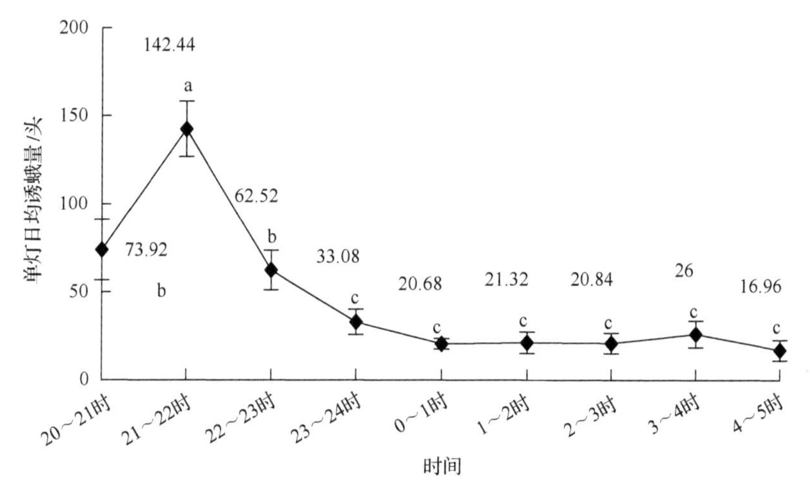

图 5-3　不同时间段杀虫灯对二点委夜蛾的诱蛾量(藁城，2011 年)

图中数据下小写英文字母不同，表示在 0.05 水平上差异显著

二、成虫趋性

(一)糖醋液

2011 年 6 月下旬至 7 月初、二点委夜蛾第一代成虫发生期，正定县和临西县同时进行了二点委夜蛾成虫对糖醋液趋性试验，糖醋液采用如下 4 种配方。

配方 1：糖 6 份、醋 3 份、白酒 1 份、水 10 份、90%晶体敌百虫 1 份；

配方 2：糖 3 份、醋 5 份、白酒 1 份、水 10 份、90%晶体敌百虫 1 份；

配方 3：糖 4 份、醋 4 份、白酒 1 份、水 10 份、90%晶体敌百虫 1 份；

配方 4：糖 3 份、醋 3 份、白酒 4 份、水 10 份、90%晶体敌百虫 1 份。

将上述不同糖醋液分别盛在 4 个直径 30cm 左右的诱测盆中，置于二点委夜蛾发生偏重的夏玉米田(高于作物 10cm，用三脚架支撑)，每天早晨查虫并清除死蛾。

正定县试验表明(表 5-3，安立云等，2012)二点委夜蛾成虫对糖醋液有一定趋性，但糖醋液诱集到的成虫数量偏少，4 天内 4 种配方诱蛾量分别为 3 头、9 头、5 头和 11 头，而佳多测报灯上诱蛾量却达到了 470 头。糖醋液单日最高诱蛾量出现在配方 2 中，仅为 6 头，而佳多测报灯单日最高诱蛾量却是 252 头。方差分析，4 种糖醋液配方对二点委夜蛾成虫诱集效果相近，差异不显著。说明二点委夜蛾对糖醋液虽有趋性，但对于本实验供试的 4 种配方趋性不强。

表 5-3 正定县糖醋液与测报灯对二点委夜蛾成虫诱杀效果比较(2011 年)

糖醋液配方(糖∶醋∶白酒∶水∶敌百虫)	诱集成虫数量/(头/d)				
	6 月 28 日	6 月 29 日	6 月 30 日	7 月 1 日	合计
配方 1(6∶3∶1∶10∶1)	2	0	1	0	3 Bb
配方 2(3∶5∶1∶10∶1)	0	6	2	1	9 Bb
配方 3(4∶4∶1∶10∶1)	2	3	0	0	5 Bb
配方 4(3∶3∶4∶10∶1)	4	5	1	1	11 Bb
佳多测报灯	46	82	252	90	470 Aa

注：6 月 28 日、29 日、30 日试验前 1 天的天气分别为晴、晴、阴，7 月 1 日当日凌晨 2～3 时降雨 3mm；同列数据后相同大写字母表示 0.01 水平下差异不显著；相同小写字母表示 0.05 水平下差异不显著。

临西县同期试验(表 5-4)，供试的 4 种糖醋液对二点委夜蛾成虫的整体诱杀量比正定县还少，10 天内 4 种配方诱蛾量分别为 3 头、2 头、2 头和 1 头，不能进行统计分析。而同期测报灯上的二点委夜蛾诱蛾量却达到了 707 头。同样说明了二点委夜蛾对糖醋液有一定趋性，但趋性不强(李保俊等，2011)。

表 5-4 临西县糖醋液、测报灯对二点委夜蛾成虫诱杀效果(2011 年)

糖醋液配方(糖∶醋∶白酒∶水∶敌百虫)	诱集成虫数量/(头/d)										
	6 月								7 月		合计
	23 日	24 日	25 日	26 日	27 日	28 日	29 日	30 日	1 日	2 日	
配方 1(6∶3∶1∶10∶1)	0	0	0	0	0	3	0	0	0	0	3
配方 2(3∶5∶1∶10∶1)	0	1	1	0	0	0	0	0	0	0	2
配方 3(4∶4∶1∶10∶1)	0	0	1	1	0	0	0	0	0	0	2
配方 4(3∶3∶4∶10∶1)	0	0	1	0	0	0	0	0	0	0	1
佳多测报灯	38	17	5	44	182	232	54	70	43	22	707

注：试验期间前 1 天的 20 时天气：22 日小雨、阴，23 日阴，24 日小雨，25 日多云，26 日阵雨，27 日多云，28 日多云，29 日晴、高温，30 日晴、高温，7 月 1 日晴。

(二)杨树枝把

2011 年 6～7 月，正定县植保站与临西县植保站分析比较了杨树枝把、麦秸把、半干草堆和麦秸堆对二点委夜蛾的诱集效果，以同期测报灯诱蛾数据作对照。杨树枝把一组 3 把，每把直径 10cm 左右，用 1～2 年生、叶片较多、长约 60cm 的毛白杨枝条制成，将基部扎紧后阴干 1 天、叶片萎蔫后使用，平放在地面玉米垄间。

麦秸把每把直径 5cm、长 50cm，一组 3 把，基部扎紧后端部朝下戳放于地面。半干草堆用晾萎蔫的杂草堆成，一组 3 堆，直径 0.5m，高 0.4m。麦秸堆亦一组 3 堆，直径 0.5m，高 0.4m，就地从田间取麦秸堆放。

杨树枝把、麦秸把、半干草堆和麦秸堆 4 种测具在田间一字排开，间隔 10m，每天早上检查并记录各自诱到的成虫数量。

调查显示(表 5-5)，杨树枝把对二点委夜蛾成虫具有很强的诱性，诱虫量比麦秸把、半干草堆和麦秸堆显著偏大，总体诱集效果与佳多测报灯相当；半干草堆和麦秸堆有一定诱虫效果，但诱蛾量小，且不稳定；竖放的麦秸把基本没效果。方差分析表明，佳多测报灯和杨树枝把诱蛾数量无明显差异；测报灯、杨树枝把分别与麦秸把、半干草堆、麦秸堆之间差异极显著或显著；麦秸把、半干草堆和麦秸堆三者之间无明显差异。从临西县杨树枝把与佳多测报灯同期诱测数据比较看(图 5-4)，杨树枝把诱蛾高峰还比佳多测报灯早 3d，这与历年用杨树枝把与佳多测报灯对其他夜蛾类害虫的诱测规律一致(李保俊等，2011；安立云等，2012)。

表 5-5　不同诱具对二点委夜蛾成虫的诱集效果比较

地点	诱具	诱集成虫数量/(头/d)										
		6 月								7 月		合计
		23 日	24 日	25 日	26 日	27 日	28 日	29 日	30 日	1 日	2 日	
正定县	杨树枝把	—	—	—	—	—	40	36	17	51	—	144 ABb
	麦秸把	—	—	—	—	—	0	0	0	0	—	0 Cc
	半干草堆	—	—	—	—	—	9	6	4	1	—	20 BCc
	麦秸堆	—	—	—	—	—	6	3	2	1	—	12 BCc
	佳多测报灯	—	—	—	—	—	46	82	252	90	—	470 Aa
临西县	杨树枝把	34	63	140	95	73	39	53	3	5	22	527 Aa
	麦秸把	0	0	0	0	1	1	0	0	0	0	2 Bb
	半干草堆	0	1	6	8	6	0	10	0	0	0	31 Bb
	佳多测报灯	38	17	5	44	182	232	54	70	43	22	707 Aa

注：同列数据后不同大写字母表示 0.01 水平下差异显著；不同小写字母表示 0.05 水平下差异显著；“—”没有实验。

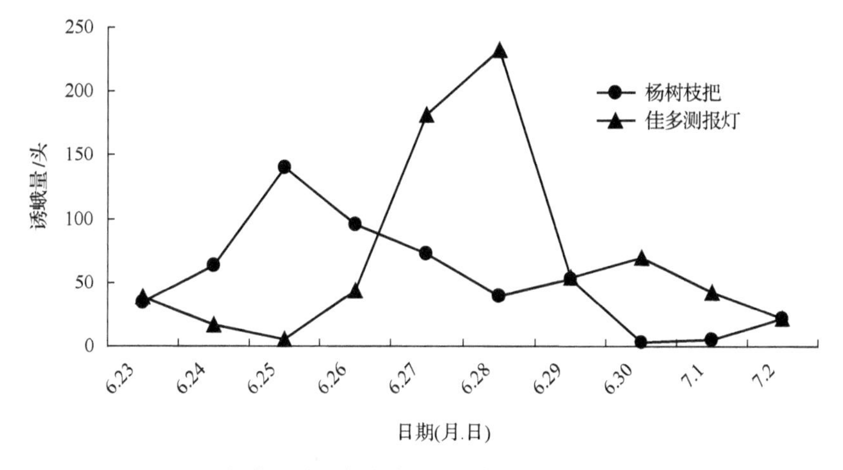

图 5-4　2011 年临西县 1 代成虫期杨树枝把与测报灯监测效果比较

（三）趋光性

2010 年 7 月底二代成虫盛发期，在藁城试验田机井房观察发现，入夜后打开窗户，室内的日光灯每晚可诱蛾上百头，成虫飞入后主要在灯管附近飞舞或停留在灯管附近白色墙壁上栖息。室内饲养时也发现二点委夜蛾成虫晚上会转移集中在向光面。这些现象说明，二点委夜蛾与其他夜蛾类昆虫一样具有趋光性。

不同昆虫对不同波长光的趋性各异。为了得到二点委夜蛾成虫的光敏感波段，李立涛于 2010 年 8～12 月，在河北农业大学植物保护学院魏国树教授指导下，用光行为反应箱进行了相关试验。首先，先在室内饲养足量幼虫并获得蛹，待蛹羽化成虫后 24h 内按雌雄分组；然后，在成虫受不同光波刺激前，为使其复眼适应状态尽量一致，要先令其在室内日光灯（光照度约 40.7lx）下光适应 2h，再置于暗室暗适应 2h。试验用单色光的波长（nm）分别为 340、360、380、400、420、440、460、483、498、524、538、562、583 和 605，傍晚开始试验处理，不同波长的光诱处理独立进行。每处理用虫 20～25 头，重复三次。结果见表 5-6。

表 5-6　二点委夜蛾成虫对不同波长光的趋性

试验处理波长/nm	趋光率/%	
	雌成虫	雄成虫
340	45.5	55.0
360	55.6	59.4
380	47.2	18.3
400	27.5	29.4
420	45.0	32.5
440	55.8	41.7
460	35.0	45.6
483	32.5	49.0
498	27.9	33.3
524	16.7	15.0
538	0.0	20.0
562	5.0	40.0
583	22.2	26.3
605	5.0	50.0

由表 5-6 可知，二点委夜蛾成虫对不同波长光的趋性不同，不同性别的成虫对同一波长光的趋性也不完全一致，有时甚至相反。雌成虫在 340～380nm 和 420～440nm 处的趋光率较高，均在 45%以上。雄成虫在 340～360nm 和 440～480nm 处趋光率较高，趋光率均在 40%以上。在 562nm 与 605nm 处，雄虫有较强趋性，趋光率≥40%，而雌虫趋光率仅 5%，趋性表现较弱。综合比较，在波长 340～360nm 和 440nm 处，雌雄成虫共有较好的趋光性。杨心月等（2015）也对二点委夜蛾成虫趋光行为进行研究，试验也证明了二点委夜蛾对该波段光趋性强。

2011 年 6 月 20～22 日，6 月 26～27 日，李立涛等（2012c）用佳多科工贸有限责任公司生产的 PS-15 II 型频振式杀虫灯（220V、30W）和该公司生产的编号为 1#、4#、5#、8#、

13#、15#、16#、19#灯管(常规灯管为对照)，在田间采用同时开灯、比较哪个上虫多的方法，再次进行了有关试验。灯管波长由中国科学院半导体研究所照明研发中心测定，波长范围 300～700nm。将这些杀虫灯一字形随机摆列于田间，间隔 10m，离地高度 1.5m。每天早晨收集诱捕袋内虫子，记录蛾量。试验过程中每日将灯的位置随机调换。

通过对不同波长杀虫灯在二点委夜蛾成虫高峰期 5 天诱蛾量的统计分析，可以看出(表 5-7)，不同波长杀虫灯诱捕效果有明显差异。其中 4#灯和 19#灯诱集效果明显好于对照，5 天的诱蛾量分别达到 1779 头和 1570 头，单日最高诱蛾量分别为 541 头和 442 头；1#灯与对照灯的诱集效果次之，5 天的诱蛾量分别为 1231 头和 1028 头；8#灯 5 天的诱蛾量为 659 头，其他灯的诱蛾效果较差，5 天的诱蛾量均不足 400 头。从光的波长角度看，田间试验结果与室内结果基本吻合，具有 340～360nm 波长光的 1#、4#和 19#灯诱蛾量明显高于其他灯，其中具有两个波长光的 4#和 19#灯诱蛾量高于单波长的 1#灯；说明 340～360nm 波长的光起主要诱蛾作用，在此基础上叠加其他波长的光可提高诱蛾效果。

表 5-7　不同波长杀虫灯对二点委夜蛾成虫诱杀效果

杀虫灯管编号	波长/nm	单日最高诱蛾量/(头/灯)	5 天总诱蛾量/(头/灯)	单日平均诱蛾量/(头/灯)	95%置信区间
1#	348	354	1231	246.2±35.7 bc	147.1～345.3
4#	356、394	541	1779	355.8±62.1 a	183.5～528.1
5#	422	97	315	63.0±10.3 e	34.5～91.5
8#	421	221	659	131.8±23.5 de	66.7～197.0
13#	502	49	160	32.0±6.3 e	14.4～49.6
15#	488、544、584、621	131	389	77.8±20.7 e	20.2～135.4
16#	451、595、620	52	178	35.6±6.3 e	18.1～53.1
19#	353、421	442	1570	314.0±47.8 ab	181.2～446.8
对照	362、421	313	1028	205.6±31.0 cd	119.4～291.8

为了进一步澄清不同型号灯管的杀虫效果稳定性，2011 年 7 月 27 日至 8 月 7 日再次对不同灯管进行诱杀试验，试验结果见表 5-8 和表 5-9。其结果再次显示 4#灯管效果最佳，1#灯管次之，19#灯管再次之，但是都比对照灯管效果好，而 8#和 15#灯管效果差，不及对照灯管。将 4#灯管与常规的对照灯管逐日诱蛾量加以比较(表 5-10)，可知 4#灯管比对照灯管诱蛾量稳定增加，增加幅度在 21.3%～133.3%，平均为 73.5%。因而可以确定，具有两个波长的 4#灯或相同产品宜作为二点委夜蛾诱杀专用光源和高效杀虫灯，日诱蛾量在 7 月 27 日最高，达到 1049 头。

表 5-8　不同型号灯管对二点委夜蛾成虫诱杀效果(一)

灯管型号	日期(月.日)					合计	排序
	7.27	7.28	7.30	7.31	8.1		
4#灯	1049	862	356	593	587	3447	1
1#灯	687	578	364	450	309	2388	2
对照灯	563	517	254	274	386	1994	3
8#灯	247	235	429	204	165	1280	4
15#灯	244	255	92	85	89	765	5

表 5-9　不同型号灯管对二点委夜蛾成虫诱杀效果（二）

灯管型号	日期（月.日）						合计	排序
	8.2	8.3	8.4	8.5	8.6	8.7		
4#灯	261	231	35	54	74	36	691	1
1#灯	211	185	20	41	60	35	552	2
19#灯	197	154	29	32	43	23	478	3
对照灯	151	143	15	26	61	24	420	4
8#灯	83	87	9	16	19	11	225	5

表 5-10　4#灯管比常规对照灯管对二点委夜蛾成虫诱杀效果比较

日期（月.日）	4#灯管诱蛾量/头	对照灯管诱蛾量/头	4#灯管比对照灯管增减/%
7.27	1049	563	86.3
7.28	862	517	66.7
7.30	356	254	40.2
7.31	593	274	116.4
8.1	587	386	52.1
8.2	261	151	72.8
8.3	231	143	61.5
8.4	35	15	133.3
8.5	54	26	107.7
8.6	74	61	21.3
8.7	36	24	50.0
平均	376	219	73.5

（四）性信息素

昆虫性信息素是昆虫在性成熟后，由特定腺体合成并释放到体外、用以吸引异性个体进行求偶交配活动的一类微量挥发性化学物质。因其灵敏度高、选择性强、对天敌无害、不造成环境污染等优点，广泛应用于害虫的预测预报和防治，其诱捕技术已成为一种新型的综合治理手段。

据 Szöcs 等（1981）报道，二点委夜蛾的性信息素主要成分为顺-7-十二碳烯醋酸酯[（Z）-7-dodecenyl acetate，分子式为：

OAc]和顺-9-十四碳烯醋酸酯[（Z）-9-tetradecenyl acetate，分子式为： OAc]，

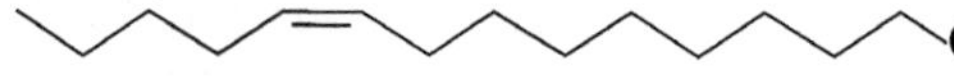

两种成分比例不同，诱蛾效果也不同。在匈牙利紫花苜蓿田，当两者比例为 1∶1 时，诱蛾效果最好，两个月诱蛾量为 13 头，其他比例的诱蛾量仅 1～2 头。此外，这两种化合物不仅是二点委夜蛾的性信息素组分，也是其他多种昆虫的性信息素组分，如顺-7-十二碳烯醋酸酯也是苜蓿银纹夜蛾（*Autographa californica*）、粉纹夜蛾（*Trichoplusia ni*）、芹菜夜蛾（*Anagrapha falcifera*）、裂日羽蛾（*Nippoptilia issikii*）、大豆夜蛾（*Pseudoplusia includens*）、三双鞘蛾（*Coleophora trigeminella*）和异拟彩虎蛾（*Mimeusemia basalis*）等几十种昆虫的性信息素组分。

国内李维维等(1993)也曾对二点委夜蛾性诱剂进行研究，结果进一步表明二点委夜蛾的性信息素主要成分为顺-7-十二碳烯醋酸酯和顺-9-十四碳烯醋酸酯，与Szöcs等(1981)的研究结果一致。在北京通县田间，两种成分以不同比例混合，引诱的二点委夜蛾(当时称黑点委夜蛾)雄蛾数量是不同的。当两者比例为1∶1时诱蛾效果最好，19天的诱蛾量为20头。

1. 二点委夜蛾性诱剂的研制及使用方法

盛承发研究员等2011年对二点委夜蛾性诱剂配方和制作工艺作了系统研究，研发出高效性诱剂诱芯及与之配套的水盆诱捕器。诱芯载体为天然橡胶塞(含性诱剂时称为诱芯)，反口钟形，长1.5cm。诱捕器选用25～30cm的绿色硬质塑料盆，内盛4/5容量清水，加少量洗衣粉。诱芯用长35cm左右的18～20号细铁丝穿过，横放在盆口中间并固定。诱芯开口朝下，与水面距离为0.5～1cm。当年，河北省农林科学院谷子所马继芳在藁城县玉米地试验，7月31日晚4个诱杀水盆分别诱蛾52头、48头、41头、46头。在蛾盛期已过的情况下，如此诱蛾量还是很高的，说明该种性诱剂剂型具有较高的田间活性。采用性信息素诱蛾，诱捕器的颜色、直径和设置高度等条件对诱捕效果有显著影响。李立涛等(2012a)选择诱芯高度高出玉米植株顶端25cm、低于玉米植株顶端25cm、低于玉米植株顶端75cm(分别记为25cm、–25cm、–75cm)进行试验，诱芯高出玉米植株冠层25cm时诱蛾量最大(表5-11)。水盆诱捕器颜色红色、蓝色和绿色三种相比，绿色为最好。水盆口径35cm、25cm与15cm三者相比，大者为佳。其中水盆诱捕器放置高度是影响诱捕效果的首要因素，水盆口径次之，水盆颜色影响相对较小。

表5-11 水盆诱捕器不同口径、颜色和高度的诱蛾量(藁城，2011年)

水盆诱捕器高度及规格			日均诱蛾量/(头/诱捕器)	最高单日诱蛾量/(头/诱捕器)	8天总诱蛾量/(头/诱捕器)
高出玉米冠层/cm	口径/cm	颜色			
25	35	绿色	40.25 a	105	322
25	25	绿色	24.63 b	57	197
25	15	绿色	14.63 c	31	117
25	25	红色	6.75 a	20	54
25	25	绿色	8.75 a	19	70
25	25	蓝色	6.38 a	14	51
25	25	绿色	12.13 a	25	97
–25	25	绿色	4.00 b	13	32
–75	25	绿色	0.75 b	2	6

注：表中不同诱捕器口径、颜色、高度分别进行统计分析，不同字母表示差异显著($P<0.05$)。

为了进一步验证诱捕器放置高度、口径、颜色对诱虫效果的影响，李立涛等于当年8月3～8日选择诱虫较好的2个处理进行再次组合，对其效果进一步进行了检测和评价(表5-12)。检测表明，不同组合之间诱蛾量有显著的差异。其中35cm口径的绿色水盆诱捕器，放置高度高出玉米冠层25cm时，诱蛾效果最好，日均诱蛾量达23.83头，单日最高诱蛾量达65头，6天的总诱蛾量为143头，且诱蛾效果稳定，每日诱蛾量均高于其他组合；将各组合的诱蛾量分类综合再进行极差法分析，可以得出，诱捕器高度高出玉米植株0.25m的所有组合的诱蛾总量最高为410头，当高度低于玉米植株0.25m时，诱蛾总量下降到186头，两者差值为224头；同理可得到口径大小组合之间的差值为132头，不同颜色组合之间的差值为52头，差值越大说明该因素对诱蛾效果影响越大，由此可以再次确定水盆诱捕器放置高度是影响诱捕效果的首要因素，水盆口径次之，水盆颜色影响相对较小。因此，在实际应用中，应确保诱捕器的放置高度适当，而水盆口径和颜色则可酌情调整。

表5-12 诱捕器口径、颜色、放置高度不同组合的诱蛾效果(藁城，2011年)

水盆诱捕器			日均诱蛾量/(头/诱捕器)	最高单日诱蛾量/(头/诱捕器)	6天总诱蛾量/(头/诱捕器)
高出玉米冠层/cm	口径/cm	颜色			
25	35	绿	23.83 a	65	143
–25	35	绿	9.00 d	21	54
25	25	绿	13.83 c	41	83
–25	25	绿	7.33 de	17	44
25	35	红	19.33 b	59	116
–25	35	红	8.5 d	17	51
25	25	红	11.33 de	43	68
–25	25	红	6.17 e	15	37

注：表中不同字母表示差异显著($P<0.05$)。

鉴于性诱剂的质量对诱蛾量常有很大影响，2012年盛承发等对2011年研制的诱芯(A诱芯)组分、配比及制作工艺作了进一步改进，制成新诱芯(B诱芯)，期望显著增强诱蛾效果及性价比。

试验地点设在藁城市河北省农林科学院粮油作物研究所堤上试验站，选择二点委夜蛾发生量较大的地块。试验1于2012年4月25日至5月6日在小麦地对越冬代成虫进行试验；试验2于2012年6月18日至7月11日在玉米地对一代成虫进行诱测；试验3于2012年7月12～25日对二代成虫进行诱测，也在玉米地进行。不同诱芯处理之间间隔3.8～4.2m，重复之间间隔30～32m。统计分析时按每2～5天各处理平均数，作SPSS Paired-t Test(马继芳等，2013a)。

试验1对二点委夜蛾越冬代成虫诱测结果显示(表5-13)，A诱芯2～3天3盆诱蛾量为2～48头，平均17.4头。B诱芯2～3天3盆诱蛾量为5～119头，平均60.0头，平均诱蛾量后者是前者的3.45倍，统计分析显示，其差异显著(t=3.58，P=0.023)。试验2对二点委夜蛾一代成虫诱测结果显示(表5-14)，A诱芯2～5天2盆诱蛾量为10～276头，平均87.8头。同期B诱芯诱蛾量为4～158头，平均58.1头，B诱芯平均诱蛾量比A诱芯低33.83%，统计分析显示，其差异未达显著水平(t=0.91，P=0.394)。试验3对二点委夜蛾二代成虫诱测结果显示(表5-15)，A诱芯2～3天2盆诱蛾量为36～180头，平均124.6头。B诱芯2～3天2盆诱蛾量为271～461头，平均337.6头，B诱芯平均诱蛾量是A诱芯的2.71倍，统计分析显示，其差异极显著(t=5.34，P=0.006)。

表 5-13　A、B 两种性诱芯对越冬代成虫诱测结果（藁城，2012 年）

调查日期(月.日)	不同诱芯诱蛾量/(头/3 盆)	
	A 诱芯	B 诱芯
4.25～4.27	48	119
4.28～4.30	6	45
4.29～5.1	9	72
5.2～5.3	22	59
5.4～5.6	2	5
平均	17.4 b	60.0 a

注：平均数后不同字母表示差异显著($P<0.05$)。

表 5-14　A、B 两种性诱芯对一代成虫诱测结果（藁城，2012 年）

调查日期(月.日)	不同诱芯诱蛾量/(头/2 盆)	
	A 诱芯	B 诱芯
6.18～6.20	78	117
6.21～6.23	66	89
6.24～6.27	276	158
6.28～7.1	73	7
7.2～7.3	10	28
7.4～7.6	66	51
7.7～7.8	18	11
7.9～7.11	11	4
平均	87.8a	58.1a

注：平均数后不同字母表示差异显著($P<0.05$)。

表 5-15　A、B 两种性诱芯对二代成虫诱测结果（藁城，2012 年）

调查日期(月.日)	不同诱芯诱蛾量/(头/2 盆)	
	A 诱芯	B 诱芯
7.12～7.14	173	271
7.15～7.17	176	461
7.18～7.19	36	298
7.20～7.22	180	316
7.23～7.25	58	342
平均	124.6A	337.6B

注：平均数后不同字母表示差异显著($P<0.01$)。

为了进一步比较两种诱芯的诱蛾效果，在 7 月 17～25 日二代成虫羽化高峰期间，利用 A、B 两种性诱芯进行试验，单盆日最大诱蛾量分别为 74 头和 245 头(表 5-16)，分别出现在 7 月 21 日和 7 月 23 日，9 天平均单盆日诱蛾量分别为 23.6 头和 95.4 头，A、B 两种性诱芯之间差异显著($t=3.16$，$P=0.013$)。

表 5-16　A、B 两种性诱芯单盆日诱蛾量(藁城，2012 年)

调查日期(月.日)	不同诱芯诱蛾量/(头/盆)	
	A 诱芯	B 诱芯
7.17	30	103
7.18	15	128
7.19	10	128
7.20	5	56
7.21	74	77
7.22	33	93
7.23	32	245
7.24	9	13
7.25	4	16
平均	23.6a	95.4b

注：平均数后不同字母表示差异显著(P<0.05)。

对上述试验整体分析，A、B 诱芯在试验所有时间区段内对二点委夜蛾诱蛾量分别为 1308 头和 2453 头，B 诱芯的诱蛾量是 A 诱芯的 1.88 倍，其中 B 诱芯对越冬代和二代的诱蛾量比 A 诱芯高，均达到了显著水平，对一代的诱蛾量稍低，但是差异未达显著水平。其中 A、B 诱芯单诱芯最大诱蛾量分别为 74 头和 245 头，9 天单诱芯平均诱蛾量也达到显著水平。同期在山西省临汾市进行的试验也获得类似结果，B 诱芯的诱蛾量是 A 诱芯的 2.31 倍，差异达显著水平(李霞等，2013)。改进后 B 诱芯的成本没有增加，性价比大幅度提高。由此可见，2012 年改进的 B 诱芯比 A 诱芯的优势更大。

二点委夜蛾二代成虫发生量大，并从玉米田向其他作物田间转移，2012 年 7 月 18～26 日，利用二点委夜蛾 B 诱芯在不同作物田间对二点委夜蛾发生量进行监测，其中 7 月 21 日在棉花田间单诱芯日诱蛾量达到了 727 头(表 7-11)，表明 B 诱芯的诱蛾性能已经达到了较高水平(图 5-5)。

图 5-5　B 诱芯及其诱捕效果(最高 727 头/日盆)

盛世蒙等(2012)实验了诱捕器中不同数量性诱芯诱蛾效果，结果表明，诱捕器中 1～3 个诱芯，其诱蛾量没有明显差别。

2. 二点委夜蛾性诱芯的持效期

张全力等(2012a)在辛集马兰农场(北纬 37.90°，东经 115.22°)对二点委夜蛾高效性诱芯(B 诱芯)的持效期进行了试验。2012 年 5 月 8 日首次安装性诱芯，要求 40 天换芯，从田间诱蛾的情况看每天数量不减，为了验证性诱芯的使用时间，直到 7 月 24 日只换去了 1 号、3 号、5 号诱捕器上的诱芯，2 号、4 号诱捕器上的诱芯继续使用。为了剔除由于诱芯安装位置、环境引起的误差，换芯前总共 79 天，5 只诱芯总诱蛾 20 241 头，其中 1 号、3 号、5 号诱芯每只平均诱得雄蛾 3802.3 头，占同期 5 只诱芯诱蛾总量的 18.79%。2 号、4 号诱芯前 79 天平均每只诱蛾 4417 头，占同期 5 只诱芯诱蛾总量的 21.82%。7 月 25 日至 9 月 2 日，换芯后总计 39 天，5 只诱芯总诱蛾 232 头，其中 1 号、3 号、5 号诱芯诱得雄蛾 127 头，平均每只占同期 5 只诱芯诱蛾总量的 18.25%。2 号、4 号诱芯诱得雄蛾 105 头，平均每只占同期 5 只诱芯诱蛾总量的 22.63%。从图 5-6 可以看出：换芯的 1 号、3 号、5 号中 1 号、3 号换芯后诱蛾比例增加了，5 号诱芯换芯后减少了。在不换芯的 2 号、4 号中 2 号比不换芯以前减少了，4 号比不换芯以前还增加了。由此可见，诱蛾量的多少与安放位置及周围环境有关，与换芯不换芯关系不大。因此推测一只二点委夜蛾性诱芯的有效期在 4 个月左右。持效期长，可以避免更换诱芯的繁琐，不仅节约材料成本，还可以大大减少工作量。

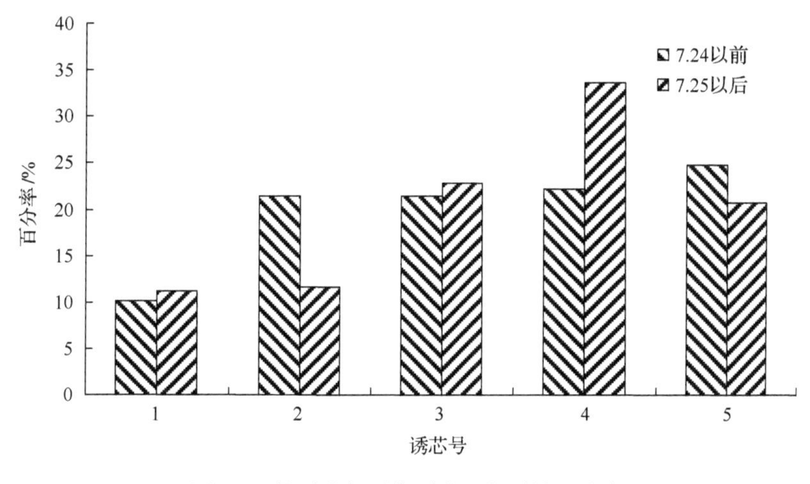

图 5-6　换诱芯与不换诱芯同期诱蛾百分率

马继芳等对二点委夜蛾诱芯的保存时间也进行了实验，3 种诱芯的制作时间分别在 2011 年 4 月、2012 年 4 月和 2013 年 4 月，使用之前均放置在–18℃冰箱中保存。试验于 2013 年 6 月 21～25 日在河北省农林科学院粮油作物研究所藁城市堤上试验站玉米田进行，3 个放置不同诱芯的诱捕器在田间呈三角形排列，间距 30m，每日按顺时针方向调整位置。结果(表 5-17)显示 3 种诱芯诱蛾效果并无显著差异。试验观测时间较短，初步认为，诱芯在低温冷冻情况下可以保存 2～3 年而基本不丧失其诱蛾效果。

表 5-17　不同冷冻时间下二点委夜蛾诱芯的诱蛾效果(石家庄，2013 年)

处理	日期(月.日)					合计/头	方差分析
	6.21	6.22	6.23	6.24	6.25		
2011 年诱芯	38	46	19	9	43	155	Aa
2012 年诱芯	54	55	26	13	57	205	Aa
2013 年诱芯	51	55	32	12	60	210	Aa

3. 不同诱捕器对二点委夜蛾的诱集效果

2011 年 8 月 1～5 日，马继芳等在藁城试验站使用河北省林业科学研究院提供的三角形黏胶诱捕器观察二点委夜蛾的田间诱集情况。将诱捕器放置在二点委夜蛾发生较重的玉米地块的地头，3 次重复，间隔 20m 纵向排列，以 1 只水盆诱捕器作对照，间隔 50m。试验期间 3 只三角形诱捕器仅诱到 7 头二点委夜蛾雄蛾，而同期 1 个水盆诱捕器共计诱到 114 头，见表 5-18。因此判断三角形黏胶诱捕器对二点委夜蛾并没有较好的诱杀效果，不适用于二点委夜蛾成虫诱杀。

表 5-18　三角形黏胶诱捕器对二点委夜蛾的引诱效果(藁城，2011 年)

处理	日期(月.日)					合计/头	方差分析
	8.1	8.2	8.3	8.4	8.5		
三角形黏胶诱捕器 1	0	1	1	0	0	2	Bb
三角形黏胶诱捕器 2	1	0	1	0	0	2	Bb
三角形黏胶诱捕器 3	0	2	0	1	0	3	Bb
水盆诱捕器	52	24	12	14	12	114	Aa

2013 年 7 月，又对干式诱捕器(宁波纽康)和水盆诱捕器(自制)对二点委夜蛾的诱捕效果进行了对比。试验在藁城试验站 2 代成虫盛发期时的玉米田进行。两种诱捕器高度一致，间距 3m，设 3 次重复，每组处理间隔 30m 纵向排列，隔日调查一次，由表 5-19 结果可以明显看出，3 个水盆诱捕器 8 天诱到二点委夜蛾 497 头，而干式诱捕器仅诱到 104 头，方差分析显示水盆诱捕器对二点委夜蛾的诱捕效果极显著优于干式诱捕器。

表 5-19　不同诱捕器对二点委夜蛾的引诱效果(石家庄，2013 年)

处理		日期(月.日)				合计/头	总计/头
		7.10	7.12	7.14	7.16		
干式诱捕器	重复 1	2	4	4	7	17	104Bb
	重复 2	2	1	2	12	17	
	重复 3	16	20	14	20	70	
水盆诱捕器	重复 1	25	30	48	25	128	497Aa
	重复 2	19	10	33	55	117	
	重复 3	51	55	69	77	252	

分析以上三种市场上常用的诱捕器对二点委夜蛾的诱捕效果可以看出，水盆诱捕器更适用于二点委夜蛾成虫防治。其诱芯设计为开放型，利于性信息素挥发扩散，并且诱捕面积大，不易逃逸。2012 年 7 月 23 日 2 代成虫盛发期在棉花地试验，30cm 口径盆的

日最高诱蛾量可以达到 727 头，盆内的成虫存储容量可以达到千头以上。而干式诱捕器和三角形黏胶诱捕器都是将诱芯隐藏于诱捕器中央，不利于有效成分的挥发扩散，特别是三角形黏胶诱捕器容量较小，也容易黏结蚜虫等小型飞虫和灰尘、土粒等，影响诱捕效果。

4. 利用性诱剂对二点委夜蛾进行系统监测

张全力等(2012a)利用上述高效性诱芯对二点委夜蛾发生量进行了系统监测，并与同期黑光灯上的诱蛾数量进行了比较，结果见图 5-7。性诱剂诱捕器安放在辛集市马兰农场的小麦田，每 50m 安放 1 个，共设置 5 套，佳多虫情测报灯设在农场东边的小麦田和蔬菜田，与性诱剂诱杀区相距 200m，中间由农场建筑及围墙隔开。性诱剂试验从 2012 年 5 月 9 日至 9 月 2 日共计 116 天，5 套性诱剂诱捕器共诱得二点委夜蛾雄蛾 20 473 头，数据完整率 100%。其中越冬代成虫有一明显峰期，5 月 9 日蛾量即达 47 头，最大蛾量 131 头出现在 5 月 12 日，5 月 16 日诱蛾 9 头，以后蛾量减少，5 月 9～16 日共计诱蛾 295 头。一代成虫 6 月 1 诱蛾量为 297 头，以后诱蛾量在持续增高，6 月 8 日出现第一个蛾峰，蛾量 1096 头，蛾量最高日在 6 月 13 日，诱蛾 1102 头，6 月 28 日诱蛾量为 345 头，以后蛾量显著减少，6 月 1～28 日共计诱蛾 14 452 头。二代成虫始盛期为 7 月 8 日，诱蛾量为 133 头，7 月 12 日最高达到 520 头，7 月 23 日诱蛾量 191 头，以后蛾量明显减少，但是在 8 月 1 号诱蛾量回升至 73 头，8 月 6 日还有 30 头，7 月 8 日至 8 月 6 日共计诱蛾 4712 头。

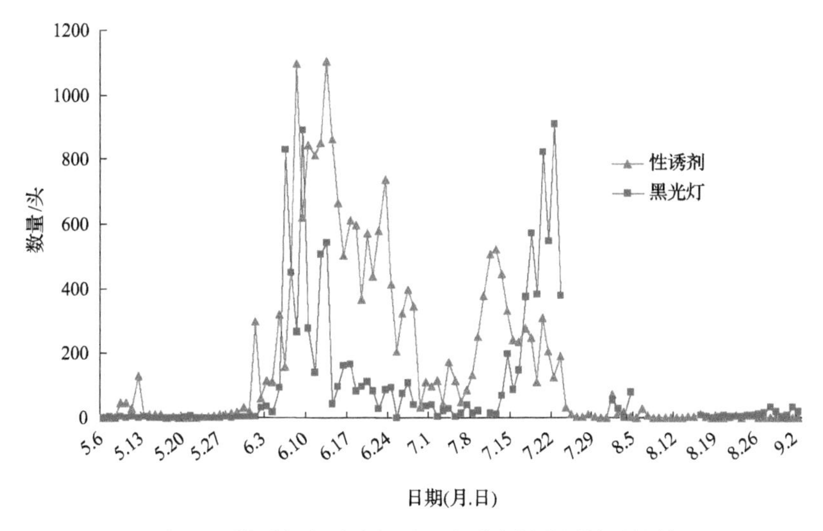

图 5-7　性诱剂与杀虫灯对二点委夜蛾监测结果比较

佳多虫情测报灯统计日期从 5 月 6 日至 9 月 2 日共计 119 天，共诱得雌雄蛾 10 469 头，其中 2 次故障、3 次降水共停机 22 天，数据完整率 81.5%。越冬代成虫无明显峰期，同期 5 月 9～16 日诱蛾量仅有 10 头。一代成虫在 6 月 5 日开始增多，诱蛾量为 92 头，6 月 6 日出现第一个蛾峰，蛾量 830 头，蛾量最高日出现在 6 月 9 日，诱蛾 890 头，6 月 13 日蛾量为 542 头，以后蛾量急剧减少，明显蛾峰只有 9 天，处于性诱蛾峰之间，6 月 1～28 日共计诱蛾 5351 头。二代成虫从 7 月 13 日开始增多，蛾量为 69 头，7 月 22 日达到高峰，蛾量为 910 头，8 月 1 日蛾量为 54 头，8 月 4 日为 78 头，7 月 24～31 日、8 月 5～15 日灯坏，数据不完整，推测二代成虫峰期也在 7 月 8 日至 8 月 6 日之间，其中 7 月 8 日下雨，灯坏 10 天，7 月 8 日至 8 月 6 日共计诱蛾量为 4713 头。

对比性诱剂诱捕器与杀虫灯的监测数据可以看出，性诱剂诱捕器在对越冬代成虫的监测敏感度上显著高于黑光灯，可以明显监测到越冬代成虫的消长情况，同期性诱剂诱捕器诱蛾量是测报灯诱蛾量的 29.5 倍。两者对一代成虫的监测趋势基本一致，高峰期黑光灯较性诱剂稍有提前，但性诱剂监测峰期长、数量大，同期蛾量是黑光灯的 2.7 倍。而在二代成虫监测上性诱剂仍表现峰期宽泛的特点，但是在数量上明显不及黑光灯，8 月 7 日以后很少诱到二点委夜蛾，其主要原因一是 2 代成虫发生期也是玉米生长旺期，玉米植株高度不断增加，性诱剂诱捕器被玉米遮挡，空气流速降低，不利于性诱剂有效成分的挥发弥散；二是性诱剂诱捕器诱虫范围较小，二代成虫开始从玉米田块逐渐转移到棉花、甘薯、花生、大豆等其他作物田块。另外，性诱剂诱捕器诱杀的只是雄性成虫，而测报灯诱杀的是所有成虫，性诱剂诱捕器与黑光灯诱杀二点委夜蛾高峰日不完全吻合，可能与雌雄成虫羽化、活动及寿命差异等有关，其他夜蛾类害虫也有类似现象。

通过连续几年的系统实验可以看出，性诱剂诱杀二点委夜蛾雄蛾，不受电力设施限制，方法简便，数据完整，诱蛾数量较大，成本低，无污染，能够准确描述二点委夜蛾的发生动态，可以用于测报，也可以大面积用于生产田防治二点委夜蛾。

三、二点委夜蛾雌蛾卵巢发育进度、分级标准及其应用

(一)卵巢结构及发育进度

李立涛等(2012b)对室内饲养的二点委夜蛾雌成虫从羽化到交配产卵分时段进行了解剖，具体解剖方法为：首先将选出的二点委夜蛾雌成虫放入毒瓶内杀死，再用眼科剪刀将其翅和足剪掉，然后转入蜡盘内，用昆虫针固定，从尾部向前沿背部中线剪开，用昆虫针将拉开的体壁固定在虫体两侧，最后用钩针挑出卵巢，去除多余脂肪体等，再进行显微观察其卵巢的结构及发育进程和拍照。结果显示二点委夜蛾具有 1 对卵巢，各由 4 个卵巢小管组成。发育进程可分为 5 个阶段，透明期、卵黄沉积期、成熟待产期、产卵盛期和产卵末期。各阶段的卵巢特征分述见表 5-20 和图 5-8。由表 5-20 可以看出，二点委夜蛾羽化后 12h 即进入卵黄沉淀期，最早 24h 卵巢即可发育成熟，约 72h 进入产卵盛期，产卵盛期 3 天左右。

表 5-20　二点委夜蛾卵巢分级特征

级别	Ⅰ级 透明期	Ⅱ级 卵黄沉积期	Ⅲ级 成熟待产期	Ⅳ级 产卵盛期	Ⅴ级 产卵末期
发育历期	羽化后 0.5 天	羽化后 0.5～2 天	羽化后 1～3 天	羽化后 3～6 天	羽化后 6 天
发育特征	卵粒未形成，初羽化时卵巢管细小而柔软，卵巢管柄及输卵管明显，全部透明，发育至 12h 时，隐约可见透明的卵细胞	卵粒开始形成，卵巢小管略微膨大，整个卵巢略显青绿色	卵粒逐渐成熟，卵巢小管出现明显膨胀和缢缩，基部已有数个成熟的黄绿色或黄白色卵，有时卵粒已达侧输卵管内	卵巢小管继续膨大，成熟卵粒增多，黄白色，输卵管内可见卵粒；因卵的大量快速产出，会使基部卵粒间出现空隙	卵巢开始萎缩，卵巢小管中散乱的残留着几个成熟卵，有的畸形
脂肪体特征	乳白色，饱满呈椭圆形	乳白色，饱满呈椭圆形	黄白色，不饱满呈椭圆形，部分丝状	多数已干瘪呈丝状	呈丝状

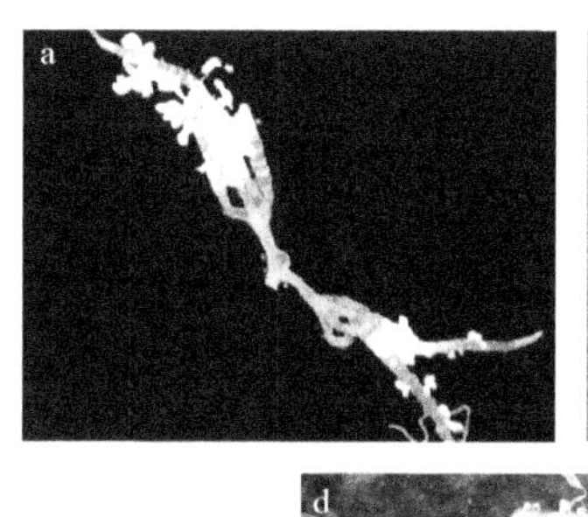
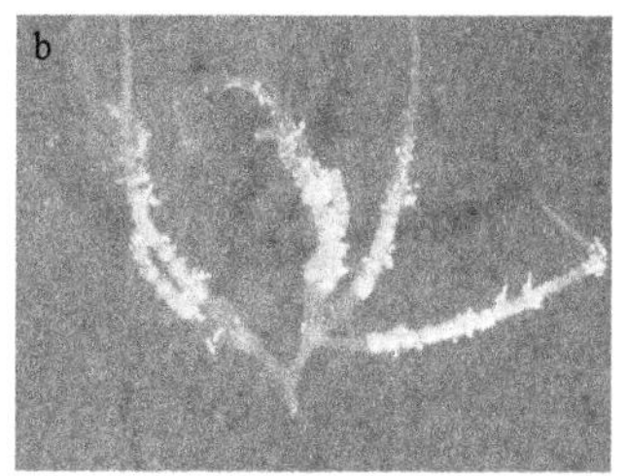
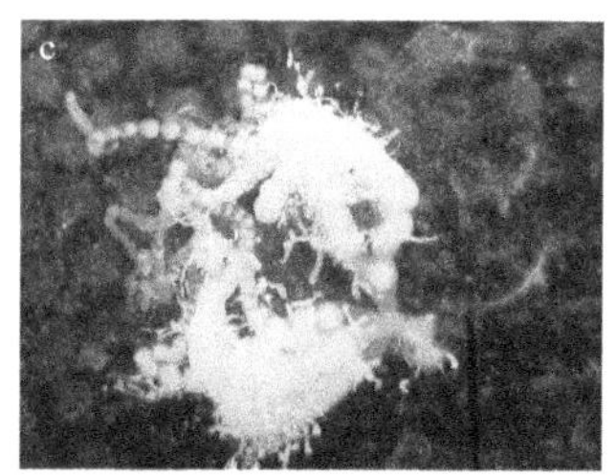
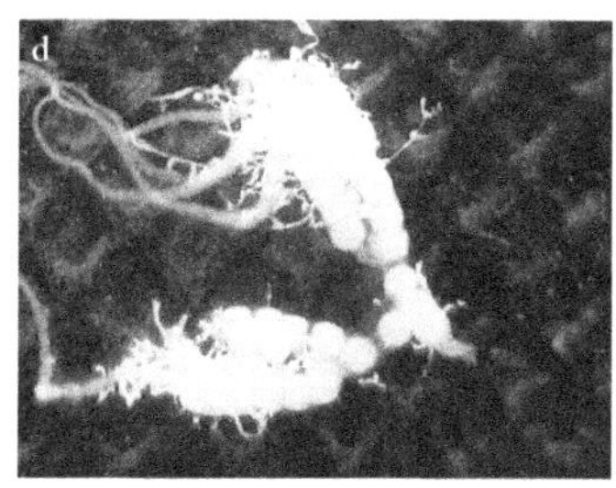
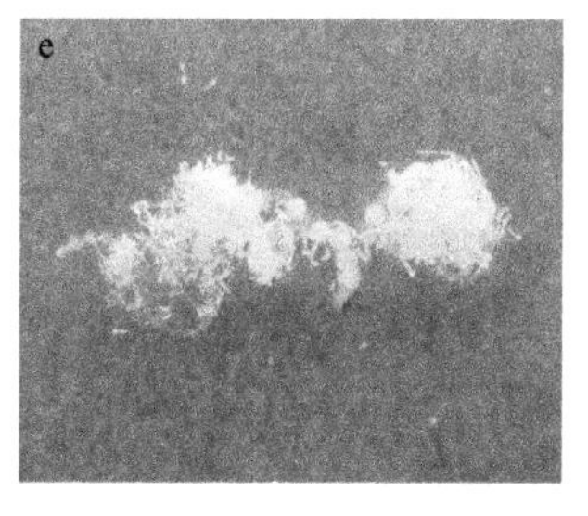

图 5-8　二点委夜蛾卵巢发育级别

a. Ⅰ级；b. Ⅱ级；c. Ⅲ级；d. Ⅳ级；e. Ⅴ级

（二）卵巢发育与虫情测报

在害虫预测预报中，解剖观察卵巢是确定虫情发展进度的一种常用方法。利用该标准对石家庄地区 2011 年 7 月下旬至 8 月上旬田间诱到的二点委夜蛾雌性成虫进行解剖，卵巢发育的监测结果显示(图 5-9)，整个成虫发生过程中，7 月 21 日，采用 5 盏佳多牌 PS-15Ⅱ频振式杀虫灯收集二点委夜蛾成虫，二点委夜蛾单日诱蛾量已达 865 头，7 月 27 日，二点委夜蛾进入羽化高峰，当日诱蛾量高达 2790 头。29 日有雨，导致 30 日和 31 日的蛾量较少，分别为 1495 头和 1606 头。8 月 1 日蛾量有所回升至 2106 头，此后开始逐渐降低。从卵巢发育的角度来看，7 月 21～31 日，其卵巢发育为Ⅰ级的蛾量所占比例从 100%降低至 44.6%，Ⅱ级蛾量随之升高，但是其他级别的蛾量未发生明显变化。8 月 1 日，Ⅳ级卵巢的比例开始上升，达到 33.3%，Ⅴ级卵巢也占到了 23.4%的比例，8 月 2 日，Ⅳ级卵巢所占比例达到 67.2%，仅仅维持了一天的高比例，此后，Ⅳ级卵巢所占比例下降到了 12%左右，Ⅰ级卵巢蛾量又恢复了较高比例，均在 36%以上。由此看来，成虫进入羽化高峰后，第六天才出现产卵盛期，而且仅仅一天高峰期，这并不符合卵巢发育的进程，可能是因为环境温度、湿度等因素影响卵巢发育所致。由于二代雌蛾卵巢发育水平偏低，产卵量就会很少，推测石家庄地区 2011 年第三代二点委夜蛾幼虫的发生量应较少。

2011 年 8 月中下旬，李立涛等(2012b)对夏玉米田二点委夜蛾幼虫发生量进行的调查结果显示，田间平均虫量为 0.5 头/m^2，网室内 0.7 头/m^2，二点委夜蛾幼虫发生量较低，与成虫发生期间的雌蛾抱卵量监测结果一致。随后又在 9 月上旬，在成虫发生期进行了卵巢发育级别调查。结果显示，这一时间段二点委夜蛾卵巢发育级别较高，维持时间长。之后在 9 月下旬至 10 月上旬的甘薯、花生及大豆田发现了大量的二点委夜蛾幼虫。以上实例均证实了该方法可用于二点委夜蛾短期发生量的预测预报，方法简便易行，准确度高。

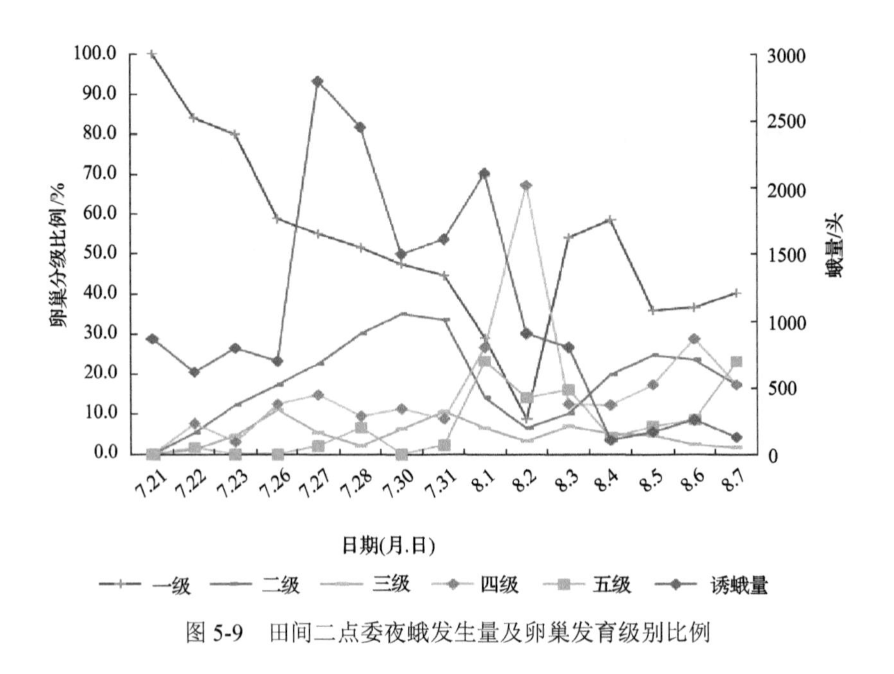

图 5-9 田间二点委夜蛾发生量及卵巢发育级别比例

四、交配行为与产卵量

二点委夜蛾雌蛾和雄蛾在羽化当日夜间即可交配。室内观察显示，二点委夜蛾成虫寻偶交配多在午夜 1～3 时进行，婚飞和交配活动之后静伏。雌蛾求偶时将腹部末端伸缩数次，露出产卵器，雄蛾接收到雌蛾放出的性信息素后便定向飞往，在雌蛾周围振翅、爬行，不时伸出抱握器，做出交配姿态。交配时，雌蛾、雄蛾纵向排列(图 5-10)，历时 15～45min。经过交配后的雌蛾可以连续 3～5 天多次产卵。

图 5-10 成虫交尾

二点委夜蛾雌雄蛾均可多次交配。王玉强等(2011)首先试验了雄蛾多次交尾后对产卵量的影响。将当日羽化的成虫按雌雄比 1∶1 配对组合，置于交配筒中，次日将雄蛾取出，再与 1 日龄未交配的雌蛾按 1∶1 配对，置于交配筒中，逐日重复上述工作，至雄蛾死亡，设 3 次重复。产卵期间，每天早上观察各交配筒内雌蛾产卵量，收集卵并更换新纱布，直至雌蛾死亡。研究表明，一头雄蛾至少能与三头雌蛾各交配一次，但随着交配次数增多，雌蛾产卵量会明显下降。从表 5-21 可以看出，重复 1 和重复 3 中的雄蛾均交配了 3 次，重复 2 中的雄蛾则交配 6 次。试验前 2 天，3 头雄蛾均可以连续交配，2 天内雌蛾的产卵量无明显差异；第 3 天，重复 1 和重复 3 的 2 头雄蛾未交配；第 4 天再次交配后雌蛾产卵量均有明显下降。重复 2 中的雄蛾虽然连续 6 天均有交配行为，但第 3 次交配后雌蛾产卵量迅速下降，不足前次的 1/3；之后虽略有回升但仍表现出下降趋势，直至第 6 次交配后雌蛾几乎不产卵。

表 5-21　雄蛾的交配次数对雌蛾产卵量的影响

试验天数/d	单雌产卵量/头		
	重复 1	重复 2	重复 3
1	285	379	296
2	289	303	257
3	—	98	—
4	220	181	183
5	—	145	—
6	—	5	—
相关性（r 值）	–0.839 05	–0.885 47**	–0.984 38**

注：“—”未交配；“**”雄蛾交配次数与产卵量呈极显著负相关（$P<0.01$）。

为了进一步澄清二点委夜蛾产卵量与性别比（交配次数）之间的关系，王玉强等（2011）进行了不同性别比条件下二点委夜蛾单雌产卵量的研究。将当日羽化的二点委夜蛾成虫分别按雌雄性比 1∶1、1∶3、1∶5、3∶1 和 5∶1 进行配对组合，分别置于交配筒中，饲喂 10%的蜂蜜水，每处理 5 个重复。每天定时观察各交配筒内雌蛾、雄蛾的交配及产卵数量，并对产卵结束的雌蛾进行解剖。其结果见表 5-22，当 1 头雌蛾分别与 1 头、3 头、5 头雄蛾组合饲养时，单雌平均产卵量由 324 粒增加到了 393 粒和 501 粒，呈极显著的正相关关系（$r = 0.992\ 00^{**}$），单雌最高产卵量达到 569 粒，其中雌雄比为 1∶3 时的单雌平均产卵量（393 粒）与雌雄比为 1∶1 的（324 粒）无显著差异。反之，当 1 头雄蛾分别与 1 头、3 头和 5 头雌蛾组合饲养时，单雌平均产卵量由 324 粒分别下降到 295 粒和 227 粒，呈极显著的负相关关系（$r = -0.974\ 10^{**}$），其中雌雄比为 3∶1 时的单雌平均产卵量（295 粒）与雌雄比为 1∶1 的（324 粒）无显著差异。说明二点委夜蛾性别比对其单雌产卵量有显著影响，在一定范围内，当雄蛾所占比例上升时，单雌产卵量增加，通过对产卵结束的雌蛾进行解剖可以发现受精囊内有 2～3 个精珠，说明二点委夜蛾雌蛾可以多次交配，且与产卵量呈正相关。

表 5-22　二点委夜蛾雌雄比对雌蛾生殖力的影响

性比（雌∶雄）	单雌最高产卵量/粒	单雌最低产卵量/粒	单雌平均产卵量/粒
1∶5	569	204	501.67±39.87 a
1∶3	431	275	393.33±21.37 b
1∶1	349	215	324.00±12.50 bc
3∶1	348	208	295.00±15.39 cd
5∶1	308	176	227.00±4.56 d

五、产卵习性

二点委夜蛾产卵量大，每头雌蛾可持续产卵 3～5 天，单粒多次产卵，单雌产卵量可达 500 多粒，繁殖能力强。为了提高卵孵化成活率，雌蛾往往选择在潮湿有覆盖的基质上进行产卵。为了进一步了解二点委夜蛾的产卵习性，李立涛等将直径为 17cm 的花盆分为 3 等份，其中 1/3 铺放 2～3cm 厚、潮湿的碎麦秸，1/3 栽种玉米苗(3～4 叶期)，1/3 裸露空白地，并扣塑料筒，顶端盖保鲜膜，并在膜中间扎小孔以利透气，每盒接正在产卵的雌蛾 4 头，重复 3 次，并用 10%蜂蜜水饲喂 3 天，观察雌蛾的产卵结果(表 5-23)。

表 5-23　二点委夜蛾雌蛾产卵选择性调查结果

处理	I	II	III	合计/粒	平均/粒	占总卵数/%
麦秸覆盖	361	398	347	1206	368.7±9.62Aa	80.32
玉米苗	135	17	69	221	37.7±21.59Bb	16.05
麦秸下地表	11	18	14	43	14.3±1.28Bbc	3.12
裸露地表	3	2	2	7	2.3±0.21Bc	0.51
合计	510	435	432	1377	423	100.00

由表 5-23 可见，3 个重复 3 天累计产卵 1377 粒，其中产在麦秸上的占 80.32%，产在玉米苗上占 16.05%，产在麦秸下地表占 3.12%，产在裸露地表占 0.51%。室内试验表明雌蛾产卵时大部分卵产在麦秸上，其次产在玉米苗基部，很少产在裸露地表(图 5-11)。

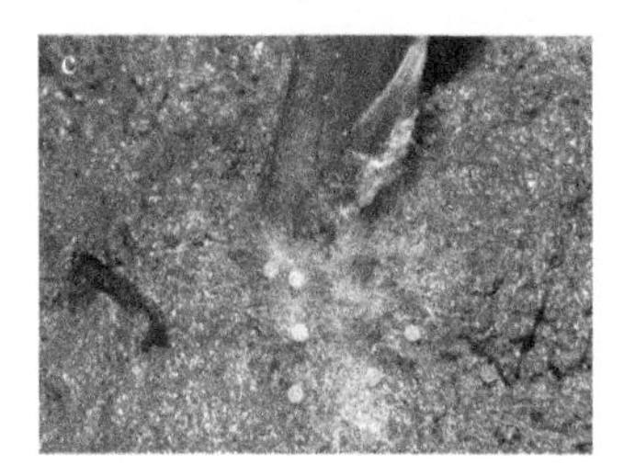

图 5-11　产卵部位

a. 产在麦秸上的卵；b. 产在玉米苗上的卵；c. 产在土表的卵

韩慧等(2016)采用室内试验方法，也对二点委夜蛾成虫趋向不同寄主植物产卵的选择性进行了试验。试验选择 4 种作物，小麦自生麦苗、玉米、棉花和大豆等作为试验材料。其中小麦处于 3 叶期，麦茬高 30cm，玉米处于 3～4 叶期，棉花处于苗期，大豆处于花芽分化期，试验前人工清除试验植株上的虫卵和蜘蛛等，使其植物冠层处于同一水平。供试植物各 1 盆置于 5 面为无色有机玻璃、1 面为白色 80 目尼龙纱网做成的罩笼(60cm×50cm×50cm)内，随机排列，重复 5 次。成虫在养虫室羽化笼中羽化、群体自然交配，自第 3 天产卵高峰起，从中取出 10 对健康成虫释放于产卵笼内。笼外覆盖黑布，减少光照对其产卵的影响；笼内中央放置蜂蜜水，供其补充营养。72h 后记录植株上各部位的落卵量(花盆外及笼壁上的卵不计算在内)。规定植株自下向上：下层≤10cm，10cm＜中层＜20cm，上层≥20cm。

结果显示，二点委夜蛾在 4 种供试植物上落卵率差异显著，以小麦上的落卵量最高，占总产卵量的62.21%，其中麦茬上落卵率最高，达32.43%，小麦植株次之，为29.78%，玉米最低，仅4.66%(图5-12)。

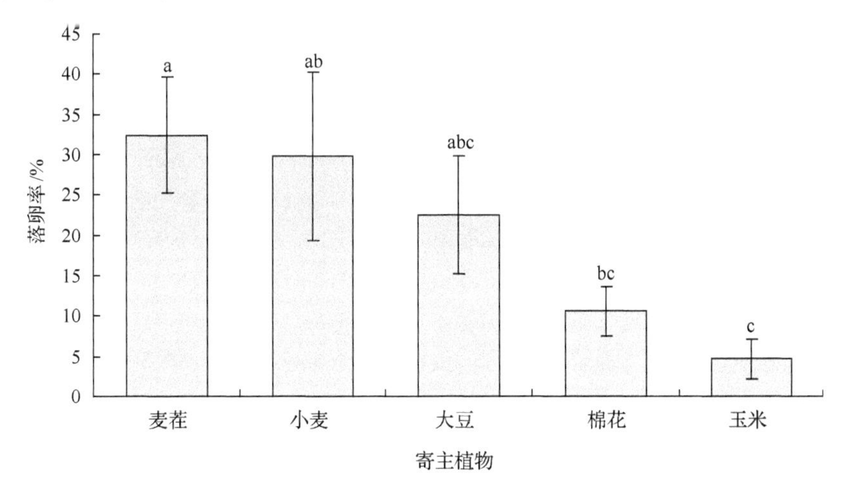

图5-12　二点委夜蛾成虫对不同寄主等产卵选择性

柱形图中不同字母表示差异显著(P<0.05)

另外，二点委夜蛾成虫在同一寄主的不同部位落卵率差异显著。在禾本科的小麦植株、麦茬和玉米植株的下层产卵量最高，小麦植株下层落卵率显著高于中层，麦茬、玉米下层落卵率显著高于上层和中层，在小麦、麦茬和玉米下层平均落卵率为72.52%，其中玉米下层的落卵率高达94.41%；而在阔叶类的大豆和棉花上，上层产卵量显著高于中层、下层，上层平均落卵率达82.24%，其中棉花的上层落卵率高达98.18%(表5-24)。

表5-24　二点委夜蛾成虫在寄主不同部位的落卵率　(单位：%)

部位	落卵率				
	麦茬	小麦	大豆	棉花	玉米
上层	(20.83±5.68) b	(39.44±17.53) ab	(66.30±12.98) a	(98.18±1.82) a	(5.59±2.82) b
中层	(12.98±5.43) b	(3.60±2.22) b	(18.55±10.84) b	(1.82±1.82) b	(0.00±0.00) b
下层	(66.19±7.42) a	(56.96±16.96) a	(15.14±3.98) b	(0.00±0.00) b	(94.41±2.83)a

注：表中数据为平均值±标准误，数据后不同字母表示同列数据差异显著(P<0.05，Duncan氏新复极差法检验)。

田间调查也证明，1代成虫可将卵产在麦茬基部、玉米茎基部、裸露的土壤表面。因此，在有麦秸覆盖的地块二点委夜蛾成虫更趋向于在近地表麦茬和麦秸上产卵。

第二节　幼虫生活习性

一、昼伏夜出与转株为害

幼虫畏光，昼伏夜出。从室内饲养可见，刚出卵壳的初孵幼虫即对光线照射十分敏感，遇光均会迅速向避光阴暗处爬行并藏身。田间调查发现，4～5月第1代幼虫主要在麦田小麦茎基部叶片覆盖处或行间落叶等覆盖物下栖息。在黄淮海小麦玉米连作区，夏玉米播种后，第 2 代幼虫白天主要潜伏在田间碎麦秸下的土表，夜间觅食，为害玉米苗。马继芳等(2012b)在田间进行了模拟试验，在玉米苗 3～4 叶期时，用塑料板分隔成长 100cm、宽 50cm、高 50cm 的独立小区，每小区留苗 20 株，接 4 龄幼虫 1 头，重复 6 次。每日上午 8 时、下午 18 时观察记录各小区玉米不同被害症状类型的株数，连续观察 10 天。结果发现，玉米被害株均出现在清晨 8 时的调查时间段，主要被害症状为叶片破损、缺刻或孔洞；下午 18 时调查，均未发现植株有新的被害。因此，初步确认二点委夜蛾幼虫主要在夜间取食并转株为害。白天幼虫多潜伏在土表缝隙、地表杂草或土块下，每天如此循环。一般 1 头幼虫可转移为害玉米苗 2 株以上，多的达 7～8 株。

二、取食习性与自残性

据李立涛等室内观察，刚孵化出的幼虫，一般先吃掉卵壳，然后爬行觅食。在幼虫期间，无论虫龄大小都有相互残杀现象，尤其在虫口密度大或者缺乏食物等不利情况下更易发生，幼虫 2 龄后相互残杀现象更加突出。一般爬行缓慢或者停留不活动者(如幼虫在蜕皮时)易被爬行快速的幼虫咬食，有时会 2～3 头集中咬食 1 头，且多从幼虫腹部开始咬食，残留头、胸部(图 5-13)。因此人工饲养应采取单头隔离饲养的方法(市场有售不同规格 6 孔板或 12 孔板，可以用于饲养二点委夜蛾幼虫)，以避免在饲养过程中幼虫相互残杀。

图 5-13　幼虫相互残杀留下的头、胸部

二点委夜蛾幼虫食性杂，兼有食腐性。室内饲养的 3 龄幼虫不仅可取食小麦、玉米、谷子、高粱等农作物及其浸泡过的种子，还取食萝卜、白菜、油麦菜、番茄等蔬菜叶片与果实，以及灰菜、苋菜、狗尾草和马齿苋等田间常见杂草，甚至腐殖质。咬食植物叶片造成孔洞，钻蛀番茄等果实，啃食黄豆、小麦等膨胀的种子，如图 5-14 所示，也会以

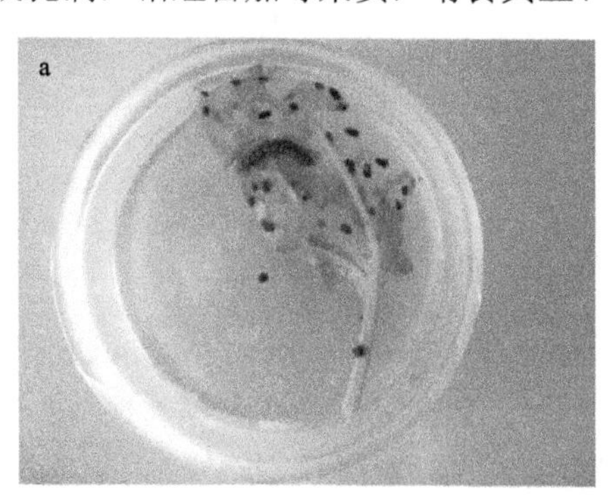

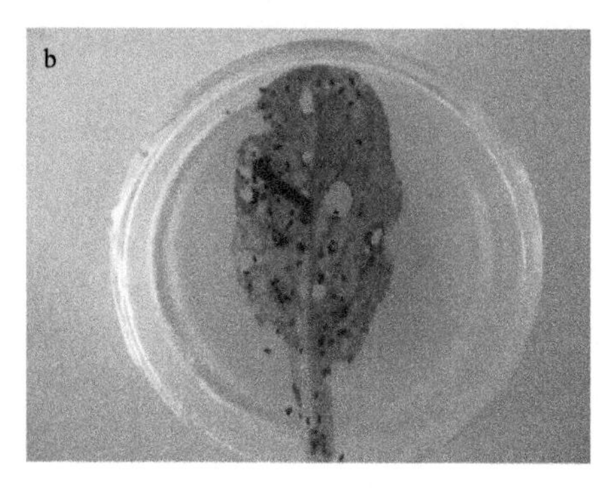

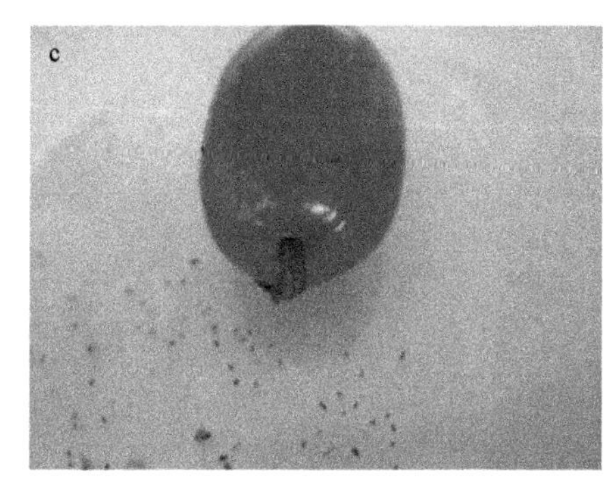

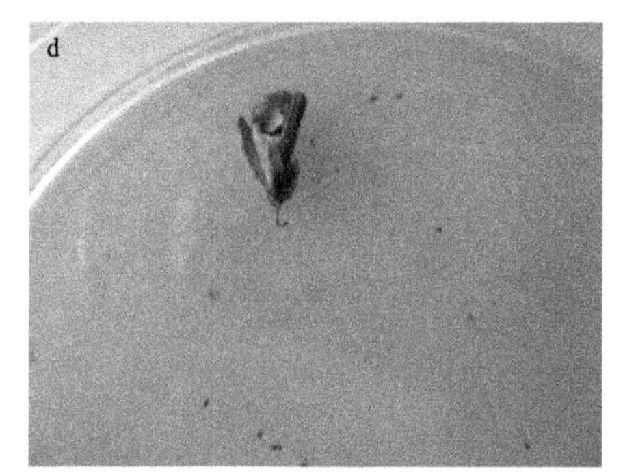

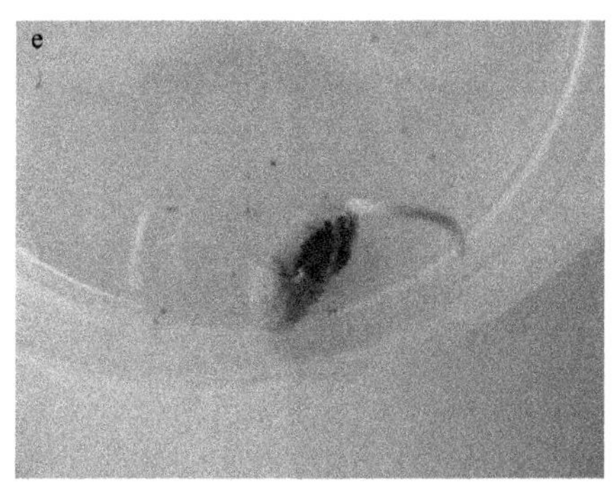

图 5-14　二点委夜蛾幼虫取食方式

a. 咬食新鲜叶片；b. 取食枯黄叶片；c. 蛀食果实；d. 取食膨胀的小麦种子；e. 取食膨胀的大豆种子

烂菜叶及植物枯黄落叶为食。试验中也发现，虽然二点委夜蛾幼虫可以取食幼嫩谷穗，但并不喜食谷子叶片，对部分杂草，如苍耳、牛筋草、马唐等也表现出一定的拒食性(表 5-25)。这可能与这些植物的味道以及表面结构，如具有较多毛刺等有关(马继芳等，2012a)。

表 5-25　二点委夜蛾幼虫取食倾向(石家庄，2011 年)

虫龄	喜食植物			拒食或厌食植物		
	作物	蔬菜	杂草	作物	蔬菜	杂草
3 龄	玉米、小麦、花生、高粱、大豆、甘薯、大麦、谷穗、西瓜	白菜、菠菜、白萝卜、芥菜、油菜、茼蒿、油麦菜、番茄、辣椒、胡萝卜、韭菜、大葱	灰菜、苋菜、马齿苋、狗尾草、草坪草、打碗花、地锦、刺菜、泥胡菜	谷子叶	丝瓜叶、茴香苗	牛筋草、葎草、苍耳、稗草、马唐、苘麻

三、假死性及吐丝结茧习性

幼虫从初孵到老熟均具有假死性(马继芳等，2012b)。突然遇到惊扰时，虫体会立刻蜷缩成“C”字形(图 5-15)，呈假死状态，经过短时间静止后，即可恢复伸长体态，正常活动。

幼虫达 5～6 龄老熟后，食量开始减少直至停止取食，并寻找适宜地点，或钻入疏松土层内粘连周围土粒作茧(图 5-16)，或在植物残体上粘连植株碎片等杂物，形成两头小中间粗的纺锤形或椭圆形虫茧(图 5-17)，并在茧内蜕皮、化蛹和羽化。

图 5-15　二点委夜蛾遇惊扰呈“C”形假死

图 5-16　二点委夜蛾在土中作茧过程

a. 老熟幼虫准备入土；b. 老熟幼虫正在入土；c. 老熟幼虫在土表层作茧

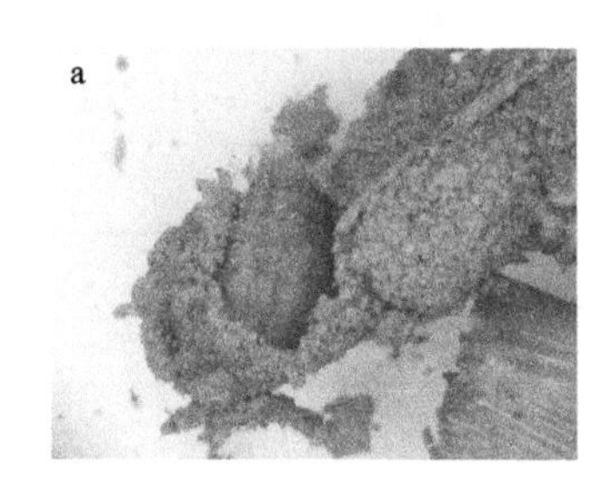

图 5-17　二点委夜蛾老熟幼虫在植物残体上粘连植株碎片结茧

a. 在玉米残体上做茧；b.附着玉米残体做茧；c. 在小麦残体上作茧化蛹

四、幼虫趋性

（一）对植物的趋性

为了明确泡桐叶对二点委夜蛾幼虫是否有影响，张志英等(2011)于 2011 年 7 月 6～9 日在二点委夜蛾幼虫盛发期，在正定县东邢庄村进行了二点委夜蛾幼虫诱杀试验。根据二点委夜蛾栖息在田间残存麦秸下的生活习性，通过在田间设置不同处理的泡桐叶，观察对二点委夜蛾幼虫的诱集效果。该地块麦秸、麦糠等田间堆积物多且厚，平均百株虫量 100 头，单株最高虫量 6 头，田间已出现倒伏苗和枯心苗。设置不同诱杀方式，翌日清晨在天刚亮至太阳升起之前，扒开泡桐树叶检查幼虫情况，记载诱虫总数、死虫数，计算死虫率，并捉回活虫集中处理，连续调查3天，3次重复。具体设置方法如下：采集新、老泡桐树叶各60片，在放置前30min分别将20片新、老泡桐树叶用清水、90%晶体敌百虫(沙隆达农化)150倍液中浸泡20min处理和不处理的20片叶(分别在叶柄上做出标记)，于7月6日傍晚按间距1m，行距2m随机摆放。研究结果见表5-26。新桐叶清水浸泡诱虫量最多，3天共诱虫369头；其次是新桐叶不处理，3天诱虫总量318头，不用敌百虫浸泡的4种处理间诱虫量差异不显著；用敌百虫处理的桐叶诱虫效果较其他4种处理差，诱杀效果不理想，死虫率低。

表5-26　泡桐叶对二点委叶蛾幼虫诱杀效果(正定，2011年)

处理	诱虫总数/(头/20片叶)			总量/头	5%显著水平	死虫率/%			5%显著水平
	7月7日	7月8日	7月9日			7月7日	7月8日	7月9日	
新桐叶清水浸泡	172	141	56	369	a	—	—	—	
新桐叶不处理	146	134	38	318	a	—	—	—	
老桐叶清水浸泡	73	130	51	254	ab	—	—	—	
老桐叶不处理	73	113	31	217	abc	—	—	—	
新桐叶敌百虫浸泡	112	27	13	152	bc	13.4	22.2	23.1	a
老桐叶敌百虫浸泡	57	33	13	103	c	8.8	27.3	0.0	a

注：“—”未见死虫。

田间调查过程中发现，幼虫喜欢取食苋菜和灰菜等，为了明确幼虫对这些植物是否也有趋性，张志英等(2011)选用几种杂草也在上述地块进行了试验。具体处理方式为：带根新采集灰菜、艾蒿、苋菜、地肤菜、小旋花各1kg，切成长2cm左右的小段，在90%敌百虫晶体(沙隆达农化)150倍液中浸泡10min，按每堆100g摊放成$10cm^2$的草堆，堆距为1m，于7月6日傍晚随机摆放在玉米田。该玉米地块麦秸、麦糠等田间堆积物多且厚，平均百株虫量100头，单株最高虫量6头，田间已出现枯心苗和倒伏株。翌日清晨在天刚亮至太阳升起之前，扒开草堆检查幼虫情况，记载诱虫总数、死虫数，计算死虫率，并捉回活虫集中处理，连续调查3天，3次重复。研究结果见表5-27。不同杂草浸泡杀虫剂结果显示，艾蒿、小旋花诱虫量最多，3天总诱虫量分别为223头、208头，而且与其他3种杂草处理间有显著差异；但用敌百虫浸泡处理的各种杂草诱杀效果均不理想，死虫率较低。

表5-27　杂草对二点委夜蛾幼虫的诱杀效果(正定，2011年)

处理	诱虫总数/(头/20片叶)			总量/头	5%显著水平	死虫率/%			5%显著水平
	7月7日	7月8日	7月9日			7月7日	7月8日	7月9日	
灰菜敌百虫浸泡	26	38	15	79	b	7.7	81.6	60.0	a
苋菜敌百虫浸泡	41	26	11	78	b	43.9	38.5	54.5	a
艾蒿敌百虫浸泡	137	41	45	223	a	56.9	56.1	31.1	a
地肤菜敌百虫浸泡	41	36	8	85	b	46.3	72.2	37.5	a
小旋花敌百虫浸泡	79	84	45	208	a	44.3	51.2	28.9	a

上述两个试验表明，在田间放置泡桐树叶对二点委夜蛾幼虫有很好的诱集效果，用敌百虫浸泡的艾蒿、小旋花对二点委夜蛾幼虫的诱集效果也较其他 3 种杂草处理好。由于敌百虫的杀虫效果不理想，几种试验处理的死虫率均不高。在生产上我们可以选用清水浸泡或不做任何处理的桐叶、艾蒿、小旋花作为诱饵，对二点委夜蛾幼虫进行诱集后再集中消灭，是一种环保简便的防治措施。泡桐叶对二点委夜蛾幼虫的诱集作用是否与幼虫在天亮时寻找避光处躲藏，或泡桐叶具有某种特殊的引诱气味有关都有待进一步研究查明。

(二)对炒麦麸的趋性

为了明确二点委夜蛾为害玉米幼苗原因以及探索防治高效技术，李哲等(2014)利用 Y 型嗅觉仪研究了二点委夜蛾对其田间生态环境中 5 种主要物质玉米苗、麦糠、麦秆、麦麸、炒麦麸的趋性，并进一步利用气相色谱-质谱联用仪(GC-MS)分析了趋性挥发物的有效成分，为揭示该虫危害机制和开发高效防控产品提供依据。

1. 二点委夜蛾对麦麸等 5 种物质的趋性行为反应

二点委夜蛾幼虫对 5 种物质的选择性如图 5-18 所示。以空白为对照时，玉米苗与炒麦麸对二点委夜蛾幼虫的引诱效果较好，引诱率分别为 78.5%、74.63%，与对照差异极显著($P<0.01$)。因此，分别以炒麦麸、玉米苗为对照，进一步进行二点委夜蛾幼虫的行为选择测试。由图 5-19 可知，以玉米苗为对照，麦糠、麦秆、麦麸、炒麦麸对二点委夜蛾幼虫的引诱率分别为 27.94%、30.99%、28.13%、71.83%。其中炒麦麸对二点委夜蛾幼虫的引诱率最高，与对照差异极显著($P<0.01$)。以炒麦麸为对照，麦秆、麦麸、麦糠对二点委夜蛾幼虫的引诱效果较差，引诱率分别为 31.94%、27.94%和 22.58%，与对照差异极显著($P<0.01$)。

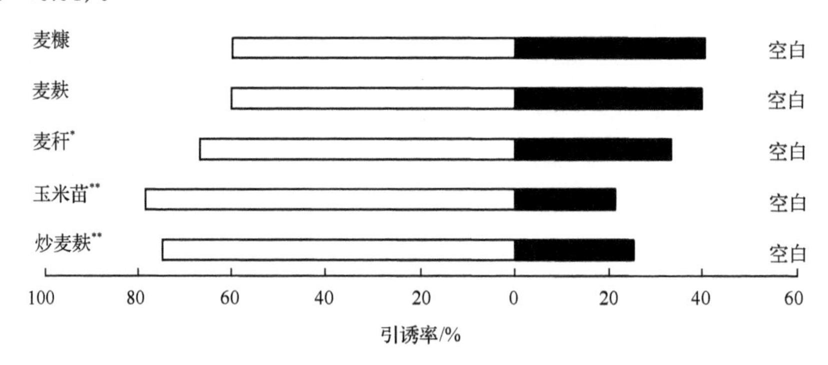

图 5-18 二点委夜蛾幼虫对 5 种测试物质的趋性行为反应

**处理间差异极显著(X^2 检验，$P<0.01$)；*处理间差异显著(X^2 检验，$P<0.05$)。

根据以上室内行为测试的结果可知，炒麦麸对二点委夜蛾幼虫的引诱作用显著强于其他几种物质。因此，以麦麸为对照，进一步对炒麦麸进行成分分析，以确定起引诱作用的活性成分。

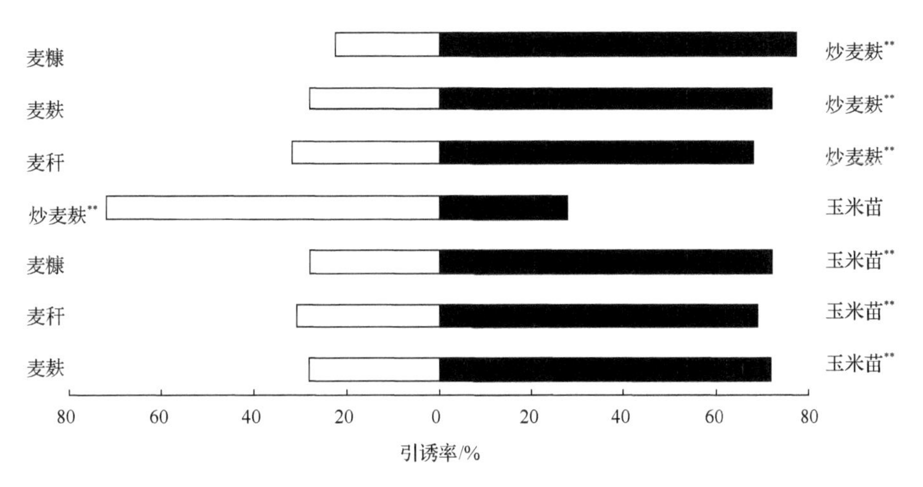

图 5-19 二点委夜蛾幼虫对测试物质的趋性行为反应

**处理间差异极显著(X^2 检验，$P<0.01$)；*处理间差异显著(X^2 检验，$P<0.05$)。

2. 麦麸、炒麦麸挥发性成分分析

气谱-质谱联用仪测定麦麸、炒麦麸挥发性成分见图 5-20、图 5-21、表 5-28。结果表明：无论是麦麸还是炒麦麸，所含挥发物成分都以香料物质居多，有许多还为食品用香料或香精，如戊醛、2-戊基呋喃、2-十三碳烯醛等。炒麦麸主要成分为呋喃类、酮类、烷烃类、醛类、醇类等，成分多达 20 多种。在所有成分中以 2-正戊基呋喃含量最多，其次为 2-庚酮、十四烷烃、呋喃甲醛、正己醇等。麦麸的主要成分为醛类、醇类、呋喃类、酸类、烃类，分析出的成分多达 37 种，其中以 2-正戊基呋喃含量最多，其次为己醇、壬醛、辛醇、2-癸烯醛等。麦麸与炒麦麸中均含有 2-正戊基呋喃、2-正丁基呋喃、己醇、十五烷烃、戊醛、辛醛、萘、2,5-辛二酮等，但含量上有所差别，普遍来说，这些成分在炒麦麸中含量稍高。两者从所含化学物质的种类上也有所差别，炒麦麸中醛类、醇类类

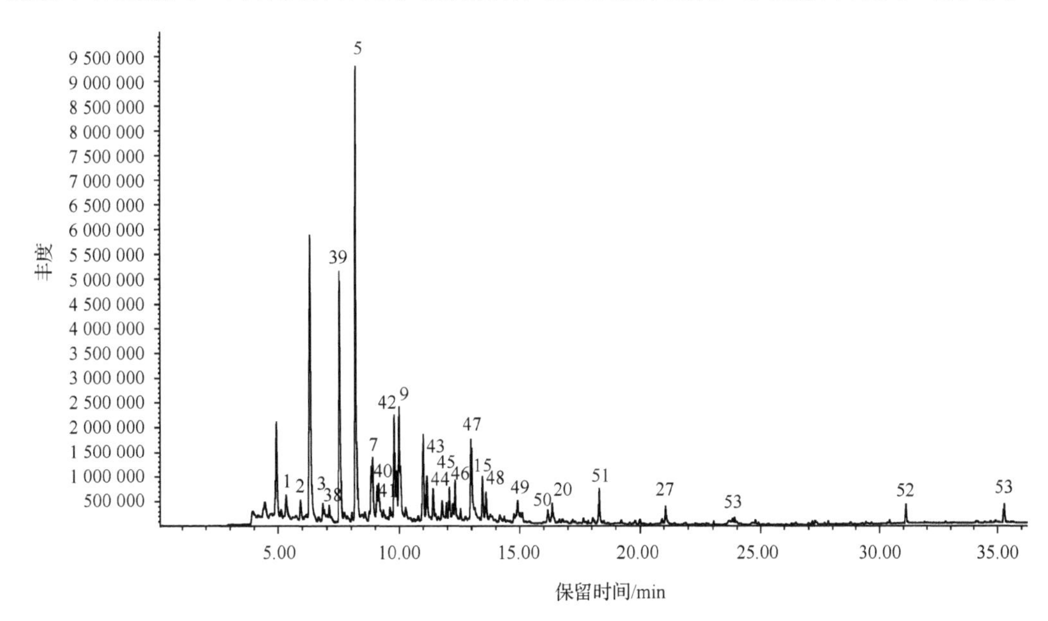

图 5-20 麦麸挥发性物质的总离子图

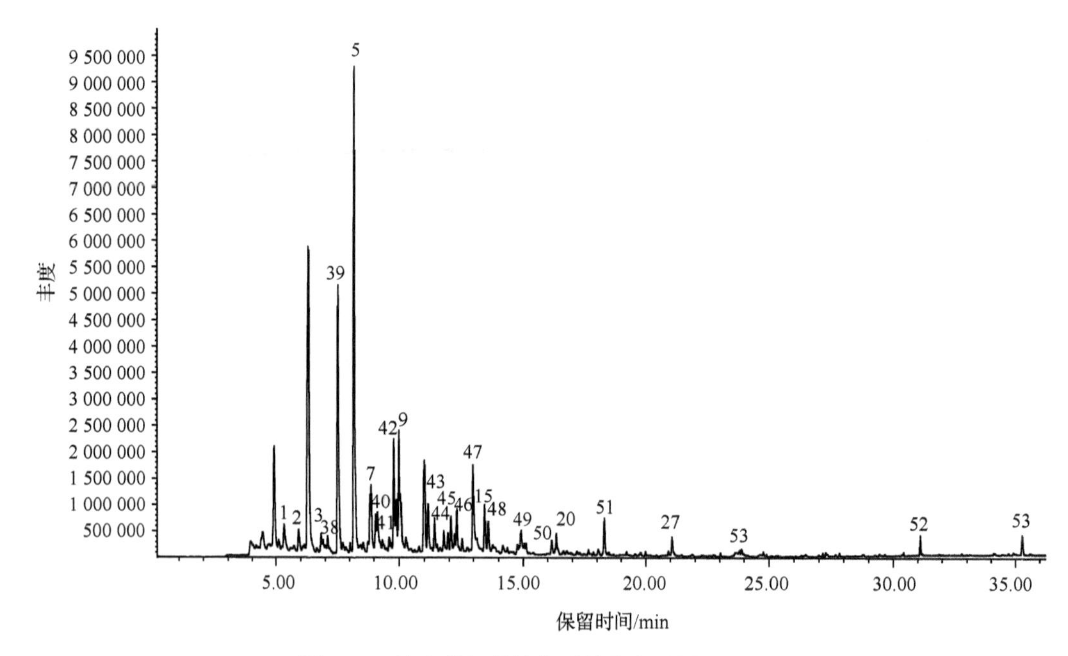

图 5-21　炒麦麸挥发性物质的总离子图

表 5-28　炒麦麸及生麦麸的挥发性物质成分

编号	化合物	分子式	相对百分含量/%	
			炒麦麸	麦麸
		烷烃类		
10	十二烷烃	$C_{12}H_{26}$		1.56
40	十三烷烃	$C_{13}H_{28}$	1.50	
15	十五烷烃	$C_{15}H_{32}$	1.87	1.38
20	十六烷烃	$C_{16}H_{34}$	1.14	1.36
		炔烃类		
45	2-甲基-4-辛炔	C_9H_{17}	0.70	
		烯烃类		
2	1,3,5-环庚三烯	C_7H_7	1.06	0.29
25	1,11-十二碳二烯	$C_{12}H_{22}$		0.61
		芳香烃类		
4	邻二甲苯	C_8H_{10}		0.37
38	对二甲苯	C_8H_{10}	0.76	
6	苯乙烯	C_8H_8		2.67
27	萘	$C_{10}H_8$	0.93	0.73
30	β-甲基萘	$C_{11}H_{10}$		0.22

续表

编号	化合物	分子式	相对百分含量/%	
			炒麦麸	麦麸
		醛类		
1	戊醛	$C_5H_{10}O$	1.84	0.97
7	辛醛	$C_8H_{16}O$	2.17	2.87
49	苯甲醛	C_7H_6O	1.25	
47	呋喃甲醛	$C_5H_4O_2$	4.44	
50	5-甲基-2-呋喃甲醛	$C_6H_6O_2$	0.68	
8	反-2-庚烯醛	$C_7H_{10}O$		2.11
11	壬醛	$C_9H_{18}O$		5.30
13	2-十三碳烷烯	$C_{13}H_{24}O$		7.70
16	癸醛	$C_{10}H_{20}O$		1.73
18	2-壬烯醛	$C_9H_{16}O$		1.89
21	2-癸烯醛	$C_{10}H_{18}O$		2.16
22	(E,E)-2,4-壬二烯醛	$C_9H_{14}O$		1.16
24	香叶醛	$C_{10}H_{16}O$		0.60
26	(E)-2-十一碳烯醛	$C_{11}H_{20}O$		0.80
29	4-甲基水杨醛	$C_8H_{10}O_2$		0.93
		酮类		
17	3,5-辛二烯-2-酮	$C_8H_{12}O$		0.25
39	2-庚酮	$C_7H_{14}O$	11.69	
41	2,5-辛二酮	$C_8H_{14}O_2$	0.42	
48	2-癸酮	$C_{10}H_{20}O$	1.18	
34	6,10,14-三甲基-2-十五烷酮	$C_{18}H_{36}O$		0.16
		醇类		
9	己醇	$C_6H_{14}O$	4.07	8.40
12	3,5-辛二烯-2-醇	$C_8H_{14}O$		0.94
14	庚醇	$C_7H_{16}O$		1.88
19	辛醇	$C_8H_{18}O$		2.52
		酚类		
52	2-甲氧基-4-乙烯基苯酚	$C_9H_{10}O_2$	0.65	
		酸类		
28	己酸	$C_6H_{12}O_2$		8.60
31	庚酸	$C_7H_{14}O_2$		0.64
33	辛酸	$C_8H_{16}O_2$		0.85
35	壬酸	$C_9H_{18}O_2$		0.25

续表

编号	化合物	分子式	相对百分含量/%	
			炒麦麸	麦麸
		酯类		
23	γ-乙基正丁内酯	$C_6H_{10}O_2$		0.26
32	γ-戊基壬内酯	$C_9H_{16}O_2$		0.18
36	邻苯二甲酸二乙酯	$C_{12}H_{14}O_2$		0.11
37	棕榈酸甲酯	$C_{17}H_{34}O_2$		0.06
		呋喃类		
3	2-正丁基呋喃	$C_8H_{12}O$	0.71	0.67
5	2-正戊基呋喃	$C_9H_{14}O$	19.56	10.07
51	α-羟甲基呋喃	$C_5H_6O_2$	1.46	
53	2,3-二氢苯并呋喃	C_8H_8O	0.80	
		吡嗪类		
42	2,5-二甲基吡嗪	$C_6H_8N_2$	4.37	
43	2-乙基-5-甲基吡嗪	$C_7H_{10}N_2$	2.33	
44	2,3,5-三甲基吡嗪	$C_7H_{10}N_2$	1.40	
46	2-乙基-3,6-二甲基吡嗪	$C_8H_{12}N_2$	1.72	

别和含量均较少，不含酸类、脂类，但吡嗪类物质增多，如2,5-二甲基吡嗪、2,3-二甲基吡嗪、2-乙基-5-甲基吡嗪、2,3,5-三甲基吡嗪、2-乙基-3,6-二甲基吡嗪等。

3. 二点委夜蛾幼虫对挥发性物质的室内行为反应

经成分对比及查阅文献，根据检测出成分的不同种类，选取在炒麦麸中检测出而未在麦麸中检测出的2-庚酮(A)、苯甲醛(C)、对二甲苯(D)、2-呋喃甲醛(E)和2,5-二甲基吡嗪(F)及炒麦麸与麦麸成分相对比中含量明显增加的2-戊基呋喃(B)6种化合物进行下一步室内行为反应测试。

二点委夜蛾幼虫对所测试6种挥发物单体的“Y”型嗅觉反应测试结果见图5-22。由图5-22可知：2-庚酮在浓度为5μg/μl时对二点委夜蛾幼虫的引诱作用最强，引诱率为75.9%，与对照差异极显著($P<0.01$)。其他4种浓度下与对照无显著性差异。2-戊基呋喃在5种浓度下对二点委夜蛾幼虫的引诱作用与对照无显著性差异。苯甲醛在5种浓度下对二点委夜蛾幼虫引诱率均较差，10μg/μl和100μg/μl浓度下引诱效果不如对照，与对照差异极显著($P<0.01$)。对二甲苯在5种浓度下对二点委夜蛾幼虫引诱率较差，均未达到50%。2-呋喃甲醛在5种浓度下对二点委夜蛾幼虫引诱率均较差，5μg/μl浓度下最高，仅为51.9%。2,5-二甲基吡嗪在5种浓度下对二点委夜蛾幼虫的引诱率均未超过45%，引诱效果较差。由以上可知，在所测试的不同挥发性物质及其不同浓度下，2-庚酮在浓度为5μg/μl时对二点委夜蛾幼虫的引诱效果最好。

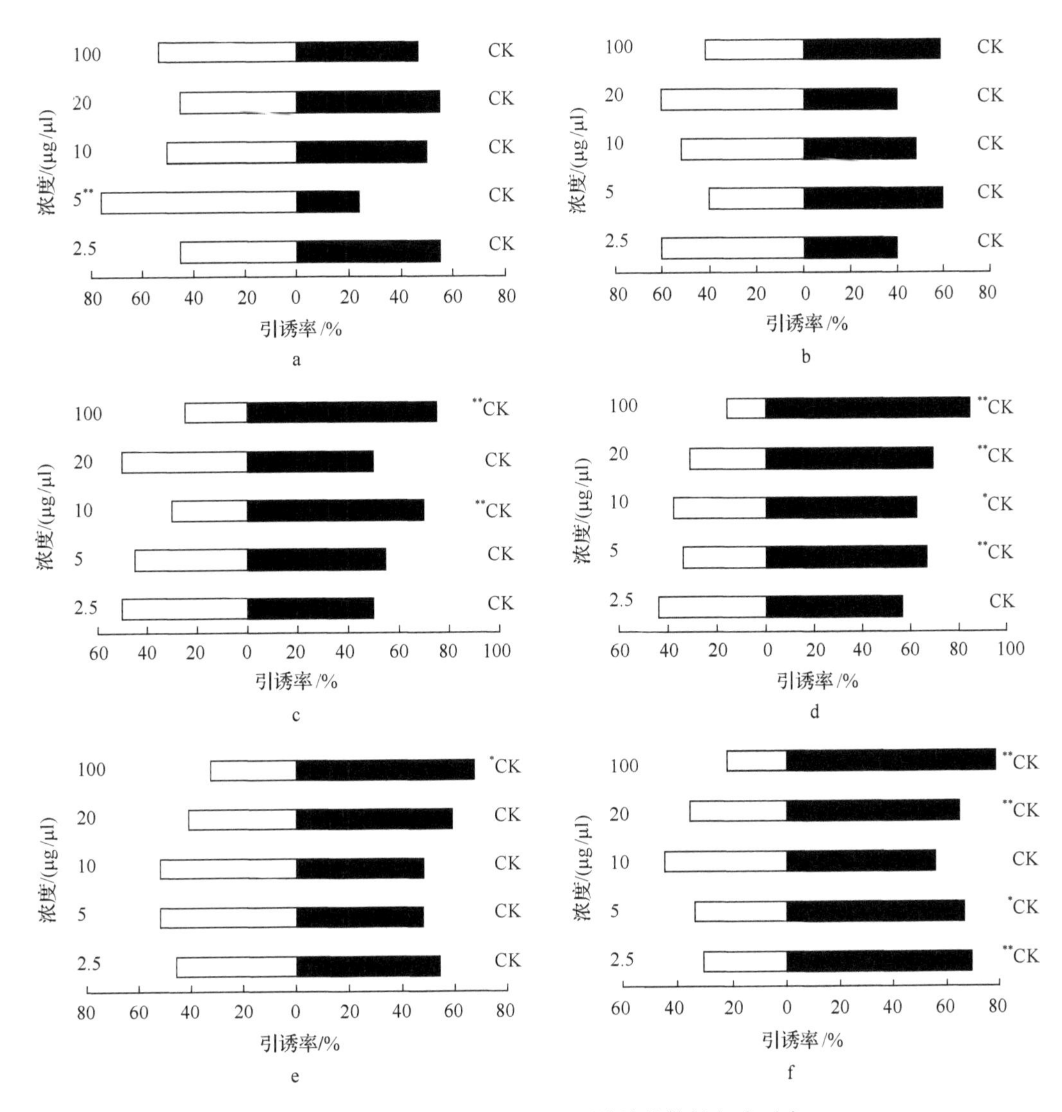

图 5-22　二点委夜蛾幼虫对挥发性物质单体的趋性行为反应

a. 2-庚酮；b. 2-戊基呋喃；c. 苯甲醛；d. 对二甲苯；e. 2-呋喃甲醛；f. 2,5-二甲基吡嗪；CK：石蜡油。

为研究化合物复配对二点委夜蛾幼虫引诱作用的影响，根据上述行为测试结果，以对二点委夜蛾幼虫引诱效果最好的 2-庚酮(5μg/μl)为基准，选取与其他几种化合物复配的 8 种混合物进一步做室内行为试验。

二点委夜蛾幼虫对 8 种混合物的行为反应测定结果见图 5-23。由图 5-23 可知，二点委夜蛾幼虫对 ACD 的选择率最高，为 72.7%，与对照差异极显著($P<0.01$)。AC、ABCD、AD 对二点委夜蛾幼虫的引诱效果也很强烈，引诱率分别为 70%、70%和 66.7%。AB、AE、ABCDE、ABC 对二点委夜蛾幼虫的引诱效果较差，引诱率分别为 50%、44.8%、35.3%和 34.8%。

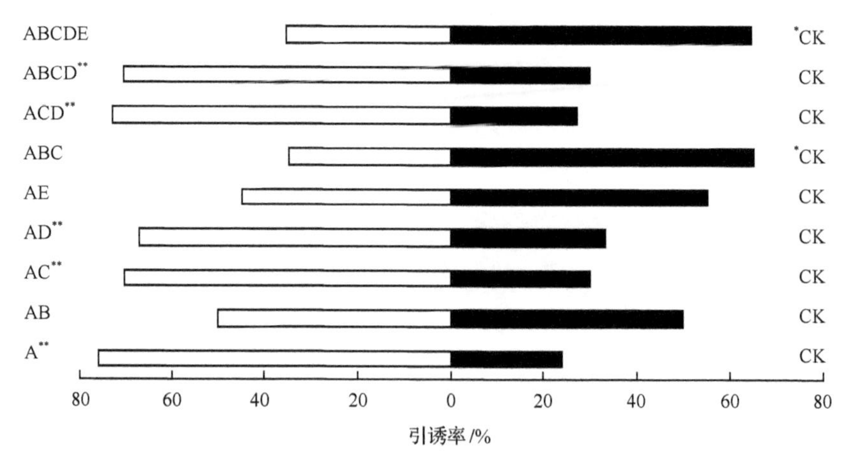

图 5-23　二点委夜蛾幼虫对 8 种混合物的趋性行为反应

**处理间差异极显著(X^2 检验，$P<0.01$)；*处理间差异显著(X^2 检验，$P<0.05$)。

从以上 8 种混合物中选取对二点委夜蛾幼虫引诱效果较好的 ABCD、AC、ACD、AD 4 种混合物，以 2-庚酮为对照进行室内行为试验，结果见图 5-24。由图 5-24 可知，以 2-庚酮为对照，ABCD、AC、ACD、AD 4 种混合物对二点委夜蛾幼虫的引诱效果较差，引诱率分别为 29.4%、28.6%、31%、29.8%。所测试的 4 种混合物对二点委夜蛾幼虫的引诱作用均不如 2-庚酮单体。

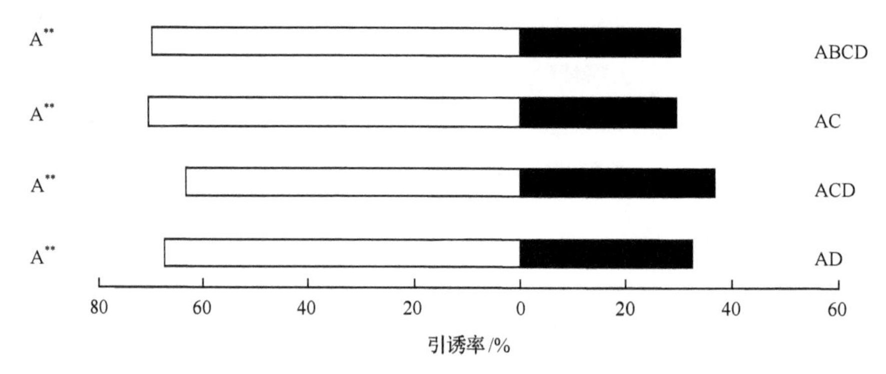

图 5-24　二点委夜蛾幼虫对 4 种混合物和 2-庚酮之间的趋性行为反应

植物与昆虫的化学通信中，植物气味起着决定性的作用，植物气味物质可以调控昆虫的多种行为，如引诱昆虫趋向寄主植物、刺激昆虫取食、引导昆虫选择产卵场所、进行授粉和防御等。本研究发现，二点委夜蛾幼虫对不同植物挥发性气味物质的选择存在差异。玉米苗与麦糠、麦秆、麦麸分别作对比时，二点委夜蛾幼虫趋向于选择玉米苗，这可能与玉米作为二点委夜蛾的寄主植物，能释放一些对二点委夜蛾幼虫有引诱活性的植物挥发物有关，导致二点委夜蛾在小麦秸秆还田的条件下更趋于为害玉米幼苗。然而炒麦麸与麦秆、麦糠、麦麸、玉米苗相对比时，二点委夜蛾幼虫趋向于选择炒麦麸，这可能是与炒麦麸中含有的某些成分有关。我们多年来在田间进行了大量试验，证实了以炒麦麸作为诱饵与药剂混合使用防治二点委夜蛾幼虫效果较好，本研究为此提供了理论依据。

为探究炒麦麸中对二点委夜蛾幼虫起引诱作用的活性成分，利用固相微萃取和GC-MS技术对炒麦麸进行成分分析，在选取的6种测试成分中，在5μg/μl浓度下2-庚酮对二点委夜蛾幼虫引诱效果最好。以2-庚酮作为基准的8种混合物，其引诱效果均不如2-庚酮单体，说明几种物质混合后具有一定的拮抗性，进一步证明在所测试的几种物质中，对二点委夜蛾幼虫起引诱作用的应为2-庚酮单体。今后可以开展2-庚酮对二点委夜蛾幼虫田间引诱行为研究，为田间试验设计更高效的二点委夜蛾幼虫引诱剂提供理论依据。

第六章　二点委夜蛾发生与生态环境的关系

第一节　耕作方式与二点委夜蛾发生的关系

自2005年发现并鉴定了玉米发生新害虫二点委夜蛾后，河北省基层植保站和植物医院对该虫危害情况就开始调研，对当时反映“地老虎为害玉米”的田块进行了大量现场勘验，结果确认多是二点委夜蛾危害。2007年在石家庄和邢台对二点委夜蛾发生地块及周边相邻地块的耕作方式、田间幼虫数量和危害情况进行了调查，共调查了307块夏玉米田，其中麦秸焚烧后再播种玉米的32块地和灭茬翻耕后再播种玉米的23块地，均未见二点委夜蛾幼虫及被害苗；将小麦秸秆清除后贴茬播种玉米的44块地，只有8块清除不彻底、遗留麦秸和麦糠较多的地块，发现了二点委夜蛾的危害，有虫 0.1～2 头/m^2，幼苗被害率仅有0.5%～2.7%；剩余208块小麦秸秆还田、贴茬播种的玉米田中，178块有二点委夜蛾幼虫，虫量1.4～62.7头/m^2，幼苗被害率4.2%～78.4%(表6-1)。由此可见，小麦秸秆还田、玉米贴茬播种为二点委夜蛾发生创造了隐蔽潮湿的生态环境，是害虫为害玉米的关键外在因素。

表6-1　不同麦秸处理方式和耕作方式对二点委夜蛾发生的影响(河北，2007年)

麦秸处理及耕作方式	调查地块数	害虫发生地块数	幼虫数量/(个/m^2)	玉米被害率/%	备注
烧麦秸地块	32	0	0	0	周边小麦秸秆还田地块有危害
翻耕地块	23	0	0	0	周边小麦秸秆还田地块有危害
清洁田园地块	44	8	0.1～2	0.5～2.7	未清理干净或麦糠积聚处，有虫危害
麦秸还田地块	208	178	1.4～62.7	4.2～78.4	虫量多少与麦秸多少、麦秸分布有关

在宁晋大曹庄农场调查时农民反映，当地几年前就有该虫，偶尔可见为害玉米。只是近年来小麦秸秆还田、玉米贴茬直播后，该虫数量猛然增多，开始严重为害玉米。由此说明，二点委夜蛾是当地一个物种，大面积的小麦秸秆还田为二点委夜蛾的群体快速繁衍和严重危害创造了适宜的环境条件。

为了进一步澄清小麦秸秆还田与二点委夜蛾发生之间的关系，2007年还在二点委夜蛾发生严重的区域，对小麦不同产量水平的地块进行了调查，发现相邻地块中，小麦产量高、秸秆还田量大的比小麦产量低、秸秆还田量少的发生重；在同一块地，有麦茬但地表裸露处未见二点委夜蛾幼虫及其危害，有麦秸、麦糠覆盖处可见二点委夜蛾为害，尤其在秸秆粉碎和抛洒功能差的收割机正后方或调头处、麦秸与麦糠堆积较厚的地方，二点委夜蛾不仅数量多，且危害重(图6-1)。由此可见，幼虫在田间呈聚集型分布，为害分布也不均匀，而这种分布特点取决于小麦还田秸秆在田间的分布情况。

图 6-1　麦秸覆盖处为害重、地面裸露处未见危害

2011 年二点委夜蛾暴发之时，通过对有套种习惯的河北藁城和赵县套播玉米及贴茬直播玉米田调查发现，套播玉米田尽管也有二点委夜蛾，但被害株率远低于贴茬直播，从另一个侧面证明了小麦秸秆还田、玉米贴茬直播方式是导致二点委夜蛾为害重发的诱因。

第二节　食物对二点委夜蛾生长发育的影响

二点委夜蛾幼虫食性杂，至少可以取食 13 科 30 多种植物的叶片或果实。在黄淮海地区自然状态下，第 1 代幼虫主要在小麦田栖息，2 代幼虫主要为害麦茬夏玉米苗，3 代和 4 代幼虫主要分布在甘薯、大豆、花生、棉花、玉米、果园和蔬菜等有叶片遮蔽或落叶覆盖的荫蔽潮湿的场所，就地取食。为此，取食不同食物对二点委夜蛾生长发育和繁殖的影响值得研究，与二点委夜蛾的田间消长及作物间转移等发生规律密切相关，可为深入研究其暴发危害的生态学机制及综合治理提供重要参考。

为了澄清这一问题，李立涛等(2013)挑选健壮的二点委夜蛾初孵幼虫，置于 13cm×13cm×5cm 的塑料盒内，分别以大白菜、玉米、甘薯、花生、大豆、小麦、棉花的嫩绿叶片饲喂，以人工饲料饲喂作对照，每盒 50 头幼虫，每处理重复 3 次。每天更换新鲜食物，直至化蛹，记录幼虫生长发育和死亡情况。当幼虫化蛹第 3 天时，在万分之一天平上称量单头蛹重，并放入 12 孔板内，每孔 1 头，待其羽化，记录蛹期。成虫羽化后，将雌雄配对饲养于产卵罩内，产卵罩为柱筒形，以纱布封口，供其产卵，并罩于种植有玉米苗的花盆上，饲喂 10%的蜂蜜水直至死亡，每处理重复 5 次，记录产卵时间、产卵量，统计成虫寿命。同时采集一定量的供试植物叶片和人工饲料，在 50℃下烘干，分别采用蒽酮比色法和凯氏定氮法测定食物中的糖和粗蛋白质含量，分析食料营养成分对二点委夜蛾生长发育的影响。

一、食物对二点委夜蛾存活的影响

二点委夜蛾取食不同食物的存活率有显著差异(表 6-2)。初孵幼虫取食棉花叶不能存活，饲喂人工饲料、大白菜叶和甘薯叶的幼虫存活率较高，至 3 龄期存活率均在 70%以上，整个幼虫期的存活率也在 50%左右；玉米叶饲喂的存活率次之，至 3 龄期存活率为 46.0%，整个幼虫期存活率降至 16.0%；小麦叶、花生叶和大豆叶显然不适合二点委夜蛾饲养，至 3 龄期存活率分别只有 17.3%、10.0%和 4.7%，最后仅有极少个体能够化蛹。蛹的存活率以人工饲料饲养的最高，为 92.6%；大白菜叶和甘薯叶的次之，分别为 69.4%和 71.2%，玉米叶最低，为 64.1%。

表 6-2　二点委夜蛾取食不同食物的存活率

食物	存活率/%		
	3 龄	幼虫期	蛹
人工饲料	(72.0±3.1) a	(46.7±1.8) b	92.6
大白菜叶	(74.7±3.5) a	(55.3±3.5) a	69.4
甘薯叶	(72.7±2.9) a	(50.7±2.9) ab	71.2
玉米叶	(46.0±4.6) b	(16.0±2.3) c	64.1
花生叶	(10.0±1.2) cd	(2.0±1.2) d	—
大豆叶	(4.7±1.3) d	0d	—
小麦叶	(17.3±2.4) c	(2.0±1.2) d	—
棉花叶	0	—	—

注：表中数据为平均数±标准误。

在二点委夜蛾食性部分，二点委夜蛾 3～4 龄幼虫可以取食棉花、小麦、花生、大豆等叶片，而本研究利用初孵幼虫饲喂这些食物却不能完成整个发育世代，也许与该虫具有腐食性，特别是低龄幼虫更趋于取食腐败植物残体有关。

二、食物对二点委夜蛾幼虫及蛹发育历期的影响

不同食物对二点委夜蛾幼虫发育历期也有显著影响，对蛹的历期也有一定影响(图 6-2)。甘薯叶饲养的幼虫历期最长，为 32.1 天，其次为玉米叶，历期 24.3 天，人工

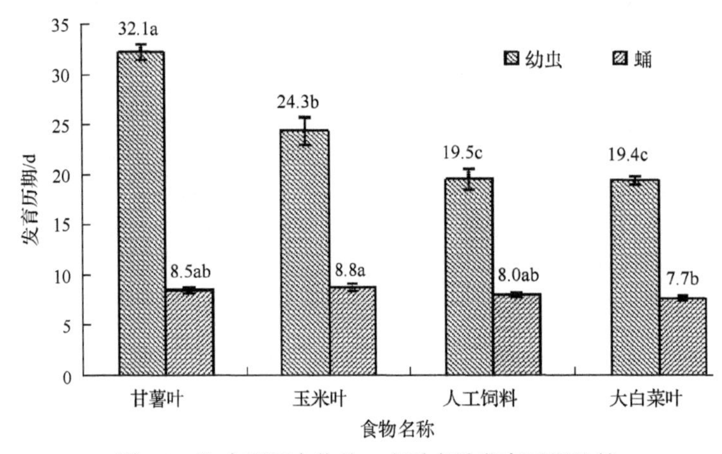

图 6-2　取食不同食物的二点委夜蛾发育历期比较

饲料和大白菜饲养的历期最短，分别只有 19.5 天和 19.4 天。不同食物饲养下蛹的历期略有差异，甘薯叶、玉米叶和人工饲料饲养，蛹的历期均在 8 天以上，差异不显著；大白菜叶饲养的历期略短，为 7.7 天，仅与玉米叶饲养蛹的历期 8.8 天差异显著，与用甘薯叶及人工饲料饲养蛹的历期相比，差异不显著。

三、食物对二点委夜蛾蛹重和成虫产卵量的影响

不同食物对二点委夜蛾蛹重和产卵量的影响差异显著，对成虫寿命影响较小(表 6-3)。人工饲料饲养的蛹重最大，为 61.7mg，显著高于取食其他食物的；取食大白菜叶的次之，为 42.8mg；取食甘薯叶和玉米叶的较小，蛹重分别只有 27.9mg 和 25.4mg。与蛹重大小排列相应，单雌产卵量大小排序也是如此，人工饲料＞大白菜＞甘薯叶＞玉米叶，但相邻两者间差异不显著。饲喂人工饲料的雌雄成虫寿命均最长，饲喂玉米叶的雌成虫寿命较长，而雄成虫寿命最短。雌雄成虫平均寿命分别在 13.4～15.9 天和 8.7～12.1 天，雌成虫寿命长于雄成虫，但差异不显著。

表 6-3　二点委夜蛾取食不同食物的蛹重、成虫寿命和产卵量

食物名称	蛹重/mg	雌成虫寿命/d	雄成虫寿命/d	产卵量/粒
人工饲料	(61.7±1.3)a	(15.9±2.1)a	(12.1±1.7)a	(191.0±39.8)a
大白菜叶	(42.8±1.7)b	(14.7±2.6)a	(10.6±0.2)a	(152.3±9.3)ab
甘薯叶	(27.9±1.2)c	(13.4±1.3)a	(10.3±1.0)a	(96.0±18.9)bc
玉米叶	(25.4±1.3)c	(15.6±0.9)a	(8.7±2.0)a	(58.0±5.1)c

四、食物营养成分对二点委夜蛾生长发育的影响

采集一定量的供试植物叶片和人工饲料，在 50℃下烘干，委托河北省分析测试研究中心分别采用蒽酮比色法和凯氏定氮法测定食物中的糖和粗蛋白质的含量。结果显示(表 6-4)，人工饲料及各种植物叶片中糖和蛋白质的含量差异较大。各种食料中糖的含量均在 20%以上，以甘薯叶和玉米叶含量较高；蛋白质含量则以大白菜叶的含量最高，为 40.10%，花生叶含量最低，为 15.90%。从营养物质含量(糖与蛋白质的含量比率，C/N)方面看，则以玉米叶最高，大白菜叶最低。结合上述二点委夜蛾的饲养结果，还很难明确二点委夜蛾生长发育与食物营养之间的关系。

表 6-4　不同食物中糖和蛋白质的含量

食物名称	糖含量/%	蛋白质含量/%	营养物质含量(C/N)
人工饲料	22.38	16.60	1.35
大白菜叶	23.32	40.10	0.58
甘薯叶	33.08	28.9	1.14
玉米叶	31.93	17.40	1.84
花生叶	24.52	15.90	1.54
大豆叶	25.77	24.6	1.05

注：营养物质含量是指糖与蛋白质的含量比率。

五、食物对二点委夜蛾幼虫抗寒性的影响

秦华伟等(2017)为了探索二点委夜蛾取食不同食物对老熟幼虫的抗寒性影响，在室内分别用棉花、花生、大豆、甘薯及玉米的幼嫩叶片饲养二点委夜蛾4龄幼虫6天至老熟后，测定了过冷却点、结冰点、鲜重、含水量、脂肪、糖原和山梨醇含量。结果显示(表6-5～表6-7)，二点委夜蛾幼虫取食不同寄主植物叶片后结冰点、鲜重、脂肪含量和糖原含量有显著差异，过冷却点、含水量、山梨醇含量没有显著差异。其中取食大豆叶片后结冰点最高(–2.8℃)，取食棉花叶片后结冰点最低(–5.45℃)；取食大豆叶片的幼虫鲜重最低(0.056g)，脂肪含量也最低(12.47%)，取食玉米叶片的鲜重最高(0.118g)，脂肪含量为28.56%，与取食棉花的(32.12%)脂肪含量最高，与取食花生的(27.49%)差异不显著。取食棉花的糖原含量最高(54.07mg/g)，取食甘薯糖原含量最低(26.21mg/g)。由此可见，寄主植物对二点委夜蛾老熟幼虫过冷却点没有影响，而影响到其体重及脂肪和糖原含量。

表6-5 取食不同寄主植物叶片的二点委夜蛾老熟幼虫的过冷却点和结冰点 (单位：℃)

寄主植物	过冷却点	结冰点
玉米	–9.44±0.68 a	–4.24±0.37 ab
棉花	–10.81±1.05 a	–5.45±0.56 a
花生	–9.00±0.36 a	–4.44±0.29 ab
大豆	–8.25±0.30 a	–2.80±0.38 b
甘薯	–10.60±1.10 a	–5.05±0.62 a

注：表中数据为平均值±标准误；同列数据后不同字母表示Tukey氏法多重比较差异显著(P<0.05)。

表6-6 取食不同寄主植物叶片的二点委夜蛾老熟幼虫的鲜重、含水量以及脂肪含量

寄主植物	鲜重/g	含水量/%	脂肪含量/%
玉米	0.118±0.006 a	77.12±0.99 a	28.56±2.58 ab
棉花	0.084±0.006 b	76.12±1.30 a	32.12±2.32 a
花生	0.079±0.007 b	78.59±1.68 a	27.49±2.45 ab
大豆	0.056±0.002 c	79.55±0.68 a	12.47±1.14 c
甘薯	0.093±0.005 b	78.82±1.35 a	21.36±2.66 bc

注：表中数据为平均值±标准误；同列数据后不同字母表示Tukey氏法多重比较差异显著(P<0.05)。

表6-7 取食不同寄主植物叶片的二点委夜蛾老熟幼虫的糖原和山梨醇含量 [单位：(mg/g)]

寄主植物	糖原含量	山梨醇含量
玉米	53.90±3.25 a	15.91±3.44 a
棉花	54.07±4.95 a	9.30±1.57 a
花生	48.32±2.40 a	15.61±1.56 a
大豆	27.40±3.61 b	15.51±2.79 a
甘薯	26.21±1.23 b	13.01±1.03 a

注：表中数据为平均值±标准误；同列数据后不同字母表示Tukey氏法多重比较差异显著(P<0.05)。

本研究首先以二点委夜蛾初孵幼虫开始，选择了 7 种该虫生境中的植物叶片作为食物，研究人工饲养条件下不同食料对二点委夜蛾生长发育和繁殖的影响。结果表明，二点委夜蛾初孵幼虫取食棉花叶不能存活，用花生、大豆和小麦叶饲养存活率很低，好像与田间调查结果不相符合。事实上二点委夜蛾属杂食性害虫，取食范围非常广泛，在自然界，相对于食物来说，寻找隐蔽潮湿有覆盖物的生境更加重要。田间环境复杂，棉田除棉花外还会有杂草、枯枝落叶及上季作物遗留物等其他食物来源。害虫对作物不同器官、不同部位的取食性也不同，幼虫不同龄期取食的食物也不相同。例如，在棉花田发现二点委夜蛾幼虫的地方有枯黄的棉花落叶，已被取食的只剩下叶脉；在小麦田也发现幼虫取食小麦下部的黄化叶片。而且幼虫具有一定的食腐性，特别是低龄幼虫可以取食田间腐败的有机物，3 龄以后能够正常取食这些作物(见二点委夜蛾食性部分)。本研究采用 4 龄幼虫用不同植物叶片进行饲养研究其抗寒性也进一步证实了二点委夜蛾不同阶段可以取食不同食物。为此，目前的田间调查只是在作物田间生境中发现了二点委夜蛾的存在，它的自然取食情况还是一个复杂的过程。

第三节　温度对二点委夜蛾生长发育的影响

温度是影响昆虫生长发育和繁殖的主要环境因素，直接影响着昆虫发生范围、发生时间、发生代数、发生数量和越冬越夏能力等。Li 等(2013a)在田间调查的基础上，在室内测定了温度对二点委夜蛾生长发育的影响。

2011 年 7 月在河北省石家庄市藁城采集二点委夜蛾幼虫带回室内饲养羽化出成虫，将同日羽化的雌雄蛾放于同一养虫笼内，喂以 10%的蜂蜜水，笼上罩纱布供其产卵，待用。当日卵消毒晾干后，置于塑料盒中，并分别放入 5 个不同温度梯度(18℃、21℃、24℃、27℃、30℃，温度波动范围为±0.5℃)的培养箱中饲养，以新鲜玉米叶片饲喂幼虫，以 10%蜂蜜水饲喂成虫。每日观察 3 次(8:30、14:30、20:30)，记载各虫态的发育历期，计算出了发育起点温度和有效积温，组建了上述条件下的实验种群生命表。

一、温度对二点委夜蛾龄期及发育历期的影响

温度对二点委夜蛾各虫态的发育历期影响显著。在 18～30℃同一虫态的发育历期随温度的升高而缩短。21℃、24℃、27℃、30℃时二点委夜蛾整个世代的发育历期分别为 57.76 天、42.90 天、34.78 天、30.50 天。18℃时 95%的二点委夜蛾不能完成整个世代，而是大部分在幼虫老熟结茧后停止发育(表 6-8)。同时，温度对二点委夜蛾幼虫蜕皮次数有着明显影响，从而使二点委夜蛾幼虫龄期数不尽相同。研究表明，不同温度下二点委夜蛾 5 龄期和 6 龄期个体数比例不同。18℃时 95.00%的幼虫 5 龄期化蛹；21℃时，6 龄期的比例最高，为 65.00%；之后，随着温度升高，6 龄期出现的比例逐渐下降，到 30℃时下降为 27.78%(表 6-9)。

表 6-8　不同温度下二点委夜蛾的发育历期

发育阶段		发育历期/d					
		18℃	21℃	24℃	27℃	30℃	*R*
卵		9.10±0.05 a	6.29±0.04 b	5.03±0.06 c	3.89±0.10 d	3.38±0.05 e	–0.9577
5 龄吐丝结茧的幼虫	1 龄	8.45±0.05 a	5.82±0.04 b	4.10±0.02 c	3.21±0.03 d	3.01±0.03 e	–0.9420
	2 龄	7.00±0.05 a	5.97±0.05 b	4.20±0.03 c	3.31±0.03 d	2.99±0.03 e	–0.9744
	3 龄	7.26±0.08 a	6.40±0.04 b	4.31±0.02 c	3.90±0.02 d	3.70±0.05 e	–0.9443
	4 龄	7.50±0.05 a	5.80±0.09 b	4.45±0.02 c	3.65±0.02 d	3.30±0.03 e	–0.9679
	5 龄	7.03±0.05 a	5.90±0.05 b	4.35±0.03 c	3.91±0.02 d	3.20±0.03 e	–0.9795
6 龄吐丝结茧的幼虫	1 龄	8.50±0.14 a	4.80±0.05 b	4.20±0.03 c	3.23±0.04 d	2.81±0.04 e	–0.9061
	2 龄	7.00±0.14 a	4.49±0.04 b	3.95±0.04 c	3.36±0.04 d	2.70±0.06 e	–0.9324
	3 龄	6.83±0.22 a	4.51±0.03 b	3.85±0.05 c	2.95±0.04 d	2.80±0.03 d	–0.9320
	4 龄	6.42±0.17 a	4.33±0.02 b	3.83±0.04 c	3.38±0.06 d	2.63±0.04 e	–0.9432
	5 龄	6.50±0.14 a	4.71±0.04 b	4.20±0.05 c	3.33±0.04 d	2.91±0.04 e	–0.9638
	6 龄	6.25±0.14 a	4.59±0.05 b	4.10±0.02 c	3.34±0.05 d	2.80±0.03 e	–0.9699
幼虫期		37.45±0.16 a	29.03±0.24 b	22.50±0.26 c	18.73±0.27 d	16.30±0.26 e	–0.9980
预蛹期		—	5.40±0.29 a	3.20±0.17 b	2.33±0.13 c	2.17±0.18 c	–0.8854
蛹期		—	13.05±0.46 a	9.68±0.15 b	7.53±0.13 c	6.65±0.18 d	–0.9708
产卵前期		—	4.00±0.14 a	2.50±0.76 b	2.31±0.33 b	2.00±0.40 b	–0.8860
雌成虫		—	17.20±0.41 a	13.30±0.37 b	11.50±0.45 c	8.70±0.37 d	–0.9896
雄成虫		—	18.50±0.55 a	13.90±0.40 b	12.30±0.37 c	9.10±0.51 d	–0.9830
整个时代(卵到产卵期)		—	57.76	42.90	34.78	30.50	–0.9797

注：表中数据为平均数±标准误，同一排不同字母表示差异显著($P<0.05$)，*R* 是相关系数。

表 6-9　不同温度对二点委夜蛾虫龄数与化蛹的影响

温度/℃	5 龄吐丝结茧的幼虫/%	6 龄吐丝结茧的幼虫/%	老熟幼虫停止化蛹的比例/%
18	95.00±2.89 a	5.00±2.89 d	95.00±2.89 a
21	35.00±0.96 d	65.00±0.96 a	70.00±0.96 b
24	57.89±1.75 c	42.11±1.75 b	—
27	63.16±1.75 c	36.84±1.75 b	—
30	72.22±1.07 b	27.78±1.07 c	—

注：表中数据为平均数±标准误，同一列不同字母表示差异显著($P<0.05$)。

二、二点委夜蛾的发育起点温度和有效积温

通过不同温度下二点委夜蛾各虫态的发育历期得到卵、幼虫、预蛹、蛹和产卵前期的发育起点温度为 9.04～15.08℃，有效积温为 30.04～339.42 日·度。在幼虫期，1 龄幼虫的发育起点温度最高(11.85℃和 11.49℃)，整个时代中预蛹期的发育起点温度最高(15.08℃)。整个世代的发育起点温度和有效积温分别为 10.84℃和 574.08 日·度(表 6-10)。

表 6-10　二点委夜蛾发育起点温度与有效积温

发育阶段		发育起点温度/℃	有效积温/K	回归方程	Sc	Sk	*R*
卵		11.03	63.51	T=11.03+63.51V	0.14	2.06	0.9984
5 龄吐丝结茧的幼虫	1 龄	11.85	51.56	T=11.85+51.56V	0.37	4.59	0.9882
	2 龄	10.56	56.72	T=10.56+56.72V	0.37	5.00	0.9885
	3 龄	7.97	76.14	T=7.97+76.14V	0.66	12.26	0.9632
	4 龄	9.06	67.41	T=9.06+67.41V	0.21	3.35	0.9963
	5 龄	8.65	69.13	T=8.65+69.13V	0.31	5.09	0.9919
6 龄吐丝结茧的幼虫	1 龄	11.49	50.88	T=11.49+50.88V	0.35	4.25	0.9897
	2 龄	9.76	55.35	T=9.76+55.35V	0.36	4.80	0.9889
	3 龄	9.71	53.99	T=9.71+53.99V	0.42	5.43	0.9851
	4 龄	9.11	56.22	T=9.11+56.22V	0.46	6.17	0.9823
	5 龄	8.18	63.32	T=8.18+63.32V	0.26	3.91	0.9943
	6 龄	8.12	62.09	T=8.12+62.09V	0.28	4.09	0.9935
幼虫期		9.04	339.42	T=9.04+339.42V	0.36	7.83	0.9992
预蛹期		15.08	30.04	T=15.08+30.04V	1.23	3.14	0.9710
蛹期		11.79	118.41	T=11.79+118.41V	0.92	7.64	0.9949
产卵前期		11.63	35.06	T=11.63+35.06V	2.90	7.12	0.9563
整个世代（卵到产卵期）		10.84	574.08	T=10.84+574.08V	0.97	37.20	0.9963

利用二点委夜蛾发育起点温度和有效积温，结合某地气象资料可以推算出二点委夜蛾在某地的发生代数及每代的发生时期。计算各月高于 10.84℃的温度之和，即为当地全年有效积温。例如，根据 2011 年黄淮海地区 7 个二点委夜蛾重发县市的温度气象资料和总有效积温，可以计算出各地二点委夜蛾发生代数。其中河北省南部的馆陶县总有效积温 2183.34 日•度，理论发生代数为 3.80 代；河北省中部的正定县理论代数为 4.14 代，河南郑州为 4.01 代，山东济南为 4.04 代，安徽亳州为 4.20 代，江苏徐州 4.16 代（表 6-11）。这个研究结果和上述地点的实际调查代数相吻合。同时，可以推测二点委夜蛾在沈阳、承德等地一年发生 2～3 代，在中部唐山、晋城地区一年可以发生 3～4 代。

表 6-11　2011 年不同地区月平均气温及二点委夜蛾理论发生代数

地点	逐月平均气温/℃												总有效积温/(日•度)	代数
	1	2	3	4	5	6	7	8	9	10	11	12		
馆陶	−4.3	1.0	8.6	15.1	20.0	26.4	27.7	24.9	18.6	14.5	7.6	—	2183.34	3.80
正定	−3.0	1.2	9.6	16.3	21.2	27.3	28.2	26.0	19.5	15.1	7.5	—	2378.74	4.14
沈阳	−17.5	−5.7	9.0	9.2	17.3	21.3	25.0	24.1	16.5	10.3	5.0	—	1533.88	2.67
承德	−10.9	−3.8	−2.7	10.6	17.0	22.2	23.7	23.3	16.1	9.4	1.7	—	1474.48	2.57
唐山	−7.4	−1.9	6.0	13.2	19.9	24.7	26.2	25.4	19.1	13.2	5.5	—	2015.94	3.51
晋城	−5.1	1.0	6.3	15.1	19.2	24.7	25.1	22.6	16.9	12.8	7.5	—	1851.94	3.23
徐州	−2.0	3.3	9.0	16.4	21.3	26.1	27.5	25.7	20.8	15.8	11.1	—	2386.34	4.16
郑州	−1.3	3.1	9.8	16.4	20.8	26.9	28.1	24.7	18.5	15.6	9.0	—	2299.44	4.01
济南	−3.2	2.7	8.9	15.5	21.0	27.3	27.5	24.9	19.5	16.0	9.0	—	2320.64	4.04
亳州	−0.8	4.1	9.8	16.9	21.2	26.6	28.0	25.5	20.0	16.5	10.5	—	2412.44	4.20

注：资料均出自各地气象局。

三、温度对二点委夜蛾存活率的影响

温度对二点委夜蛾存活率的影响因发育状态不同而有所差异，低龄幼虫和末龄幼虫更容易受到影响(图 6-3)。例如，18℃、21℃和 30℃条件下，1 龄幼虫存活率分别只有 20.56%、50.48%和 62.49%；而 24℃和 27℃条件下，1 龄幼虫存活率均在 95%以上。曹美琳等(2012)的研究结果也同样认为从卵到蛹不同的虫态中，低龄幼虫对温度的变化最为敏感，1 龄、2 龄幼虫的存活率最低，幼虫在 16℃和 32℃时的世代存活率不足 50%；2 龄之后各龄期存活率变化不大，逐渐趋于稳定，36℃下，卵不能正常孵化且幼虫无法存活完成化蛹，成虫也无法生存和产卵，见表 6-12。

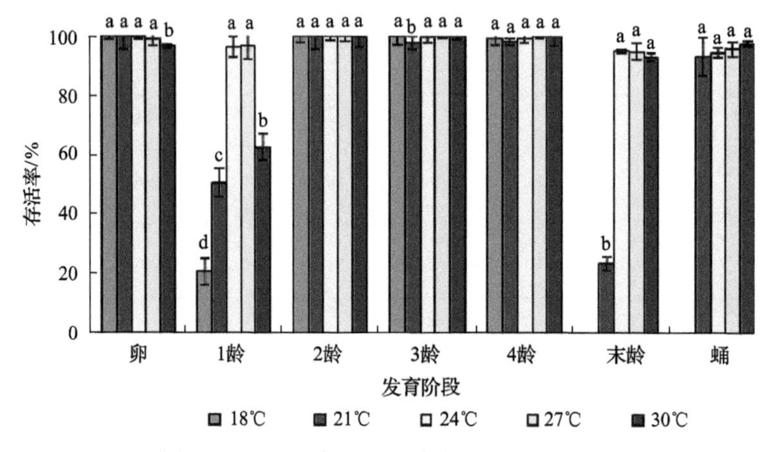

图 6-3　不同温度下二点委夜蛾各虫态存活率

表 6-12　不同温度下二点委夜蛾各虫态存活率

虫态	存活率/%					
	16℃	20℃	24℃	28℃	32℃	36℃
卵	96.0±1.0a	90.3±12.4a	98.7±0.6a	97.3±2.1a	98.7±0.6a	0.00
1 龄	64.5±4.3b	83.3±13.9a	87.8±6.3a	84.2±4.5a	62.9±4.3b	60.6±13.3b（补幼虫）
2 龄	93.5±2.1a	88.6±4.4a	96.5±1.4a	92.3±1.8a	86.4±3.4a	65.7±17.2b
3 龄	94.1±3.1a	97.3±2.4a	97.1±2.2a	95.6±0.7a	98.8±1.0a	20.2±6.1b
4 龄	95.3±2.3a	98.9±1.0a	98.3±1.5a	99.1±0.8a	98.1±3.3a	3.7±6.4b
5 龄	99.4±1.0a	97.1±2.4a	98.4±0.6a	96.9±2.9a	99.3±1.2a	22.2±38.5b
预蛹	95.6±2.0ab	97.0±2.6a	97.1±1.2a	95.2±2.0ab	91.9±3.4b	—
蛹	88.8±9.8a	87.1±6.5a	95.7±1.7a	92.9±2.4a	90.1±1.0a	—
世代	44.0±7.9c	52.0±8.6bc	73.0±7.2a	61.3±3.5ab	42.7±2.9c	—

资料来源：曹美琳等，2012。

四、不同温度下二点委夜蛾实验种群生命表

根据不同温度下各虫态存活率和成虫繁殖力资料组建了二点委夜蛾实验种群生命表(表 6-13)，表中起始卵数为假定数，各发育阶段的存活率、雌雄成虫的比例、单雌产卵量为实际观察值。

表 6-13　二点委夜蛾在不同温度条件下的实验种群生命表

发育阶段	进入各发育时期虫数/头				
	18℃	21℃	24℃	27℃	30℃
卵	100.00	100.00	100.00	100.00	100.00
1 龄	100.00	100.00	99.50	98.74	96.50
2 龄	20.56	50.48	95.75	95.25	60.30
3 龄	20.56	50.48	95.75	95.25	60.00
4 龄	20.53	49.37	95.55	95.25	60.00
5 龄	20.35	48.46	95.02	95.25	60.00
6 龄	1.57	32.56	38.05	20.42	18.25
预蛹	0.00	37.80	92.15	93.34	57.60
蛹	0.00	11.34	90.26	90.25	55.75
成虫	0.00	10.56	85.26	86.36	54.38
雌雄比	—	0.88∶1	0.86∶1	0.87∶1	0.89∶1
平均单雌产卵量/粒	—	287.36	285.40	345.15	304.24
预计下代卵量/粒	—	1 420.41	11 250.84	13 867.50	7 790.83
种群趋势指数(I)	0.00	14.20	112.51	138.68	77.91

从温度对二点委夜蛾实验种群趋势可以看出，温度对成虫的性比影响较小，21℃、24℃、27℃和 30℃下，雌雄比分别为 0.88∶1、0.86∶1、0.87∶1 和 0.89∶1。温度对单雌产卵量有一定的影响，27℃平均单雌产卵量最高，为 345.15 粒，24℃和 21℃单雌产卵量较低，分别为 285.4 粒和 287.36 粒。二点委夜蛾在不同温度下均具有较强的种群增长能力，27℃时种群趋势指数最大，为 138.68，其次为 24℃的种群趋势指数(112.51)。27℃时成虫存活率也最高，为 86.36%，其次是 24℃为 85.26%。曹美琳等(2012)的研究结果与本研究结果基本一致，在 20～24℃条件下，雌蛾的繁殖能力较强，单雌产卵量在 260 粒以上，而高温达到 32℃时或温度降至 16℃时，单雌产卵量下降到 100 粒左右，当温度达到 36℃时，成虫不能存活(表 6-14)。由此可见，二点委夜蛾遇到适宜的生存环境及食物来源时具有快速繁殖、暴发危害的可能性，过高的温度不适宜二点委夜蛾的生存。

表 6-14　不同温度下的二点委夜蛾实验种群生命表

发育阶段	进入各发育时期虫数/头					
	16℃	20℃	24℃	28℃	32℃	36℃
卵	100.0	100.0	100.0	100.0	100.0	—
幼虫 1 龄	96.0	90.3	98.7	97.3	98.7	100.0
2 龄	62.0	74.3	86.7	82.0	62.0	57.0
3 龄	58.0	66.0	83.7	75.7	53.7	45.7
4 龄	54.7	64.3	81.3	72.3	53.0	31.7
5 龄	52.0	63.7	80.0	71.7	52.0	12.3
预蛹	51.7	62.0	78.7	69.3	51.7	1.0
蛹	49.3	60.0	76.3	66.0	47.3	—
成虫数量	44	52.0	73.0	61.3	42.7	—
雌蛾数量	21.7	23.3	31.3	29.0	22.0	—
产卵量/粒	109.4	283.8	261.8	195.9	83.6	—
预计下代产卵量/粒	2374.0	6612.5	8194.3	5681.1	1839.2	—
种群趋势指数(I)	27.4	66.1	82.0	56.9	18.4	—

五、二点委夜蛾过冷却点和冰点温度

冬季低温(包括低温强度和持续时间)会造成昆虫大量死亡，因此耐寒能力的强弱已成为昆虫种群生存和延续的重要前提，影响其来年在田间的分布、数量和发生动态。过冷却点(super-cooling point，SCP)常用来作为衡量其耐寒性强弱的重要指标。过冷却点越低，抗寒力越强，反之则越弱。除不同虫态的过冷却点存在较大差异外，不同食物来源对其越冬性也有很大影响。因此，马继芳等(2011b)采用 NTC-热敏电阻和数字电表法，对饲喂不同食物的二点委夜蛾过冷却点和冰点温度进行了测定，并设置了几种不同处理来研究二点委夜蛾的耐寒性及越冬能力，结果见表 6-15。

表 6-15　不同虫态二点委夜蛾的过冷却点和结冰点温度　　(单位：℃)

虫态	过冷却点			结冰点		
	最低	平均	最高	最低	平均	最高
甘薯叶饲喂的老熟幼虫	−6.91	−4.32±0.53 Aa	−2.60	−2.41	−1.58±0.28 Aa	−0.92
白菜叶饲喂的老熟幼虫	−5.66	−4.35±0.33 Aa	−2.78	1.61	−1.46±0.15 Aa	−1.01
小麦叶饲喂的老熟幼虫	−6.39	−5.01±0.37 Aa	3.88	2.95	−2.16±0.22 Aa	−1.50
人工饲料饲喂的老熟幼虫	−5.80	−5.11±0.26 Aa	−4.46	−2.38	−2.24±0.18 Aa	−1.22
玉米叶饲喂的老熟幼虫	−6.12	−5.21±0.31 Aa	−4.79	−2.64	−2.04±0.09 Aa	−1.61
花生叶饲喂的老熟幼虫	−5.96	−5.36±0.22 Aa	4.79	−3.08	−2.60±0.19 ABa	−2.11
人工饲料饲喂的蛹	−8.94	−6.94±0.19 Aab	−6.36	−2.70	−2.02±0.13 Aa	−1.19
正常结茧的老熟幼虫	−8.17	−7.13±0.42 Aab	−6.12	3.08	−2.48±0.20 ABa	−1.91
低温处理后未结茧的老熟幼虫	−13.10	−8.36±0.45 Ab	−6.88	−6.28	−4.08±0.35 Bb	−2.40
低温处理后结茧的老熟幼虫	−27.09	−25.35±0.42 Bc	−22.86	−12.03	−9.98±0.35 Cc	−8.80

注：同列数据后小写英文字母不同，表示在 0.05 水平上差异显著；大写英文字母不同，表示在 0.01 水平上差异极显著。

结果显示，不同虫态过冷却点存在较大差异，取食不同食物时也不相同，表明二点委夜蛾各虫态以及取食不同食物时，抗寒能力各异。以不同食物饲养的老熟幼虫过冷却点在–5.36～–4.32℃，蛹和正常结茧的老熟幼虫的过冷却点温度稍有降低，分别为–6.94℃和–7.13℃；不同食物饲喂得到的老熟幼虫结冰点温度在–2.60～–1.46℃。而经过低温处理但未结茧的老熟幼虫过冷却点可降至–8.36℃，其结冰点温度也大幅降低至–4.08℃。低温处理后结茧的老熟幼虫抗寒性最强，过冷却点和结冰点温度可分别达到–25.35℃、–9.98℃。说明二点委夜蛾老熟幼虫抗寒能力与低温诱导关系密切。

上述结果说明，自然环境下老熟幼虫随着冬季温度逐渐降低，经过抗寒锻炼后，耐寒性会显著增强，为安全越冬做好了准备。例如，冬季一般以 1 月温度最低，从河北省中部正定县 2005～2011 年 1 月的气温及地表温度(表 6-16)可以看出，该县的平均气温范围为–3.0～0.4℃，最低气温为–7.0℃；地面温度范围为–5.0～2.1℃。由上可知经过低温锻炼的老熟幼虫、结茧老熟幼虫和蛹的过冷却点都低于该地气温和地面温度，理论上都可以安全越冬。因此推测在黄淮海地区，二点委夜蛾冬季以结茧的老熟幼虫越冬为主，部分可以老熟幼虫越冬；在较寒冷的东北和西北地区则只能以结茧的老熟幼虫越冬。

表 6-16　正定县 2005～2011 年 1 月的气温和地表温度　　（单位：℃）

年份	气温		地面温度
	平均值	最低值	
2005	–2.1	–6.1	–3.6
2006	–1.3	–4.6	–2.2
2007	–0.4	–4.1	–2.1
2008	–2.3	–5.8	–3.5
2009	–1.1	–5.9	–3.2
2010	–2.8	–6.6	–3.3
2011	–3.0	–7.0	–5.0

六、二点委夜蛾越冬期越冬幼虫耐寒性变化

为了明确自然越冬二点委夜蛾幼虫在不同越冬阶段耐寒性变化，刘玉娟等(2014)分别于立冬(2012 年 11 月 7 日)、大寒(2013 年 1 月 20 日)和惊蛰(2013 年 3 月 5 日)三个越冬关键时期对自然越冬的二点委夜蛾幼虫体重、过冷却点和结冰点进行了测定。结果表明(表 6-17)，二点委夜蛾越冬期间不同阶段过冷却点存在极显著差异($df = 2$，$F = 16.1$，$P<0.0001$)，具有明显的季节性变化。随着温度的变化从越冬初期到翌年初春过冷却点呈现先降低后升高的趋势，在越冬期过冷却点最低，为–23.16℃，其次为越冬末期，为–19.91℃，最高是越冬初期，为–16.24℃。测定结果表明二点委夜蛾在越冬过程中随着低温的到来耐寒力明显提高了。结冰点在越冬初期到越冬末期逐渐降低，最低值出现在越冬末期，为–8.27℃，与越冬期的–8.25℃基本相同。最大值出现在越冬初期，为–5.73℃。从表 6-17 中还可以看到不同越冬时期二点委夜蛾体重间有显著差异($df = 2$，$F = 3.53$，$P= 0.04$)，从越冬初期到末期体重逐渐降低，最低值是在越冬期，为 68.23mg，最高在越冬初期，为 94.20mg。经过相关性分析得出，体重与过冷却点无相关性($r = 0.17$，$P = 0.12$)。

表 6-17　不同时期二点委夜蛾越冬幼虫的体重、过冷却点和结冰点

日期(月.日)	体重/mg	过冷却点/℃			结冰点/℃		
	平均值±标准误	平均值±标准误	最高值	最低值	平均值±标准误	最高值	最低值
11.7	94.20±5.11 a	−16.24±1.24 a	−5.57	−23.95	−5.73±0.78 a	−0.58	−15.1
1.20	68.23±2.97 b	−23.16±0.38 c	−14.29	−25.08	−8.25±0.29 b	−5.77	−11.53
3.5	69.63±2.66 b	−19.91±0.75 b	−10.25	−23.85	−8.27±0.53 b	−3.08	−16.89

注：表中不同字母表示每一列数据在 0.05 水平上有差异显著(LSD 多重分析法，$P<0.05$)。

研究结果表明二点委夜蛾越冬幼虫的抗寒力与其他昆虫一样，具有季节性的变化规律。抗寒性强弱的指标之一过冷却点在二点委夜蛾越冬过程中也表现出了明显的规律，从初冬到隆冬过冷却点逐渐下降，到翌年随着气温的上升过冷却点又逐渐回升。结果表明，冬季低温训练可以增强二点委夜蛾的过冷却能力，过冷却能力的显著提高可以保证其在中国冬季成功越冬。随着冬季气温的下降，昆虫也从生态适应性、行为、生理上都做了充足的准备，田间调查研究的二点委夜蛾越冬虫态的数据显示，该虫大多数是以老熟幼虫结茧在作物枯枝落叶下越冬，这些结茧的老熟幼虫可以成功越冬，部分裸露的老熟幼虫则不能顺利越冬而死亡。结茧的老熟幼虫在对不良环境适应性上有更强的自我调节能力，从而能够顺利越冬。

在生态适应性之外，在越冬过程中二点委夜蛾还有自我调节能力，体内进行着一系列的生理生化变化。昆虫体内水分的状态以及这种状态的比例与抗寒性密切相关。越冬过程中二点委夜蛾体内变化趋势与此一致，降低游离水与结合水比例，来降低过冷却点，提高过冷却能力，过冷却能力随着自由水与结合水比例的升高而降低，随其降低而升高。

第四节　湿度对二点委夜蛾生长发育的影响

马继芳等(2014b)采用无水氯化钙及其不同浓度的溶液，控制小环境(密闭 2L 烧杯或塑料盒)的相对湿度分别保持在 10%、20%、40%、60%、80%和 100%，以室内饲养的二点委夜蛾为材料，分别观察了卵、蛹和成虫在不同湿度环境下的发育情况以及幼虫在不取食条件下的生存状况。结果显示不同湿度条件下，卵的孵化、幼虫的存活时间、蛹期、成虫寿命和产卵量均有着显著差异。此外，还使用纱布分别包裹不少于 120 头的 1～5 龄幼虫，再将其浸入水中，每隔 1h 取出 15 头幼虫，持续观察了水淹幼虫的恢复状况，了解淹水对二点委夜蛾幼虫的影响。

一、湿度对卵的影响

湿度对卵的孵化时间和孵化率有明显影响。在试验湿度条件下，随着相对湿度的升高，卵孵化时间变短，孵化率升高，卵孵化也越来越集中。在相对湿度 10%条件下，孵化率仅为 60%左右，孵化时间平均为 89.5h；当相对湿度为 20%时，孵化率升至 80%以上，孵化时间也开始缩短；当相对湿度为 100%时，孵化率最高，达到 94.3%，孵化时间也最短，约为 80.9h(表 6-18)。另外，肉眼观察发现，当湿度低于 40%时，孵化出的幼虫弱小，发黑；湿度高时，孵化出的虫体明显较大。

表 6-18　不同湿度条件下卵的发育情况

湿度/%	孵化数量/粒			未孵化数量/粒	孵化时间/h	孵化率/%
	78h	82h	96h			
10	5	16	27	30	89.5±1.1 a	61.4±3.1 b
20	10	28	27	13	87.2±0.9 b	83.0±3.3 a
40	20	35	14	13	83.7±0.8 c	84.1±6.9 a
60	13	41	15	10	84.3±0.8 c	87.6±1.9 a
80	26	43	8	10	82.1±0.6 cd	88.5±2.3 a
100	36	42	4	5	80.9±0.4 d	94.3±1.0 a

二、湿度对幼虫的影响

(一)水淹的影响

二点委夜蛾不同龄期幼虫耐水淹能力和恢复速度有一定的差异，见表 6-19。

表 6-19　二点委夜蛾各龄期幼虫经不同水淹时间后的存活状况

水淹时间/h	1 龄		2 龄		3 龄		4 龄		5 龄	
	存活率/%	复活时间/min	存活率/%	复活时间/min	存活率/%	复活时间/min	存活率/%	复活时间/min	存活率/%	复活时间/min
1	80.0	10～30	100.0	5～20	100.0	15～20	100.0	10～20	100.0	10～30
2	53.3	10～50	66.7	10～50	66.7	15～50	73.3	15～40	86.7	15～30
3	26.7	20～80	40.0	20～80	40.0	20～50	46.7	20～40	60.0	15～40
4	20.0	40～80	33.3	20～80	13.3	20～30	20.0	25～50	13.3	20～40
5	13.3	40～60	33.3	30～80	6.7	30	6.7	40	6.7	25
6	6.7	50	26.7	50～80	0.0	—	6.7	40	0.0	—
7	0.0	—	6.7	60	0.0	—	0.0	—	0.0	—
8	0.0	—	0.0	—	0.0	—	0.0	—	0.0	—
LT_{50}	2.0		3.1		2.6		2.8		3.0	

存活状况：除 1 龄幼虫水淹 1h 后存活率为 80%外，其他龄期幼虫水淹 1h 后可全部正常存活；随着水淹时间的延长，各龄期幼虫的存活率均随之下降，在水淹 3h 以内，高龄幼虫的存活率明显高于低龄幼虫，显示出了较强的耐水淹能力；而当水淹时间超过 4h，各龄幼虫均只有少量个体可以存活，幼虫的耐受极限是 7h。水淹各龄期幼虫致死中时间(LT_{50})稍有差异，1 龄幼虫的致死中时间最短，为 2h，其他龄期幼虫的致死中时间均接近 3h。

恢复时间：水淹时间越短，开始恢复的时间越早，整个恢复过程越快。在水淹少于 2h 时，低龄幼虫的开始恢复时间早于高龄幼虫，但恢复过程明显长于后者；当水淹时间超过 4h，1 龄幼虫的开始恢复时间明显晚于其他龄期幼虫。在试验过程中还发现，有些幼虫虽然最初能够恢复活动能力，但无法存活，很快死亡。

(二)湿度的影响

在不予饲喂的状态下，二点委夜蛾各龄期幼虫对不同湿度长时间(5 天)处理的耐受反应也有所不同，见表 6-20。

表 6-20　二点委夜蛾幼虫在不同湿度条件下饥饿处理存活情况

处理	虫龄	不同湿度条件下存活率/%					
		10%	20%	40%	60%	80%	100%
5 天不饲喂	1	0	0	6.67±3.33e (b)	10.00±0.00b (b)	20.00±0.00c (a)	6.67±3.33c (b)
	2	9.14±0.48c (b)	20.45±2.27c (ab)	31.31±5.22d (a)	23.23±5.05b (ab)	21.21±8.02c (ab)	12.42±2.89c (b)
	3	59.96±3.98b (ab)	75.38±4.63b (a)	77.07±1.14c (a)	82.27±10.80a (a)	67.61±5.31b (a)	41.52±11.24b (b)
	4	73.61±1.39a (bc)	88.89±2.78a (a)	90.86±0.48b (a)	87.27±6.39a (ab)	86.97±3.49a (ab)	64.52±7.28a (c)
	5	80.56±5.56a (b)	94.44±2.78a (a)	100.00±0.00a (a)	97.22±2.78a (a)	97.22±2.78a (a)	83.33±4.81a (b)
5 天不饲喂胁迫后正常饲养 3 天	1	—	—	6.67±3.33b (a)	6.67±3.33 b (a)	13.33±3.33c (a)	6.67±3.33 d (a)
	2	4.72±2.90 c (a)	14.42±3.43c (a)	22.52±5.01 b (a)	20.20±7.07b (a)	16.67±9.93c (a)	3.33±3.33 d (a)
	3	41.84±2.69 b (bc)	62.35±6.02 b (ab)	70.73±4.15a (a)	70.65±14.38a (a)	52.77±8.87b (ab)	26.20±6.20 c (c)
	4	57.63±2.89 a (ab)	79.97±6.16 a (a)	75.46±7.41 a (ab)	71.23±12.17a (ab)	80.35±5.53a (a)	51.30±6.84 b (b)
	5	62.50±7.22a (c)	83.33±4.81 a (ab)	83.34±8.33a (ab)	97.22±2.78 a (a)	91.67±4.81a (ab)	75.00±4.81a (bc)

注：1 龄幼虫为群体处理，其他各龄期为 12 孔板隔离、单头处理，数据后不同的小写字母表示同一列处理间有显著性差异($P<0.05$)；括号内不同的小写字母表示同一行处理间有显著性差异($P<0.05$)。

从表 6-20 可看出，低龄(1～2 龄)幼虫对湿度耐受力最差，尤其是 1 龄幼虫，对低湿环境的适应性最差。3 龄后随虫体增大，对不同湿度处理的耐受力均显著增强，存活率逐渐增加。极端低湿(10%)、高湿(100%)条件对各龄期幼虫均有不利影响。适宜的湿度为 60%～80%。

1 龄幼虫耐受能力虽随湿度增加有所增强，但存活率均在 20%以下，其中 80%相对湿度下存活率最高。但高湿度条件，尤其是在 100%相对湿度下，幼虫间互相取食的现象更加明显。群体处理基本上仅有 1 条最为健壮的幼虫能够存活下来，对结果产生一定影响。但整体来看，仍可以得出以下结论，1 龄幼虫对低湿度环境最为敏感，存活率低；高湿度下存活率提高。而高湿度环境诱发的不同个体间的互残习性，是群体存活率降低的一个重要因素。

2 龄幼虫虫体有所增大，对环境的适应性及耐受能力有所增强，各湿度处理的 5 天存活率为 9.14%～31.31%，其中以 10%和 100%相对湿度下存活率最低，表现为对高、低两种极端湿度的耐受力均不强。整体来看，2 龄幼虫既不耐极端低湿(10%)，易脱水死亡，也不耐极端高湿(100%)，后期死亡率较高。经过 5 天的饥饿处理后，有些个体虽然能动，但活动能力极差，甚至不能自主取食，恢复饲养后继续死亡，最终存活率仅为 3.33%～22.52%。可能与虫体幼小，极度脱水后虫体虚弱难以恢复有关。

3 龄幼虫个体明显增大，对不同湿度胁迫的耐受力均大幅度增强，存活率显著增加。20%～80%相对湿度下的存活率均在 67%以上，并以 60%相对湿度下的生存能力最强，达 82.27%，但对 100%极端高湿的耐受性明显降低，存活率仅为 41.52%。度过 5 天的饥饿处理后，幼虫尚有能力自主取食，可使虫体发育逐渐恢复正常状态。饲养 3 天后 20%～80%相对湿度下的存活率为 52.77%～70.73%，但在 100%极端高湿条件下存活率仅为 26.20%。

4龄幼虫个体更大，对极端湿度及短时间饥饿胁迫耐受力更强，除100%高湿度处理外，其他各处理5天存活率均可达到73%以上。部分4龄幼虫在第5日即可陆续化蛹，移出后10天内陆续化蛹完毕，但部分蛹及羽化出的成虫个体较小，这种提前化蛹现象可能是其躲避不利环境的一种适应性策略。

5龄幼虫由于已接近老熟，对湿度及食物缺乏的适应性显著增强，各处理5天存活率均达80%以上。但极端低湿(10%)、高湿(100%)条件仍对其存活率有不利影响。各处理的5龄幼虫在5天内即可陆续化蛹，移出后几乎不取食，7天内可化蛹完毕。个别蛹及成虫个体较小。同时观察发现，5龄幼虫在高湿度(100%)条件下容易感染病菌，导致其不能化蛹或化蛹异常而死亡。

此外，经过5天饥饿不利条件胁迫，除100%湿度下3龄幼虫死亡率大于50%外，其他湿度条件下，3～5龄幼虫的死亡率均低于50%。1龄幼虫50%个体死亡时间(LT_{50})主要集中在处理后的2～3天，而2龄幼虫耐受力有所增强，则在3～4天后才开始大量死亡。

三、湿度对蛹的影响

环境湿度对蛹的发育影响相对较小，见表6-21。在相对湿度10%条件下，蛹期(老熟幼虫结茧至羽化)平均10.42天，羽化率在77.3%左右；当相对湿度为20%时，羽化率上升至80%以上，当相对湿度高于60%(包含60%)时，羽化率达到90%以上。在不同湿度条件下蛹期长短无明显变化。

表6-21 不同湿度条件下蛹的发育情况

湿度/%	羽化数量/头		未羽化/头	蛹期/d	羽化率/%
	雌	雄			
10	36	32	21	10.42±0.09 a	77.3±3.8 b
20	41	37	10	10.39±0.07 a	88.8±6.7ab
40	39	33	14	10.34±0.08 a	83.8±3.8ab
60	31	50	6	10.33±0.09 a	93.2±5.1 a
80	28	50	8	10.31±0.08 a	90.5±2.7 ab
100	33	52	6	10.30±0.07 a	93.4±0.2 a

注：本实验采用老熟幼虫做出的茧开始试验，为使蛹能够正常发育，未破茧查蛹。

四、湿度对成虫的影响

在不同湿度条件下，对雌雄成虫1∶1配对饲养，并以10%蜂蜜水每日短时(1～5min)饲喂1次和不饲喂两种方式处理。结果显示，环境湿度对成虫寿命和雌成虫产卵量有显著影响，结果见表6-22。

在不饲喂蜂蜜水的情况下，相对湿度≤20%时，成虫大多在2～4天死亡，并且不能完成交配和产卵；相对湿度为40%时，虽然成虫寿命也仅有3～4天，但此时已可产卵，产卵量较低，平均为34.7粒；随着相对湿度的升高，成虫寿命逐渐增长，产卵量也逐渐增加；当相对湿度达到100%时，成虫寿命可达9天，产卵量也达到148.0粒。

表 6-22　不同湿度条件对成虫寿命和繁殖的影响

湿度/%	成虫寿命/d		产卵量/粒	
	不饲喂	饲喂	不饲喂	饲喂
10	2.50±0.34 d	6.50±1.15 bc	0	25.3±10.2 c
20	3.50±0.50 d	5.83±0.40 c	0	56.3±29.0 c
40	3.67±0.21 cd	6.50±0.50 bc	34.7±13.0 c	156.0± 20.3 b
60	5.00±0.37 bc	7.17±0.98 bc	39.3±8.7 c	171.0±23.7 b
80	6.00±0.37 b	9.33±0.70 b	94.3±15.3 b	231.7±11.5 ab
100	9.33±0.84 a	12.50±0.50 a	148.0±20.7 a	295.3±26.1 a

在每天饲喂蜂蜜水的情况下，当相对湿度为 10%时，成虫可存活 5～7 天，并可产卵(平均 25.3 粒)；相对湿度在 20%～40%时，成虫寿命虽然无明显增长，但产卵量已显著增大，可达 100 粒以上。之后随着湿度升高，成虫寿命开始明显增长，产卵量也逐渐增大。当相对湿度为 100%时，成虫寿命 10～13 天，产卵量可达 300 粒左右。由此可见，高湿环境更有利于成虫的生存和繁殖，在有蜂蜜水补充体内水分和营养的情况下，成虫显然更能忍耐干燥的环境，也有利于其繁殖。

第五节　光周期对二点委夜蛾生长发育的影响

郭于蒙等(2018)从河北省保定市望都县采集二点委夜蛾幼虫，在室内人工气候箱中[温度 *T*(24±1)℃、光周期光∶暗(16L∶8D)、相对湿度 RH(80±5)%]连续饲养数代。用人工饲料饲养幼虫，10%蜂蜜水饲养成虫。在温度为(24±1)℃，相对湿度为(80±5)%条件下，设置 13 个不同的光周期处理，分别为 0L∶24D、2L∶22D、4L∶20D、6L∶18D、8L∶16D、10L∶14D、12L∶12D、14L∶10D、16L∶8D、18L∶6D、20L∶4D、22L∶2D 和 24L∶0D。将初孵幼虫置于指形管中，用人工饲料进行饲养，并将其移入各处理的人工气候箱中，每个处理 100 头，重复 3 次。每日定时观察记录其生长发育及存活情况并更换饲料。将 50 天内不能进入下一个虫龄或虫态的试虫视为休眠，并且记录其虫态及各虫态的个数。成虫选取当天羽化的进行雌雄配对，每对成虫单独放入养虫缸中并用 10%蜂蜜水进行饲养，直至成虫死亡，每个处理 10 对，重复 3 次。每天观察并记录成虫存活及产卵情况。数据处理采用 Excel 2007 和 SPSS 22.0 软件分析，不同处理间进行 Duncan 氏新复极差(DMRT)法对各参数进行方差分析及显著性测定。通过研究得到以下主要结果。

一、光周期对二点委夜蛾幼虫生长发育的影响

光周期对二点委夜蛾幼虫发育历期影响显著，其中光周期对 1～4 龄幼虫发育历期的影响较小，对 5 龄、6 龄老熟幼虫的影响明显，6 龄幼虫在光周期 2 L∶22 D 时发育历期最长，为 24.9 天，而在光周期 24 L∶0 D 时发育历期最短，仅为 4.4 天，相差 20.5 天。在光照时数≥16h 条件下，二点委夜蛾总发育历期较短，均短于 40.7 天，而光照时数<16h 条件下，除在光周期 6 L∶18 D 时总发育历期较短外，在其他处理下二点委夜蛾幼虫的总发育历期均显著延长，长于 45.2 天(表 6-23)。

表 6-23　不同光周期条件下二点委夜蛾各阶段的发育历期　（单位：天）

发育阶段	0L∶24D	2L∶22D	4L∶20D	6L∶18D	8L∶16D	10L∶14D	12L∶12D	14L∶10D	16L∶8D	18L∶6D	20L∶4D	22L∶2D	24L∶0D
1 龄	4.2±0.1 bc	5.0±0.2 a	4.4±0.1 b	3.7±0.1 e	4.1±0.1 cd	4.0±0.3 bcd	4.3±0.2 bc	4.2±0.1 bc	4.0±0.1 de	4.0±0.2 cd	4.1±0.0 cd	3.9±0.1 de	4.1±0.0 cd
2 龄	4.0±0.1 ab	4.2±0.1 a	4.0±0.1 ab	3.3±0.0 def	4.3±0.2 a	3.7±0.2 bc	4.1±0.1 a	3.6±0.2 cd	3.1±0.1 ef	3.4±0.2 cde	3.2±0.0 ef	3.0±0.6 f	3.2±0.1 def
3 龄	3.6±0.1 ab	3.7±0.2 ab	3.7±0.1 ab	3.7±0.0 ab	3.8±0.1 ab	3.6±0.1 b	3.5±0.1 b	3.8±0.3 ab	3.9±0.4 a	3.1±0.1 c	3.2±0.1 c	2.8±0.1 d	3.2±0.1 c
4 龄	4.6±0.1 b	4.7±0.2 a	4.2±0.3 bcd	4.1±0.0 d	4.2±0.0 cd	4.4±0.0 bc	4.0±0.0 d	4.1±0.1 d	4.3±0.3 bc	3.6±0.0 e	3.5±0.1 ef	3.3±0.1 f	3.5±0.1 e
5 龄	6.1±0.4 bc	6.5±0.7 ab	6.3±0.7 ab	5.3±0.3 cd	6.6±1.1 ab	7.1±0.5 a	5.9±0.2 bc	4.4±0.1 ef	5.2±0.6 cde	4.3±0.0 f	4.6±0.1 def	4.2±0.1f	4.7±0.1 def
6 龄	10.8±3.3 c	24.9±1.1 a	19.1±2.5 b	6.9±1.2 d	12.7±0.5 c	14.8±4.5 c	12.2±2.5 c	12.0±4.1 c	6.7±0.2 d	5.4±0.7 d	4.9±0.5 d	4.5±0.1 d	4.4±0.3 d
蛹	9.7±0.0 cd	12.3±0.4 a	10.1±0.1 c	9.7±0.1 d	12.1±0.0 a	11.0±0.6 a	11.9±0.1 a	10.5±0.3 b	10.6±0.2 b	9.9±0.1 cd	9.9±0.1 cd	9.0±0.1 f	10.0±0.0 cd
产卵前期	2.2±0.3 bc	1.8±0.3 a	2.1±0.1 ab	3.7±0.2 e	3.0±0.5 dc	3.5±0.1 e	2.9±0.5 cd	2.9±0.1 cd	2.2±0.2 ab	3.1±0.1 d	2.5±0.1 bc	3.0±0.1 cd	7.5±0.1 f
总发育历期	45.2±2.9 d	63.2±0.7 a	53.9±3.3 b	40.2±1.9 ef	50.8±1.6 bc	52.1±5.1 bc	48.8±3.0 cd	45.5±4.3 d	40.0±1.5 ef	36.8±0.9 efg	35.9±0.6 fg	33.7±0.6 g	40.7±0.3 e

注：表中数据为平均数±标准误。同行数据后不同小写字母表示经 Duncan 氏新复极差法检验在 $P<0.05$ 水平差异显著。

光周期的变化会引起幼虫及蛹时期休眠个体的出现，在光照时数≥16h 条件下，个体均可正常发育，无休眠个体产生；在光照时数<16h 条件下，幼虫在 1～4 龄时期均无休眠个体产生，5～6 龄老熟幼虫和蛹的部分个体出现休眠现象，其中以老熟幼虫为主。各处理间总休眠率差异显著，为 18.4%～79.6%，在光周期为 8 L∶16 D 时总休眠率最高（表 6-24）。

表 6-24　不同光周期条件下二点委夜蛾休眠虫态及其比例　　（单位：%）

发育阶段	0L∶24D	2L∶22D	4L∶20D	6L∶18D	8L∶16D	10L∶14D	12L∶12D	14L∶10D
5 龄	1.3±0.1 bc	1.2±0.3 b	1.5±0.2 c	0.0±0.0 a	2.1±0.1 c	2.2±0.3 c	1.5±0.1 c	0.0±0.0 a
6 龄	12.3±0.1 bc	52.6±3.5 a	35.1±4.1 b	8.7±0.3 c	51.9±8.3a	49.3±5.3 ab	29.3±2.1 b	11.1±0.1 bc
蛹	7.0±0.9 d	12.2±1.0 bc	19.8±1.2 b	9.7±0.6 cd	25.6±2.5 a	13.±0.4 c	16.5±0.7 bc	11.9±1.1 c
总休眠率	20.7±4.5 d	66.8±5.8 b	56.4±9.2 bc	18.4±4.3 d	79.6±1.4 a	64.5±7.5 b	47.5±5.9 c	23.0±3.5 d

注：表中数据为平均数±标准误。同行数据后不同小写字母表示经 Duncan 氏新复极差法检验在 $P<0.05$ 水平差异显著。

二、光周期对二点委夜蛾幼虫虫龄的影响

光周期对二点委夜蛾幼虫虫龄影响显著。在各光周期条件下，二点委夜蛾幼虫虫龄均存在 5 龄及 6 龄现象。光照时数<16h 时，幼虫进入 6 龄的比例显著高于光照时数≥16h 的处理，均高于 24.6%，其中光周期为 12 L∶12 D 时幼虫进入 6 龄的比例最高，为 82.2%，且与其他处理间差异显著；而光照时数≥16h 时，幼虫进入 6 龄阶段的比例均低于 18.1%（图 6-4）。

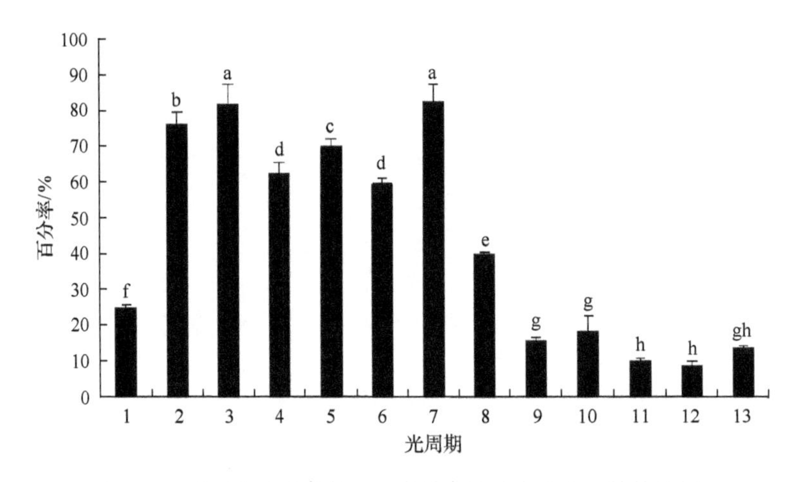

图 6-4　不同光周期条件下二点委夜蛾幼虫进入 6 龄的比例

图中数据为平均数±标准误。不同字母表示经 Duncan 氏新复极差法检验在 $P<0.05$ 水平差异显著。1～13：光周期分别为 0 L∶24 D、2 L∶22 D、4 L∶20 D、6 L∶18 D、8 L∶16 D、10 L∶14 D、12 L∶12 D、14 L∶10 D、16 L∶8 D、18 L∶6 D、20 L∶4 D、22 L∶2 D 和 24 L∶0 D

三、光周期对二点委夜蛾成虫生长繁殖的影响

不同光周期对二点委夜蛾成虫生长繁殖影响显著。光照时数≥16h 时，二点委夜蛾

羽化率均较高，为 92.2%～98.8%；二点委夜蛾成虫获得率也较高，为 67.0%～78.7%，而二点委夜蛾成虫获得率和羽化率在不同光周期条件下无显著差异。光照时数<16h 时，成虫获得率较低，为 15.3%～66.0%，其中 0 L∶24 D 和 6 L∶18 D 条件下二点委夜蛾的成虫获得率及羽化率比较高(表 6-25)。

表 6-25　不同光周期条件下二点委夜蛾成虫的繁殖特性

光周期	羽化率/%	成虫获得率/%	产卵前期/d	产卵期/d	单雌平均产卵量/粒	雌蛾寿命/d	雄蛾寿命/d
0 L∶24 D	89.1±1.7 de	60.0±1.0 e	2.2±0.3 bc	11.5±0.3 ab	362.5±12.0 cd	16.5±0.2 ab	16.7±0.2 a
2 L∶22 D	59.9±3.3 b	24.3±1.5 b	1.8±0.3 a	11.2±0.3 b	288.7±8.8 b	16.8±0.8 ab	17.5±0.4 abc
4 L∶20 D	68.4±8.6 c	37.7±8.1 c	2.1±0.1 ab	11.3±0.1 ab	275.8±2.2 b	17.0±0.3 ab	17.7±0.1 abc
6 L∶18 D	89.1±5.8 de	66.0±9.5 e	3.7±0.2 e	11.3±0.5 ab	383.0±8.9 f	17.3±0.8 ab	17.4±0.3 abc
8 L∶16 D	43.8±0.3 a	15.3±1.5 a	3.0±0.5 dc	11.5±0.9 ab	414.0±29.6 g	17.7±0.3 ab	18.0±1.7 abc
10 L∶14 D	72.7±7.1 c	27.7±7.1 b	3.5±0.1 e	11.9±0.4 ab	329.2±16.8 c	17.2±0.6 ab	15.8±0.7 a
12 L∶12 D	75.8±6.9 c	39.7±4.0 c	2.9±0.5 cd	12.7±0.3 a	419.0±22.8 g	17.4±0.1 ab	19.4±0.5 c
14 L∶10 D	87.4±3.3 d	48.7±0.6 d	2.9±0.1 cd	11.5±0.1 ab	360.8±7.4 def	15.9±0.2 a	16.9±0.5 ab
16 L∶8 D	96.4±4.3 def	78.6±1.5 g	2.2±0.2 ab	11.6±0.4 ab	345.1±11.7 cd	17.2±0.3 ab	18.5±0.3 cd
18 L∶6 D	92.2±1.0 def	67.0±3.0 ef	3.1±0.0 d	12.3±0.6 ab	382.4±11.4 f	18.0±0.2 abc	18.7±0.3 cd
20 L∶4 D	98.8±1.3 f	78.7±6.0 g	2.5±0.1 bc	11.7±1.8 ab	372.3±10.2 ef	16.6±0.1 a	18.2±0.4 bc
22 L∶2 D	95.9±2.5 ef	77.7±1.5 g	3.0±0.1 cd	12.1±1.1 ab	351.1±7.5 cde	19.0±0.4 bc	18.1±0.7 abc
24 L∶0 D	98.7±1.3 f	74.7±2.5 fg	7.6±0.1 f	10.8±0.1 b	335.3±3.7 a	20.0±0.4 c	22.1±0.3 d

注：表中数据为平均数±标准误。同列数据后不同小写字母表示经 Duncan 氏新复极差法检验在 $P<0.05$ 水平差异显著。

除全日照处理以外，其他光周期处理的二点委夜蛾产卵前期和产卵期无显著差异。光周期变化对二点委夜蛾雌虫产卵量影响显著，光周期为 8 L∶16 D 和 12 L∶12 D 时二点委夜蛾平均单雌产卵量最多，分别为 414.0 粒和 419.0 粒，显著高于其他处理；光周期为 2 L∶22 D 和 4 L∶20 D 时二点委夜蛾平均单雌产卵量最少，分别为 288.7 粒和 275.8 粒，其他处理间无显著差异。光周期对雌蛾、雄蛾寿命无显著影响，在全日照条件下二点委夜蛾雌蛾、雄蛾寿命最长，分别为 20.0 天和 22.1 天(表 6-25)。

四、不同光周期条件下的实验种群生命表

不同光周期条件下二点委夜蛾实验种群生命表显示，在不同光照处理下种群趋势指数为 30.4～144.0。光照时数≤6h 时，种群趋势指数变化较大，在 0 L∶24 D 和 6 L∶18 D 时，种群趋势指数较高；光照时数在 8～14h 条件下，种群趋势指数随光照时间增长逐渐增高，但均低于 96.7；而在光照时数≥16h 条件下，由于二点委夜蛾成虫获得率和产卵量较高，种群趋势指数总体较高，均超过 116.4(表 6-26)。

表 6-26 不同光周期条件下二点委夜蛾实验种群生命表

发育阶段		进入各发育时期虫数/头												
		0L：24D	2L：22D	4L：20D	6L：18D	8L：16D	10L：14D	12L：12D	14L：10D	16L：8D	18L：6D	20L：4D	22L：2D	24L：0D
幼虫	1龄	100.0	100.0	100.0	100.0	100.0	100.0	100.0	100.0	100.0	100.0	100.0	100.0	100.0
	2龄	89.7	97.0	96.0	89.7	97.3	95.0	93.0	88.3	93.3	93.3	93.3	93.0	94.0
	3龄	83.7	95.7	95.7	88.3	97.3	94.7	91.3	78.3	90.1	81.7	83.7	84.0	81.0
	4龄	83.3	95.7	94.7	86.3	97.0	93.7	89.3	77.9	87.6	78.7	81.7	82.3	77.0
	5龄	83.0	94.7	94.7	85.3	96.3	93.0	88.0	77.5	86.2	78.2	81.3	82.0	77.0
	6龄	20.3	69.0	77.3	53.0	67.3	55.3	72.3	30.2	13.3	14.3	8.0	7.0	10.3
蛹		67.3	40.7	55.0	74.0	35.0	38.0	52.3	55.3	81.8	72.6	79.7	81.0	75.7
成虫		60.0	24.3	37.7	66.0	15.3	27.7	39.7	48.2	78.6	67.0	78.7	77.7	74.7
雌虫		29.0	14.7	19.3	32.0	7.3	13.0	21.3	26.8	33.7	32.0	36.3	41.0	37.3
产卵量/粒		362.5	288.7	275.8	383.0	414.0	329.2	418.9	360.8	345.1	382.4	372.3	351.1	335.3
预计下代产卵量/粒		10511.3	4233.8	5331.2	12257.3	3036.1	4279.2	8937.4	9673.9	11641.2	12228.5	13525.8	14395.9	12516.0
种群趋势指数（I）		105.1	42.3	53.3	122.6	30.4	42.8	89.4	96.7	116.4	122.3	135.3	144.0	125.2

第六节 气象因素对二点委夜蛾发生为害的影响

2011～2013 年陈立涛等（2014）对河北省馆陶县二点委夜蛾成虫进行了系统监测，同时对田间幼虫为害进行系统调查，结合当地气象资料，分析影响二点委夜蛾发生为害的关键因素，为准确测报和防治提供技术支撑。

成虫系统监测结果：2011 年 4 月 4 日始见越冬代成虫，至 10 月 13 日结束；2012 年 4 月 4 日始见越冬代成虫，至 10 月 8 日结束；2013 年 4 月 5 日始见越冬代成虫，至 10 月 7 日结束。逐日蛾量见图 6-5。

在馆陶县，二点委夜蛾 1 年发生 4 代，根据多年成虫消长规律进行系统分析可知各代发生时间：越冬代成虫 4 月上旬至 5 月中下旬；1 代成虫 5 月下旬至 7 月上旬，蛾盛期为 6 月 9～22 日；2 代成虫为 7 月上中旬至 8 月上中旬，蛾盛期为 7 月 16～30 日；3 代成虫为 8 月中旬至 10 月底。根据这一规律，将 3 年成虫系统监测结果按照各代成虫数量进行统计，见表 6-27。

由表 6-27 可见，不同年份间成虫各世代的消长趋势并不一致。2011 年越冬代虫量少（99 头），1 代成虫大幅度增加（4050 头，是越冬代的 40.9 倍），2 代成虫继续增加（6769 头，是 1 代的 1.7 倍），3 代成虫呈下降趋势（1306 头，是 2 代虫量的 19.3%）；2012 年相对 2011 年来说，越冬代虫量略少（68 头），1 代成虫增幅与 2011 年相近（2816 头，是越冬代的 41.4 倍），2 代成虫增加量显著增大（9515 头，是 1 代的 3.4 倍），3 代成虫急剧下

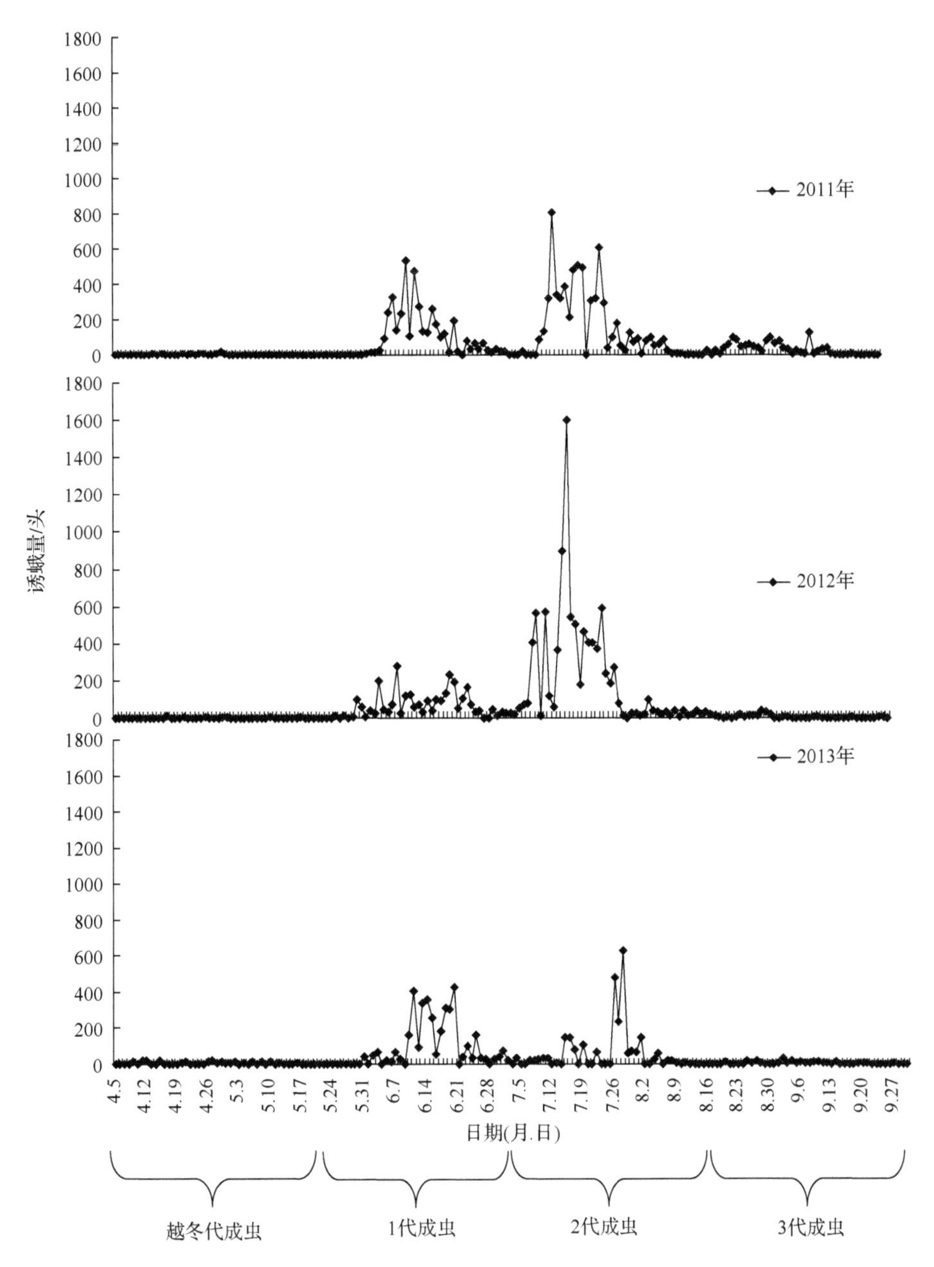

图 6-5　2011～2013 年馆陶县二点委夜蛾逐日蛾量消长趋势

表 6-27　河北馆陶县不同年份二点委夜蛾各代成虫发生量

年份	越冬代成虫/头	1 代成虫/头	2 代成虫/头	3 代成虫/头
	4 月 4 日至 5 月 25 日	5 月 26 日至 7 月 5 日	7 月 6 日至 8 月 15 日	8 月 16 日至 10 月 7 日
2011	99	4050	6769	1306
2012	68	2816	9515	402
2013	253	3782	2549	270

降(402 头，仅为 2 代的 4.2%)；2013 年越冬代成虫量较 2011 年、2012 年多(253 头)，相对 2011 年来说，1 代成虫增幅偏小(3782 头，是越冬代的 14.9 倍)，2 代成虫却出现了减少现象，仅是 1 代成虫的 2/3(2549 头，减少了 33%)。综合比较，相对 2011 年成虫消长情况，2012 年的 2 代成虫出现了急剧增加、而 3 代成虫出现了急剧减少的现象；2013 年的 2 代成虫出现急剧减少的现象。

2 代幼虫为害调查：当地主害代为第 2 代幼虫，主要为害夏玉米幼苗，幼虫田间始见期均在 6 月下旬。2011 年 6 月 24 日初见幼虫，一般发生地块幼虫密度 5～10 头/m^2，被害株率 5%～20%，严重发生地块 20～40 头/m^2，被害株率 30%以上，最高被害株率 50%，造成缺苗断垄，为严重发生年。2012 年 6 月 25 日始见幼虫，该年发生形势趋缓，发生面积 1 万 hm^2，一般发生地块 2～10 头/m^2，被害株率 0.3%～2%，严重发生地块 10～20 头/m^2，被害株率 5%左右，最高 10%。2013 年 6 月 29 日始见幼虫，该年发生明显减轻，危害显著降低，被害株率 0.1%～0.3%，一般发生地块幼虫量 0.3～5 头/m^2，最高 8 头/m^2，田间玉米被害株率也低。

一、气温对二点委夜蛾发生为害的影响

1 代成虫发生盛期与小麦收获和玉米播种期相遇，机械收割在田间形成的高麦茬上覆盖麦秸，造成了具有空隙的田间生态环境，适宜成虫在其中集聚栖息、交配和产卵，这批卵孵化出的幼虫进入 3 龄，食量开始增大，导致麦秸覆盖下的夏玉米幼苗被害。馆陶县小麦收获期各年略有不同，但都集中在 6 月中旬，为此，6 月中旬至 7 月上旬是 1 代成虫集中在麦秸下产卵，随后孵化出主害代 2 代幼虫并集中为害的关键时期。这段时间气象条件直接影响着其发生与为害。2011～2013 年 6 月中旬至 7 月上旬各候日平均最高温度见表 6-28。

表 6-28　河北馆陶县不同年份 6 月中旬至 7 月上旬各候日平均最高温度　(单位：℃)

年份	6 月中旬		6 月下旬		7 月上旬	
	1 候	2 候	1 候	2 候	1 候	2 候
2011	33.0	32.3	30.6	33.3	32.0	33.6
2012	34.7	36.1	34.5	28.7	33.4	30.7
2013	31.3	32.1	29.0	35.1	34.6	32.7

由表 6-28 可见，有 2 个时段日平均最高温度出现了 35℃左右的高温：2012 年 6 月中旬 1 候、2 候的日最高温度分别是 34.7℃和 36.1℃，明显高于 2011 年和 2013 年同期温度；2013 年 6 月下旬 2 候、7 月上旬 1 候的日最高温度分别是 35.1℃和 34.6℃，明显高于 2011 年和 2012 年同期温度。

(一)高温对成虫的影响

6 月中旬馆陶县小麦收获期间逐日最高温度与诱蛾量(表 6-29)进一步说明了 2012 年在 6 月中旬温度高，日平均最高温度超过 35℃，其中 6 月 13 日甚至达到 39.7℃，共有 5

天超过 36℃，从而造成虫量大大降低，日均诱蛾量仅有 86.7 头，此时期正是 1 代成虫发生盛期，却在 2012 年 6 月中旬成虫监测出现了低谷(图 6-5)，而 2011 年此期日平均最高温度 32.7℃，日均诱蛾量为 242.1 头，2013 年此期日平均最高温度 31.7℃，日均诱蛾量为 272.8 头，即 2011 年和 2013 年 6 月中旬的最高温度分别比 2012 年低 2.7℃和 3.7℃，日均诱蛾量分别是 2012 年的 2.79 倍和 3.14 倍。说明高温不利于成虫发生为害。尽管 2012 年 1 代、2 代成虫总量大，但是，6 月中旬 1 代成虫相对数量少，集中在麦秸下产卵为害玉米的主要幼虫虫源也少。

表 6-29　河北馆陶县小麦收获和玉米播种期日最高温度与日诱蛾量

日期(月.日)	2011 年		2012 年		2013 年	
	日最高温度/℃	日诱蛾量/头	日最高温度/℃	日诱蛾量/头	日最高温度/℃	日诱蛾量/头
6.11	32.0	236	34.3	121	27.4	407
6.12	33.0	532	36.8	128	32.6	92
6.13	35.0	108	39.7	57	32.0	340
6.14	33.2	473	31.2	73	31.5	361
6.15	32.0	273	31.4	31	33.2	256
6.16	31.2	131	36.1	92	37.2	52
6.17	28.2	127	36.3	41	30.7	182
6.18	33.9	262	35.2	101	27.5	308
6.19	35.1	176	35.4	92	31.7	302
6.20	33.2	103	37.3	131	33.5	428
平均	32.7	242.1	35.4	86.7	31.7	272.8

(二)高温对幼虫的影响

馆陶县小麦收获期集中在 6 月中旬，但各年度间略有不同，小麦收获早，二点委夜蛾发生为害也早，小麦收获晚，二点委夜蛾为害也晚。1～2 龄期幼虫个体小，田间调查难以发现，3 龄后个体大较易发现，因此，往往田间发现幼虫前已开始为害。2011～2013 年田间发现幼虫的时间分别为 6 月 24 日、25 日、29 日。6 月 25 日至 7 月 5 日是主害代 2 代幼虫为害盛期，2011～2013 年此期间逐日最高气温及幼虫数量见表 6-30。由表 6-30 可见，2013 年该期日平均最高温度为 34.9℃，比 2011 年同期高 2.8℃，比 2012 年同期高 3.8℃。从高温出现时间看，2013 年 6 月 27～28 日持续高温，日最高温度分别为 36.8℃和 37.3℃，当年 29 日始见幼虫，高温出现在始见幼虫前，整体虫量少，为害轻；2011 年和 2012 年该阶段整体温度偏低，也有高温的出现，2011 年 6 月 30 日日最高温度为 37.0℃，2012 年 7 月 3 日日最高温度为 37.8℃，而该两年田间发现二点委夜蛾幼虫的时间分别为 6 月 24 日和 25 日，高温均在始见幼虫之后，为害重。由此可见，高温不利于二点委夜蛾低龄幼虫存活，但有利于大龄幼虫为害，高温出现在田间发现幼虫前，为害轻，高温出现在田间发现幼虫后，为害重。

表 6-30　河北馆陶县二点委夜蛾为害夏玉米始期及盛期日最高温度及幼虫数量

日期(月.日)	2011年		2012年		2013年	
	日最高温度/℃	幼虫最高密度/(头/m²)	日最高温度/℃	幼虫最高密度/(头/m²)	日最高温度/℃	幼虫最高密度/(头/m²)
6.25	26.5	—	31.1	0.4	34.9	—
6.26	31.3	—	31.3	—	34.1	—
6.27	30.7	5.6	30.7	—	36.8	—
6.28	32.8	—	27.7	1.0	37.3	—
6.29	34.7	—	22.7	—	33.9	0.2
6.30	37.0	11.4	31.2	—	33.5	—
7.1	36.2	—	36.1	4.2	32.5	—
7.2	31.7	—	31.8	—	35.0	2.2
7.3	29.3	32.4	37.8	—	37.4	—
7.4	32.4	—	31.5	16.2	32.4	—
7.5	30.5	—	29.9	—	35.6	4.6
平均	32.1	40	31.1	20	34.9	8

二、降水量对二点委夜蛾的影响

将表 7-27 中 2011～2013 年二点委夜蛾越冬代、1 代、2 代、3 代成虫监测数据制作成曲线图(图 6-6)。

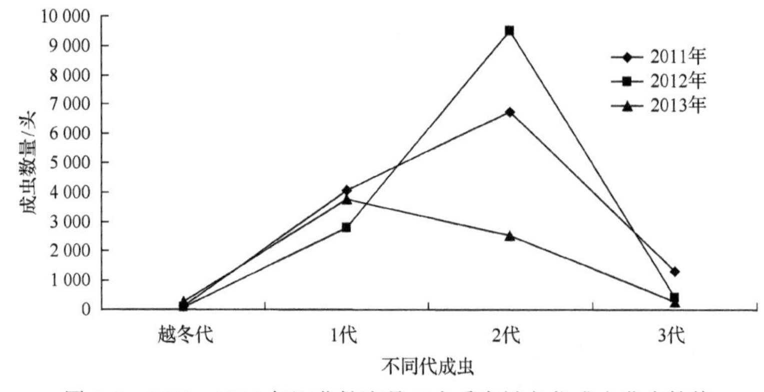

图 6-6　2011～2013 年河北馆陶县二点委夜蛾各代成虫发生趋势

由图 6-6 可见，3 个年度越冬代成虫到 1 代成虫均呈基本一致的上升趋势。二点委夜蛾越冬代成虫主要在小麦田间栖息产卵，小麦春季和灌浆期灌水有利于卵的孵化和幼虫生长，各年度之间管理方式基本相同，二点委夜蛾生存环境大致相同，使各年度间 1 代成虫比越冬代成虫增加量基本一致。但是，1 代成虫到 2 代成虫、2 代成虫到 3 代成虫增加量各年度间却差异很大。在黄淮海地区，一般 6 月中旬收割小麦，马上播种玉米，并普遍灌水造墒，以后该地区进入雨季，一般很少灌水。为此，分析各年度 6 月下旬至 8 月上旬，1 代、2 代、3 代成虫发生期间的降雨，将有助于了解降雨与二点委夜蛾生长发育之间的关系。其中 6 月下旬至 7 月中旬主要是 2 代幼虫、2 代蛹的盛发期，其降雨量直接影响到以1代成虫为基数，经过产卵、孵化至幼虫、再变为蛹、直至2代成虫的增加量；同理，7月下旬至8月中旬，直接影响以2代成虫为基数，至3代成虫的增加量。表6-31是2011～2013年6月下旬至8月上旬的候降雨量与成虫数量变化。

表6-31 河北馆陶县2011～2013年6月下旬至8月中旬各候降雨量与2～3代成虫数量变化

日期(月-旬)	候期	降雨量/mm		
		2011年	2012年	2013年
6-下	1	7.5	0.6	10.2
	2	0.4	24.5	0.0
7-上	1	21.3	65.3	20.8
	2	1.1	91.0	67.8
7-中	1	0.0	0.0	104.3
	2	9.3	2.3	96.9
6-下～7-中		39.6	183.7	300.0
1代成虫→2代成虫数量/头[①]		1.7(4050→6769)	3.4(2816→9515)	0.67(3782→2549)
7-下	1	38.0	44.7	41.2
	2	46.5	103.5	0.1
8-上	1	37.6	95.7	6.3
	2	20.5	0.0	6.5
8-中	1	0.6	2.6	27.9
	2	83.5	14.8	0.0
7-下～8-中		226.7	261.3	82.0
2代成虫→3代成虫数量/头[②]		0.19(6769→1306)	0.04(9515→402)	0.11(2549→270)

注：①括号前数据为2代成虫是1代成虫数量的倍数，括号内数据为1代成虫→2代成虫头数。
②括号前数据为3代成虫是2代成虫数量的倍数，括号内数据为2代成虫→3代成虫头数。

由表6-31可以看出，降雨有利于二点委夜蛾生长发育，但是，降雨量过大反而会严重影响其生长发育。如2代幼虫和蛹发育阶段，2011年合计降雨量为39.6mm，2代成虫是1代成虫的1.7倍；2012年降雨量为183.7mm，2代成虫是1代成虫的3.4倍，降雨量最大为7月上旬2候的91.0mm；而2013年当降雨量达到300.0mm时，2代成虫数量反而降低，仅为1代成虫数量的0.67倍。从降雨强度上看，2013年7月中旬1候、2候出现了降雨量分别为104.3mm和96.9mm的强降雨。同理，在7月下旬至8月中旬期间，2013年降雨量最低，仅为82.0mm，3代成虫仅为2代成虫的0.11倍；2011年降雨量增至226.7mm，3代成虫仅为2代成虫的0.19倍；而2012年降雨量达到261.3mm后，3代成虫数量大大降低，竟然只有2代成虫的0.04倍。而且2012年7月下旬2候和8月上旬1候同样出现了103.5mm和95.7mm强降雨。

为了进一步澄清在多大降雨量的时候有助于二点委夜蛾生存、多大降雨量能够伤害二点委夜蛾，也就是降雨强度对该虫发生数量的影响，又将降雨量较大的7～8月逐日的降雨量列于表6-32。

表 6-32　河北馆陶县 2011～2013 年 7～8 月降雨量　　　（单位：mm）

日期(日)	2011 年		2012 年		2013 年	
	7 月	8 月	7 月	8 月	7 月	8 月
1	0.2	0.0	0.0	66.6	14.6	5.5
2～3	21.1	36.7	0.0	0.0	0.6	0.8
4	0.0	0.0	44.0	20.6	5.6	0.0
5～6	0.9	2.5	21.3	8.5	0.0	0.0
7	0.2	0.0	33.0	0.0	0.0	6.5
8～9	0.0	0.0	19.7	0.0	29.4	0.0
10	0.0	18.9	38.3	0.0	38.4	0.0
11～12	0.0	0.6	0.0	0.0	6.6	27.4
13	0.0	0.0	0.0	0.2	78.5	0.5
14～15	0.0	0.0	0.0	2.4	19.2	0.0
16	0.0	26.2	0.0	0.0	13.1	0.0
17～18	0.0	14.2	2.3	14.8	21.8	0.0
19	1.7	41.6	0.0	0.0	62.0	0.0
20～21	8.4	1.5	0.0	0.0	0.0	0.0
22～24	0.0	0.0	0.6	0.1	24.9	0.0
25	37.2	0.0	44.1	0.0	16.3	0.0
26～28	0.0	5.5	3.9	1.1	0.1	0.0
29	27.0	0.0	0.0	0.0	0.0	0.0
30	19.5	0.0	9.3	0.0	0.0	0.0
31	0.0	0.0	90.3	0.0	0.0	0.0

由表 6-32 可以看出，2013 年 7 月中旬的强降雨分别出现在 7 月 13 日和 19 日，日降雨量分别为 78.5mm 和 62.0mm，而且之间连续降雨。也就是当日降雨量达到 78.5mm 时，可能会造成田间大量积水，不利于 1 代二点委夜蛾幼虫和蛹的生存，成为 2 代成虫数量减少的原因之一。同样，2012 年 7 下旬 2 侯和 8 月上旬 1 候的强降雨分别出现在 7 月 31 日，日降雨量为 90.3mm，翌日即 8 月 1 日继续降雨 66.6mm，同样造成田间大量积水，不利于 2 代二点委夜蛾幼虫生存，导致了 3 代成虫大幅度下降。而 2012 年 7 月上旬尽管降雨量也偏大，但是，日降雨量最多是 44.0mm，比较分散，由 2012 年 2 代成虫数量是 1 代成虫数量的 3.4 倍可知，不仅未能影响二点委夜蛾生存，反而有利于该虫的生长发育。李素平等(2014)分析了馆陶、临西、宁晋和安新四地二点委夜蛾发生与降雨的关系，其结果与本研究结论一致。

第七节　田间生态对二点委夜蛾发生为害的影响

适宜的田间生态是二点委夜蛾群体积累和暴发为害的关键。二点委夜蛾广泛存在于欧亚大陆，推测北美洲中南部地区也有其适宜生存的区域，但是，国外一直未见该虫为害农作物的报道。在中国，尽管该虫早在 1993 年在北京通县就有记载，也一直未见其为害玉米等报道。至今发现该虫仅在黄淮海小麦-玉米连作区的小麦秸秆还田的夏播玉米田间为害玉米幼苗。从上述温度、降雨量与二点委夜蛾发生之间关系可知，高温不利于二点委夜蛾发生，强降雨能够大大减少二点委夜蛾的数量。虽然黄淮海地区 6～8 月均为高温天气，但是，从河北馆陶县 2011 年气候因素分析可见，温度整体相对较低，日平均最高温度均未达到 34℃，降雨量最多是在 7 月下旬后期，仅有 46.5mm，均未出现强降雨。但是二点委夜蛾从越冬代到第 1 代、第 2 代成虫一直在持续增加，而第 3 代成虫出现了下降的趋势。同样，2012 年和 2013 年主要因为强降雨分别导致第 3 代成虫和第 2 代成虫数量大幅度降低，但是，整体趋势也仍然是第 1、第 2 代成虫数量增加，第 3 代成虫数量呈下降趋势，与多年多点二点委夜蛾系统调查结果相一致。由此可见，二点委夜蛾群体积累除了与温度和降雨有关外，与田间生态关系更加密切。早春大面积封垄后的小麦田，为二点委夜蛾提供了适宜的遮阴环境，为越冬代成虫的大量繁衍提供了条件；1 代成虫发生期与小麦收获、玉米播种期相遇，小麦收获后造成的麦茬上覆盖麦秸的遮阴环境有利于 1 代成虫的繁衍，使 2 代幼虫数量剧增。但是，2 代成虫发生期夏播作物刚刚播种，田间幼苗个体小，成虫缺少适宜的大面积遮阴环境，在高温条件下，成虫产卵量降低，同时，高温干旱也不利于卵的孵化和幼虫生长，才导致 3 代成虫量骤减。尽管 3 代成虫数量少，但是，秋收季节，农作物个体高大，在田间再次形成大面积的遮阴环境，而且大量的落叶有利于幼虫的隐蔽和取食，提高了越冬代幼虫的数量和质量。可见，适宜的大面积适生环境是二点委夜蛾群体延续和大量积累的关键。

第七章　二点委夜蛾的生活史

2009 年 6 月至 2012 年 6 月，河北省农林科学院谷子研究所马继芳等连续 3 年在河北省农林科学院粮油作物研究所堤上试验站进行了二点委夜蛾生活史观察。试验站内主要种植玉米、小麦、甘薯、大豆、花生、棉花等多种作物。各作物田内设置二点委夜蛾性诱剂水盆诱捕器 3 个，并在站内设置杀虫灯 1 台同时进行成虫监测。根据成虫发生情况定期在各作物田进行幼虫发育及化蛹进度、羽化调查。还在田间设置观察圃，用 9m×18m×5m（长×宽×高）网罩隔离，内种适期作物，集中放置与田间发育同步的二点委夜蛾卵或幼虫，定期观察各虫态发育进度及生活史。结合常年在石家庄辛集和正定、邯郸馆陶、邢台临西和隆尧、衡水故城、保定安新、沧州南大港等地利用自动虫情测报灯对二点委夜蛾成虫监测、田间幼虫系统调查，基本阐明了二点委夜蛾发生世代及生活史。

第一节　二点委夜蛾发生世代和年生活史

马继芳等（2012d）通过堤上试验站田间调查和同步田间饲养得出，二点委夜蛾在石家庄一年可发生 4 代，以老熟幼虫在土壤表层或附着于植物残体，吐丝黏着土粒、碎植物组织等结茧越冬。从 4 月上旬越冬代蛹羽化至 11 月中旬第四代幼虫结茧越冬，活动期历时 8 个多月，期间在不同作物田间转移栖息，相邻世代间各虫态均有重叠现象，其详细生活史如表 7-1 所示。

表 7-1　二点委夜蛾年生活史（石家庄，2009～2012 年）

世代	1月			2月			3月			4月			5月			6月			7月			8月			9月			10月			11月			12月		
	上	中	下	上	中	下	上	中	下	上	中	下	上	中	下	上	中	下	上	中	下	上	中	下	上	中	下	上	中	下	上	中	下	上	中	下
越冬代	-	-	-	-	-	-	-	-	-	-	-																									
							o	o	o	o	o	o	o	o																						
										+	+	+	+	+	+																					
第1代											·	·	·	·	·	·																				
												-	-	-	-	-	-																			
														o	o	o	o	o	o																	
																+	+	+	+																	
第2代																		·	·	·	·															
																		-	-	-	-	-														
																				o	o	o	o	o												
																					+	+	+	+	+											
第3代																					·	·	·	·	·	·	·									
																					-	-	-	-	-	-	-	-								
																							o	o	o	o	o	o	o							
																									+	+	+	+	+	+	+					
第4代																									·	·	·	·	·	·	·					
																									-	-	-	-	-	-	-	-	-	-	-	-	-

注：成虫（++++）；卵（····）；幼虫（- - -）；蛹（oooo）。

初春，3 月上旬二点委夜蛾越冬幼虫就可以陆续化蛹，4 月上旬即可羽化并迁入麦田产卵，第 1 代幼虫主要取食麦类作物、杂草等植物，危害不明显。小麦收获后，麦秸覆盖的夏玉米田为其提供了广阔的适生环境。第 1 代成虫多将卵散产于田间散落的麦秸上，孵化后第 2 代幼虫在麦秸下的地表层，温度、湿度适宜，遮光性好，虫量迅速积累并与夏玉米苗期相遇，钻蛀、咬食玉米茎基部或次生根造成死苗、倒伏等明显被害症状。7 月下旬羽化出的第 2 代成虫，除在麦茬玉米田继续产卵外，还会分散转移到棉花、甘薯、豆类、花生等较为遮阴郁闭的作物田。由于此间作物布局变化不大，8 月底至 9 月初的第 3 代成虫还会继续在此类作物田产卵繁殖。同期田间环境近似的瓜类、豆类等蔬菜地也是其生存的适宜场所。第 3、第 4 代幼虫主要在栖息处取食植物叶片、茎秆或枯枝败叶。由于 8 月底至 9 月初，适宜栖息的场所种类多、数量大，且作物多已枝叶茂密，或者已到达生育末期，根茎粗壮，故被害症状均不明显。第 4 代幼虫可以取食至 11 月中旬，幼虫老熟后将陆续结茧越冬。

第二节　二点委夜蛾不同世代各虫态历期

石家庄地区周年季节分明，二点委夜蛾 1 年 4 代的各世代虫态历期也会随着不同季节的温度变化表现出较大的差异，详见表 7-2。

表 7-2　二点委夜蛾各世代虫态历期表（石家庄，2009～2012 年）

代数	卵期/d		幼虫期/d		蛹期/d		产卵前期/d		成虫期/d		世代/d
	范围	平均	范围	平均	范围	平均	范围	平均	范围	平均	
第 1 代	9～12	10	24～40	28.9	7～9	7.9	2～5	2.7	♂11～23 ♀11～23	14 15	60.8
第 2 代	3～4	3.5	18～25	22	7～10	8	1～3	2	5～15	8	42
第 3 代	3～5	4	21～27	25	7～11	8.5	1～3	2	5～15	9	47
第 4 代(越冬代)	4～6	5	180～198	190	15～37	20.5	2～6	3.2	♂8～16 ♀12～20	13.9 16.6	232

由表 7-2 可见，春季气温较低，第 1 代各虫态历期均较长，为 60.8 天。其中第 1 代卵的发育历期最长，为 9～12 天，平均 10 天，比其他各世代均长；幼虫发育进度较慢，一般为 24～40 天，平均 28.9 天；成虫历期也较长，为 11～23 天，雄蛾平均存活 14 天，雌蛾存活 15 天。夏秋季节气温较高，第 2、第 3 代历期相对较短，分别为 42 天和 47 天，各虫态平均历期：卵期平均分别为 3.5 天、4 天，幼虫期平均分别为 22 天、25 天，成虫期平均分别为 8 天和 9 天。晚秋气温逐渐降低，第 4 代各虫态历期又逐渐增长，并且 11 月中旬进入冬季以后二点委夜蛾会以第 4 代老熟幼虫形态越冬，其幼虫阶段长达 180～198 天，其中经过 3 个多月的冬季低温休眠，随着春季气温的波浪式上升，越冬幼虫逐渐复苏、化蛹、羽化，其成虫存活时间也较长，其中雄蛾平均存活 13.9 天，雌蛾平均存活 16.6 天，因此二点委夜蛾第 4 代的世代历期最长，达 232 天。

第三节 二点委夜蛾不同世代成虫监测

一、不同世代成虫发生时期和数量

2011～2012年在河北省多个县(市)利用自动虫情测报灯对二点委夜蛾成虫发生情况进行了系统监测，其中2011年馆陶县监测结果见图7-1(马建英等，2012)。

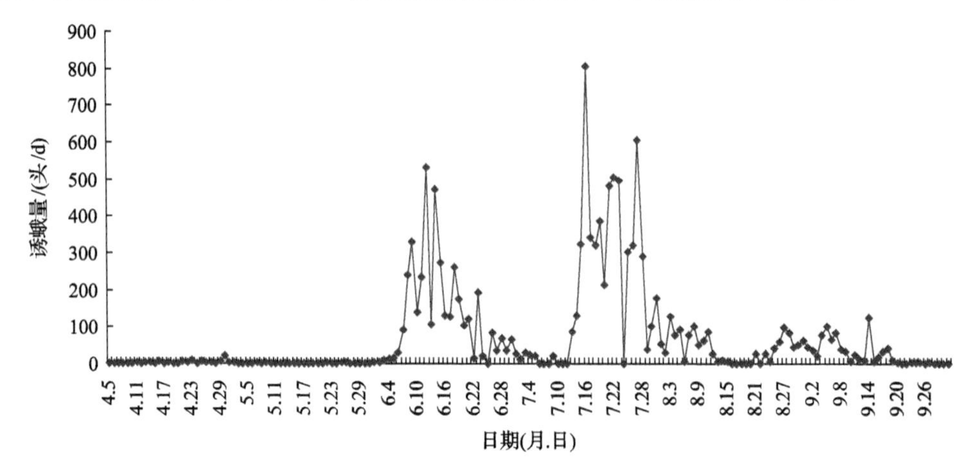

图7-1 馆陶县2011年二点委夜蛾测报灯监测成虫消长曲线

馆陶县位于河北省南部，2011年4月11日即有越冬代成虫上灯，上灯可一直持续至5月，但越冬代成虫数量少，无明显羽化高峰期。随后，共出现3次明显的成虫羽化高峰期，分别为1～3代成虫盛发期。第1代成虫高峰期在6月中旬，数量较大，日诱蛾量一般为100～500头，最高日诱蛾量为532头；第2代成虫高峰期在7月中下旬，数量最大，最高日诱蛾量达806头；第3代成虫高峰期在8月下旬至9月上中旬，数量相对较少，最高日诱蛾量仅124头。其发生时间与石家庄二点委夜蛾发生历期吻合。

与同期保定安新县、邢台临西县比较，结果见图7-2。由2011年4～9月三个地点二

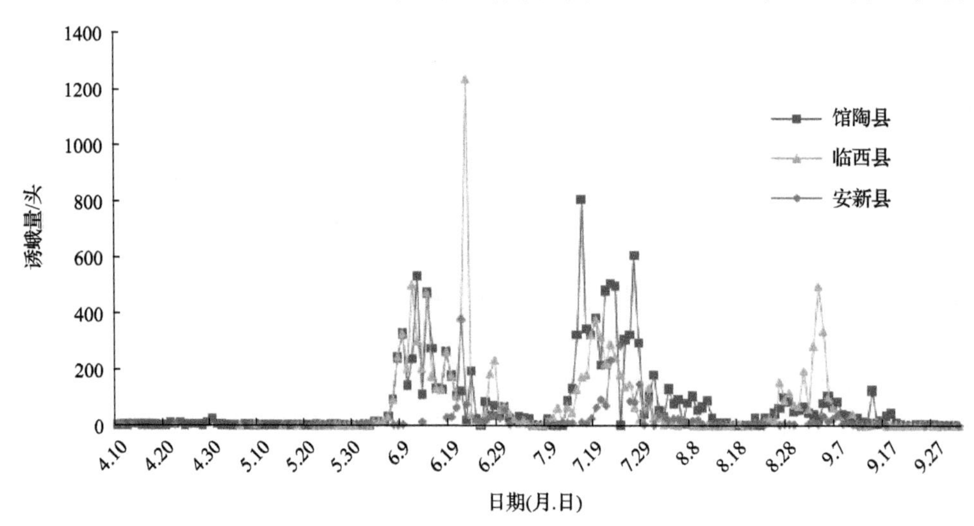

图7-2 馆陶、安新、临西2011年二点委夜蛾成虫消长结果比较

点委夜蛾灯诱消长曲线可以看出，第 1、第 2、第 3 代成虫三个主要蛾峰期发生时间基本一致，但虫量有较大差异。临西第 1 代成虫数量较多，峰值高，第 2、第 3 代成虫量也较多；馆陶第 1 代成虫发生早，6 月上旬数量开始增多，第 2 代成虫持续时间长，数量大；安新县第 1 代成虫出现时间较晚，在 6 月中旬，特别是第 3 代成虫峰期数量较少。但是，所有峰期也均与石家庄的成虫发生历期吻合。

正定县植保站于 2006～2011 年连续 6 年对当地二点委夜蛾 1～3 代成虫进行了系统监测(李智慧等，2013)，结果见表 7-3。1 代成虫峰期一般出现在 6 月中下旬，但 2010 年偏晚，峰期持续到了 7 月 5 日。历年 2 代成虫峰期均出现在 7 月中下旬，成虫量也最大，其中 2011 年总诱蛾量最多，达 1816 头，与该年度二点委夜蛾严重暴发形势吻合。随着天气转凉，3 代成虫峰期一般在 8 月底到 9 月初，但各年度高峰期又有些差距，如 2006 年和 2007 年，峰期出现较晚且持续到了 9 月 17 日，而 2009 年峰期从 8 月 19 日即开始，9 月 3 日就结束了。推测主要由于各年秋季气温差异较大所致。6 年中，1 代和 2 代成虫发生始盛期呈现出一种“晚—早—晚”交替出现的现象；3 代历期与高峰期出现早晚表现出一定的负相关关系。3 代历期较短，则成虫峰期出现晚，如 2006 年 3 代历期仅 26 天，蛾峰期出现在 9 月 17 日。反之则早，如 2009 年 3 代历期长达 48 天，蛾峰日则提前到 8 月 21 日。从这 6 年来的发生量来看，2006 年发生量较大，之后开始逐年减少，2009 年发生量最小，到 2011 年再次暴发，呈现了一个“多—少—多”的发生趋势。

表 7-3　正定县历年 1～3 代成虫诱测表

年份	代次	历期/d	发生期(月.日)				最高蛾峰	
			始期	盛期	末期	蛾盛日	日期	诱蛾量/头
2006	1 代	25	6.9	6.17～6.20	7.3	6.20	6.20	136
	2 代	35	7.18	7.24～7.30	8.21	8.1	7.30	672
	3 代	26	8.28	9.4～9.17	9.22	9.17	9.17	85
2007	1 代	23	6.11	6.13～6.26	7.3	6.18	6.18	117
	2 代	44	7.8	7.20～7.29	8.20	7.25	7.20	300
	3 代	32	8.23	9.3～9.17	9.23	9.13	9.17	18
2008	1 代	25	6.2	6.19～6.25	6.26	6.23	6.23	51
	2 代	48	6.29	7.22～8.3	8.15	7.26	7.29	392
	3 代	40	8.17	8.31～9.10	9.25	9.7	9.7	56
2009	1 代	25	6.3	6.14～6.26	6.27	6.18	6.26	70
	2 代	38	6.28	7.13～7.29	8.4	7.21	7.22	78
	3 代	48	8.11	8.19～9.3	9.27	8.23	8.21	19
2010	1 代	26	6.15	6.25～7.5	7.10	6.29	7.3	20
	2 代	31	7.11	7.26～8.3	8.10	7.30	7.31	165
	3 代	44	8.12	8.26～9.8	9.24	9.3	9.2	29
2011	1 代	31	6.2	6.20～6.27	7.2	6.22	6.22	572
	2 代	46	7.3	7.19～7.26	8.17	7.23	7.24	1816
	3 代	40	8.18	8.29～9.8	9.26	9.3	9.1	44

以上数据充分说明了馆陶、临西、安新三个地点 1～3 代成虫同年发生时期和正定 6 年发生时期与石家庄调查的二点委夜蛾发生历期均吻合。但是，越冬代成虫数量极少，未表现出明显峰期。根据河北省几个主要监测站 2008～2012 年对二点委夜蛾越冬代成虫在测报灯上的观测统计表可见（李智慧等，2013），各地二点委夜蛾越冬代成虫始见期均在 4 月上旬，峰日在 4 月下旬至 5 月上旬，不同年份和地点有一定的差异，详见表 7-4。

表 7-4　河北省 10 县（市）二点委夜蛾越冬代成虫始见期

地点	年份	始见期（月.日）	越冬代盛期（月.日）	末期（月.日）	全代诱蛾量/头	蛾峰日（月.日）	开灯日期（月.日）
辛集	2008	4.12	4.23～5.23	5.27	13	4.27	4.1
辛集	2009	4.9	4.22～5.20	5.27	17	4.29	4.1
辛集	2010	4.24	5.3～5.17	5.29	25	5.10	4.1
辛集	2011	4.25	4.28～5.20	5.26	15	5.7	4.1
安新	2011	4.10	4.10～5.19	5.25	30	4.22	4.1
馆陶	2011	4.11	4.27～5.7	5.26	63	4.30	4.10
饶阳	2012	4.8	4.14～4.29	5.7	176	4.19	4.1
平山	2012	4.16	4.18～4.22	5.4	160	4.20	4.1
安新	2012	4.9	4.16～5.1	5.6	44	无	3.1
临西	2012	4.9	4.11～4.26	5.2	68	4.11	3.1
正定	2012	4.21	4.26～5.6	5.11	44	无	3.1
辛集	2012	4.16	5.7～5.10	5.14	30	无	3.1
隆尧	2012	4.5	4.9～4.27	5.3	58	4.19	3.1
馆陶	2012	4.4	4.15～5.11	5.20	69	4.17	3.1
故城	2012	4.9	4.17～5.9	5.20	57	无	3.1
沧县	2012	4.20	4.23～5.8	5.14	140	4.23	3.1

但是，2014 年多地监测越冬代成虫始发期在 3 月下旬，见表 7-5。其中馆陶最早 3 月 22 日初见越冬代成虫 1 头，3 月 25 日大城、武安、临西见虫，3 月 28 日安新见虫，3 月 29 日平山见虫。由上可知，二点委夜蛾越冬代成虫始见期在 3 月下旬。

表 7-5　2014 年 3 月各地对二点委夜蛾越冬代成虫监测结果

日期（月.日）	地点					
	馆陶	大城	平山	武安	临西	安新
3.22	1	0	0	0	0	0
3.23	0	0	0	0	0	0
3.24	0	0	0	0	0	0
3.25	0	40	0	1	1	0
3.26	0	40	0	1	0	0
3.27	0	0	0	4	1	0
3.28	0	2	0	0	1	1
3.29	9	1	3	1	2	0
3.30	0	0	3	2	0	0
3.31	0	57	0	1	0	2
累计	10	140	6	10	5	3

2011～2012 年对 3 代成虫末期进行监测，见表 7-6，各地末见日在 9 月 16 至 10 月 23 之间，可能与不同年份各地温度和生境等有关。据此，对二点委夜蛾监测应从 3 月 15 日开灯，监测至 10 月底。

表 7-6 河北省 5 县(市)二点委夜蛾末见蛾日期

地点	年份	末见蛾日(月.日)	地点	年份	末见蛾日(月.日)
正定	2011	10.3	正定	2012	9.19
安新	2011	10.11	安新	2012	9.24
辛集	2011	9.27	辛集	2012	9.16
临西	2011	10.23	临西	2012	10.9
馆陶	2011	10.13	馆陶	2012	10.13

二、二点委夜蛾成虫异地监测

二点委夜蛾越冬代成虫数量小，1 代成虫数量增大，2 代成虫数量继续增大，3 代成虫数量则急剧减少。根据二点委夜蛾惧高温的特性，为了澄清该虫在高温季节是否有向冷凉地区迁移的问题，2011 年 8～9 月分别在河北省中北部地区对二点委夜蛾 2～3 代成虫进行了系统监测。

河北易县位于河北省西部，太行山东，华北平原西北边缘，地处东经 114°51′～115°37′、北纬 39°02′～39°35′，海拔为 30～1813m。该县地貌分为山地、丘陵和平原 3 大类型。其中平原区和 42m 低海拔区的夏玉米 7 月上旬发生了二点委夜蛾危害，而高海拔区的春玉米没有发现二点委夜蛾危害。2011 年 8 月 12 日至 9 月 15 日，利用二点委夜蛾高效性诱剂在海拔 42m 的高陌(东经 115°33′、北纬 39°05′)、海拔 107m 的狼牙山(东经 115°08′、北纬 39°05′)、海拔 226m 的良岗(东经 115°06′、北纬 39°24′)和海拔 534m 的紫荆关(东经 115°17′、北纬 39°43′)对 2~3 代成虫进行监测，同期，在平原地区高村和凌云册 2 个区域站，利用观测灯诱集作为对照。结果表明，平原地区高村和凌云册分别诱到二点委夜蛾成虫 13 头和 46 头，海拔 42m 的高陌诱到二点委夜蛾 4 头，而没有发生二点委夜蛾危害的较高海拔的狼牙山、良岗和紫荆关则没有诱到二点委夜蛾。监测结果表明，二点委夜蛾在 7 月上旬为害夏玉米后，成虫并未向易县高海拔冷凉地区迁移，见蛾区域仍在二点委夜蛾危害区域中(王建勤等，2011)。

2011 年同期也在河北省的北部安排监测点，其中承德的丰宁县 5 月 11 日诱到 1 只雌蛾，7 月 18 日诱到 1 只雌蛾，解剖卵巢发育，未见卵粒；7 月中下旬和 8 月灯上零星见蛾，日 1～2 头，日最高 4 头；9 月 1 日见蛾 1 头。张家口的康保、秦皇岛的昌黎县没有诱到二点委夜蛾成虫。

2011～2015 年在河北正定、辛集、安新、易县、故城、沧县、南大港、宁晋、平乡、隆尧、馆陶等地继续进行系统监测，各代成虫基本呈现正态分布，有时也出现日诱蛾量成倍增加现象，如 2012 年临西 1 代成虫 6 月 6 日、10 日的日诱蛾量分别达 1389 头和 1347 头，见表 7-7。

表 7-7　2012 年临西县二点委夜蛾一代成虫系统监测

日期(月.日)	日诱蛾量/头	日期(月.日)	日诱蛾量/头	日期(月.日)	日诱蛾量/头
6.4	40	6.13	612	6.22	296
6.5	96	6.14	停电	6.23	115
6.6	1389	6.15	172	6.24	122
6.7	502	6.16	165	6.25	172
6.8	588	6.17	399	6.26	50
6.9	640	6.18	437	6.27	25
6.10	1347	6.19	397	6.28	20
6.11	153	6.20	停电	6.29	19
6.12	626	6.21	361	6.30	6

郑作涛等(2014)利用昆虫飞行磨被动吊飞系统和主动飞行监测系统，对二点委夜蛾被动飞行能力和主动飞行意愿进行了研究，结果显示，成虫具有较强的被动飞行潜力。室内连续吊飞 80h，雌雄蛾最远飞行距离分别达 106.71km 和 148.32km，最长飞行时间分别达 43.05h 和 40.01h，最快飞行速度分别达 7.60km/h 和 8.14km/h。雄蛾飞行潜力显著强于雌蛾，其中 3 日龄时飞行能力最强，且二点委夜蛾主动飞行呈现明显的节律行为，飞行活动主要集中在暗期(19：00 至翌日 5：00)，在光期(5：00～19：00)基本不飞行。张智等(2013)在华北地区的河北省栾城县、北京市区和北京延庆县等地，利用高空探照灯诱虫器、垂直监测昆虫雷达等对二点委夜蛾成虫进行了监测，在当地条件不适宜的北京延庆监测点，累计诱集二点委夜蛾 33 951 头，其中第 1 代成虫日均诱虫数量高于条件相对适宜的河北省栾城县，表明北京延庆第 1 代成虫包含从周边迁飞而来的个体，该虫可能是一种兼性迁飞昆虫。Fu 等(2014)在山东省长岛县使用高空探照灯诱集，进一步证实了二点委夜蛾为兼性迁飞害虫。基于该虫能够在黄淮海地区越冬越夏并完成生活世代，而且 6 月下旬至 7 月上旬为害夏玉米幼苗，即使该虫 6 月随气流向东北方向迁出，8 月能够再迁回，对该虫危害基本没有影响。事实上，在东北至今没有发现二点委夜蛾大量存在。

三、不同世代成虫生境监测

在石家庄地区，二点委夜蛾广泛分布于小麦、玉米、甘薯、棉花、花生、豆类等作物田及果园、菜地和杂草较多的荒地等诸多生境，且数量众多。为了澄清二点委夜蛾各代成虫主要栖息地及田间迁移规律，2012 年马继芳等(2014a)利用二点委夜蛾高效性诱剂制成的水盆诱捕器于各代发生盛期在当地主要作物田进行了成虫监测。每种作物田放置诱捕器 1 盆，并与其他生境间隔 30m 以上。

(一)越冬代成虫生境监测

2012 年 4 月 27 日至 5 月 2 日，越冬代成虫盛发期，在藁城 7 种有代表性的作物田中进行监测，包括上季玉米收获后已将秸秆清除的空白地、棉花茬口继续种植棉花后尚未出苗的棉田、豌豆茬口尚未耕翻的空白地，地面杂草较多的苹果园、梨园、葡萄园各一处和小麦田，结果见表 7-8。其中小麦田诱蛾量最大，5 天共诱蛾 203 头，占总诱蛾量的 55.16%，最高单日单盆诱蛾 85 头；其次是葡萄园，共诱到 56 头，占总诱蛾量的 15.22%，最高 17

头/日；第三是上茬为玉米的空白地，共诱到 40 头，占总诱蛾量的 10.87%，最高 16 头/日；其他如尚未出苗的棉田、豌豆茬空白地、苹果园、梨园等农田生态诱蛾数量较少。

表 7-8　二点委夜蛾越冬代成虫栖息生境调查（藁城，2012 年）

诱剂场所	日期(月.日)					合计/头	占总诱蛾量的百分比/%
	4.28	4.29	4.30	5.1	5.2		
玉米茬空白地(秸秆冬前清除)	0	11	3	16	10	40	10.87
棉茬整地后播种尚未出苗的棉田	0	8	1	4	4	17	4.62
豌豆茬空白地(未耕翻)	4	9	1	3	4	21	5.71
苹果园	0	3	0	2	8	13	3.53
梨园	0	1	1	6	10	18	4.89
葡萄园	7	4	12	17	16	56	15.22
小麦田	29	14	22	85	53	203	55.16

考虑到该季节杂草地也是主要生态之一，2012 年 5 月 1～19 日在栾城信家庄村继续对越冬代成虫进行监测，监测生境为冬小麦田一块，以及距离该麦田 30m 外杂草丛生的荒地一块。结果见表 7-9。监测 10 天小麦田共诱到成虫 980 头，占 89.25%，其中 5 月 3～7 日之间 4 天诱蛾 570 头，杂草地 10 天诱蛾 118 头，占 10.75%。

表 7-9　二点委夜蛾越冬代成虫在小麦田和杂草地分布比较（栾城，2012 年）

诱剂场所	日期(月.日)				合计/头	百分比/%
	5.1	5.3	5.7	5.10		
小麦田	85	105	570	220	980	89.25
杂草地	8	29	58	23	118	10.75

由此可见，二点委夜蛾越冬代成虫分布广泛，玉米田、棉花田、豆类茬口空白地、果园、杂草地、小麦田等地均有分布，几乎包括当地所有生态，而小麦田间二点委夜蛾数量最大，远远超过其他生境。说明不管二点委夜蛾在何处越冬，其越冬代成虫主要转移到小麦田间栖息。4 月底至 5 月上旬是越冬代成虫发生盛期，故该时期小麦一喷三防使用杀虫剂将有助于控制二点委夜蛾越冬代成虫。

（二）1 代成虫生境监测

2012 年 6 月 6～20 日，1 代成虫盛发期，在栾城信家庄进行监测，结果见表 7-10。6 月上中旬 1 代成虫盛发期，整体蛾量较越冬代大幅增加，但仍以即将收获的小麦田数量最多，14 天共诱集雄蛾 1487 头，占总诱蛾量的 52.96%，3 天单盆最高诱蛾量为 625 头；其次是棉花田，共诱集雄蛾 577 头，占总诱蛾量的 20.55%，3 天最高诱蛾量 408 头；春播玉米田诱蛾 471 头，占 16.77%，3 天最高诱蛾量 293 头；杂草地占 9.72%。由此可见，1 代成虫主要在成熟的小麦田间栖息并产卵，与小麦收获与夏玉米播种期相遇，为此，做好小麦成熟期和夏玉米播种期 1 代成虫防控，将会减少主害代幼虫危害。

表 7-10　二点委夜蛾 1 代成虫栖息生境调查(栾城，2012 年)

诱剂场所	日期(月.日)					合计/头	占总诱蛾量的比例/%
	6.6	6.9	6.12	6.15	6.20		
小麦田	52	206	625	330	274	1487	52.96
春播玉米田	7	8	97	293	66	471	16.77
杂草地	6	20	83	140	24	273	9.72
棉花田	2	11	86	408	70	577	20.55

(三)2 代成虫生境监测

2012 年 7 月 18～25 日，2 代成虫盛发期，在藁城堤上进行监测，结果见表 7-11。7 月中下旬 2 代成虫栖息地最为广泛，此时田间作物种类丰富，长势低矮，作物布局相对复杂，为二点委夜蛾栖息繁衍提供了更为多样的场所。诱蛾结果发现，二点委夜蛾在各主要作物田均有分布，整体数量比 1 代成虫进一步增加。其中以棉花田数量最多，8 天共诱蛾 2535 头，占总诱蛾量的 28.73%，其中 7 月 21 日单盆诱蛾量最高，为 727 头；其次是甘薯田，诱蛾 1696 头，占总诱蛾量的 19.22%，其中 7 月 21 日单盆诱蛾量为 680 头；另外，绿豆田、玉米田、花生田、杂草地、谷子田、大豆田、苹果园等当地所有生态环境中几乎都有分布。其中无麦茬玉米田诱蛾量为 790 头，占 8.95%，而麦茬玉米田诱蛾量为 610 头，占 6.91%，由此可见，二点委夜蛾不是对小麦及麦秸有特殊趋性，而是选择具有遮盖隐蔽的生态环境更为重要。

表 7-11　二点委夜蛾 2 代成虫栖息生境调查(藁城，2012 年)

诱剂场所	日期(月.日)								合计/头	百分比/%
	7.18	7.19	7.20	7.21	7.22	7.23	7.24	7.25		
杂草地	36	11	21	89	83	97	9	143	489	5.54
无麦茬玉米田	8	15	12	656	40	52	2	5	790	8.95
葡萄园	13	2	10	4	22	13	5	13	82	0.93
棉花田	210	168	360	727	253	390	35	392	2535	28.73
绿豆田	—	40	70	250	301	147	15	111	934	10.58
花生田	34	33	9	160	122	140	31	91	620	7.03
苹果园	9	3	2	12	4	15	1	0	46	0.52
谷子田	14	3	5	101	36	108	56	103	426	4.83
高粱田	1	3	1	0	1	8	4	2	20	0.23
甘薯育苗圃	4	38	17	55	80	108	6	28	336	3.81
甘薯田	25	163	178	680	181	198	41	230	1696	19.22
麦茬玉米田	50	97	29	112	226	71	7	18	610	6.91
大豆田	8	10	9	19	88	39	7	60	240	2.72

(四)3 代成虫生境监测

2012 年 8 月 30 日至 9 月 11 日，3 代成虫盛发期，在藁城堤上进行监测，结果见表 7-12。此时田间作物种类与上代基本相同，但作物生长已达中后期，植株高大，田间小环境与 2 代明显不同。此时二点委夜蛾总体数量大幅度降低，适生环境有所集中，2 代成虫栖息的谷子田、高粱田、苹果园没有诱到成虫。3 代以甘薯田诱蛾量最多，11 天共诱蛾 176 头，占总诱蛾量的 47.96%，2 天单盆最高诱蛾量为 67 头；其次是玉米田，诱蛾量为 68 头，占 18.53%，2 天单盆最高诱蛾量为 44 头；另外，花生田、大豆田、杂草田、棉花田、苹果园、菜园也均有分布，但是整体表现比 2 代更为集中的趋势。

表 7-12　二点委夜蛾 3 代成虫栖息生境调查(藁城，2012 年)

诱剂场所	日期(月.日)				合计/头	百分比/%
	9.1	9.3	9.6	9.11		
玉米田	5	44	12	7	68	18.53
杂草地	5	13	8	2	28	7.63
甘薯田	46	67	42	21	176	47.96
花生田	7	9	12	0	28	7.63
大豆田	4	12	4	4	24	6.54
棉花田	1	0	6	0	7	1.91
菜园(冬瓜、白菜、北瓜、葱)	12	8	6	10	36	9.81
苹果园	0	0	0	0	0	0.00
谷子田	0	0	0	0	0	0.00
高粱田	0	0	0	0	0	0.00

综上所述，二点委夜蛾在田间分布非常广泛，但整体更趋向于有遮阴的生态环境。例如，越冬代发生期，除小麦具有遮阴的环境外，其余多为播种前后的农闲空地，而葡萄园枝叶相对繁茂，蛾量较大，仅次于小麦田，占总蛾量的 15.22%。而 2 代成虫发生期春播的棉花等低秆作物枝叶相对繁茂、甘薯等蔓藤作物遮阴更加均匀，虫量较多，而葡萄园则失去优势，仅占总蛾量的 0.93%。尽管大量的 2 代幼虫集中在麦茬玉米田间发生危害，但由于玉米苗小，遮阴性能差，2 代成虫则向生态更适宜的棉花、甘薯等田间转移。在 3 代成虫发生期，玉米植株高大，再次形成了遮阴的适宜环境，在玉米田间的比例提高到 18.53%。总体看在当地主要大田作物间，二点委夜蛾各世代间成虫转移趋势为：越冬代及 1 代成虫主要分布于小麦田，数量显著高于其他生境；2 代成虫数量最多、分布最广泛，但以棉花田、甘薯田、早播豆类田、花生田等为主；3 代成虫数量急剧降低，适生环境有所集中，以甘薯田、玉米田、花生田、豆田等为主。

第四节　二点委夜蛾卵的调查

2011 年小麦收获后开展 2 代卵调查。藁城试验站 6 月 16 日收获小麦，秸秆还田后贴茬播种玉米。18 日在田间麦秸下潮湿的地表、近地面麦秸秆和枯叶上发现卵粒，如图 7-3 所示。辛集和正定也相继发现卵(表 7-13)，主要产卵于碎麦秸上，其次是土壤表面(张全力等，2014)。二点委夜蛾卵单产、个体小，当天产卵为白色，很快变褐色，与田间枯叶和土色相近，难以辨认，调查难度较大。其他代成虫高度分散，卵的调查更难以进行。

图 7-3　二点委夜蛾产卵部位

a、b、c.碎麦秸上；d.土表面

表 7-13　二点委夜蛾田间卵的调查(河北，2011 年)

地点	调查日期(月.日)	取样数/m^2	卵量/粒	产卵部位	
				土表面	碎麦秸上
藁城	6.18	5	8	2	6
辛集	6.20	5	1	1	—
	6.21	5	2	—	2
正定	6.22	20	9	3	6

第五节　二点委夜蛾幼虫及为害调查

2011～2016 年课题组在河北省设立 20 多个监测站，分布在邢台、衡水、邯郸、石家庄、廊坊、沧州、保定等发生区域内，根据不同世代成虫在不同作物田监测结果，选择主要作物田对二点委夜蛾幼虫进行调查。1 代幼虫调查从 4 月开始，对全省范围的麦田进行普查，同时，在正定县南楼村麦田定点进行系统观测；第 2 代幼虫 6 月下旬至 7 月中旬在玉米田进行；第 3、第 4 代定点自 7 月下旬开始，重点对玉米、甘薯、花生田开展系统调查，调查持续到 10 月上中旬，与越冬调查 10 月中下旬相衔接。

一、第 1 代幼虫及为害系统调查

姜京宇等于 2012 年 5 月 5 日在正定县南楼村麦田查到 1 头幼虫，为 3 龄期；11 日查到 3 头幼虫，均为 4 龄期；28 日查到 4 头幼虫，均为 6 龄期(表 7-14)，并于 5 月 30 日结为土茧。正定县植保站调查，5 月 11 日在七吉村一块麦田查到 3 头幼虫(调查了

10 块麦田，调查面积合计 150m²)，龄期已达 4 龄。隆尧县植保站对麦田调查，5 月 17 日查到 1 头幼虫，为 2 龄期。幼虫主要躲藏于小麦中下部、垄间落叶或植物残体下，田间均未见明显危害。马继芳等将田间查到的幼虫放在田间扣在小麦上的网罩内继续饲养，同时在另一个小麦网罩内接种人工饲养的卵和幼虫，均发现幼虫能够咬食垂到地面的麦叶形成缺刻或孔洞，也取食地表枯叶，夜间会爬到植株上部咬食叶片(张全力等，2014)。

表 7-14　二点委夜蛾 1 代幼虫调查结果

调查日期(月.日)	正定县南楼村		正定县七吉村		隆尧县	
	数量/头	龄期	数量/头	龄期	数量/头	龄期
5.5	1	3	0	—	0	—
5.11	3	4	3	4	0	—
5.17	0	—	0	—	1	2
5.28	4	6	0	—	0	—
5.30	结为土茧		0	—	0	—

注：“—”无数据。

二、第 2 代(主害代)幼虫及为害系统调查

(一)主害代幼虫龄期系统调查

本研究在辛集市和睦井乡东井村玉米田进行，该田块水浇条件好，小麦产量高，小麦收获后田间散落碎麦秸较多，对二点委夜蛾发生十分有利。2011 年 6 月 14 日小麦收获后秸秆还田，15 日播种玉米。从 6 月下旬开始，对 2 代幼虫发育进度进行系统调查(表 7-15)，其中 6 月 27 日调查 10m²，发现幼虫 8 头，为 1～3 龄，此时调查难度大，1～2 龄幼虫个体较小，而且与麦秸等环境颜色相似，难以辨认。7 月 4 日虫量增多，多为 2～4 龄幼虫，7 月 15～21 日则以 4 龄以上大龄幼虫为主。说明二点委夜蛾田间虫龄不整齐，可能与 1 代成虫发生期、雌蛾产卵持续时间较长且单产有关(张全力等，2014)。

表 7-15　2011 年玉米田二点委夜蛾 2 代幼虫龄期系统调查结果(河北辛集)

调查日期(月.日)	取样数/m²	幼虫数目/头				总虫数/头
		1 龄	2 龄	3 龄	4 龄后	
6.27	10	2	3	3	0	8
7.4	10	0	2	6	5	13
7.15	10	0	0	6	6	12
7.21	10	0	0	0	6	6

(二)主害代幼虫数量及其为害系统调查

二点委夜蛾主害代幼虫在麦秸覆盖下为害玉米幼苗，故幼虫田间分布受田间麦秸数量和散布状况影响明显。同时，该虫既能取食田间麦秸等腐烂植物组织，也能取食玉米、

自生麦苗、杂草等新鲜植物组织，使该虫数量和危害程度的关系变得更为复杂。

1. 主害代幼虫田间分布型

2014 年 7 月初，陈浩等(2015)在山东省玉皇庙镇西甄家村选择二点委夜蛾普遍发生的玉米田进行调查，该地块面积约 6hm^2，种植品种为迪科 4 号，玉米苗处于 5～7 叶期，为去除玉米田边缘效应，在试验田中间位置进行取样调查，按网格式取 200 个样点，每样点调查 0.7m×0.3m 的矩形面积，样点之间的间隔为 5m×2m。在样方内调查地表全部二点委夜蛾幼虫数量及玉米植株总株数和受害株数。利用半方差函数拟合的各种模型参数如表 7-16 所示。参照选取最优模型的标准(R^2 最接近于 1，残差平方和 RSS 最小)，可判断出二点委夜蛾幼虫种群空间结构最适合用高斯模型拟合，而高斯模型为聚集性分布模型。其种群空间变异的随机程度为 0.138，小于 0.25，表明变量具有强烈的空间相关性，空间相关范围(即变程)为 4.00m，即 4.00m 内的虫源之间具有相关性。据此建议二点委夜蛾田间调查应采取棋盘式(网格式)或 Z 字形多样点取样方式，样点间距离应大于 4m。

表 7-16　二点委夜蛾幼虫田间分布的半变异函数模型参数

模型	块金常数 C_0	基台值 C_0+C	变程 A	随机程度 C_0/(C_0+C)	残差平方和 RSS	决定系数 R^2
线性	30.00	33.26	47.60	0.902	165	0.078
高斯	4.51	32.58	4.00	0.138	15.5	0.913
球形	0.80	32.57	4.84	0.025	15.6	0.913
指数	1.10	32.73	6.27	0.034	21.5	0.883

2. 主害代幼虫虫量与为害程度的关系

陈浩等(2015)对以上 200 个样品点的调查数据进行整理，二点委夜蛾幼虫田间发生数量统计结果显示，样方内平均虫量为(10.22±5.748)头，变异系数为 56.24%，经换算其虫口数量可达 48.67 头/m^2。样方(0.7m×0.3m)中最大虫量为 30 头，最小虫量为 1 头。插值模拟图显示二点委夜蛾幼虫在田间呈斑块状聚集(图 7-4a)；玉米苗被害率则呈块状聚集(图 7-4b)。对比可发现二点委夜蛾幼虫空间分布与玉米苗被害率分布有一定的相似性，即虫量发生大的区域玉米被害率也较高(区域 2、7、11、12)，虫量发生少的区域玉米被害率也较低(区域 9、10)；但也存在不相符的区域，如区域 4 和 8 虫量大而玉米被害轻，区域 1 虫量少而玉米被害重。

基于二点委夜蛾幼虫密度与为害率关系的散点图(图 7-5)，显示它们之间的规律并不明显。拟合成线性关系的回归方程为 y=2.2675x+20.515，R^2 为 0.1076；对数关系的回归方程为 y=16.048ln(x)+9.3954，R^2 为 0.0731；二次多项式关系的回归方程为 y=0.1289x^2–0.914x+35.332，R^2 为 0.1286；三次多项式关系的回归方程为 y=0.0158x^3–0.5345x^2+6.7022x+13.619，R^2 为 0.1489。由此可见，虫口密度与为害率之间关系比较复杂，两者间没有明显的相关性；幼虫对玉米苗为害具有随机性，应与该虫食性杂有关。

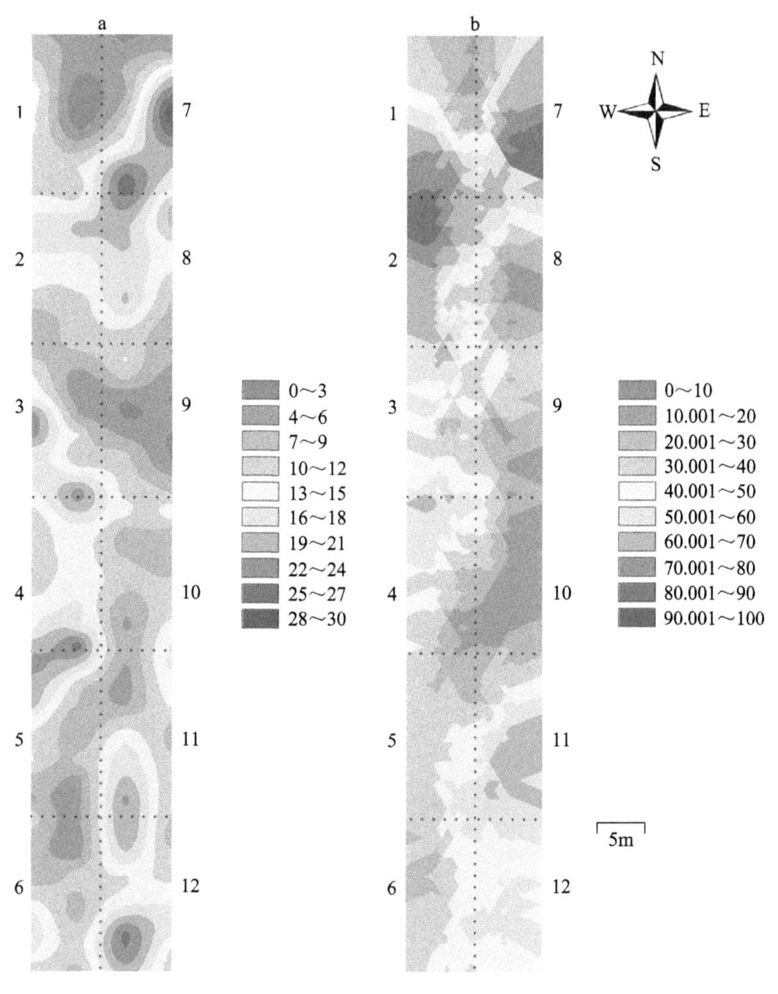

图 7-4　二点委夜蛾幼虫与玉米苗受害率空间分布图

a.二点委夜蛾幼虫空间分布图；b.玉米苗受害率空间分布图

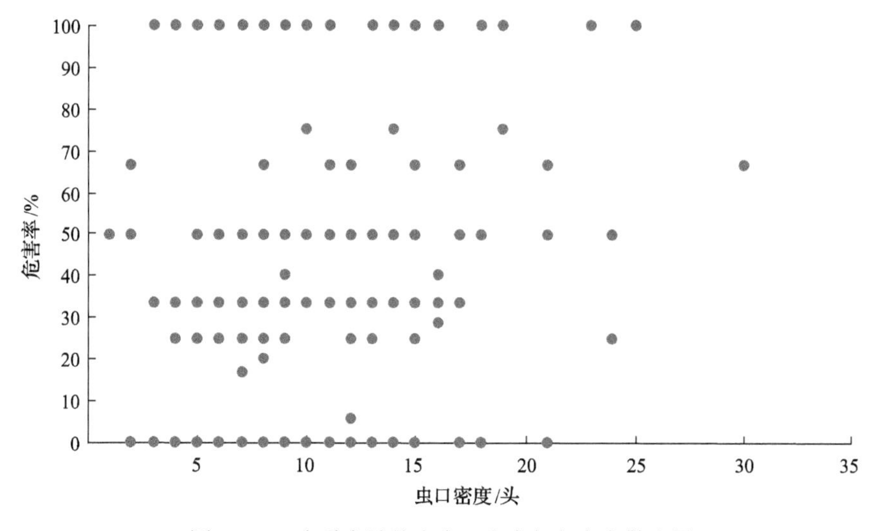

图 7-5　二点委夜蛾幼虫虫口密度与危害率散点图

3. 主害代幼虫田间发生为害规律

(1)河北省辛集市系统调查

张全力等(2014)在辛集市和睦井乡东井村进行系统调查，该田块 2011 年 6 月 14 日收获小麦后秸秆还田，15 日播种玉米，于 6 月 27 日，在玉米田间发现二点委夜蛾幼虫后确定 100 株调查被害率。为了不破坏田间生态，在同一块地的不同样点调查幼虫田间消长规律(表 7-17)。表 7-17 显示，6 月 27 日虫龄为 1～3 龄，调查虫量为 16 头/百株，但未发现玉米幼苗被害；7 月 1 日调查，虫量上升为 32 头/百株，田间玉米被害株率达到了 10%；之后随着田间幼虫数量不断增加，为害也日益严重，至 7 月 12 日，虫量达到最高 65 头/百株，单株虫量最高达到 7 头，田间被害株率达到 23%，被害株死亡率 17%。随后幼虫开始化蛹，田间幼虫数量急剧减少，玉米停止被害。由此可见，二点委夜蛾幼虫 3 龄期食量开始增加，逐渐向玉米周围集聚为害。田间为害时间从 6 月底开始至 7 月上旬，田间虫量持续增加，玉米苗幼小，是被害高峰期。从为害部位看，6 月 27 至 7 月 4 日，主要是咬茎、钻蛀玉米茎基部，造成枯心死苗，从而导致田间大面积缺苗断垄；7 月 4～7 日主要是咬食玉米苗开始萌生的次生根，造成玉米幼苗倒伏。7 月 7～12 日尽管虫量达到最高 65 头/百株，虫龄也最高，但是玉米叶龄大，田间被害率并没有明显增加。

表 7-17　二点委夜蛾 2 代幼虫为害玉米田间系统调查表(辛集，2011 年)

调查日期(月.日)	调查株数/株	总虫量/头	单株最高虫量/头	新被害株数/株	被害类型株数/株			被害株率/%	死亡株率/%
					茎基部被咬断	心叶萎蔫(茎基部有蛀孔)	次生根被咬断		
6.27	100	16	2	0	0	0	0	0	0
7.1	100	32	3	10	2	8	0	10	10
7.4	100	40	5	6	2	4	0	16	16
7.7	100	50	3	6	0	1	5	22	17
7.12	100	65	7	1	0	0	1	23	17
7.15	100	8	3	0	0	0	0	23	17
7.19	100	8	3	0	0	0	0	23	17
7.21	100	6	1	0	0	0	0	23	17

(2)河北省馆陶县系统调查

陈立涛等在馆陶县西宝村进行了系统调查，调查地块于 2014 年 6 月 5 日收获小麦，小麦亩产 650kg，6 月 12 日播种玉米，13 日浇蒙头水，品种为登海 605。6 月 24 日田间发现二点委夜蛾幼虫，但未见为害玉米。随即采用定田不定点的方法，每天调查玉米苗周围二点委夜蛾幼虫虫量，即百株虫量，设 3 次重复；同时，选择麦秸较多的地方，顺垄固定 100 株，每天调查被害株率，该处不调查虫量，不破坏原有生态，重复 3 次，直至被害株率不再增加。具体结果见表 7-18(王玉强等，2018)，在 6 月 26-30 日二点委夜蛾为害盛期，日最高温度均低于 36℃，相对湿度高于 40%。具体结果见表 7-18(王玉强等，2018)。

表 7-18　二点委夜蛾 2 代幼虫发生为害动态调查表(馆陶，2014 年)

调查时间(月.日)	百株虫量/头	被害株率/%	最高气温/℃	平均湿度/%
6.24	5.00	0.00	31.8	69
6.25	7.67	0.00	27.8	83
6.26	13.33	2.33	32.7	65
6.27	22.00	5.67	32.7	73
6.28	45.00	13.33	35.8	62
6.29	50.67	19.33	32.8	57
6.30	58.67	35.00	31.8	72
7.1	62.67	35.67	—	—
7.2	69.00	36.67	—	—
7.3	73.33	37.00	—	—

注：“—”未记录。

从表 7-18 可以看出，2014 年 6 月 24 日在调查地块发现二点委夜蛾 3 龄幼虫，当时百株虫量为 5.00 头，随后虫量迅速增加。将幼虫数量与时间之间的变化拟合得到指数方程，馆陶县 2014 年幼虫数量与时间的回归方程为：y=13.2109×$e^{0.1842x}$(R^2=0.8610)，P 值=0.001，说明该方程真实有效。

从表 7-18 还可以看出，2014 年 6 月 26 日在该田块出现二点委夜蛾幼虫为害玉米幼苗，被害株率为 2.33%，当时田间百株虫量为 13.33 头，之后被害株率迅速增加，截至 6 月 30 日被害株率趋于稳定，达到 35%以上，被害株率迅速增加的时间只有 4 天。被害株率与时间之间符合 S 形曲线，如图 7-6 所示，曲线方程为 y=38.01/(1+684.56×$e^{-1.16x}$)(R^2=9858)，P 值=0.001。

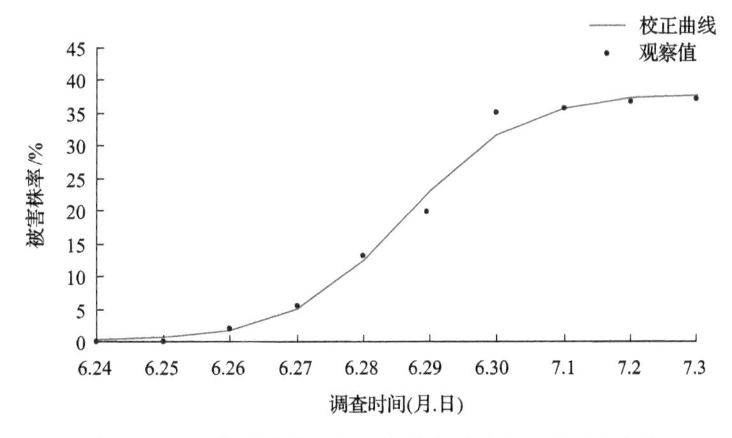

图 7-6　2014 年馆陶县田间二点委夜蛾为害玉米动态变化

(3)河北省南大港管理区系统调查

杨长青等在南大港管理区一分区西庄大队四节地进行了系统调查，调查地块于 2016 年 6 月 7 日收获小麦，6 月 10 日凑雨水播种玉米，品种为郑单 958。6 月 21 日田间发现二点委夜蛾幼虫，每平方米 0.7 头，未见为害。随即采用定田不定点的方法，每天调查 1m^2 虫量，设 3 次重复；同时，选择麦秸较多的地方，顺垄固定 50 株，每天调查被害株率，不破坏原有生态，重复 5 次。直至被害率不再增加，且田间二点委夜蛾主害代幼虫基本消失。具体结果见表 7-19(王玉强等，2018)。在该虫(3-5 龄)为害盛期 6 月 25 日～27 日出现连续 3 天日最高气温分别高达 39.7℃、36.4℃、36.5℃，平均湿度分别为 31%、31%和 41%，导致田间麦秸干燥，二点委夜蛾难以取食田间干硬的麦秸和麦粒等，更趋向危害玉米幼苗来补充水分和营养，也便于躲避高温，使田间玉米被害株率更高，达到 87%。

表 7-19 二点委夜蛾 2 代幼虫发生为害动态调查表(南大港，2016 年)

调查日期(月.日)	虫量/(头/m^2)	被害株率/%	最高气温/℃	平均湿度/%
6.21	0.67	0	34.4	70
6.22	6.33	0	36.0	62
6.23	17.00	2.40	25.8	74
6.24	32.00	9.60	35.2	50
6.25	56.67	22.00	39.7	31
6.26	60.33	60.00	36.4	31
6.27	57.67	84.00	36.5	41
6.28	57.33	84.00	26.7	73
6.29	44.67	84.40	33.3	76
6.30	45.00	84.80	30.3	82
7.1	32.00	85.60	—	—
7.2	26.67	86.00	—	—
7.3	22.67	86.00	—	—
7.4	20.67	86.80	—	—
7.5	19.00	86.80	—	—
7.6	13.33	87.20	—	—
7.7	9.67	87.20	—	—
7.8	8.67	87.20	—	—
7.9	10.00	87.20	—	—
7.10	5.00	87.20	—	—

从表 7-19 可以看出，2016 年 6 月 21 日在南大港田间发现二点委夜蛾 3 龄幼虫，这时每平方米只有 0.67 头幼虫，随后虫量迅速增加，与馆陶县 2014 年发生趋势相似，但发生期早 3 天。将幼虫数量与时间之间的变化拟合得到 Peal-Reed 模型，见图 7-7。南大港 2016 年二点委夜蛾幼虫数量与发生时间的回归方程为 $y=276.0906/(1+210.9632\times e^{-(1.3105x-0.128094x^2+0.003395x^3)})$ ($R^2=0.9533$)，P 值=0.0001，说明该方程真实有效。在幼虫数量上升阶段，幼虫数量与发生时间呈指数上升，回归方程为 $y=2.1997\times e^{0.653x}$ ($R^2=0.9988$)，P 值=0.0005。说明南大港田间二点委夜蛾幼虫上升呈加速上升的趋势，与馆陶县幼虫数量和发生时间的关系相似。在幼虫数量下降阶段，幼虫密度与时间呈指数下降，回归方程为 $y=68.1184\times e^{-0.177762x}$ ($R^2=0.9819$)，P 值=0.0001，说明二点委夜蛾幼虫数量下降迅速。

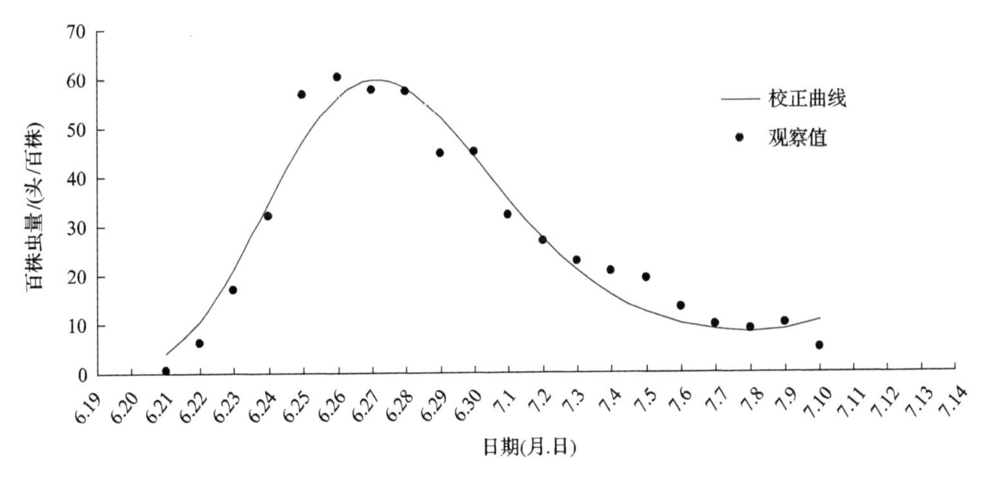

图 7-7　2016 年南大港二点委夜蛾幼虫田间消长规律

从表 7-19 还可以看出，2016 年 6 月 23 日在该田块出现二点委夜蛾幼虫为害玉米幼苗，被害株率为 2.4%，当时田间 $1m^2$ 的虫量为 17.00 头，之后被害株率迅速增加，截至 6 月 27 日被害株率趋于稳定，达到 84%以上，被害株率迅速增加的时间也只有 4 天，与馆陶调查结果相一致。被害株率与时间之间符合 S 形曲线，如图 7-8 所示，曲线方程为 y=86.1226/（1+6.4013×$e^{-1.8140x}$）（R^2=0.9944），P 值=0.0001。

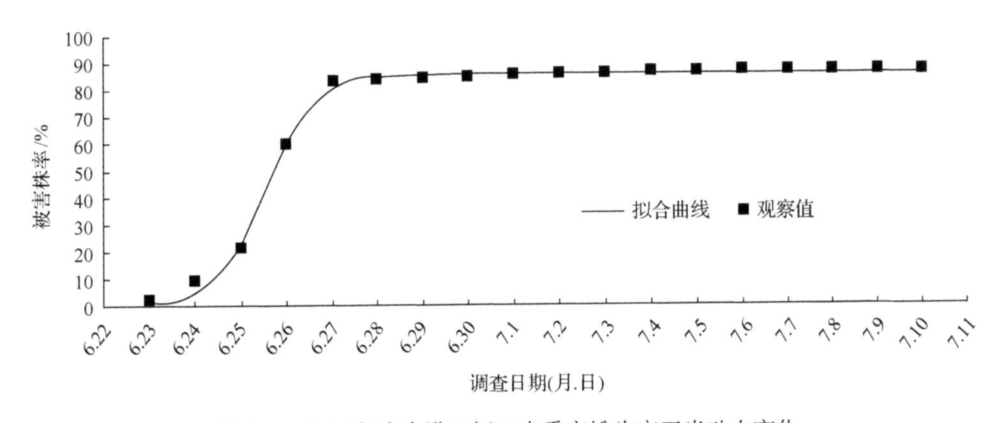

图 7-8　2016 年南大港田间二点委夜蛾为害玉米动态变化

通过大量调查发现，小麦收获后马上播种玉米并灌蒙头水，第 10～12 天田间可见 3 龄幼虫，之后 3 龄及以上幼虫数量急剧上升，第 13～15 天可初见玉米被害，3～4 天内玉米茎基部被大量钻蛀，造成死苗、缺苗断垄。随着玉米苗长大，出现一些咬根倒伏现象，直至停止危害。小麦收获后推迟夏玉米播种期，会出现二点委夜蛾虫龄大、玉米苗龄小的现象，玉米出苗至 2 叶期被害，二点委夜蛾咬断玉米嫩茎或茎叶，造成毁种，如河北定州农户种植麦茬糯玉米，为了设置时间隔离，防止串粉，常规玉米播种 10～15 天后才播种糯玉米，糯玉米出苗后地上部分随即被二点委夜蛾咬食，由于田间虫量大，玉米苗随长随被咬，造成毁种。反之，若先套种玉米再收小麦，会出现二点委夜蛾虫龄小，玉米苗龄大的现象，玉米能够躲避危害。在石家庄藁城、赵县一带，为了延长玉米生长期，有套种习惯，偶尔出现害虫咬食次生根，但难以造成倒伏，一般不会影响产量。

（三）主害代幼虫为害夏玉米主要虫源分析

受上述田间系统调查的启发，董立等（2014b）于 2012 年在石家庄市小麦收获高峰期，在田间播种玉米，其上覆盖小麦秸秆，采集当日二点委夜蛾雌蛾产下的卵，放在潮湿的小麦秸秆下的土表进行同步饲喂，每日观察记载玉米生长状况，3～5 天调查一次二点委夜蛾幼虫发育进度。根据幼虫发育龄期和玉米幼苗叶龄生长状况，分析二点委夜蛾为害玉米的主要虫源。

1. 主害代幼虫龄期与夏玉米叶龄同步系统调查结果

2012 年 6 月 14 日收集当天所产的卵，放在有小麦秸秆覆盖的当天播种玉米的田间，每日投放饲料，在相对隔离条件下饲养，卵和幼虫发育进度见表 7-20。同时，在 6 月 14 日播种玉米，6 月 18 日开始出土，19～20 日为 1 叶期；21～23 日为 2 叶期；24～26 日为 3 叶期；27～29 日为 4 叶期；6 月 30 日至 7 月 3 日为 5 叶期；7 月 4～7 日为 6 叶期；7 月 8～12 日为 7 叶期。

表 7-20　河北石家庄 2012 年 6 月 14 日至 7 月 11 日二点委夜蛾卵在玉米田间系统发育情况

日期（月.日）	当日卵	虫数/头						玉米叶龄
		1 龄	2 龄	3 龄	4 龄	5 龄	蛹	
6.14	大量	—	—	—	—	—	—	—
6.22	—	88	32	—	—	—	—	2
6.27	—	—	38	11	—	—	—	4
7.2	—	—	—	12	10	—	—	5
7.6	—	—	—	—	7	6	—	6
7.11	—	—	—	—	—	6	1	7

注：“—”无数据。

由表 7-20 可见，6 月 27 日二点委夜蛾进入 2～3 龄期，玉米幼苗进入 4 叶期，二点委夜蛾能够为害夏玉米。至 7 月 2 日玉米为 5 叶期，幼虫在 3～4 龄期，为钻蛀玉米的高峰期，接着玉米进入 6 叶期，逐渐生出次生根，二点委夜蛾幼虫在 4～5 龄期，主要取食玉米次生根，造成植株倒伏为主。7 月 11 日二点委夜蛾开始化蛹，玉米达到 7 叶期，致死性危害结束。该研究结果与 2011 年辛集市玉米田二点委夜蛾系统调查结果高度吻合，与馆陶县 2014 年和南大港 2016 年系统调查规律一致，也与 2005 年发现二点委夜蛾以来大量田间调查结果一致。

2. 主害代幼虫为害夏玉米主要虫源分析

多年系统监测结果显示，二点委夜蛾 1 代成虫发生期在 5 月下旬至 7 月上旬，其高峰期主要集中在 6 月上中旬，这个时期正值黄淮海地区小麦收获和玉米播种。小麦收获前，田间生态高度一致，1 代成虫栖息和产卵场所分散。一旦小麦收获，特别是机械收割在田间形成的高麦茬上覆盖麦秸，造成了有空隙的遮阴环境，1 代成虫就会在其中集聚、栖息并产卵，接着播种玉米并灌水造墒，使麦秸下的卵既能避免高温暴晒，又享有潮湿的环境，大大提高了卵的孵化率和低龄幼虫存活率，又由于二点委夜蛾繁殖能力非常强，导致了玉米被害田二点委夜蛾幼虫数量巨大，根据以上调查结果(表 7-20)，二点委夜蛾发育龄期与玉米被害叶龄又高度吻合，充分说明了小麦收获后 1 代成虫产的卵发育成的 2 代幼虫是为害夏玉米的主要虫源。

二点委夜蛾具有很强的腐生性，可以取食田间麦秸，在玉米 3～5 叶期主要是钻蛀玉米茎基部为主，导致严重的缺苗断垄，玉米 6～8 叶期主要是咬食刚刚生长出的次生根，造成倒伏，对产量影响大。当玉米进入 10 叶期，二点委夜蛾即使咬食次生根，由于此时根系已经比较健壮，也难以造成倒伏等影响产量的症状类型。为此，玉米播种 7 天后 1 代成虫产的卵孵化为幼虫，按照上述发育进度，7 月 4 日进入 3 龄期，这时玉米已进入 6 叶期，出现幼虫龄期小玉米叶龄大的现象，也难以造成为害。故此，小麦收获随即播种玉米，二点委夜蛾 3 龄期与玉米幼苗 4 叶期基本吻合，造成枯心严重，若小麦收获后推迟玉米播种，虫龄大玉米苗叶龄小，危害更重；相反，玉米播种后再收获小麦，出现虫龄小玉米苗叶龄大，危害轻，或基本不受损失。

(四)主害代幼虫对其他夏播作物的危害

为了澄清二点委夜蛾对其他夏播作物的影响，杨长青等(2014)于 2013 年 7 月对南大港管理区的麦茬玉米、高粱、大豆等田间虫量和受害情况进行了调查。该区 2013 年二点委夜蛾发生面积 1470hm^2，其中一分区西庄大队四节地二点委夜蛾幼虫最高密度达 100 头/m^2，造成局部夏玉米缺苗断垄。调查地块位于南大港农科所港内四节，6 月 15 日收获小麦并同时播种玉米、高粱和大豆。7 月 3～15 日每 3 天调查一次，玉米、高粱、大豆幼苗处在 4～8 叶期，选择田间幼苗周围及垄间散落麦秸麦糠较多或幼苗出现倒伏、萎蔫等为害症状处，随机 5 点取样，每样点面积 1m^2，扒开幼苗根部及垄间麦秸、麦糠等残体，调查虫口密度、被害率。调查数据见表 7-21。结果显示，小麦收获且秸秆还田后，无论贴茬播种玉米、高粱，还是大豆，田间均有二点委夜蛾成虫、幼虫，其 5 次调查结果显示，不同作物间幼虫虫口密度差异不大，消减规律一致，但是，玉米被害株率为 12%，而高粱和大豆却没有明显受害。在田间调查过程中发现幼虫在垄间取食散落田间的麦粒、腐烂的秸秆和小麦自生麦苗，如图 7-9 所示，曾在秸秆下的一个麦穗上发现 12 头幼虫正在取食麦粒。本调查初步认定，二点委夜蛾幼虫只为害夏播玉米幼苗，不为害夏播高粱和大豆幼苗。

表 7-21　二点委夜蛾危害夏播作物调查表(南大港，2013 年)

调查日期(月.日)	玉米		高粱		大豆	
	平均虫量/(头/m^2)	受害率/%	平均虫量/(头/m^2)	受害率/%	平均虫量/(头/m^2)	受害率/%
7.3	20	10	18	0	16	0
7.6	22	12	16	0	15	0
7.9	18	12	16	0	12	0
7.12	2	12	2	0	1	0
7.15	2	12	2	0	0	0

注：受害率为累计受害率，7 月 9～11 日累计降雨 53mm，受降雨影响二点委夜蛾幼虫虫量急剧下降。

图 7-9　二点委夜蛾取食田间麦苗

2011 年 7 月 7 日在正定夏玉米田紧邻的麦茬花生和大豆田调查，曾发现麦茬花生有二点委夜蛾幼虫咬食子叶的现象，在麦茬大豆田发现茎基部较为幼嫩处有被二点委夜蛾幼虫咬食的凹痕，均未发现为害植株致死现象。但是，室内用高粱、花生、大豆叶片喂养二点委夜蛾 3～4 龄幼虫，均正常取食且发育良好。也许在田间麦秸、麦粒、杂草、腐殖质丰富条件下，该虫不喜欢取食高粱、大豆、花生等有关。

三、第 3、第 4 代幼虫为害系统调查

（一）玉米田二点委夜蛾第 3、第 4 代幼虫为害系统调查

张全力等(2014)于 2011 年 8 月 12 日至 9 月 30 日在玉米田对 3 代、4 代幼虫进行系统调查，每次调查 $50m^2$，其虫龄和虫量见表 7-22。由表 7-22 可知，8 月 12 日玉米田间出现第 3 代幼虫，$50m^2$ 有虫 20 头，以 3 龄以上幼虫为主，随后虫龄增加虫量逐渐减少，至 8 月下旬基本结束；9 月中旬田间幼虫又有所增加，为第 4 代幼虫，整体数量比 3 代幼虫更少。其幼虫主要在地表残留麦秸下栖息。同期馆陶县植保站也在玉米田对二点委夜蛾幼虫进行了系统调查，发现 3 代幼虫可取食麦粒、小麦自生苗、杂草等，咬食玉米根部呈坑状，见图 7-10a、图 7-10b。河北省农林科学院粮油作物所杨利华发现 3 代幼虫咬食上层气生根不能继续生长(图 7-10c、图 7-10d)。

表 7-22　2011 年河北辛集玉米田二点委夜蛾 3 代、4 代幼虫定点调查结果

调查日期(月.日)	取样数/m^2	幼虫数/头				总虫数/头
		1 龄	2 龄	3 龄	4 龄后	
8.12	50	0	3	5	12	20
8.17	50	0	5	8	0	13
8.22	50	0	0	5	5	10
8.29	50	0	0	1	0	1
9.5	50	0	0	1	1	2
9.8	50	0	1	0	0	1
9.14	50	0	0	3	0	3
9.26	50	0	0	0	3	3
9.30	50	0	0	0	5	5

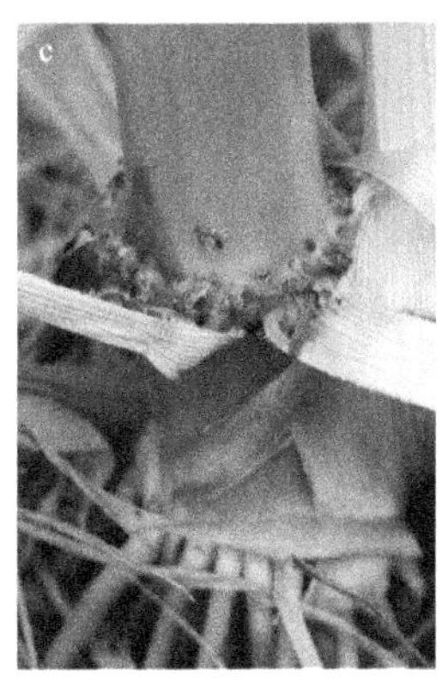
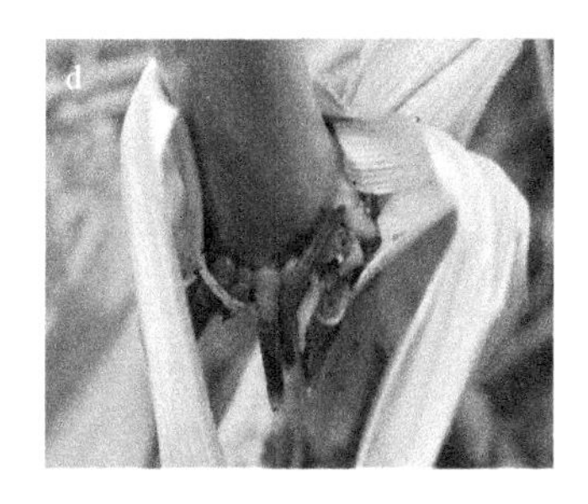

图 7-10　二点委夜蛾 3 代幼虫在玉米田间取食情况

a、b.幼虫取食次生根呈坑状；c、d.幼虫取食玉米上层气生根

2012 年 10 月 8 日，杨利华等在藁城堤上试验站夏玉米倒伏严重地块(图 7-11)发现二点委夜蛾幼虫呈聚集式分布。倒伏玉米植株下的地面、近地面叶片上、玉米苞叶内(图 7-12a)均可见高龄幼虫存在，并发现成熟玉米籽粒被咬食(图 7-12b)，被咬食的既有穗上部中期败育、质地较松软籽粒，也有穗中下部发育良好、质地较硬籽粒；有的籽粒顶部被咬去，有的被咬成缺刻或咬出孔洞(图 7-12c)。田间共调查 10 个样点，每点 $1m^2$，平均每平方米有虫 5 头(马继芳，2013b)。

图 7-11　2012 年 10 月玉米倒伏情况

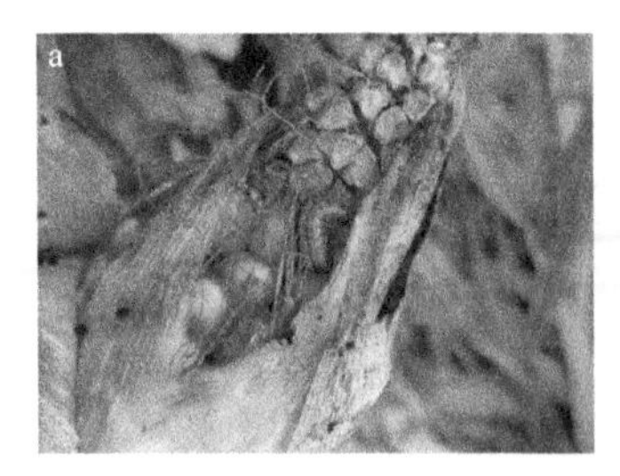

图 7-12　二点委夜蛾咬食玉米粒

a.幼虫在苞叶内；b.幼虫取食玉米籽粒；c.玉米籽粒呈破损状

2013 年 10 月 6 日在上述地点再次发现二点委夜蛾高龄幼虫在直立成熟玉米苞叶内为害雌穗的现象。发现二点委夜蛾为害的地点处于玉米地块中部，呈小片状，在直径 3～4m 的范围，调查 65 株，其中 36 株受二点委夜蛾幼虫为害，被害株率 55.4%，有虫雌穗内有 4～5 龄幼虫 1～3 头，剥开苞叶可见虫，大多是为害花丝(图 7-13)，少部分半钻蛀果穗(图 7-14)，咬食玉米籽粒(多见咬食中期败育、质地较松软籽粒)(图 7-15)或在苞叶与苞叶缝隙间藏匿(图 7-16)，还有在叶鞘与茎秆间隙处藏匿现象。同时在该处地表调查，在残留的麦秸下发现 5 头幼虫。观察发生为害地块的生态环境，并未发现与其他玉米田有明显不同(马继芳等，2013d)。

图 7-13　二点委夜蛾咬食花丝

图 7-14　二点委夜蛾为害穗轴并半钻蛀果穗

图 7-15　二点委夜蛾为害不同部位的玉米粒

图 7-16　二点委夜蛾幼虫在苞叶缝隙间藏匿

以上调查结果显示，二点委夜蛾 3 代、4 代幼虫普遍存在于玉米田间，当地小麦玉米连作，有利于二点委夜蛾繁衍和周年循环积累。

(二)其他作物田二点委夜蛾 3 代、4 代幼虫为害系统调查

许昊等(2012)于 2012 年 7 月 28 日开始在正定县花生和甘薯田进行定点调查，花生选择了 2 块调查田，分别标记为 A 花生田和 B 花生田。

A 花生田花生采取起垄种植，7 月 28 日花生已有一定落叶，幼虫处于花生垄上或植株边上。田间湿度和花生生长状况对幼虫出现的地点有一定的影响，如调查时下小雨或刚刚下过雨，幼虫会爬到植株基部枝叶上或地面落叶上；田间干旱时，有叶片覆盖的湿土表面有幼虫。花生收获后调查，幼虫隐匿于花生秧下，花生秧被收走后幼虫则隐匿于落叶下(表 7-23)。

表 7-23　A 花生田二点委夜蛾 3 代、4 代幼虫定点调查结果(正定，2012 年)

调查日期(月.日)	作物生育期	不同龄期的幼虫数量/头						合计/头	备注
		1 龄	2 龄	3 龄	4 龄	5 龄	6 龄		
7.28	封垄	1	2	0	0	0	0	3	
8.3	封垄	0	2	4	1	0	0	7	
8.12	膨果	0	2	1	2	0	0	5	8 月 11 日晚下大雨
8.18	膨果	0	0	2	0	0	0	2	8 月 17 日晚下雨
8.26	膨果	0	0	3	0	0	0	3	
9.9	收获期	0	0	0	2	0	0	2	花生秧下 1 头，花生垄 1 头
9.16	已收获	0	1	0	0	0	0	1	
9.21	休闲田	0	0	1	2	0	0	3	正下小雨
10.1	休闲田	0	0	3	4	3	0	10	相邻田块开始种麦
10.7	休闲田	0	0	2	2	0	2	6	
10.13	休闲田	0	0	1	0	0	1	2	

B 花生田从 9 月 16 日开始系统调查。查到的幼虫数量变化不大；10 月 1 日前后邻近田块玉米收获并开始种麦，查到的幼虫数量明显增加，且高龄幼虫数量也明显增加(表 7-24)。

表 7-24　B 花生田二点委夜蛾 3 代、4 代幼虫定点调查结果(正定，2012 年)

调查日期(月.日)	不同龄期的幼虫数量/头						合计/头	备注
	1 龄	2 龄	3 龄	4 龄	5 龄	6 龄		
9.16	0	2	0	1	0	0	3	
9.21	0	0	1	0	0	1	2	
10.1	0	1	3	5	1	2	12	开始种麦
10.7	0	0	7	0	1	3	11	
10.13	0	0	2	0	2	4	8	

甘薯田定点调查，2012 年 7 月 28 至 8 月 18 日易查到幼虫；但 8 月 18 日相邻地膜花生田的花生已收获，在甘薯田查到的幼虫数量随即下降；9 月 9 日、16 日和 21 日在甘薯田均未查到幼虫，但在旁边干花生秧下分别查到幼虫 1 头、6 头和 8 头；直到 10 月 1 日开始种麦，在甘薯田又开始能查到幼虫(表 7-25)。

表 7-25　甘薯田二点委夜蛾 3 代、4 代幼虫定点调查结果(正定，2012 年)

调查日期(月.日)	作物生育期	不同龄期的幼虫数量/头						合计/头	备注
		1 龄	2 龄	3 龄	4 龄	5 龄	6 龄		
7.28	封垄	0	3	2	0	0	0	5	
8.3	封垄	0	4	4	0	0	0	8	
8.12	封垄	0	1	4	5	0	0	10	8 月 11 日夜间下大雨
8.18	封垄	0	0	0	1	1	0	2	旁边收获花生秧下 3 头(5～6 龄)
8.26	封垄	0	0	0	0	1	0	1	
9.9	结薯	0	0	0	0	0	0	0	旁边干花生秧下 3 龄 1 头
9.16	结薯	0	0	0	0	0	0	0	旁边干花生秧下 6 头(3 龄 4 头，2 龄 1 头，4 龄 1 头)
9.21	结薯	0	0	0	0	0	0	0	旁边干花生秧下 8 头(2 龄 1 头，4 龄 1 头，5 龄 1 头，6 龄 5 头)
10.1	结薯	0	1	4	2	3	0	7	9 月 25 日下大雨(开始种麦，幼虫数量比上次明显上升)边上花生秧下 2 头(6 龄)
10.7	结薯	0	0	0	5	0	2	7	边上花生秧下 3 头，其中，3 龄、4 龄、6 龄各 1 头
10.13	结薯	0	0	0	0	0	1	1	幼虫已死亡。甘薯田干旱

由此可见，二点委夜蛾普遍存在于花生、甘薯等田间，在 10 月 1 日，当玉米收获并开始种麦后，花生和甘薯田间幼虫数量明显增多，在甘薯田调查中，旁边早播花生收获后，甘薯田间幼虫数量减少，而花生秧下出现幼虫，此现象是否说明二点委夜蛾幼虫具有迁移特点还有待于进一步研究。但是，在同一田块当更适宜的环境出现后，幼虫会转移到更适宜的环境中，花生和甘薯收获后，一般幼虫趋于在秧下栖息。

二点委夜蛾幼虫在花生和甘薯田间存在，但是，并没有造成明显的为害。幼虫喜欢藏匿在花生秧基部(图 7-17)啃食茎表皮，在甘薯田取食甘薯叶柄(图 7-18)。

图 7-17　花生田间二点委夜蛾

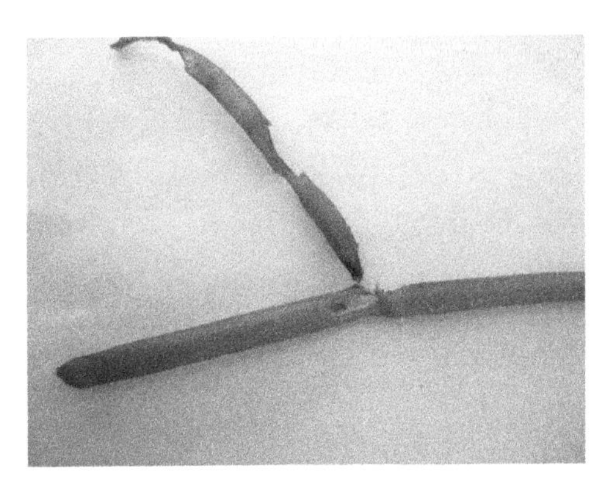

图 7-18　二点委夜蛾咬食甘薯叶柄

同时，各地植保站在大豆、棉花、谷子、高粱、果园、蔬菜等多种田间查到二点委夜蛾幼虫，幼虫多隐藏在田间落叶、植物残体等覆盖物下。在大豆田曾发现二点委夜蛾幼虫咬食子叶和茎表皮(图 7-19)，在棉花田发现将下部棉叶咬成孔洞等现象。2011 年 8 月中旬辛集市植保植检站在莲座期大白菜上曾发现二点委夜蛾幼虫为害，将近地表的叶片咬成孔洞(图 7-20)。2012 年 8 月 18 日河南省镇平县植保站发现枣园镇种植的约 9hm^2 线椒遭受二点委夜蛾为害，共调查 10 点，每点 5 株，共有各类幼虫 352 头，其中棉铃虫 21 头，甜菜夜蛾 42 头，其余均为二点委夜蛾；地边埂石块下，1m^2 有二点委夜蛾幼虫 38 头，成虫 2 头，受害线椒叶片呈缺刻状，严重的仅留叶柄，幼虫钻蛀果实内取食果肉，受害果多脱落或腐烂(牛朝阳等，2012)。由此可见，二点委夜蛾食性杂，繁殖能力强，相对食物而言其首要选择的是隐蔽潮湿的栖息环境。凡是遮蔽性好、湿度适宜的生态环境都有可能成为二点委夜蛾栖息的适宜场所。因此，在关注夏玉米苗期被害的同时也应密切关注具备该田间生态条件的其他作物受害。

图 7-19　二点委夜蛾啃食大豆茎表皮

图 7-20　二点委夜蛾咬食白菜

第六节　二点委夜蛾蛹的系统调查

2011年在辛集东井同一玉米田块，结合以上幼虫调查，从7月中旬开始观察田间大龄幼虫，系统调查蛹情。每次随机选10个点，每点查$5m^2$，检查土下是否有老熟幼虫和蛹茧，记录化蛹、羽化数量。每次调查另换10点再次调查上述内容，直到见蛹壳为止，见表7-26(张全力等，2014)。

表7-26　2011年河北省辛集市二点委夜蛾蛹的系统调查结果

调查日期(月.日)	调查单位/m^2	幼虫/头	蛹/头	羽化(蛹壳)/头
7.12	50	189	5	0
7.15	50	22	7	2
7.18	50	24	15	0
7.21	50	15	0	3
7.26	50	0	0	5
8.12	50	20	5	0
8.17	50	13	2	0
8.22	50	10	0	15
9.14	50	3	0	0
9.26	50	3	0	0

由调查结果(表7-26)可见，7月12日始见2代蛹，15～18日进入2代化蛹高峰，7月下旬为2代成虫羽化期；8月12～17日进入3代幼虫化蛹高峰，8月下旬为3代成虫羽化时期；9月以后主要为4代幼虫，未见化蛹。与田间幼虫发生世代和消长规律一致，其中2代幼虫量最大，3代幼虫数量显著减少，4代幼虫数量更少。蛹均在地表垅间较潮湿的阴暗处，有的在麦秸下地表结成缠绕麦秸的茧蛹，有的在土表层结成土茧。另外，玉米收获后，自10月开始在多种作物田进行越冬代幼虫调查，并在甘薯秧下、北瓜秧下、大豆田及垄沟杂草下、棉田根部落叶下、果树落叶下等作物田中发现大量幼虫，截至11月下旬仍未见蛹态。

第七节　二点委夜蛾越冬及冬后发育进度

二点委夜蛾过冷却点测定结果显示，老熟幼虫结茧是其越冬的最佳状态。同时田间调查也发现，3代成虫产卵期较长，冬前一部分4代幼虫不能积累足够积温发育到老熟结茧的最佳越冬虫态，同时也有部分老熟幼虫能够发育至蛹，也就是田间有多个龄期幼虫或蛹存在的可能。为了澄清二点委夜蛾越冬场所、虫态及冬后发育进度等，2011～2013年统一安排进行了系统调查和研究。

一、越冬场所

石洁等(2011)于 2011 年 9 月 29 日至 10 月 13 日，分别对河北省保定市、沧州市、邢台市、邯郸市和山东省德州市的不同作物田进行了抽样调查，结果表明，无论是麦茬玉米田还是非麦茬玉米田，在玉米植株上、麦秸下或杂草下大多可查到二点委夜蛾幼虫(表 7-27)；在棉田落叶下虫口密度较高，其中在邯郸县最高达 11.2 头/m^2(表 7-28)；在豆田落叶下及田边杂草基部，均可查到二点委夜蛾幼虫，虫口密度最高可达 6.7 头/m^2(表 7-29)；另外，在花生田、甘薯田、冬瓜田植株下或落叶下、桃园、田边地头和废弃农田杂草下等(表 7-30)均可发现有二点委夜蛾幼虫。以植株密度大、落叶多、地表覆盖程度高的棉田、豆田和花生田虫口密度高。

表 7-27　玉米田二点委夜蛾幼虫数量调查结果

作物类型	调查地点	调查范围	样点数	幼虫数量/(头/m^2)
平播玉米田	河北满城县	植株上	3	8.3±4.2
		杂草(阔叶杂草地黄)下	3	5.7±2.6
		其他杂草下	5	1.8±0.5
	河北定兴县	杂草下	3	1.0±0.4
麦茬玉米田	河北满城县	麦秸下	3	1.3±0.7
		植株上	3	26.3±11.3
	河北定兴县	麦秸下	3	1.0±0.4
	河北吴桥县	麦秸下	5	2.0±0.3
		玉米秸秆还田后碎秸秆下	4	0
		玉米秸秆还田后田边碎秸秆下	1	3
		地头杂草下	1	2
	河北邯郸县	麦秸下	3	0.7±0.7
	河北隆尧县	麦秸下	4	0
	山东德州德城区	麦秸下	5	1.2±0.6

表 7-28　棉田二点委夜蛾幼虫数量调查结果

作物类型	调查地点	调查范围	样点数	幼虫数量/(头/m^2)
直播棉	河北满城县	落叶下	3	1.0±1.0
	河北定兴县	落叶下	4	0.5±0.3
	河北隆尧县	落叶下	4	0.2±0.2
	河北邯郸县	落叶下	4	11.2±3.2
		散粉期拔除的棉株残株堆下	1	13
	河北吴桥县	落叶下	6	4.0±0.7
		地头杂草下	3	1.7±0.5
	山东德州德城区	落叶下	4	3.0±0.3

表 7-29　豆田二点委夜蛾幼虫数量调查结果

作物类型	调查地点	调查范围	样点数	幼虫数量/(头/m^2)
麦茬豆田(已收获)	河北满城县	落叶下	4	1.0±0.4
	河北定兴县	落叶下	4	1.8±0.5
	山东德州德城区	落叶下	3	6.4±0.8
麦茬豆田(成熟未收获)	山东德州德城区	落叶下	5	4.8±0.9
麦茬豆田(未成熟)	山东德州德城区	落叶下	3	4.7±1.3
直播豆田(已收获)	河北满城县	落叶下	3	0.3±0.3
	河北邯郸县	落叶下	3	6.7±1.8
直播豆田(未收获)	河北定兴县	落叶下	3	0.7±0.7
	河北吴桥县	田边杂草下	1	3
	河北隆尧县	落叶下	5	3.9±1.2
	河北邯郸县	落叶下	3	6.0±0.8
麦茬豆田(正在收获)	山东德州德城区	落叶下	7	4.8±0.9

表 7-30　其他作物田二点委夜蛾幼虫数量调查结果

作物类型	调查地点	调查范围	样点数	幼虫数量/(头/m^2)
麦田	河北满城县	麦苗	4	0
	河北定兴县	麦苗	3	0
花生田	河北邯郸县	已收获残株下	1	2
	河北隆尧县	植株及落叶下	4	9.0±2.3
	河北满城县	植株及落叶下	4	3.3±1.8
甘薯田	河北隆尧县	植株下	4	0.2±0.2
	河北吴桥县	植株下	4	0.8±0.4
麦茬红小豆田(已收获)	河北定兴县	落叶下	3	1.7±1.2
麦茬芸豆田(已收获)	河北定兴县	落叶下	4	1.0±0.4
萝卜田	河北隆尧县	植株下	3	0.3±0.3
白菜田	河北隆尧县	植株下	3	0
冬瓜田	山东德州德城区	植株及杂草下	4	5.2±1.1
废弃农田	山东德州德城区	杂草下(马唐)	4	0.6±0.3
桃园	河北满城县	杂草下	5	0.8±0.4

马继芳等(2012b)于 2011 年 10 月中旬继续在河北省藁城市、正定县、辛集市和临西县，针对夏播作物、蔬菜、果树及当时尚未收获或已经收获但尚未耕种的地块、杂草丛及秸秆堆等地进行二点委夜蛾越冬生境调查，结果见表 7-31。在 4 个调查地点均在甘薯田、棉花田中发现了二点委夜蛾幼虫，在其中 3 个调查地点发现大豆田、花生田和玉米田中有幼虫，在果园、杂草丛和部分蔬菜地也发现了少量幼虫。与石洁等的调查结果一致，推测这些作物田是二点委夜蛾幼虫越冬前的主要栖息地及越冬场所。

表 7-31　不同类型作物田二点委夜蛾栖息情况调查结果(河北，2011 年)

地点	调查日期(月.日)	发现害虫田块作(植)物类型	未发现害虫田块作(植)物类型
正定县	10.17	甘薯田、大豆田、花生田、玉米田、棉花田、白萝卜田、杂草丛	小麦田、大白菜田、胡萝卜田、韭菜田、油麦菜田、茴香田、葱田、油菜田、香菜田、菜豆角田
藁城市	10.21	甘薯田、大豆田、花生田、玉米田、棉花田、菜豆角田、杂草丛	小麦田、大白菜田、白萝卜田、胡萝卜田、韭菜田、油麦菜田、茴香田、葱田、油菜田、香菜田、冬瓜田
辛集市	10.16	甘薯田、大豆田、花生田、棉花田、冬瓜田、果园	玉米田、小麦田、大白菜田、白萝卜田、胡萝卜田、韭菜田、茴香田、葱田、香菜田、杂草丛
临西县	10.20	甘薯田、玉米田、棉花田	小麦田、果园

为了进一步澄清二点委夜蛾在不同场所的虫龄和数量分布，2011 年 10 月下旬在藁城市和正定县，分别在甘薯田、大豆田、花生田、棉花田、菜豆田、冬瓜田、玉米田、萝卜田、果园和杂草等有二点委夜蛾幼虫的地块，每块田随机调查 5 点，每点查 $1m^2$，记录虫龄、虫量、田间生态环境等数据。共取样 $150m^2$，查获 102 头二点委夜蛾幼虫，多数幼虫已老熟。不同地块幼虫分布差异较大，其中甘薯田、大豆田、棉花田、花生田等作物田虫量较多，每 $5m^2$ 的平均虫量分别为 7.75 头、7.33 头、5.75 头和 2.67 头，是二点委夜蛾的主要越冬场所。菜豆田、杂草丛和冬瓜田等地表被遮蔽或有落叶覆盖的田块也有一定量幼虫，每 $5m^2$ 有 2.50 头、1.67 头和 1.50 头。玉米田、白萝卜田、果园虫量少，每 $5m^2$ 不足 1 头。田间幼虫普遍为 5～6 龄的老熟幼虫，少量 4 龄幼虫(表 7-32)(马继芳等，2012b)。

表 7-32　发现二点委夜蛾害虫地块幼虫虫龄及虫量(河北，2011 年)

调查田块作物类型	调查样点总面积/m^2	总虫量/头	虫口密度/(头/$5m^2$)			虫龄
			平均	最高	最低	
甘薯田	20	31	7.75	12	3	5～6
大豆田	15	22	7.33	15	1	5～6
棉花田	20	23	5.75	20	1	5～6
花生田	15	8	2.67	6	1	5～6
菜豆田	10	5	2.50	5	0	4～6
杂草丛	15	5	1.67	3	0	5～6
冬瓜田	10	3	1.50	3	0	4～6
玉米田	20	3	0.75	1	0	5
白萝卜田	15	1	0.33	1	0	5
果园	10	1	0.50	1	0	5

田间调查发现，秋后耕翻播种不利于二点委夜蛾存活。例如，2011 年在正定县南楼乡花生地进行系统调查，10 月 15 日落叶下有虫 10～15 头/m^2，21 日收获中，在花生秧下有虫 1～3 头/m^2，但是，经过耕翻播种小麦后，田间难以发现幼虫。

二、越冬虫态及死亡率调查

(一)越冬虫态调查

2011年11月，姜京宇等在正定县南楼村继续进行系统调查，马继芳等将30头老熟幼虫集中放置在谷子研究所栾城试验站小麦地进行定点监测，结果见表7-33。

表7-33 二点委夜蛾越冬虫态调查结果(河北，2011年)

调查地点	调查日期(月.日)	各虫态虫量/头		
		老熟幼虫	结茧老熟幼虫	蛹
正定田间调查	10.28	6	0	0
	11.11	2	4	0
	12.12	0	4	0
栾城定点调查	11.01	30	—	—
	11.15	18	12	0
	11.30	8	22	0
	12.15	6	24	0
	12.15	6	24	0

注：正定数据为3个样点共15m^{2}虫量，3次调查均在同一地点。栾城数据为1m^{2}内固定放置，定点监测。

2011年10月28日在正定田间调查，发现6头老熟幼虫，11月11日调查发现6头二点委夜蛾幼虫，其中2头老熟幼虫，4头已经吐丝结茧，未见蛹；12月12日调查，共发现4头，均为结茧的老熟幼虫，未见蛹(姜京宇等，2011d)。栾城的定点监测结果与正定田间调查基本吻合，自11月1日将30头老熟幼虫放入小麦地后，11月15日调查有12头结茧，至12月15日有24头结茧，占80%，其余6头均为老熟幼虫，同样未见幼虫化蛹(马继芳等，2011b)。同时，12月中旬在藁城的田间调查也发现所查虫态大部分为结茧后的老熟幼虫，少量未结茧幼虫，未见蛹。河北省中部12月中旬已经进入严冬，为此，初步认为二点委夜蛾主要以结茧或未结茧的老熟幼虫进入冬季，是越冬的主要虫态。

(二)幼虫结茧时间及场所

姜京宇等2011年10月15日从正定县南楼村田间带回二点委夜蛾幼虫，置于花盆中，在室内常温条件下饲养，在早7:30～8:00、晚19:30～20:00记录当时的温度，定期检查幼虫的变化。观察发现10月24日幼虫开始结茧，11月中旬多数幼虫已经结茧。因此认为，10月下旬为末代幼虫始结茧期，早晚温度为14～19℃，11月上中旬为结茧盛期，早晚温度为12～16℃。有的幼虫卷在干叶子内，或躲在花生壳内，或附在枝杈上结茧，有的形成土茧于土表，但多数则钻入土内形成土茧，一般在土下0.2～0.3cm处，开始可以观察到入土处土壤较疏松，以后从土表看不出土茧的存在(图5-16)。

同期也将捉到的幼虫集中放置在田间进行观察。2011年10月21日将20头幼虫放在收获后的花生地，盖干秧子或干叶片，上罩网纱并将四周用土埋严。10月29日调查，地表发现死虫3头，幼虫3头，花生秧上土茧2个，11月11日调查，从土中筛出土茧2个。10月29日又将十余头幼虫放在收获后没有耕翻的大豆田，11月11日调查，发现1头幼虫，筛土见2个土茧，同时又在旁边的1m^{2}的土中筛出2个土茧。由此可见，田间结茧时间、进度，以及土茧形成场所与室内饲养一致。同期，辛集、正定、馆陶等植保站在田间调查发现，末代幼虫田间分布不均匀，主要发生在甘薯、花生、大豆、棉花等田间落叶下，或甘薯、花生收获后田间残留干秧子下，其土壤较为潮湿、疏松。然后在这些覆盖物下的土表或表土层做茧越冬，更有利于越冬存活。调查土茧时，用粗筛筛查比较方便可靠(姜京宇等，2011d)。

张海剑等(2012a)通过对模拟的大田自然环境观测区和大田环境下调查不同类型作物田二点委夜蛾越冬情况，明确了该虫以休眠的老熟幼虫结茧越冬，在空间分布上主要是在地表上的残枝落叶下，占越冬幼虫的77%，部分在覆盖物中结茧越冬。棉田、花生田、豆田、药材田、杂草地等多种田块的残留秸秆枝叶覆盖地为其越冬场所。

(三)越冬死亡率调查

2011年、2012年冬前在河北省农林科学院谷子研究所栾城试验站建立越冬观察圃，翌年2月中旬开始逐日观察，调查二点委夜蛾越冬死亡率(董立等，2014a)。

2011年越冬虫源是9～10月，从正定县南楼村花生地采集的二点委夜蛾不同龄期幼虫，并一直置于室外人工饲料饲喂，共得到二点委夜蛾4～5龄幼虫90头，老熟但未结茧幼虫8头，结茧幼虫200头，蛹1头。于11月14日放入越冬圃。越冬圃内分别设置无覆盖物、有麦秸覆盖2种生态环境使其自然越冬。2012年3月上旬气温上升后越冬幼虫开始陆续化蛹。3月14日调查，裸露于地表没有覆盖物的未老熟幼虫仅有1头存活，死亡率达到98.89%，老熟作茧幼虫的死亡率为50%，而地面有小麦秸秆覆盖的老熟幼虫死亡率仅为37.5%，老熟作茧幼虫则全部存活。冬前放置的蛹体色发黑，已死亡。由此可见，未老熟幼虫很难越冬，老熟幼虫和做茧老熟幼虫都能越冬，但做茧的老熟幼虫越冬能力更强，且覆盖物更有利于二点委夜蛾越冬存活(表7-34)。

表7-34　2011～2012年二点委夜蛾越冬死亡情况调查结果

处理	2011.11.14		2012.3.14		
	越冬虫态	虫量/头	活虫数/头	死虫数/头	死亡率/%
裸露土表	4～5龄幼虫	90	1	89	98.89
	老熟作茧幼虫	10	5	5	50.00
小麦秸秆覆盖	老熟未作茧幼虫	8	5	3	37.50
	老熟作茧幼虫	190	190	0	0.00
	蛹	1	0	1	100.00

姜京宇等(2012)于2012年3月3日，在正定县南楼村的大豆、花生田也进行了自然状态下二点委夜蛾越冬死亡率调查，在花生茬田块发现1头老熟幼虫和18头做茧幼虫，其中活虫8头，11头茧内幼虫已经死亡(包括7个空茧)，死亡率为57.89%；在大豆茬田块发现12头做茧幼虫，其中活虫6头，6头茧内幼虫已经死亡(包括5个空茧)，死亡率

为 50.00%。与裸露土表的越冬死亡率相吻合。

2012 年虫源为室内饲养幼虫，自 10 月 1 日起转移至室外自然温度下人工饲料饲喂，共得到二点委夜蛾老熟未结茧幼虫 20 头，结茧幼虫 209 头，结茧后脱茧越冬幼虫 8 头，蛹 1 头。于 11 月 16 日放入越冬圃并以甘薯枯叶覆盖。2013 年 2 月 26 日开始进行逐日调查，3 月 3 日始见化蛹。3 月 15 日进行越冬死亡率调查，作茧老熟幼虫死亡率最低，为 9.57%；脱茧幼虫次之，死亡率为 25.00%，并且有 2 头脱茧幼虫重新作了土茧；未作茧的老熟幼虫死亡率为 40.00%，蛹体色异常，已死亡(表 7-35)(董立等，2014a)。

表 7-35　2012～2013 年二点委夜蛾越冬死亡情况调查结果

处理	2012.11.16		2013.3.15		
	越冬虫态	虫量/头	活虫数/头	死虫数/头	死亡率/%
甘薯叶覆盖	未作茧老熟幼虫	20	12	8	40.00
	作茧老熟幼虫	209	189	20	9.57
	作茧后脱茧幼虫	8	6	2	25.00
	蛹	1	0	1	100.00

结合气象资料分析，石家庄 2011～2012 年冬季最冷月为 1 月，平均气温为–2.5℃，日最低温–6℃，2012～2013 年最冷月 1 月的平均气温为–3.2℃，日最低温–6.5℃，均高于低温处理后的作茧或未作茧老熟幼虫的过冷却点。在有覆盖物的情况下，两年老熟未作茧幼虫的死亡率相近，2012 年为 37.5%，2013 年为 40%。而老熟作茧幼虫死亡率差别较大，2012 年未见死亡，2013 年死亡率为 9.57%，但 2012 年没有覆盖物的处理死亡率可达 50%。由此可见，尽管二点委夜蛾主要以老熟幼虫作茧越冬，不管冬季温度高低，覆盖物更加有利于其安全越冬。

三、越冬代幼虫发育进度

(一)越冬代幼虫化蛹进度

2012 年春季共有 201 头越冬幼虫存活，其中 194 头进入蛹期，7 头化蛹失败，化蛹率为 96.52%。自 2 月下旬开始平均气温稳定上升到 0℃以上。3 月 2 日始见越冬幼虫化蛹，3 月 5 日候均温(5 天)为 2.28℃；3 月 20 日后开始快速升温，至 3 月 31 日前后表现出一个明显的化蛹高峰；4 月 5 日候均温虽有所下降，但对整体化蛹进度无明显影响，95.88%的越冬幼虫已进入蛹期(表 7-36、图 7-21)。

表 7-36　2012 年二点委夜蛾越冬幼虫化蛹进度(5 日统计表)

项目	日期(月.日)										
	3.1	3.2	3.5	3.10	3.15	3.20	3.25	3.31	4.5	4.10	4.15
0℃以上积温/(日·度)	26.8	32	38.2	60	85.4	113.1	154.2	246.3	309.8	400.6	495.7
候均温/℃	—	—	2.28	4.36	5.08	5.54	8.22	15.35	12.70	18.16	19.02
化蛹数/头	0	1	3	3	12	5	41	87	34	7	1
累积化蛹率/%	0	0.51	1.55	3.61	9.79	12.37	33.51	78.35	95.88	99.48	100

注：“—”没有记录。

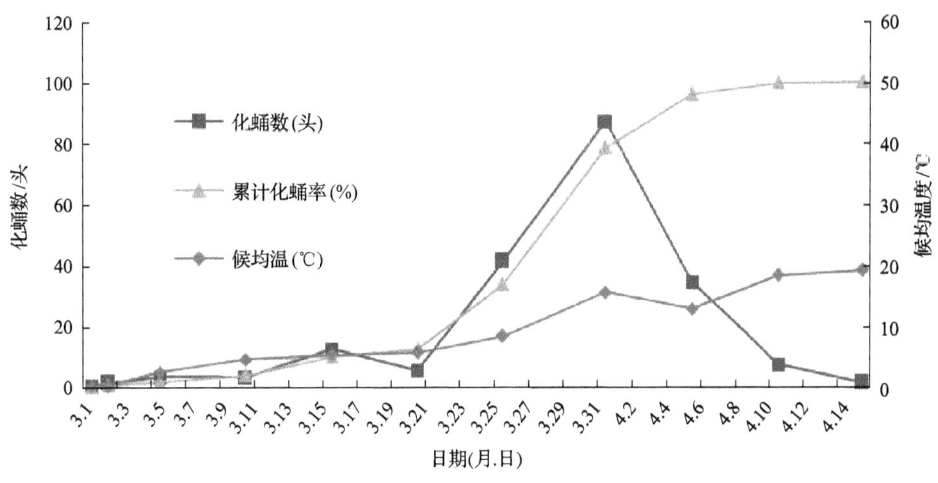

图 7-21　2012 年越冬幼虫化蛹进度

2013 年春季共有 207 头越冬代幼虫存活，其中 185 头顺利化蛹，22 头化蛹失败，化蛹率为 89.37%。越冬幼虫从 3 月 3 日开始化蛹，3 月 5 日候均温为 5.65℃。化蛹高峰期集中在 3 月 10～25 日，累积化蛹率已达 89.73%，其中 3 月 20 日为化蛹高峰期(表 7-37、图 7-22)。

表 7-37　2013 年二点委夜蛾越冬幼虫化蛹进度(5 日统计表)

项目	日期(月.日)								
	3.2	3.3	3.5	3.10	3.15	3.20	3.25	3.31	4.5
0℃以上积温/(日·度)	26.32	32.85	49.53	103.59	138.23	179.84	210.89	264.75	323.27
候均温/℃	—	—	5.65	10.81	6.93	8.32	6.21	8.98	11.70
化蛹数/头	0	2	3	0	37	113	21	6	3
累积化蛹率/%	0	1.08	1.62	2.7	22.7	83.78	89.73	98.38	100

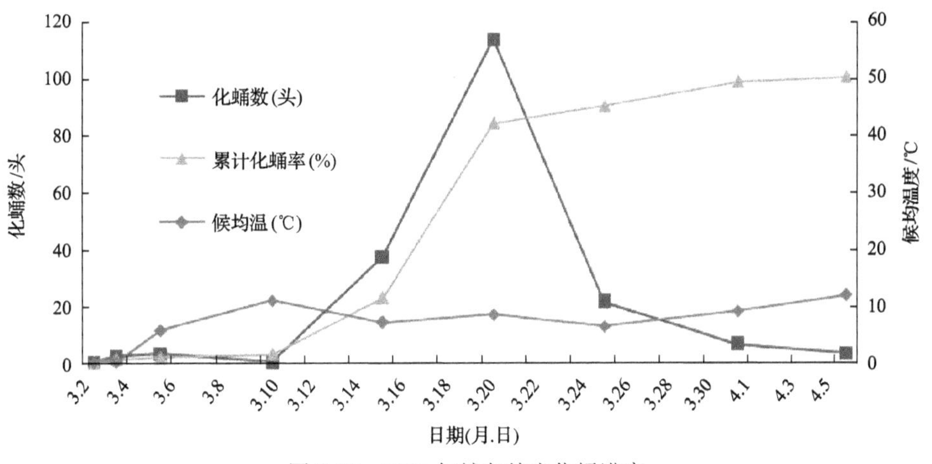

图 7-22　2013 年越冬幼虫化蛹进度

从气温变化上看，2012 年 3 月的温度走势为稳步上升型，而 2013 年 3 月的温度则呈现一个骤冷骤热的变化过程。整体看 2013 年 3 月上中旬的温度较 2012 年高。从初见蛹日期看，2012 年在 3 月 2 日，此时 0℃以上积温为 32 日·度，3 月 5 日的候均温仅为

2.28℃；2013 年始见蛹日为 3 月 3 日，0℃以上积温为 32.85 日·度，3 月 5 日候均温 5.65℃，均未达到二点委夜蛾各虫态的发育起点温度。由此可见，老熟幼虫在冬前已经积累了该虫态发育所需的大部分积温，来年温度一旦回升就会立即解除休眠进行世代发育。从化蛹进度看，随着温度的升高，化蛹逐渐进入盛期。2012 年 3 月温度平稳上升，至 3 月 25 日，候均温达到 8.22℃，0℃以上积温达到 154.2℃，越冬的老熟幼虫化蛹进入高峰期，至 3 月 31 日，化蛹率达到 78.35%；而 2013 年 3 月温度波动大，尤其是上旬气温明显偏高，3 月 10 日候均温急剧上升达到了 10.81℃，较 2012 年同期高出 6.45℃，到 3 月 15 日尽管候均温又下降到 6.93℃，但是 0℃以上积温已达 138.23℃，越冬幼虫进入化蛹高峰，至 3 月 20 日，化蛹率达到 83.78%。比 2012 年提前了 10 天。可见 3 月温度回升快，二点委夜蛾越冬幼虫化蛹早，如果温度回升缓慢则化蛹较晚（董立等，2014a）。

（二）越冬代蛹羽化进度

2012 年共得到二点委夜蛾越冬代蛹 194 头，其中 133 头正常羽化，55 头未羽化，6 头畸形蛾，正常羽化率为 68.56%。初见羽化日在 4 月 4 日，当时 2 日平均气温为 15.50℃，之后 4 月气温均稳定在 15℃以上。4 月 10 日后进入羽化高峰，至 4 月 16 日已有 84.67%的蛹完成羽化。其中 4 月 12 日有一次降温过程，当日羽化量最大，但是随后的成虫羽化数随之有所波动（表 7-38、图 7-23）。

表 7-38　2012 年二点委夜蛾越冬代蛹羽化进度

项目	日期(月.日)								
	4.4	4.6	4.8	4.10	4.12	4.14	4.16	4.18	4.20
蛹发育积温/(日·度)	122.6	140.3	160.3	178.6	195.0	216.5	232.4	252.1	268.6
2 日均温/℃	15.50	16.6	17.8	18.8	15.9	21.0	18.7	19.0	18.0
羽化数/头	2	4	3	20	36	23	27	8	10
累计羽化率/%	1.50	4.51	6.77	21.80	48.87	66.17	86.47	92.48	100

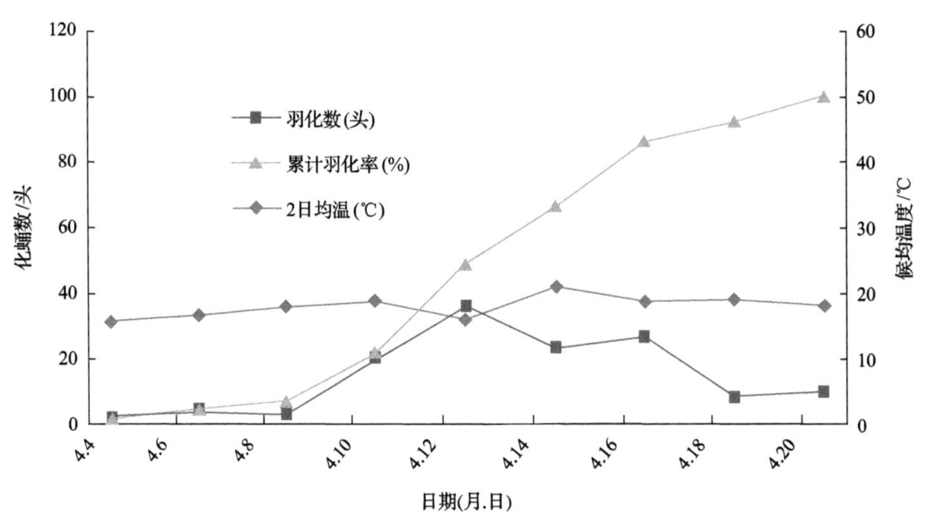

图 7-23　2012 年二点委夜蛾越冬代蛹羽化进度

2013 年共得到 185 头越冬代蛹，其中 109 头正常羽化，69 头未羽化，7 头畸形蛾，正常羽化率为 58.92%。蛹 4 月 10 日开始羽化，此时 2 日平均气温 10.32℃。并于 4 月 14 日开始进入羽化高峰，持续至 4 月 22 日已有 83.49%的蛹羽化，其中 4 月 18 日羽化数量最多(表 7-39、图 7-24)，此前温度均稳定在 10℃以上。而在 4 月 20 日前后则有一次异常的降温过程，2 日平均气温只有 3.97℃，此时羽化数量也随之表现出了较为明显的减少现象。

表 7-39　2013 年二点委夜蛾越冬代蛹羽化进度(2 日统计表)

项目	日期(月.日)												
	4.8	4.10	4.12	4.14	4.16	4.18	4.20	4.22	4.24	4.26	4.28	4.30	5.2
蛹发育积温/(日·度)	118.76	118.76	145.81	181.19	210.51	210.51	210.51	210.51	226.42	260.08	296.04	333.36	367.00
2 日均温/℃	12.11	10.32	13.53	17.69	14.66	10.78	3.97	9.63	13.49	16.83	17.98	18.66	16.82
羽化数/头	0	2	7	9	22	23	10	18	13	0	3	1	1
累计羽化率/%	0	1.83	8.26	16.51	36.70	57.80	66.97	83.49	95.41	95.41	98.17	99.08	100

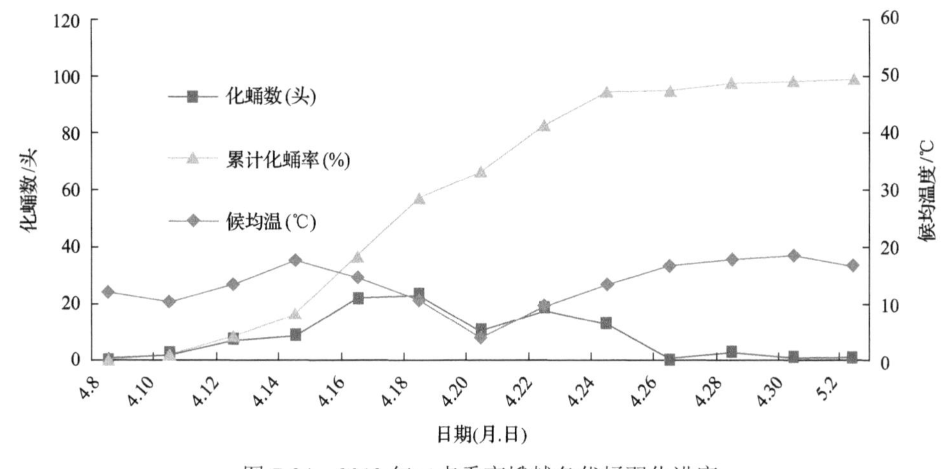

图 7-24　2013 年二点委夜蛾越冬代蛹羽化进度

同样从气温角度分析，2012 年 3～4 月的温度总体上是一个稳步上升的趋势，至 3 月 31 日，候均温达到 15.35℃，平稳超过蛹的发育起点温度(11.79℃)，至 4 月 4 日，两日均温为 15.50℃，蛹发育积温达到 122.6℃(蛹发育所需有效积温为 118.41 日·度)，初见 2 头蛹羽化为成虫。随后温度逐渐升高，羽化数量逐渐增多。4 月 12 日尽管 2 日平均气温有所下降，但是羽化数量仍最多，至 4 月 16 日羽化率已达 86.47%，4 月 20 日全部羽化完毕，共持续 17 天。2013 年尽管 3 月上中旬温度波动大、回升快，但是，3 月下旬至 4 月温度波动更明显，而且整体温度较 2012 年低。4 月 5 日候均温为 11.70℃，接近蛹的发育起点温度。4 月 10 日 2 日均温下降到 10.32℃，但是蛹的有效积温达到 118.76℃，初见 2 头蛹羽化为成虫。随后温度上升至 17.69℃，而 4 月 18 日温度又降低到 10.78℃，但当日蛹羽化数量最多。4 月 19 日有一次最低气温接近 0℃的罕见低温，并伴随中雨雪天气，导致 4 月 20 日的 2 日平均气温仅为 3.97℃，气温骤降，而此时正值羽化盛期，对蛹羽化进度有所影响，但影响不大。4 月 22 日后温度回升，蛹羽化率已达 83.49%。至 5 月 2 日已全部羽化，共持续 25 天。尽管 2013 年越冬代幼虫化蛹比 2012 年提前了 10 天，但由于 2013 年 3 月下旬至 4 月温度偏低，蛹整体羽化进度比 2012 年晚一周左右，全部羽化所用时间较 2012 年延后近半个月(董立等，2014a)。

第八节　二点委夜蛾周年发生规律

根据二点委夜蛾生物学、生态学习性和生活史研究结果，总结了该虫周年发生规律，如图 7-25 所示。

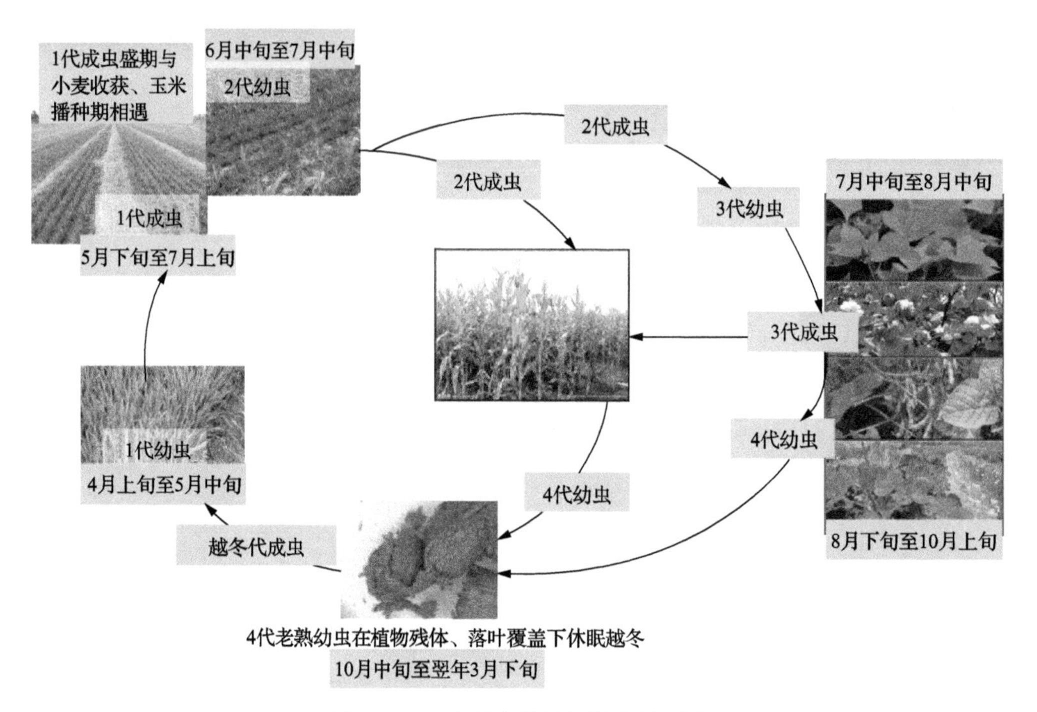

图 7-25　二点委夜蛾周年发生循环图

3 月上旬，当日平均气温达到 2℃以上，日最高气温可达 10℃以上时，二点委夜蛾越冬老熟幼虫开始陆续化蛹。3 月下旬或 4 月上旬，平均气温达到 15℃以上，越冬代蛹开始羽化，这时黄淮海地区大面积小麦已经封垄，具有隐蔽的生态环境。羽化后的越冬代成虫从越冬场所主要迁入麦田进行产卵繁衍，第 1 代幼虫主要在小麦基部取食枯黄叶片等，为害不明显，完成 1 代成虫数量的积累。5 月底一代成虫开始羽化，6 月上中旬为一代成虫盛发期，与当地小麦收获和玉米播种期相遇，小麦机械化收获后形成的麦茬上覆盖麦秸造成的具有空隙的隐蔽环境有利于成虫在其中集聚，并将卵散产于田间麦秸或麦秸下地表，卵孵化后，第 2 代幼虫在麦秸下栖息取食。田间温度、湿度适宜，遮光性好，虫量迅速积累，并与夏玉米苗期受害敏感期相遇，二点委夜蛾幼虫咬断刚出土的玉米幼芽，钻蛀玉米苗茎基部，或咬食新长出的玉米幼嫩的次生根等，造成死苗、倒伏等明显的被害症状，成为严重为害夏玉米的主害代。之后 7 月中下旬羽化出的第 2 代成虫，一部分继续留守在玉米田产卵，但多数分散迁移到棉花、甘薯、豆类、花生等较为阴凉郁闭的作物田产卵。8 月下旬至 10 月下旬为第 3 代成虫发生期，但此间正值秋季作物生长盛期，植株高大造成的遮阴环境再次有利于成虫栖息，成虫分布于大田作物、果园、蔬菜、杂草等几乎所有的农田生态环境中，特别是大面积玉米田间害虫数量再度增加。二点委夜蛾第 4 代幼虫(即越冬代)分布范围广，此时秋季作物、果树等处于成熟季节，叶片脱落、作物残体堆积于地表，再次为二点委夜蛾幼虫提供了适宜的生存环境和丰富的食物资源，更有利于害虫的生长发育。第 4 代幼虫可以取食至 11 月中旬，在没有耕翻的农田的植物残体、落叶覆盖下陆续结茧越冬(马继芳等，2012c)。

第九节　二点委夜蛾暴发原因分析

根据二点委夜蛾生活习性、发生与危害、生态环境因素影响以及生活史等研究，基本澄清了该虫在黄淮海地区危害夏玉米的发生规律，进一步揭示了该虫由一个腐生的昆虫发展成为严重为害夏玉米幼苗的重大新害虫的原因(董立等，2014b)。

一、二点委夜蛾暴发内因

(一)食性杂兼腐生

实验室人工饲喂条件下，该虫至少可以取食 13 科 30 多种植物，特别是幼虫更趋于取食萎蔫和腐败的植物叶片或残体，使该虫适应环境广泛。成虫诱测发现该虫存在于各种农作物田、果园、蔬菜田、杂草地等当地几乎所有的生态环境。

(二)繁殖能力强

该虫雌雄蛾均可多次交尾，单雌产卵量达 569 头，具备种群快速积累、暴发危害的特性。

二、二点委夜蛾暴发外因

黄淮海地区气候条件、当地小麦玉米连作种植方式，以及随着机械化水平的提高，21 世纪初在当地大力推广的小麦机械化收获后小麦秸秆还田、贴茬免耕直播玉米的保护性耕作方式为二点委夜蛾提供了适宜的生态条件。

(一)黄淮海暖温带气候适宜该虫生存

二点委夜蛾在黄淮海地区暖温带气候条件下，一年可发生 4 代，有利于年度内暴发虫量的积累。在其以南的亚热带、热带地区，不适宜二点委夜蛾生存；在其以北的中温带、寒温带一年只能发生 2～3 代。

(二)越冬场所广泛

未翻耕的冬闲田、果园和林带下覆盖地面的残枝落叶和杂草，为越冬代幼虫提供了良好的越冬场所和来年的虫源基数。

（三）早春大面积封垄后的小麦适宜越冬代成虫繁衍，为 1 代成虫数量的积累奠定了基础

二点委夜蛾喜欢遮阴的环境，春季小麦拔节封垄后造成的环境有利于越冬代成虫在其内集聚。该虫对小麦有嗜好，研究发现成虫在麦秸上产卵量达 80%，幼虫喜欢取食萎蔫或黄化的叶片，小麦下部环境和叶片为该虫提供了适宜环境和食物，有利于 1 代幼虫生长，完成了 1 代成虫数量的积累。

（四）1 代成虫发生期与小麦收获玉米播种期相遇，大面积小麦秸秆还田有利于 1 代成虫的繁衍

二点委夜蛾 1 代成虫发生期在 5 月下旬至 7 月上旬，6 月上中旬是高峰期，与黄淮海地区小麦收获和玉米播种期完全吻合。随着我国机械化水平的提高，21 世纪初提倡农业机械化、秸秆还田和贴茬播种等，小麦机械化收割后留下的麦茬上覆盖麦秸，形成有空隙的遮阴环境，有利于 1 代成虫在其内集聚栖息并产卵繁衍，而且厚厚的麦秸有利于成虫躲避高温及强光照射，使其存活率提高和寿命延长。取食萌芽小麦粒的二点委夜蛾幼虫发育快，世代存活率高，产卵量高，是二点委夜蛾的最适宜寄主植物，机械化收获小麦后散落在田间的麦粒为二点委夜蛾提供了充足的优质食物（Liu, *et al.*, 2015）。

（五）玉米播后普遍灌水造墒，有利于卵的孵化和主害代幼虫生长

在黄淮海地区小麦收获期是高温干旱季节，不利于二点委夜蛾成虫存活、卵的孵化和幼虫的生长，而在小麦秸秆下可以适当降低温度，为了玉米能够及时出苗，播种后普遍灌蒙头水，从而保证了二点委夜蛾卵的孵化和幼虫的生长。低龄幼虫可以取食小麦收获后留在田间的麦粒、腐败的麦秸，幼虫发育到 3 龄便开始为害玉米幼苗。

由此可见，21 世纪我国在黄淮海地区大面积推行秸秆还田（图 7-26）、贴茬播种玉米并灌水造墒（图 7-27）营造的适宜生境，为 1 代成虫的延续提供了适宜条件，经种群逐年积累，使日诱蛾量可达千头以上，是造成该虫暴发成灾的主要原因。

图 7-26　小麦收获后形成的麦茬上覆盖麦秸

图 7-27　玉米播种后灌水造墒

三、二点委夜蛾暴发过程

小麦收获玉米播种期间温度偏低，更有利于 1 代成虫存活，成虫在麦茬上覆盖麦秸

造成的空隙内集聚并大量产卵；玉米贴茬播种并灌蒙头水保证了1代成虫所产的卵能够顺利孵化和低龄幼虫的存活；玉米播种12天后，幼苗达3～4叶期，大量幼虫发育到3龄期，并始向玉米幼苗周围集聚，并钻蛀为害玉米苗；幼虫4龄时，玉米幼苗4～5叶期，是该虫钻蛀玉米幼苗造成缺苗断垄的暴发危害盛期，扒开被害苗周围的麦秸，可见少则1～5头，多的可达20多头幼虫，垄间麦秸下也有大量幼虫，严重的百株虫量可达500～600头，甚至每平方米也能达到上百头的幼虫，由于田间虫量大且在麦秸下隐蔽危害，危害速度快，3～4天即可造成夏玉米大量死苗，严重的死苗率能达90%。玉米6叶后开始萌生次生根，幼虫进入5龄期，由钻蛀玉米茎基部逐渐转变为咬食玉米次生根为主，造成玉米幼苗倒伏；接着幼虫老熟开始作茧化蛹，田间停止为害。幼虫3龄后对温度、湿度抵抗能力增强，这时也是田间为害盛期，若田间干旱，幼虫难以取食干燥的麦秸和麦粒，往往更趋于寻食含水量高的玉米幼苗，加重玉米被害。小麦收获后推迟玉米播种，会出现二点委夜蛾幼虫虫龄大、玉米苗龄小的现象，会加重受害程度，有时玉米出苗便受到二点委夜蛾的为害，严重的可导致毁种。一般小麦产量高，秸秆还田量大，高麦茬上麦秸覆盖厚，有利于二点委夜蛾发生与为害。

第八章 天 敌 种 类

目前已知的二点委夜蛾天敌种类有寄生性的侧沟茧蜂(*Microplitis* sp.)、棉铃虫齿唇姬蜂(*Campoletis chlorideae*)和悬茧蜂(*Meteorus* sp.)，此外，在山东省的越冬二点委夜蛾幼虫中还发现了梳飞跃寄蝇(*Spallanzania hebes*)；捕食性天敌有黄斑青步甲(*Chlaenius micans*)和铺道蚁(*Tetramorinm caespitum*)，病原微生物，如苏云金芽孢杆菌(*Bacillus thuringiensis*)、球孢白僵菌(*Beauveria bassiana*)和金龟子绿僵菌(*Metarrhizium anisopliae*)，二点委夜蛾微孢子虫(*Nosema* sp.)和寄生性线虫等多种天敌，均是在二点委夜蛾幼虫期进行捕食或寄生的天敌资源。这些天敌的发现和开发利用将对二点委夜蛾的种群数量的自然调控和发生危害起到有效的控制作用，而且不污染环境，为生物防控奠定基础。

第一节 侧沟茧蜂(*Microplitis* sp.)

马继芳等(2012d)、石洁等(2015)报道，该侧沟茧蜂属膜翅目茧蜂科小腹茧蜂亚科侧沟茧蜂属。该蜂寄生于二点委夜蛾幼虫期，多产卵在3～4龄较大的幼虫体内。多胚生殖，一头被寄生的二点委夜蛾幼虫可羽化出5～6头茧蜂，多者可达10头以上。幼虫老熟后从寄主体内钻出(图8-1)，然后作茧化蛹，常见多个小茧聚集成堆，茧呈丝质、灰白色、长椭圆形，长3.5～4.0mm，宽1.0～1.2mm(图8-2)。从茧内羽化出茧蜂，每茧一头。该蜂多寄生于二点委夜蛾2～4代幼虫，其中以第4代(越冬代)幼虫常见，被寄生的二点委夜蛾幼虫虽能老熟结茧但最终不能化蛹。寄生率为1%～5%。

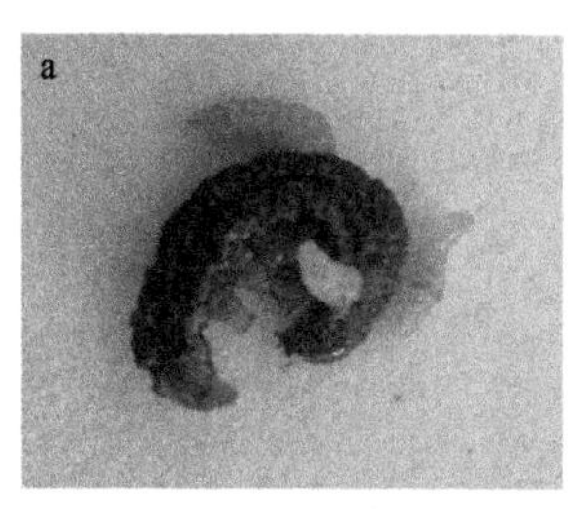

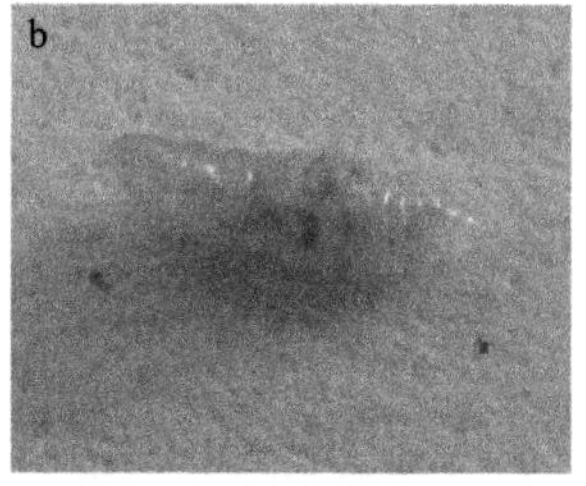

图8-1 侧沟茧蜂老熟幼虫

a.被寄生的二点委夜蛾幼虫；b.侧沟茧蜂老熟幼虫

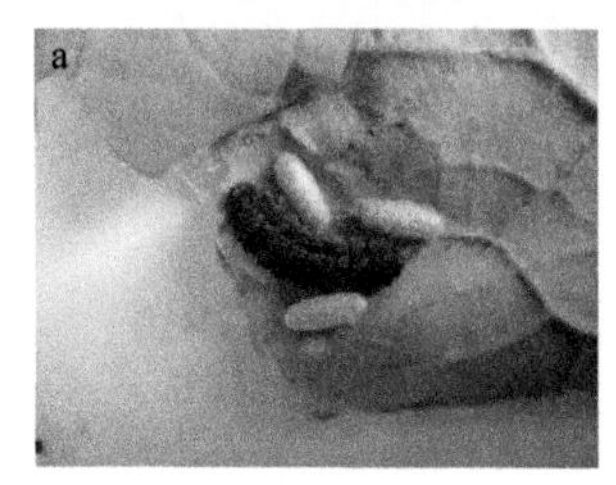

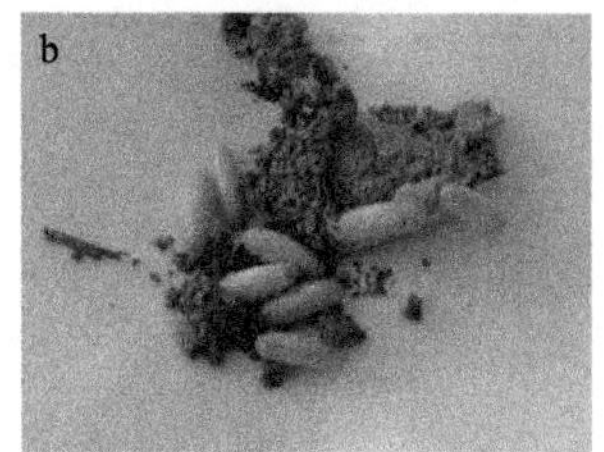

图8-2 侧沟茧蜂的茧

a.被寄生的二点委夜蛾幼虫和侧沟茧蜂的茧；b.田间侧沟茧蜂的茧

侧沟茧蜂体长2.3mm，翅长2.6mm，触角长3mm；体黑色，有光泽。头部黑色；复眼黑色近肾形；单眼褐色，钝角三角形排列；触角线状18节，褐色，端部数节色深；口器褐色，须偏黄。胸部背面粗糙，有刻点；中胸盾片后方及两侧光滑，后缘隆起，上有小纵沟；小盾片近舌形；并胸腹节粗糙，有皱纹，具中脊；翅基片黄褐色，翅透明；前翅翅痣前部透明，淡黄色，后部褐色，痣后脉短于翅痣长；小翅室三角形；翅脉褐色，前翅小翅室外的一段肘脉及径脉无色；后翅仅亚缘脉、肘脉及基脉有色。足黄褐色，基节大部分黑色，端部黄褐色，跗节末端及爪暗褐色(图8-3)。

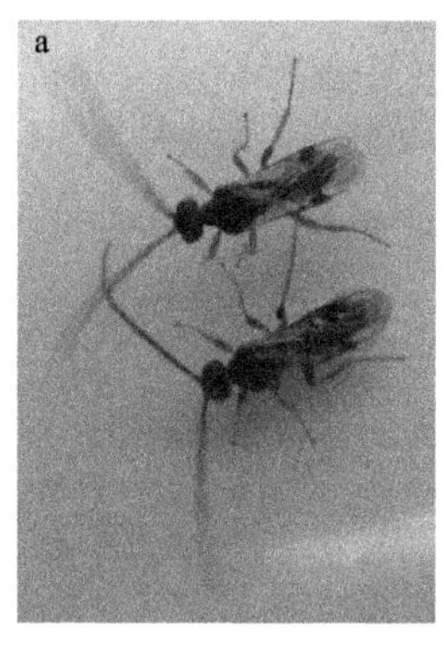
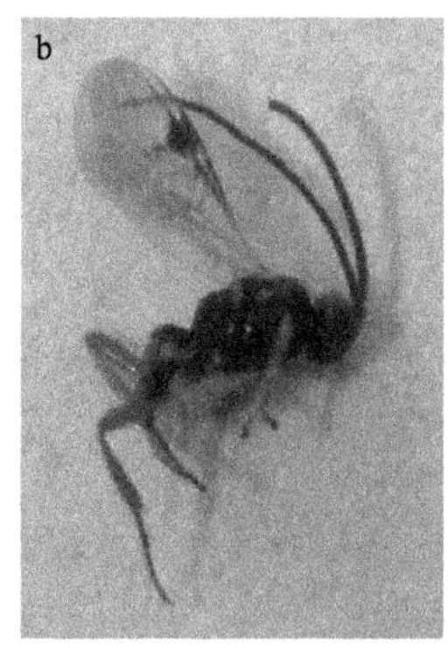

图8-3　侧沟茧蜂成虫

a.背面观；b.侧面观；c.腹面观

第二节　棉铃虫齿唇姬蜂(*Campoletis chlorideae*)

石洁等(2015)报道，该棉铃虫齿唇姬蜂属膜翅目姬蜂科。该蜂寄生于二点委夜蛾幼虫期。幼虫老熟后从寄主体内钻出后在其旁结一灰褐色长椭圆形茧化蛹，寄主虫体仅剩空皮，干瘪紧缩附着在茧上。每茧羽化出齿唇姬蜂一头(图8-4a)。

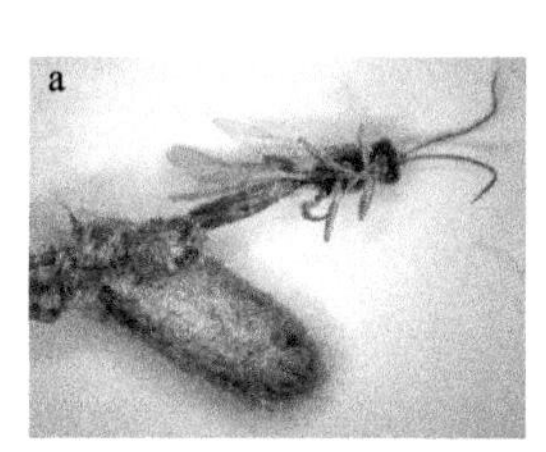
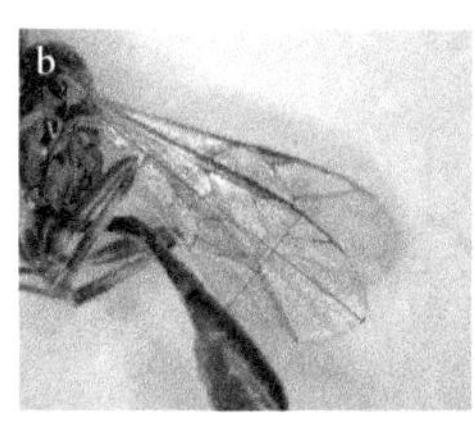
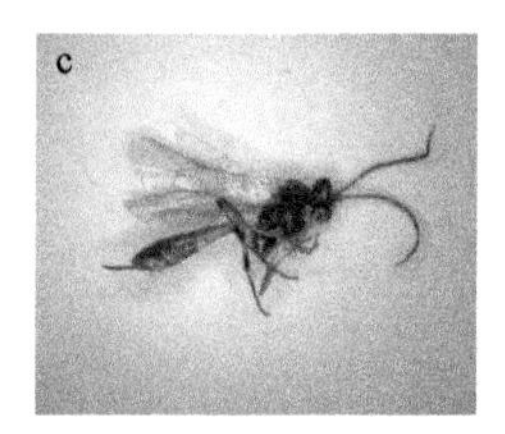

图8-4　棉铃虫齿唇姬蜂

a.茧与羽化的成蜂；b.翅脉及翅痣；c.雌蜂及产卵器

棉铃虫齿唇姬蜂体长6.18mm，黑色，密生白色细毛。头部黑色，颜面中央圆形膨起。唇基横椭圆形，无唇基沟。颜面和唇基具细密刻纹。上颚黄色，末端2齿赤褐色，两颚交合，呈横长方形，上边与唇基紧靠，很像上唇，故称齿唇姬蜂。触角28～29节，黑褐色。胸部黑色，盾纵沟仅前半部明显，中胸背板圆形，隆起，上面有细密刻纹，后半部中央具同状皱纹。小盾片亦具细密刻纹，与中胸背板间有1条较宽的横沟相隔。并胸腹节具网状皱纹，基区梯形，中区六边形。翅痣淡黄褐色，痣后脉颜色稍深，具小翅室(图 8-4b)。足赤褐色，前足、中足转节、后足第二转节黄色，后足基节和第一转节黑色，后足胫节基部和端部以及各足跗节深褐色。腹部赤褐色，有光泽，第一、第二背板前端大半部黑色，第三背板基半部有一三角形黑斑，第五、六背板基半部中央各有 1 梯形或圆形黑斑，一半露出，一半在前一节背板内，从外面隐约可见。产卵管鞘黑褐色，长与后足第一跗节约相等(图 8-4c)。雄蜂：体色同雌蜂基本相似，但腹部第五、六节背板基部中央黑斑较大，上下连接形成 1 条黑纹。触角 29～30 节。

第三节　悬茧蜂(*Meteorus* sp.)

石洁等(2015)报道，该悬茧蜂属膜翅目茧蜂科(Braconidae)优茧蜂亚科(Euphorinae)悬茧蜂属(*Meteorus*)。悬茧蜂属有 200 多种，由于每个种类的寄主范围较广，因此尚未鉴定到具体种类。每头二点委夜蛾幼虫寄主中仅钻出一头寄生蜂幼虫，然后在寄主体外做茧，茧为黄褐色，上有黑褐色斑点，表面黏着稀疏的褐色粗丝。成虫形态：体长 4.51mm，通体黑色，足黄褐色；触角褐色，腹部较短，产卵管鞘黑褐色。翅透明，翅脉黄褐色，翅痣暗褐色。

第四节　黄斑青步甲(*Chlaenius micans*)

马继芳等(2012d)报道，该黄斑青步甲属鞘翅目步甲科，异名绒毛曲斑青地甲。在 2011 年河北省藁城、辛集等地发现该青步甲捕食二点委夜蛾幼虫。该步甲喜欢在阴暗潮湿的场所生活，如麦茬玉米地、甘薯地等，与二点委夜蛾幼虫生存环境相似，因此在二点委夜蛾栖息地很容易发现该天敌。根据室内试验观察，该步甲一天每头可捕食 3 头 4 龄以上二点委夜蛾幼虫(图 8-5)。在测报灯上有时也能发现该步甲，表明黄斑青步甲具有一定的趋光性。

图 8-5　正在取食二点委夜蛾幼虫的黄斑青步甲

黄斑青步甲体长 13.5～16.5mm，宽 5.5～6.5mm。头、前胸背板及小盾片铜绿带紫红光泽，鞘翅后部有一个横的黄斑，占据 4～8 个行距，不伸达翅缘(图 8-6)。口器、触角及足棕红色，上颚端部及内缘黑色，足基节褐色，腹面黑色，触角 11 节，1～3 节光洁，第 1 节粗，长为第 2 节的 2 倍，第 3 节最长，4～8 节较 9～11 节稍长。前胸背板宽稍大于长，前后端近于等宽，翅

图 8-6　田间的黄斑青步甲

鞘除小盾片外有 8 条沟，行距平坦，被有密刻点，刻点横向相连呈不规则的“一”字形褶，雄性前足 1～3 跗节明显宽大。

第五节 铺道蚁(*Tetramorinm caespitum*)

马继芳等(2012d)报道，铺道蚁属切叶蚁亚科铺道蚁属。该蚁普遍存在于旱作农田、林地、荒地、居民区等各种生境，多在阴暗处觅食，数量众多，取食或群体捕食新鲜或死的动植物。多于田间阴暗处捕食二点委夜蛾幼虫，当 1 头蚂蚁发现二点委夜蛾幼虫后，会通过信息传递，引来大量蚂蚁共同攻击取食猎物，或将猎物搬至蚁穴(图 8-7)。

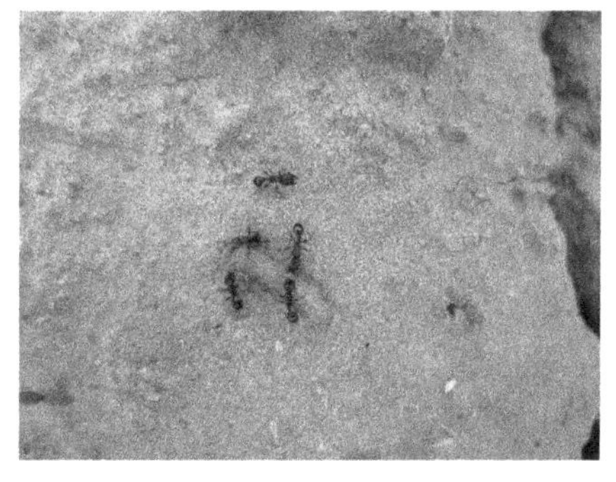

图 8-7 铺道蚁围攻二点委夜蛾幼虫

工蚁体长 2～3mm，黑褐色，上颚、触角鞭节、足红褐色，跗节黄褐色。头矩形，长略大于宽。两侧缘略隆起，后头缘直(图 8-8)。触角 12 节，鞭节棒 3 节，柄节不达后头缘。唇基中部隆起，前缘平直，后头缘拱形深入额脊间。额脊短，近平行，不及复眼下缘。上颚三角形，咀嚼缘 7 齿。侧面观前胸背板轻度隆起，肩角钝角状；前-中胸背板缝缺如，后胸沟浅凹，两侧明显；胸腹节具短刺，后侧叶三角形，端部钝角状。腹柄结前面具短柄，前后缘向上变窄，背面平，后上角钝圆，背面观宽大于长；后腹柄结稍低，背面圆。

图 8-8 工蚁头部

第六节 苏云金芽孢杆菌(*Bacillus thuringiensis*，Bt)

王勤英等(2012)和杨云鹤等(2014)测定了 36 个苏云金芽孢杆菌(Bt)菌株对二点委夜蛾 2 龄幼虫的杀虫活性，同时利用 PCR-RFLP 技术分析了这些 Bt 菌株的基因型。在 10g 人工饲料中添加 1ml 浓度为 100mg/ml 的菌悬液，饲喂 2 龄幼虫，以 Bt HD-73 和 Bt HD-1 为对照菌株，72h 后的生物测定结果见表 8-1，发现 Bt 菌株 L-2、L-10、L-13、L-17、L-22、SC-39 和 SC-40 对二点委夜蛾的幼虫均表现较高的杀虫活性，校正死亡率均为 100%，HD-73 仅含有 *cry1Ac* 基因，校正死亡率为 98.6%，Bt HD-1 的校正死亡率为 54.2%。从上述杀虫活性较高的菌株基因型可以看出，同时含有 *cry1Ac*、*cry2Ac*、*cry1I*、*vip3A* 这 4 种基因的菌株对二点委夜蛾的杀虫活性最高，*cry1Ac* 是对二点委夜蛾起主要作用的基因。

表 8-1　37 种菌株对二点委夜蛾 2 龄幼虫的杀虫活性(72h)

供试菌株	杀虫基因型					校正死亡率/%
	cry1Ac	*cry2Ac*	*cry1I*	*vip3A*	其他	
Bt L-2	*	*	*	*		100.00
Bt L-3		*	*	*	*	41.67
Bt L-5	*	*				75.00
Bt L-7	*	*	*	*	*	66.67
Bt L-10	*	*	*	*		100.00
Bt L-11		*	*		*	50.00
Bt L-12	*	*				79.17
Bt L-13	*	*	*	*		100.00
Bt L-17	*	*	*	*		100.00
Bt L-18	*	*		*	*	70.83
Bt L-19	*	*	*	*	*	75.00
Bt L-21		*		*	*	41.67
Bt L-22	*	*	*	*		100.00
Bt L-23	*	*	*		*	70.83
Bt L-25	*	*	*		*	58.33
Bt L-26	*	*	*	*	*	50.00
Bt SC-7		*	*			45.83
Bt SC-8	*	*	*	*	*	75.00
Bt SC-9	*	*	*		*	70.83
Bt SC-10	*	*		*	*	66.67
Bt SC-11	*	*	*		*	62.50
Bt SC-12	*	*		*	*	58.33
Bt SC-13			*			12.5
Bt SC-15		*			*	37.50
Bt SC-17	*	*			*	62.50
Bt SC-20	*	*		*	*	62.50
Bt SC-39	*	*	*	*		100.00
Bt SC-40	*	*	*	*		100.00
Bt SC-49	*		*	*	*	75.00
Bt SC-50	*		*	*	*	70.83
Bt SC-51	*	*	*	*	*	70.83
Bt SC-52	*	*	*	*	*	66.67
Bt SC-53		*	*	*		50.00
Bt YX-1	*	*	*	*	*	37.50
Bt HD-1	*	*	*	*	*	54.20
Bt HD-73	*					98.60

注：*代表含有此基因；所使用菌液的浓度为 100mg/ml。

为了进一步明确对二点委夜蛾幼虫具有杀虫活性的 Bt 蛋白，比较了含多基因的 Bt SC-40 和含单基因的 Bt HD-73 两个菌株的晶体形态和毒力。从显微镜下观察，这两个菌株的芽孢、晶体形状和大小均很相似，都含有菱形晶体(图 8-9)。毒力测定结果表明，Bt SC-40 和 Bt HD-73 胞晶混合物对二点委夜蛾 2 龄幼虫的 LC_{50} 值分别为 418.1μg/g 饲料和 188.5μg/g 饲料(表 8-2)。尽管两个菌株都含有 *cry1Ac* 基因，但是含有单一 *cry1Ac* 基因的 Bt HD-73 的毒力远远高于多基因的 Bt SC-40 的毒力，该结果进一步说明 *cry1Ac* 基因的表达产物 Cry1Ac 蛋白对二点委夜蛾具有杀虫活性。尽管 Bt SC-40 菌株也含有 *cry1Ac* 基因，但是在该菌中 Cry1Ac 蛋白表达量可能低于 HD-73 中 Cry1Ac 蛋白的表达量，因而其毒力明显低于 Bt HD-73 菌株。

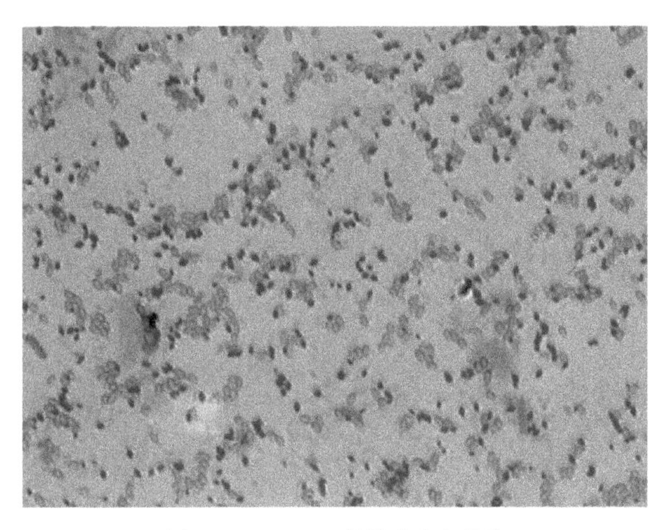

图 8-9　Bt SC-40 菌株芽孢和晶体

表 8-2　Bt SC-40 和 Bt HD-73 菌株对二点委夜蛾 2 龄幼虫的 LC_{50}(72h)

Bt 菌株	基因型	LC_{50}/(μg/g)	相关系数	95%置信区间
Bt SC-40	*cry1Ac*、*cry2Ac*、*cry1I*、*vip3A*	418.1	0.9836	383.7～449.7
Bt HD-73	cry1Ac	188.5	0.9369	84.73～261.9

为了明确 *vip3A* 基因所表达的营养期杀虫蛋白 Vip3A 对二点委夜蛾幼虫的杀虫活性，以含有 *vip3A* 基因的 Bt SC-40 菌株和 Bt HD-1 菌株为检测对象，以不含有 *vip3A* 基因的 Bt HD-73 菌株为阴性对照测定了 3 个 Bt 菌株培养 14h 处于营养生长期的上清液的杀虫活性，结果表明(图 8-10)，含有 *vip3A* 基因的 Bt SC-40 和 Bt HD-1 营养期上清液对二点委夜蛾 2 龄幼虫均具有一定的杀虫活性，72h 校正死亡率分别达到 42.5%和 57.4%，而无 *vip3A* 基因的 Bt HD-73 营养期上清液未表现出明显的杀虫活性。从这些结果初步推断营养期蛋白 Vip3A 对二点委夜蛾幼虫具有一定的杀虫活性。

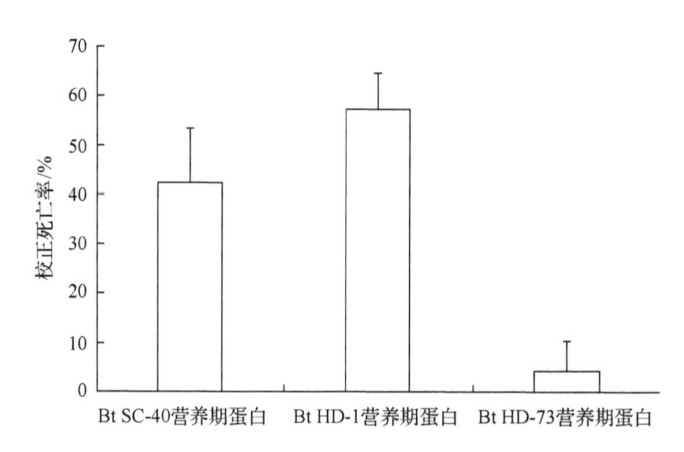

图 8-10　Bt 营养期上清液对二点委夜蛾 2 龄幼虫的杀虫活性(72h)

为了明确不同 Bt 杀虫蛋白对二点委夜蛾的杀虫活性，直接测定了 4 种 Bt 蛋白对二点委夜蛾幼虫的杀虫活性。生测结果显示(表 8-3)，Bt Cry1Ab 毒素对二点委夜蛾杀虫活性最高，0.5mg/g 饲料浓度下幼虫的校正死亡率达到了 82.9%，其次为 Cry1Ac，幼虫死亡率也高达 79.2%，Vip3A 蛋白对幼虫的致死率达到了 50%，Cry2Ab 杀虫效果最差，对幼虫校正死亡率仅为 37.5%。比较 Cry1Ab 和 Cry1Ac 蛋白对二点委夜蛾 3 龄幼虫的致死中浓度(LC_{50})，发现两种杀虫蛋白的毒力差异不大，但 Cry1Ab 的毒力略高一些(表 8-4)。

表 8-3　4 种 Bt 蛋白对二点委夜蛾幼虫的杀虫活性

Bt 蛋白	浓度/(mg/g)	校正死亡率/%
Cry1Ab	0.5	82.9
Cry1Ac	0.5	79.2
Vip3A	0.5	50.0
Cry2Ab	0.5	37.5

表 8-4　BtCry1Ac 蛋白对二点委夜蛾的 LC_{50}

Bt 蛋白	LC_{50}	相关系数	95%置信区间
Cry1Ac	1.22	0.9686	0.62～2.64
Cry1Ab	0.89	0.9904	0.53～1.52

研究筛选得到了对该虫具有较高毒力菌株 Bt SC-40 和 Bt HD-73，也证实对二点委夜蛾具有高毒力的 Bt δ-内毒素是 Cry1Ac 蛋白和 Cry1Ab 蛋白，同时营养期杀虫蛋白 Vip3A 对二点委夜蛾幼虫也有一定的杀虫活性。

尽管已经筛选出对该虫高毒力的 Bt 菌株，但是因为该虫具有在田间隐蔽为害和取食玉米根茎部位的特点，在生产上仍然难以直接应用 Bt 制剂。目前转基因玉米中所应用的杀虫基因主要是 *cry1Ab* 基因，尽管该基因表达的产物对棉铃虫、玉米螟和黏虫等害虫有很好的防效，但是对二点委夜蛾幼虫的防效还有待进一步测定。根据本实验的研究结果，如果将 *cry1Ac* 基因或 *vip3A* 基因用于构建转基因抗虫玉米，这样的转基因植物既可以延缓昆虫抗性，也可以同时防治玉米螟、二点委夜蛾等多种昆虫，在害虫生物防治中会发挥更大的作用。

第七节　球孢白僵菌(*Beauveria bassiana*)

球孢白僵菌是一种致病性强、寄主范围广、适应性广的昆虫病原真菌。张海剑等(2012b)2011年10月在进行二点委夜蛾越冬场所调查时，对采自河北省清苑、定兴、邯郸县和吴桥4县的越冬幼虫进行了调查取样，并采集了300余份二点委夜蛾幼虫的新鲜僵虫标本，被寄生虫体大都僵硬，虫尸表面覆白色菌丝体或菌粉(图8-11)。通过系统的分离、鉴定，从中得到白僵菌菌株43株(图8-12)。通过对43株白僵菌菌株进行室内生物测定，得到致病力高且性状良好的菌株4株。

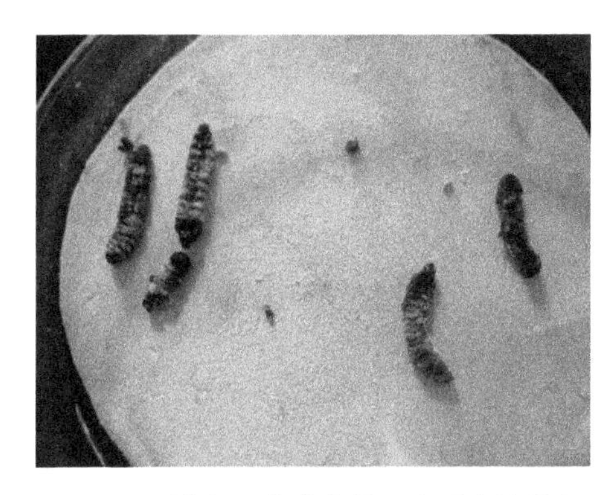

图8-11　被白僵菌感染的二点委夜蛾幼虫

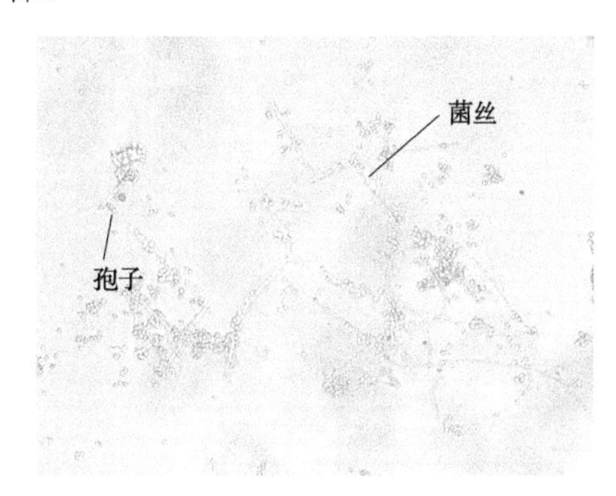

图8-12　白僵菌

一、不同菌株对二点委夜蛾幼虫的毒力测定

通过对从二点委夜蛾幼虫僵尸中分离到的43株白僵菌进行初步的生物测定，筛选到了4株致病力较高的白僵菌菌株，结果见表8-5，其中Ed-3和Ed-41均表现出较高的毒力，施药后第8天的校正死亡率分别达到80.00%和85.00%。其中Ed-41施药后第4天的幼虫死亡率达到60.00%，第8天达到85.00%，LT_{50}值分别为4.80天和3.65天。可见Ed-41不仅对二点委夜蛾致病力最高，而且其致病速率也最快。

表8-5　球孢白僵菌菌株对二点委夜蛾幼虫的致病力

菌株	幼虫死亡率/%				LT_{50}/d
	2d	4d	6d	8d	
Ed-3	15.00±4.08ab	35.00±4.08b	60.00±4.08b	80.00±5.77ab	4.80
Ed-18	10.00±5.77b	30.00±4.08bc	55.00±5.77bc	75.00±4.08b	5.48
Ed-25	10.00±5.77b	30.00±4.08bc	50.00±4.08cd	75.00±4.08b	5.59
Ed-41	20.00±4.08a	60.00±4.08a	75.00±4.08a	85.00±5.77a	3.65
CK	0	0	0	0	—

二、4株高致病力白僵菌菌株生物学特性的研究

在SDAY培养基上培养4个菌株，其菌落外观形态差异较大，大致可分为3种类型：菌落疏松型(A型)、菌落紧密型(B型)和菌落粉状(C型)。其中Ed-18和Ed-25均属A

型，菌落色泽乳白色，菌落形态为绒毛状，基质色泽为黄褐色；Ed-3 属 B 型，菌落色泽乳白色，菌落形态毡状，基质色泽为褐色；Ed-41 属 C 型，菌落色泽为白色，菌落形态为薄粉状，基质色泽为黄色(表 8-6)。

表 8-6　4 株白僵菌菌株在 SDAY 培养基上菌落形态的比较

菌株	类型	菌落色泽	菌落形态	基质色泽
Ed-3	B	乳白色	毡状	褐色
Ed-18	A	乳白色	绒毛状	黄褐色
Ed-25	A	乳白色	绒毛状	黄褐色
Ed-41	C	白色	薄粉状	黄色

表 8-7 结果表明，4 株白僵菌的生长速度、产孢量和萌发率等均存在显著性差异($P<0.05$)，其中 Ed-3 和 Ed-41 不论从萌发率还是产孢量以及最终菌落直径上均比较接近，无显著性差异($P<0.05$)，但显著高于其他菌株；从菌落生长速度看 Ed-41 的生长速度为 4.01mm/d，而 Ed-3 则为 3.13mm/d，两者存在显著差异($P<0.05$)。这也可能是为什么 Ed-41 比 Ed-3 致病速率快的原因之一。

表 8-7　4 株球孢白僵菌的培养特征

菌种	最终菌落直径/mm	萌发率/%	产孢量/($\times10^8$ 个/ml)	菌落生长速率/(mm/d)
Ed-3	50.80±0.38a	92.09±2.63ab	1.05±0.03a	3.13±0.059b
Ed-18	45.90±0.63b	89.53±2.89bc	0.91±0.01b	2.98±0.047b
Ed-25	44.20±0.23b	83.73±2.42d	0.75±0.01c	2.56±0.066c
Ed-41	51.90±0.56a	94.74±4.42a	1.11±0.02a	4.01±0.039a

从表 8-8 看出，Ed-41 的单芽管萌发比例最高，达到 92.39%，单芽管的平均长度最长，达到 22.10μm，不仅如此，长、短芽管的平均长度也是最长的，分别达到 28.94μm 和 6.19μm，平均芽管长度达到 17.56μm，这与其他 3 株菌比较均表现为差异显著($P<0.05$)，从孢子萌发率来看，4 株菌株之间也存在差异($P<0.05$)，其中 Ed-41 萌发率最高，而且从芽管整齐度来看，Ed-41 也是最整齐的。这可能也与该菌株的毒力最高、致病率最快有关。

表 8-8　4 株球孢白僵菌的萌发特征比较

菌株	萌发率/%	单芽管萌发比例/%	单芽管平均长度/μm	长芽管平均长度/μm	短芽管平均长度/μm	平均芽管长度/μm	(L-S)/μm	芽管整齐长度/μm
Ed-3	92.09±2.63ab	39.56±2.89bc	16.01±1.33bc	14.87±8.26d	5.65±0.72bc	10.77±4.55d	9.22	0.4225
Ed-18	89.53±2.89bc	42.61±3.67b	13.06±1.19de	21.82±1.80c	5.14±0.54cd	14.24±8.27bc	16.68	0.5808
Ed-25	83.73±2.42d	22.74±2.25d	16.35±1.11bc	25.52±1.24b	4.29±0.49e	14.90±9.65b	21.23	0.6477
Ed-41	94.74±4.42a	92.39±2.39a	22.10±2.02a	28.94±2.57a	6.19±0.92a	17.56±12.50a	22.79	0.7118

对筛选到的 4 株高致病力的白僵菌菌株，对其产孢量、孢子萌发速度、生长速率等生物学指标进行比较，从而得到了孢子萌发迅速、产孢能力强、生长最快且对二点委夜蛾幼虫致病力高的菌株 Ed-41。该菌株在孢子浓度为 1×10^7 个/ml 时，对为害夏玉米的害虫二点委夜蛾 2 龄幼虫的 LT_{50} 为 3.65 天，具有杀虫率高和杀虫速度较快的优点，说明该菌株在二点委夜蛾的田间防治中具有很好的应用潜力。二点委夜蛾幼虫有群集性，且喜

欢在麦秸下以及田间残枝落叶和杂草下栖息，在这种环境下，有利于白僵菌杀虫作用的发挥。因此，利用白僵菌防治二点委夜蛾具有很好的应用前景。

此外，还有部分二点委夜蛾幼虫被金龟子绿僵菌(*Metarrhizium anisopliae*)侵染，被感染虫尸僵硬，虫尸表面覆盖绿色粉状孢子，有时虫尸表面覆盖白色绒毛，经 SDAY 培养基 26℃培养，菌落从白色绒毛状或棉絮状转变为绿色粉状。

第八节　二点委夜蛾微孢子虫(*Nosema* sp.)

微孢子虫(microsporidium)属微孢子门微孢子目，微孢子虫是一种专性细胞内寄生生物，是一类重要的昆虫病原微生物。

家蚕微孢子虫研究较多，微孢子虫病给有益经济昆虫——家蚕的养殖业带来巨大经济损失。同时，微孢子虫也可用于农业害虫的生物防治。目前报道，不同种类的微孢子虫对蝗虫、玉米螟、小菜蛾、甜菜夜蛾、斜纹夜蛾等害虫具有致病力。尤其是在蝗虫的防治方面，新生物农药蝗虫微孢子虫悬浮剂于 2014 年 7 月取得了首个国内农药登记，已开始大规模应用。

一、二点委夜蛾感染微孢子虫症状

张海剑等(2016)报道了寄生于二点委夜蛾的微孢子虫，对二点委夜蛾具有水平和垂直传染的特性，被感染的二点委夜蛾初孵幼虫死亡率较高，幼虫厌食，生长发育迟滞(图 8-13a)；老熟幼虫体色发黑(图 8-13b)，不能正常蜕皮或蜕皮不彻底(图 8-13c)；有的老熟幼虫体型膨胀，整体颜色发白或发青(图 8-13d)；不能正常化蛹，化蛹率低，化蛹畸形(图 8-13e)；成虫羽化率降低，畸形蛾率增高，产卵量降低(图 8-13f)。

图 8-13　感染微孢子虫的二点委夜蛾不同虫态

a.被感染的初孵幼虫；b.被感染的老熟幼虫；c.被感染后幼虫不能蜕皮或蜕皮不彻底；
d.被感染幼虫体型膨胀，体色发白或发青；e.被感染的蛹；f.被感染的成虫

二、二点委夜蛾微孢子虫田间感染率调查

对采自河北保定高阳、石家庄赞皇、邢台南宫、衡水冀州、沧州河间等地不同世代

的二点委夜蛾幼虫进行镜检观察。

结果表明微孢子虫感染率以越冬代老熟幼虫最高，保定高阳越冬代老熟幼虫感染率达到 22%，1 代、2 代幼虫感染率较低，3 龄幼虫感染率逐渐升高。感染率各地之间有差异，保定高阳、衡水冀州、沧州河间田间感染率较高，石家庄赞皇、邢台南宫较低，见表 8-9。

表 8-9 二点委夜蛾微孢子虫田间感染率调查表 （单位：%）

采样地点	1 代幼虫	2 代幼虫	3 代幼虫	越冬代幼虫
保定高阳	2.27	1.67	13.04	22.00
石家庄赞皇	1.52	0.00	3.85	4.00
邢台南宫	3.57	1.82	3.33	7.50
衡水冀州	2.86	2.38	11.43	15.15
沧州河间	0.00	0.00	12.00	13.33

三、二点委夜蛾微孢子虫的形态

分离纯化二点委夜蛾微孢子虫，在光学显微镜下观察，二点委夜蛾微孢子虫形状为卵圆形，表面光滑且折光性较强，见图 8-14，成熟孢子大小为 (2.12±0.09) μm×(1.21±0.08) μm，比已报道的家蚕微孢子虫(*Nosema bombycis*)的成熟孢子(3.6～3.8) μm×(2.0～2.3) μm 偏小，结果见表 8-10。

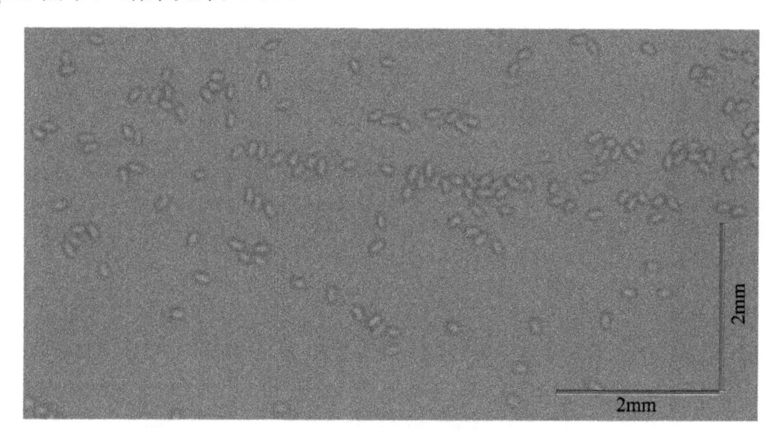

图 8-14 微孢子虫 ED2013 光学显微镜下的形态

表 8-10 二点委夜蛾微孢子虫与家蚕微孢子虫形态比较

种类	形状	长轴/μm	极值/μm	短轴/μm	极值/μm	长短轴比
二点委夜蛾微孢子虫	卵圆形	2.12	1.91～2.18	1.21	1.06～1.35	1.75
家蚕微孢子虫	卵圆形	3.7	3.6～3.8	2.15	2.0～2.3	1.79

四、二点委夜蛾微孢子虫 ED2013 株系致病力室内生物学测定

对 2013 年秋季采自邯郸邱县寄生的二点委夜蛾越冬代幼虫体内的微孢子虫进行研磨过滤，分离纯化后，镜检观察，定名为 ED2013 株系。利用血球计数板计数，将该微孢子虫孢悬液母液用无菌水分别配制成 1×10^4 孢子/ml、1×10^5 孢子/ml、1×10^6 孢子/ml、1×10^7 孢子/ml 的孢悬液浸泡大白菜叶片，稍微晾干大白菜叶片表面水分后，饲喂二点委

夜蛾初孵、2 龄、3 龄、4 龄幼虫，饲喂 24h 后，再分单管单头正常饲养，每个处理 30 头幼虫，5 次重复，以无菌蒸馏水处理作为对照，对照自然死亡率在 5%内为有效实验。每天调查各处理死亡虫数，计算矫正死亡率、致死中浓度 LC_{50} 和致死中时 LT_{50}。

校正死亡率=(处理组死亡率–对照组死亡率)/(1–对照组死亡率)×100%

应用 SPSS 18.0 软件进行数据处理。

毒力测定结果显示微孢子虫悬浮液对二点委夜蛾幼虫致病力较高，并且随着接种浓度的提高，致病力逐渐提高，在对初孵幼虫接种 1×10^7 孢子/ml 处理第 8 天时对初孵幼虫的校正死亡率达到91.6%，对2龄、3龄的校正死亡率也达到83.35%和70.40%(表 8-11)。随着接种虫龄的增大，致病力逐渐下降，4 龄幼虫抵抗力增强，致病力差异显著。

表 8-11　不同浓度微孢子虫对二点委夜蛾幼虫的致病力测定

龄期	矫正死亡率/%			
	1×10^4 孢子/ml	1×10^5 孢子/ml	1×10^6 孢子/ml	1×10^7 孢子/ml
初孵幼虫	15.22±2.4Ad	37.33±7.38Ac	56±6.69Ab	91.6±4.77Aa
2 龄幼虫	11.31±5.06ABd	24.53±2.57Bc	39.34±6Bb	83.35±5.82Aa
3 龄幼虫	7.79±2.43Bc	10.67±2.97Cc	26.67±4.17Cb	70.40±6.91Ba
4 龄幼虫	7.55±3.09Bc	6.66±0.51Cc	17.66±4.13Db	56.96±6.41Ca

注：大写字母不同表示同列间差异显著，小写字母不同表示同行间差异显著，经 Duncan 氏新复极差法检验($P<0.05$)。

致死中浓度随着幼虫虫龄增大而升高，接种初孵、2 龄、3 龄、4 龄幼虫的 LC_{50} 分别为 8.33×10^5 孢子/ml、2.36×10^6 孢子/ml、3.67×10^6 孢子/ml 和 9.39×10^6 孢子/ml，说明该微孢子虫对二点委夜蛾幼虫有很高的杀虫活性；致死中时随虫龄增大而变长，1×10^7 孢子/ml 处理的初孵、2 龄幼虫 LT_{50} 分别为 2 天和 4 天，表明该微孢子虫对虫龄较小的幼虫具有较快的致死效率(表 8-12)。

表 8-12　微孢子虫孢悬液对二点委夜蛾幼虫的 LC_{50}、LT_{50}

幼虫虫龄	初孵幼虫	2 龄幼虫	3 龄幼虫	4 龄幼虫
LC_{50}/(孢子/ml)	8.33×10^5	2.36×10^6	3.67×10^6	9.39×10^6
1×10^7 孢子/ml 的 LT_{50}/d	2	4	7	8

试验和调查结果表明，所用二点委夜蛾微孢子虫除了具有直接杀虫毒力以外，后续调查结果显示，接种后未直接杀死的幼虫出现厌食、生长发育迟缓、蜕皮不完全、化蛹畸形、羽化畸形、产卵量下降等症状，对二点委夜蛾的正常生长、发育、繁衍造成了严重影响，显示出对二点委夜蛾具有可持续控制的优势。微孢子虫的传播途径又分为水平传播和垂直传播，当寄主种群的密度达到一定阈值时，微孢子虫通过接触、食物、粪便等感染寄主，进行水平传播，微孢子虫也可以侵染雌虫的卵巢，感病雌虫产下的卵，通过卵传播给寄主下一代，即垂直传播，从而自然调节寄主昆虫的种群数量。

五、中肠组织的透射电镜切片观察

杨云鹤等(2017)利用透射电镜，对不同时段感染微孢子虫的二点委夜蛾幼虫中肠组织的病理变化制作成切片进行透射电镜观察。

（一）细胞微绒毛的变化

正常中肠细胞内无降解的细胞器，细胞核完整、形状规则，杯状细胞内壁生长着发达有序的微绒毛（图 8-15）。被微孢子虫感染后，幼虫中肠细胞内出现了一系列变化（图 8-16），并且这些变化随感染时间的延长逐渐明显且加剧：柱状细胞顶端着生的微绒毛与杯状细胞细胞质突起在感染 48h 时已发现有断裂迹象（图 8-16a），这种现象在杯腔中发生尤为严重，腔内壁着生的微绒毛已有很大一部分掉落到腔内（图 8-16c）。

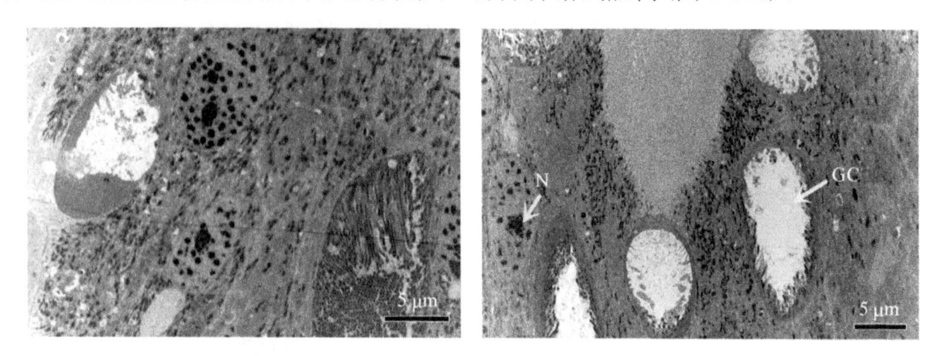

图 8-15　正常中肠细胞

a.正常细胞核；b.正常杯状细胞的杯腔；N.细胞核；GC.杯状细胞腔

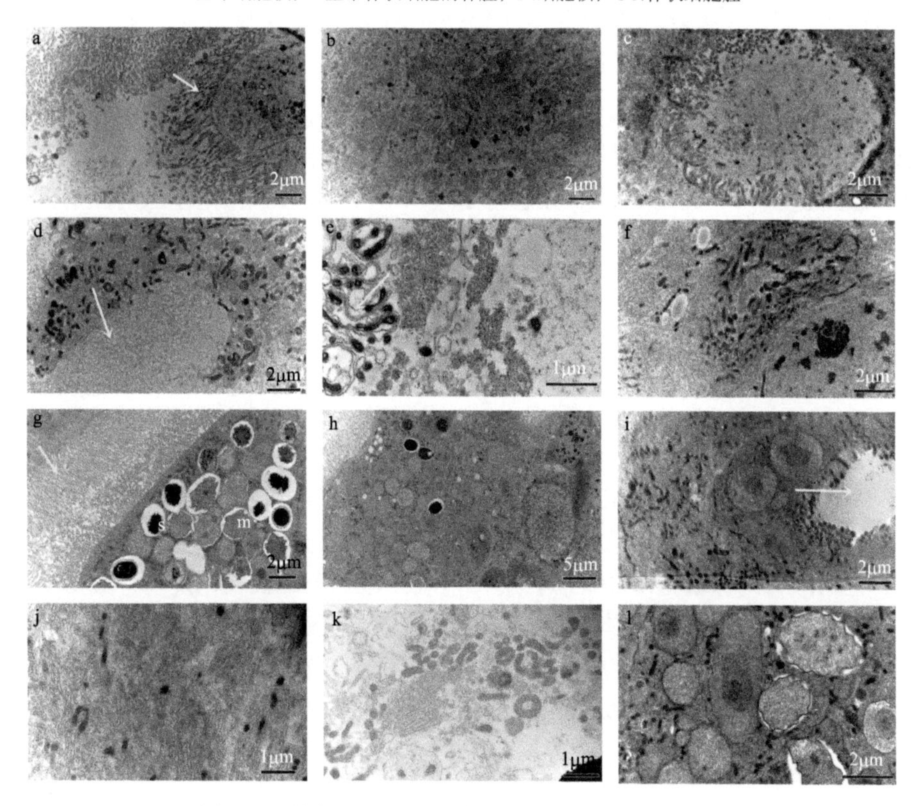

图 8-16　被侵染的二点委夜蛾幼虫中肠细胞超微结构

a、b、c.幼虫食入微孢子虫 48h 的中肠细胞；d、e、f.幼虫食入微孢子虫 60h 的中肠细胞；g、h、i.幼虫食入微孢子虫 96h 的中肠细胞（a、d、g.柱状细胞微绒毛；b、e、h.细胞质内线粒体和内质网等结构；c、f、i.杯状细胞）；j.感染 48h 后的细胞质中内质网；k.感染 48h 后细胞内的线粒体和内质网；l.感染 96h 后细胞内充满孢子母细胞 m.产孢体或分裂体；s.成熟孢子

（二）细胞核及部分细胞器的变化

正常的中肠细胞中，细胞核呈现圆球或椭球状，而在严重感染的细胞中的细胞核略显变形和膨大，核内染色质稍显凝聚但并未发现微孢子虫入侵核内（图 8-16f、图 8-16h）；部分线粒体略微肿胀变形（图 8-16k），嵴的排列方向发生变化（图 8-16e），变成与纵轴平行或呈一定角度的状态，随着感染时间延长线粒体双层膜结构被破坏而逐渐降解导致数量减少；细胞质中的粗面内质网排列变杂乱，后期感染严重阶段断裂成小段，并发现细胞质中出现光滑膜组成的同心片层结构堆积（图 8-16k）。染病后期的中肠细胞内充满微孢子虫，细胞质中的各细胞器均出现严重降解（图 8-16g、图 8-16h、图 8-16i、图 8-16l）。

大多数微孢子虫的入侵对寄主细胞的影响都表现为寄主细胞质被微孢子虫所替代这一生物学类型，而且进入寄主细胞后，仅寄生于细胞质中，并不入侵细胞核（Weissenberg，1976）。本研究的结果也不难得出，二点委夜蛾微孢子虫在寄主中肠细胞中的发育也是一个逐步取代寄主细胞质的过程。

陈广文和陈曲侯（1999）研究甜菜夜蛾微孢子虫时，曾观察到寄主细胞核的膨大并由圆球状被挤压成长条状，与本实验中观察到细胞核膨大相似，是细胞代谢活动增强导致了细胞核的变大。而冉红凡等（2003）在研究棉铃虫幼虫感染微孢子虫后的组织病理变化时发现寄主组织的细胞核体积变小，推测是由于微孢子虫的入侵，细胞内各细胞器尤其是线粒体破坏而导致细胞核能量来源的缺乏致使其体积变小而变成长条状和絮状。

线粒体是细胞生物氧化产生能量的重要场所，细胞生命活动所需能量的 95%均来自线粒体。寄主细胞的线粒体与微孢子虫关系密切：微孢子虫本身不具有线粒体，感染寄主细胞后的能量来源完全依赖于寄主细胞线粒体的供给。而线粒体是一种易变细胞器，容易因各种物质的作用而发生形变（Wang et al.，1971），微孢子虫入侵后与寄主细胞发生能量竞争，寄主细胞的呼吸作用和能量代谢活动增强，大量产生 ATP，引起线粒体收缩（Hunter，1964），ATP 含量的上升还会抑制线粒体，致其降解，后期由于孢子数目的急剧增加也会对线粒体产生机械挤压作用力而致其变形，所以说线粒体的形变和降解是多种原因共同导致的结果，推测感染后期细胞质内出现的同心圆状结构很有可能是发生形变的线粒体堆积而成。

昆虫中肠作为消化和吸收器官具有重要的作用，同时也是各种病原微生物和毒素的作用靶标，一旦遭到病原微生物的入侵就会受到一定程度的破坏，导致寄主无法正常吸收养分，代谢紊乱并且极易受到细菌感染，进一步揭示了二点委夜蛾幼虫遭受微孢子虫入侵后食欲明显减退、出现身体发软并有臭味的细菌感染症状。

第九节　昆虫病原线虫

一、不同昆虫病原线虫种类对二点委夜蛾致病力的测定

雷利平等（2013）选取二点委夜蛾 5 龄幼虫为测定试虫，测定了昆虫病原线虫 *Heterorhabditis bacteriophora* HB8、*H. bacteriophora* HB140、*Steinernema carpocapsae* NJ、

S. carpocapsae HB310、*S. lonqicaudum* CW105、*S. glaseri* NC 和 *S. glaseri* ib 7 种侵染期病原线虫的侵染力。具体步骤如下：在 24 孔板中垫两层湿润的滤纸，每孔加入 50μl 的 1000IJs/ml 线虫悬浮液和 1 头二点委夜蛾 5 龄幼虫。每处理重复 3 次，每个重复 20 头试虫，并以不含线虫的灭菌水作为对照，将各处理放入温度为(25±1)℃，相对湿度为 80% 左右条件下的培养箱中。每隔 24h 检查并记录 1 次二点委夜蛾幼虫死亡情况，直至 120h。其结果见表 8-13，不同昆虫病原线虫种类对二点委夜蛾 5 龄幼虫的致死率差异显著，其中异小杆属线虫要比斯氏属线虫的致病力高；并且，同一属线虫之间和同种线虫不同品系对二点委夜蛾 5 龄幼虫的致死力也存在较大差异。综合来看，所选择的 7 种线虫品系中异小杆线虫 *H. bacteriophora* HB8 品系和格氏线虫 *S. glaseri* ib 对二点委夜蛾 5 龄幼虫致死率最高(图 8-17)，处理 120h 后试虫校正死亡率均达到 100%。

表 8-13　7 种昆虫病原线虫对二点委夜蛾幼虫的致病力

线虫品系	校正死亡率/%				
	24h	48h	72h	96h	120h
H. bacteriophora HB8	36.67±1.67	66.67±4.41	88.33±1.67	93.33±1.67	100±0a
H. bacteriophora HB140	5.00±0.00	20.00±2.89	40.00±2.89	60.00±2.89	71.67±6.01b
S. carpocapsae NJ	6.67±1.67	40.00±2.89	45.00±2.89	60.00±5.00	66.67±1.67b
S. carpocapsae HB310	6.67±1.67	28.33±1.67	45.00±5.00	65.00±5.77	73.33±7.26b
S. lonqicaudum CW105	0.00±0.00	16.67±1.67	33.33±4.41	60.00±2.89	68.33±3.33b
S. glaseri NC	3.33±1.67	16.67±1.67	23.33±3.33	23.33±3.33	23.33±1.67c
S. glaseri ib	46.67±5.78	90±5.00	96.67±2.89	100±0	100±0a

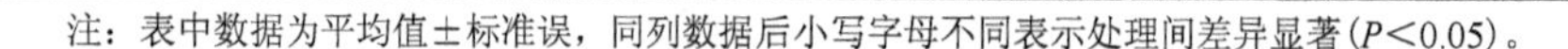

注：表中数据为平均值±标准误，同列数据后小写字母不同表示处理间差异显著($P<0.05$)。

图 8-17　被异小杆线虫感染的二点委夜蛾幼虫

二、高致病力的两种昆虫病原线虫的抗逆性比较

（一）抗干燥能力的比较

根据致病力测定的结果，选取两种对二点委夜蛾幼虫高致病力的昆虫病原线虫 *H. bacteriophora* HB8 和 *S. glaseri* ib，对其进行抗干燥能力的测定，结果表明（图 8-18），在 25℃、50.5%相对湿度（RH）的环境中干燥 7h 后，*H. bacteriophora* HB8 品系线虫的死亡率均达到 100%，而 *S. glaseri* ib 在干燥 7h 后的死亡率仅为 23.95%，两者差异显著。说明 *S. glaseri* ib 品系线虫抗干燥能力更强。

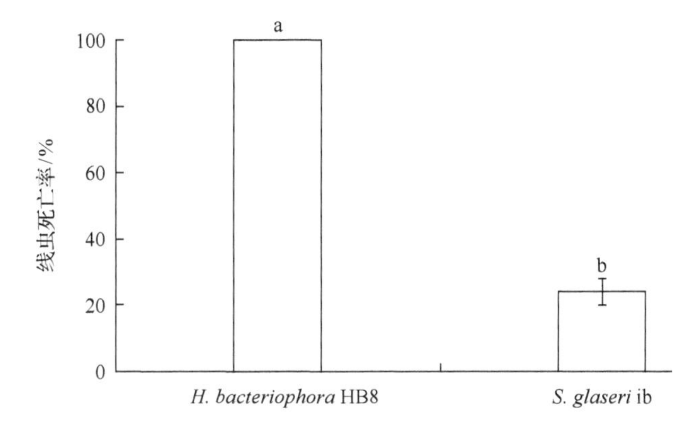

图 8-18　两种昆虫病原线虫在 50.5%相对湿度的环境中干燥 7h 后的死亡率

（二）耐热性比较

由图 8-19 看出，无论在 35℃处理 3h 还是在 40℃处理 1h，*S. glaseri* ib 的死亡率都明显低于 *H. bacteriophora* HB8，即 *S. glaseri* ib 的耐热性更高。

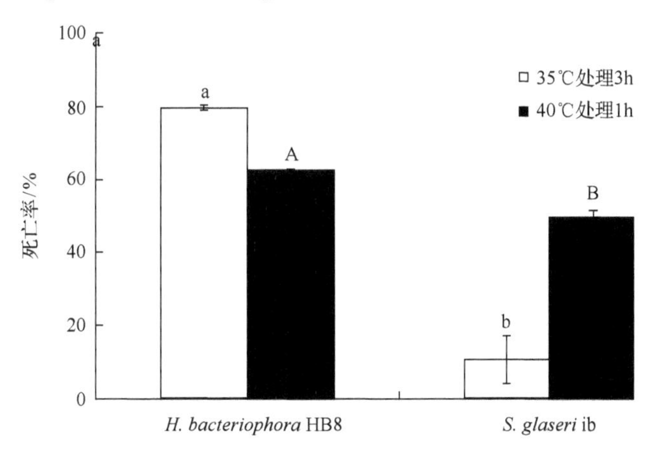

图 8-19　不同温度处理对两种昆虫病原线虫存活率的影响

三、高致病力的两种昆虫病原线虫的田间防效

选取室内生物测定致病力最高的两种昆虫病原线虫 *H. bacteriophora* HB8 和 *S.*

glaseri ib，比较这两种昆虫病原线虫的田间防效。试验地选在河北农业大学试验园内，每个小区面积 10m×20m，其内种植玉米，试验开始时间为 5 月 5 日，玉米生长至 4 叶期，线虫处理区和清水对照区各 3 个，间隔排列。每个试验小区随机放置 15 个直径 11cm、高 8cm 的不锈钢纱网笼子，将笼内装有高约 4cm 土后埋入地下 4cm 并使笼子内外土水平面一致。每笼放入 4 头幼虫，覆上破碎的麦秆、杂草，盖严笼盖。每处理重复 3 次，每重复 60 头幼虫。按每 667m^2 1 亿头线虫的剂量将线虫液用喷雾器均匀喷在试验小区内，喷完后立即浇地。对照区喷施不加线虫的清水。4 天后取回不锈钢纱网笼子，观察幼虫死亡情况。田间试验结果表明(图 8-20)，两种昆虫病原线虫在田间对二点委夜蛾幼虫的致死效果差别很大，在喷施线虫 96h 后，*S. glaseri* ib 对二点委夜蛾幼虫的田间致死率达到 100%，而 *H. bacteriophora* HB8 田间致死率仅为 20%。

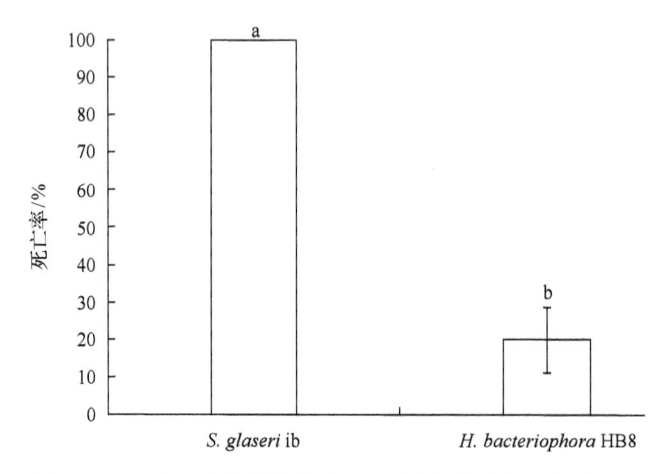

图 8-20　两种昆虫病原线虫对二点委夜蛾幼虫的田间致死率

综合室内生物测定和抗逆性测定以及田间防效试验的结果，格氏线虫 *S. glaseri* ib 是最具有应用潜力的昆虫病原线虫。

四、昆虫病原线虫大量扩繁技术

昆虫病原线虫商品化应用中还存在一些重要的制约因素。例如，如何低成本大量地繁殖线虫，如何延长货架期等。本实验通过比较不同的离体和活体培养昆虫病原线虫的方法，寻找低成本、方便快捷的昆虫病原线虫大量繁殖的方法。

首先选择 A 和 B 两种线虫人工培养基(表 8-14)离体扩繁 *H. bacteriophora* H06、*S. carpocapsae* ALL、*S. carpocapsae* HB310 和 *H. bacteriophora* LN2 四种不同品系线虫，比较两种培养基的扩繁效率(图 8-21)。结果表明在接菌量和接线虫量完全相同的情况下，不同人工培养基的扩繁效率和扩繁周期与线虫品系有关，*S. carpocapsae* HB310 在 B 配方固体培养基中培养第 10 天产量最高(0.86×10^{4}IJs/g)，在 A 配方培养基中 20 天时产量最高(1.40×10^{5}IJs/g)；而 *S. carpocapsae* ALL 在 A 配方培养基中第 10 天时产量最高(4.19×10^{5}IJs/g)，在 B 配方培养基第 20 天时产量达到高峰(1.10×10^{5}IJs/g)；*H. bacteriophora* H06 在 A 和 B 配方固体培养基中均是 20 天时产量最高(分别为 9.04×10^{4}IJs/g 和 2.42×10^{5}IJs/g)；而 *H. bacteriophora* LN2 则在 A 和 B 配方培养基培养 30 天产量才到达峰值(分

别为 1.93×10^5IJs/g 和 1.01×10^5IJs/g)。

表 8-14　昆虫病原线虫固体培养基配方　　（单位：g）

配方	鸡蛋	玉米粉	酵母粉	面粉	黄豆粉	蛋黄粉	酵母膏	玉米油	猪油	海绵	水	资料来源
A	21.80	5.00	2.00	—	—	—	—	4.00	—	8.00	49.20	实验室配方
B1	—	—	—	1.69	9.56	0.75	1.00	—	0.50	5.00	41.50	韩日畴等(1995)
B2	—	—	—	1.22	6.93	0.50	0.75	—	4.10	5.00	45.50	韩日畴等(1995)
C	—	3.35	1.35	—	—	0.75	—	2.70	—	5.00	49.20	

注：B1 为斯氏线虫培养基配方，B2 为异小杆线虫培养基配方。“—”不加该物质。

图 8-21　固体培养基扩繁昆虫病原线虫

a.固体培养基扩繁斯氏线虫；b.固体培养基扩繁异小杆线虫

在借鉴本实验室线虫人工培养基配方以及参考文献中的培养基配方的基础上，摸索出一份线虫人工培养基改进配方 C(表 8-14)。通过线虫扩繁实验证实，在接种量和接菌量相同的情况下，配方 C 的扩繁效率均高于配方 A 和配方 B，改进的配方 C 在培养第 8 天时线虫产量最高(4.00×10^4IJs/g)，配方 A 在第 20 天时达到产量高峰(1.40×10^5IJs/g)，配方 B 在第 8 天时产量最高，为 9.99×10^3IJs/g。每生产 100 万条 *S. carpocapsae* HB310 线虫，配方 A 的培养成本为 4.60 元，配方 B 的培养成本为 24 元，配方 C 的培养成本则是 4.25 元。由此可见，从扩繁效率及成本两个方面考虑，配方 C 人工培养基均优于其他两个培养基。

针对固体培养中主要培养参数(接菌量、接线虫量和线虫培养时间)对 *S. carpocapsae* HB310 产量的综合影响，进行培养条件的参数优化实验。线虫于固体培养参数组合中的产量按各个组合中培养基的量换算成每克培养基线虫的产量。就该实验的设计因素和水平而言，*S. carpocapsae* HB310 的最佳培养条件是共生菌接菌量为 2.26×10^7 细胞/瓶，接线虫量为 1×10^3IJs/g，培养周期为 12 天，在此条件下该配方人工培养基扩繁的线虫产量可达到最高。

五、昆虫病原线虫剂型的研究

作为商品制剂的昆虫病原线虫，衡量其质量好坏的标准之一就是其货架期。大多数昆虫病原线虫因为需要低温保存运输，与化学杀虫剂相比，货架期较短，严重制约了昆虫病原线虫的商品化。本实验的目的是为了找到能够延长昆虫病原线虫货架期的剂型配方。

(一)基质的筛选

首先对 6 种培养基质进行了比较，从表 8-15 可以看出，在保存期为 60 天时，白炭黑和可溶性淀粉的存活率依然高于 89%，而其他基质的存活率不到 50%。从表 8-15 中可以看出线虫的存活率和基质的含水量有一定的关系：除去硅藻土其他几种基质中线虫的存活率与含水量成正比。从 60 天和 90 天线虫的存活率来看，挑选白炭黑和可溶性淀粉两种物质为实验基质。

表 8-15　不同培养基质对线虫存活率的影响

基质	存活率/%			基质最大含水量/%
	30d	60d	90d	
白炭黑	98.25±0.122	89.38±0.43	49.25±0.47	71.3
硅藻土	99±0.04	44.47±0.04	2.89±0	63.76
可溶性淀粉	98.67±0.023	91.78±0	63.97±0.02	42.64
轻质碳酸钙	84.25±1.069	22.33±0.5	6.01±0	44.75
滑石粉	89.38±0.43	43.97±0.02	3.19±0.21	56.65
土	54±0.07	36.5±0.045	0	15.37
蛭石	50.4±0.04			7.231

注：表中数据为平均值±标准误，同列数据后小写字母不同表示处理间差异显著($P<0.05$)。

(二)保水剂的选择和防腐剂浓度的确定

从表 8-16 可以看出，测定的这几种防腐剂的浓度升高时均会对昆虫病原线虫的存活产生影响。而且当高锰酸钾和硫柳汞的浓度为 0.1%时就会使线虫死亡。甲醛在溶液浓度为 0.1%时，5 天内不会对线虫产生致死作用，但当浓度提高到 0.5%时，5 天后线虫死亡率为 11.0%。挑选 0.1%浓度的甲醛作为实验防腐剂。

表 8-16　不同防腐剂对昆虫病原线虫存活率的影响

防腐剂	死亡率/%	
	溶液浓度 0.10%	溶液浓度 0.50%
甲醛	0	11.02±0.43
高锰酸钾	39.667±0.043	—
硫柳汞	2.18±0.005	39.89±0

注：表中数据为平均值±标准误，同列数据后小写字母不同表示处理间差异显著($P<0.05$)。“—”无数据。

由表 8-17 可以看出，0.1%浓度的甘油、黄原胶和羧甲基纤维素钠对线虫存活没有明显的影响，将甘油、黄原胶和羧甲基纤维素钠的浓度调高至 0.5%后，对线虫的存活率影响仍然不大，而 0.1%聚乙二醇 200 和吐温 80 已经对线虫的存活有明显的影响。因此初步确定 0.5%甘油、0.5%黄原胶和 0.5%羧甲基纤维素钠作为保水剂进行进一步筛选。

表 8-17 不同保水剂对昆虫病原线虫存活率的影响

保水剂	死亡率/%	
	溶液浓度 0.10%	溶液浓度 0.50%
甘油	0	0.99±0
黄原胶	0	3.19±0.21
羧甲基纤维素钠	0	0
聚乙二醇 200	52.29±0.056	—
吐温 80	14.333±0.063	—
清水	0	0

注：表中数据为平均值±标准误，同列数据后小写字母不同表示处理间差异显著（$P<0.05$）。“—”无数据。

（三）线虫制剂组分的确定

以白炭黑和可溶性淀粉为基质，分别与 3 种保水剂组配测定对线虫存活率的影响，结果见表 8-18。由表 8-18 可以看出，白炭黑和 0.5%羧甲基纤维素钠组合最好，因此确定 Sgib 可湿性粉剂的配方为：30%白炭黑、69.4%水、0.5%羧甲基纤维素钠、0.1%甲醛。该配方制成的制剂 2 个月保存期的线虫存活率还能达到 92.38%，但是到 3 个月时，线虫存活率已经下降为 62.8%，这远远不能满足商业化制剂的需求，距一年的货架期差别还很远，该配方还需要进一步调整。

表 8-18 不同制剂组分的配比对线虫存活率的影响

基质	保水剂	存活率/%		
		30d	60d	90d
可溶性淀粉	羧甲基纤维素钠(0.5%)	97.67±0.023	87.78±0	53.97±0.02
	黄原胶(0.5%)	96.2±0.37	83.3±0.33	56.7±0.78
	甘油(0.5%)	85.1±1.13	63.3±0.42	0
白炭黑	羧甲基纤维素钠(0.5%)	100	92.38±0.83	62.8±0.62
	黄原胶(0.5%)	100	86.73±0.64	53.7±0.33
	甘油(0.5%)	100	85.21±0.17	63.27±0.74

注：表中数据为平均值±标准误，同列数据后小写字母不同表示处理间差异显著（$P<0.05$）。

六、昆虫病原线虫胶囊制剂的研制

以小卷蛾斯氏线虫 *S. carpocapsae* HB310 为供试线虫研制了线虫胶囊剂型。首先在 18%甘油溶液中诱导线虫进入休眠状态，然后再添加一定比例的甘油、甲醛、海藻酸钠和山梨酸钾，初步研制成功直径为 2～5mm 的圆形颗粒状胶囊制剂，线虫在胶囊内呈休眠状态。胶囊颗粒在 16℃及密封条件下可以保存 4 个月，用 0.5%柠檬酸溶解释放胶囊中的线虫，线虫存活率为 75%，线虫对大蜡螟的侵染率和矫正死亡率分别为 19.3%和 92%。实验结果说明昆虫病原线虫在该胶囊中可以长时间保存，并保持较高的存活率和侵染活性。

线虫胶囊成品见图 8-22a，胶囊呈透明圆球颗粒体，直径 2～5mm。在剂型制备好的短时间内，大部分线虫移动到了海藻酸盐颗粒的中心状态较为活泼(图 8-22b)，48h 后颗粒中大部分线虫(>95%)停止移动，进入休眠状态。

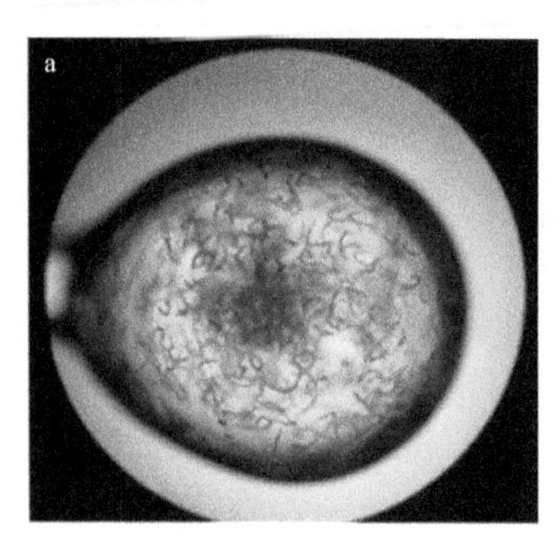

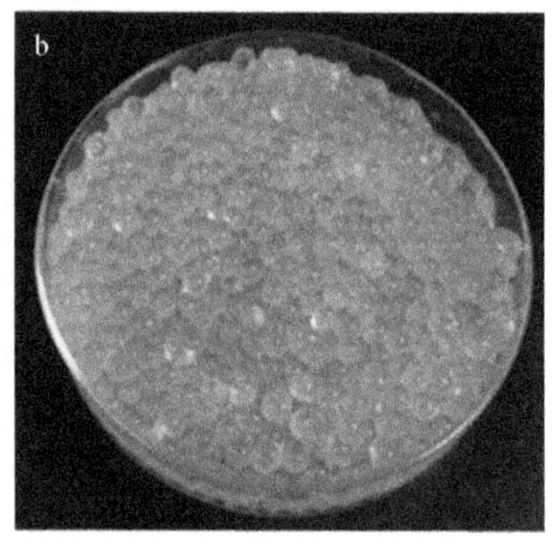

图 8-22　昆虫病原线虫胶囊颗粒

a.显微镜下线虫胶囊；b.线虫胶囊颗粒成品外观

本实验针对昆虫病原线虫胶囊的商品化剂型进行了初步研究，获得了较为理想的成品，线虫保存时间可达 4 个月以上，但是对于胶囊的田间应用还需要进行深入的实验研究，其中首先是线虫胶囊的溶解释放。

第九章　二点委夜蛾分子生物学研究

第一节　二点委夜蛾各虫态的转录组分析

近年来，高通量测序技术的不断发展和完善，为开展不同生物功能基因组学和寻找新基因等研究提供了全新的思路和方法。因其产生的数据量大，性价比高且适合于基因数据库信息匮乏的物种，已广泛应用于人类、农作物、农业害虫及其他模式生物等多个领域的研究中。二点委夜蛾作为一种新害虫，基因信息资源还十分匮乏，Li 等(2013b)对其转录组进行了测序和序列分析研究，便于我们了解不同发育阶段二点委夜蛾的基本分子信息，分析不同发育阶段基因的表达差异，进而为今后二点委夜蛾分子标记开发，重要性状相关基因克隆、功能分析等研究奠定基础。

一、二点委夜蛾转录组测序及组装

以二点委夜蛾卵、幼虫、蛹和成虫 4 个发育阶段的样本为材料，构建了转录组文库。二点委夜蛾各虫态样本，是从石家庄玉米田间采集其幼虫，通过人工饲养多代后获得。按照 Trizol 法提取(Ridgeway and Timm，2014)，获得各虫态样本总 RNA，反转录成 cDNA，再进行末端修复、3′端加 A、连接 Solexa 接头和 PCR 扩增获得最终的 cDNA 库。将处理好的样品进行精确定量，然后在芯片表面进行桥式 PCR，使 DNA 片段扩增为单分子 DNA 簇(此过程在 Cluster Station 中进行)。单分子 DNA 簇完成后，将其移入 Illumina sequencing platform(GA II)中进行测序。测序结果提交到 NCBI Short Read Archive(SRA)，登录号分别为 SRX254872、SRX254873、SRX254874 和 SRX 254875。

对二点委夜蛾转录组测序结果进行分析(表 9-1)，可见二点委夜蛾 4 个虫态样本产生的数据量均超过 2G，其中幼虫的数据量最少，为 2265.42Mb，蛹的数据量最多，为 2857.80Mb。各样品的 GC 含量较为一致，为 45.99%～48.12%，99.5%以上的 CycleQ 平均质量值大于等于 20，说明测序较为准确。使用 Trinity 软件对 4 个样本的 Reads 分别组装，获得各样本的转录本 Transcripts，再分别进行聚类，取每条基因中最长的转录本作为 Unigene，以此进行后续分析。虽然各样品的 Transcripts 和 Unigene 总长度和个数差异较大，但大小分布较为一致(表 9-2)。根据不同样品的 Unigene 数据，进行比对聚类，得到二点委夜蛾的总 Unigene 数据库。结果显示二点委夜蛾的总 Unigene 长度为 49.75Mb，共 81 356 条 Unigene，平均长度为 611.5bp，N50 长度为 858bp。其中基因长度在 1000bp 以上的有 12 070 条，占总数的 14.84%。

表 9-1　4 个样本的原始 Reads 数据统计

样品	数据 Data/Mb	GC/%	CycleQ 20/%
卵	2608.97	48.12	99.5
幼虫	2265.42	48.09	99.5
蛹	2857.80	45.99	100
成虫	2597.59	46.99	99.5

doi: 10.1371/journal.pone.0073911.t001。

表 9-2　组装后的数据统计

基因长度/bp	卵		幼虫		蛹		成虫		二点委夜蛾
	Transcripts 数量/条	Unigene 数量/条	Transcripts 数量/条	Unigene 数量/条	Transcripts 数量/条	Unigene 数量/条	Transcripts 数量/条	Unigene 数量/条	Unigene 数量/条
200～300	23 619	12 537	16 052	10 967	20 584	16 022	18 808	11 558	28 165
300～500	25 624	12 825	17 798	11 841	19 209	13 520	21 826	12 820	25 257
500～1000	22 622	9624	13 885	7738	16 843	10 179	19 196	9105	15 864
1000～2000	13 260	5562	6859	3486	9311	4994	10 581	4877	8556
2000+	5515	2166	1673	765	3642	1655	3407	1409	3514
总长度/bp	66 340 657	28 834 461	34 397 106	19 348 688	47 956 499	27 815 088	50 511 500	24 683 128	49 749 348
总数目/条	90 640	42 714	56 267	34 797	69 589	46 370	73 818	39 769	81 356
N50 长度/bp	1064	971	806	689	986	805	943	838	858
平均长度/bp	731.91	675.06	611.32	556.04	689.14	599.85	684.27	620.66	611.50

doi: 10.1371/journal.pone.0073911.t002。

二、蛋白质注释

为从整体上了解转录组 Unigene 序列信息，利用各种蛋白质数据库对上述 81 356 条 Unigene 数据进行 BLASTX 比对。结果显示，在 81 356 条 Unigene 序列中，41.47%的 Unigene（33 736 条）具有 Nr 同源比对信息；21.83%的 Unigene（17 762 条）具有 Nt 同源比对信息；34.30%的 Unigene（27 909 条）具有 Swissprot 同源比对信息；46.41%的 Unigene（37 754 条）具有 TrEMBL 同源比对信息；共计 43 189 条基因（53.09%）具有功能注释（表 9-3）。Nr 比对的同源匹配序列的物种分布情况见图 9-1。从图 9-1 中可以看出，二点委夜蛾的序列与赤拟谷盗（*Tribolium castaneum*）的序列匹配最高，达 20.23%，其次分别为家蚕（*Bombyx mori*）(9.62%)、佛罗里达弓背蚁（*Camponotus floridanus*）(5.01%)、印度跳蚁（*Harpegnathos saltator*）(4.40%)和埃及伊蚊（*Aedes aegypti*）(4.32%)等，序列匹配超过 1%的物种有 20 种。

表 9-3 二点委夜蛾转录组功能注释

Annotated database	Annotated_Number	300≤length＜1000	length≥1000
Nr_Annotation	33 736	17 425	9829
Nt_Annotation	17 762	7894	7133
Swissprot_Annotation	27 909	13 661	8847
TrEMBL_Annotation	37 754	19 769	10 121
COG_Annotation	11 518	5210	3792
GO_Annotation	15 585	7446	5412
KEGG_Annotation	11 824	5557	3573
All_Annotated	43 189	22 409	10 522

doi: 10.1371/journal.pone.0073911.t003。

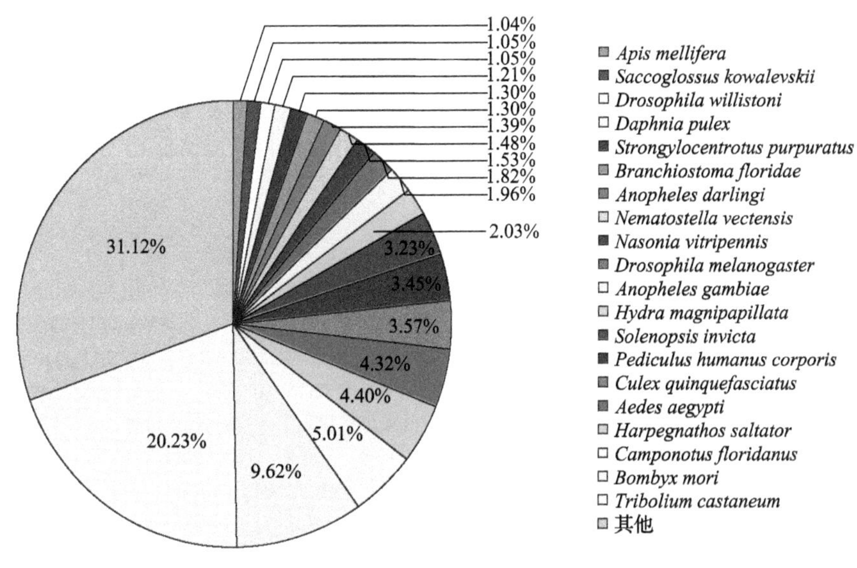

图 9-1 利用 Nr 蛋白质数据库对二点委夜蛾进行 BLASTX 比对的物种匹配分布图

不同颜色代表不同物种，图中显示的物种序列匹配在 1%以上

doi: 10.1371/journal.pone.0073911.g001

三、GO、COG 和 KEGG 的注释分析

利用 GO(Gene Ontology)、COG(Clusters of Orthologous Groups of proteins)以及 KEGG(Kyoto Encyclopedia of Genes and Genomes)功能注释分类体系对 Unigene 进行比对和功能注释(E-value＜1e-05)。在 COG 功能分类体系中，有 11 518 条候选 Unigene 具有具体的蛋白质功能定义，占总 Unigene 的 14.16%，共获得 15 117 个 COG 功能注释，涉及 25 个 COG 功能类别(图 9-2)。其中，一般功能基因 2811 条，所占比例最大，占 18.59%。随后依次为复制、重组与修复(1632 条，10.80%)，氨基酸运输与代谢(1234 条，8.16%)，碳水化合物运输与代谢(1032 条，6.83%)，翻译、核糖体结构与生物合成(994 条，6.58%)

和转录(938 条，6.20%)。没有发现有关胞外结构的基因。另外，关于 RNA 的加工与修饰(60 条，0.40%)，染色质结构与变化(100 条，0.66%)，细胞运动(78 条，0.52%)和核酸结构(6 条，0.04%)的基因较少。

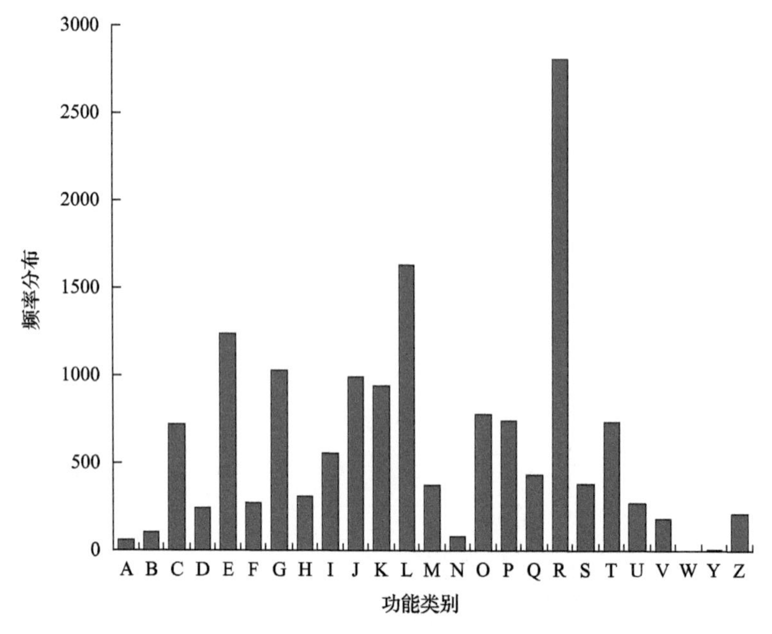

图 9-2　二点委夜蛾转录组的 COG 功能分类

A～Z 注释：功能定义；数目；百分数(%)。A：RNA 加工与修饰；60；0.40。B：染色质结构与变化；100；0.66。C：能量产生与转化；717；4.74。D：细胞周期调控与分裂，染色体重排；244；1.61。E：氨基酸运输与代谢；1234；8.16。F：核苷酸运输与代谢；273；1.81。G：碳水化合物运输与代谢；1032；6.83。H：辅酶运输与代谢；312；2.06。I：脂类运输与代谢；560；3.70。J：翻译，核糖体结构与生物合成；994；6.58。K：转录；938；6.20。L：复制、重组与修复；1632；10.80。M：胞壁/膜生物发生；378；2.50。N：细胞运动；78；0.52。O：蛋白质翻译后修饰与转运，分子伴侣；778；5.15。P：无机离子运输与代谢；746；4.93。Q：次生产物合成、运输及代谢；432；2.86。R：一般功能基因；2811；18.59。S：功能未知；384；2.54。T：信号转导机制；736；4.87。U：胞内分泌与膜泡运输；273；1.81。V：防御机制；186；1.23。W：胞外结构；0；0。Y：核酸结构；6；0.04。Z：细胞骨架；212；1.40

doi: 10.1371/journal.pone.0073911.g002

在 GO 功能分类体系中，有 15 585 条 Unigene 具有具体的功能定义，占总 Unigene 的 19.16%；共得到 98 773 个 GO 功能注释，平均每条 Unigene 序列 6.34 个 GO 注释。在所有 Unigene 中，有 29 384 个 GO 注释(29.75%)归为细胞组分，19 838 个(20.08%)为分子功能，49 550 个(50.17%)为生物学过程。上述 3 大功能可被划分为更详细的 60 个类别，分别包含了 18 个、18 个和 24 个功能亚类(图 9-3)。在细胞组分功能类型中，细胞和细胞部分所含比例最高；在分子功能类型中，蛋白质结合和催化活性所含比例最高；在生物学过程功能类型中，主要的生命过程分别是代谢过程和细胞过程；另外在 3 个大功能下，分别有 3 个、6 个、3 个功能亚类仅含有少量的基因(表 9-4)。

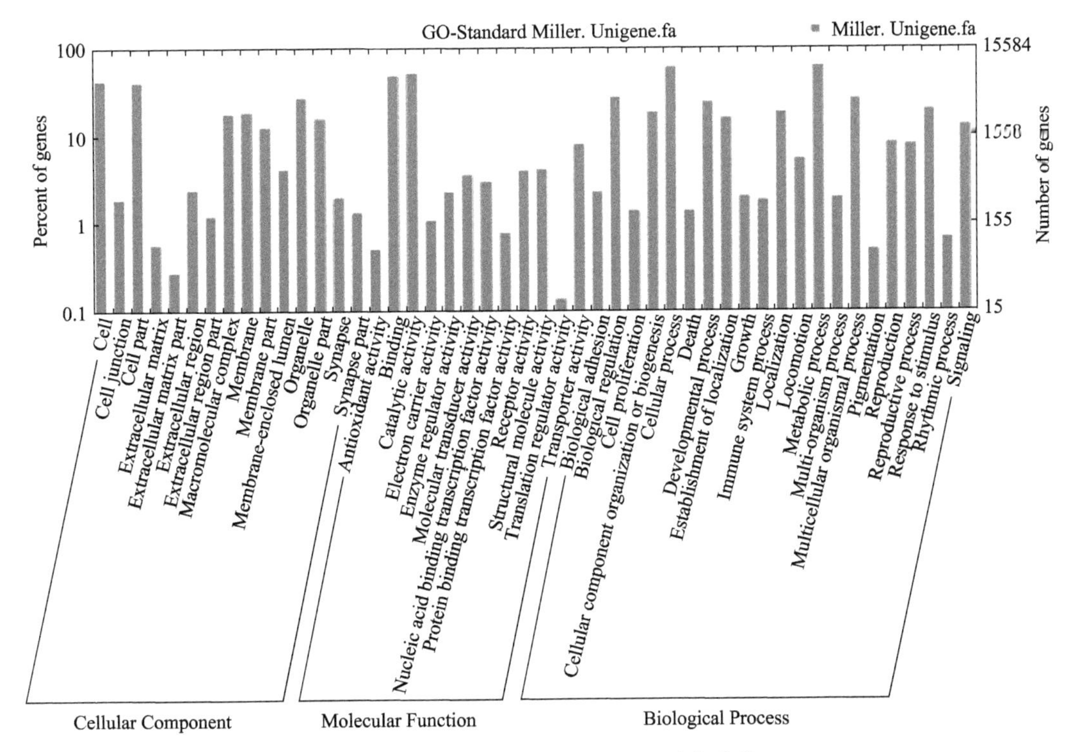

图 9-3　二点委夜蛾转录组的 GO 功能分类

Percent of genes：基因百分比；Number of genes：基因数量；Biological Process：生物过程；Cellular Component：细胞组分；Molecular Function：分子功能；Cell：细胞；Cell junction：细胞连接；Cell part：细胞部分；Extracellular matrix：胞外基质；Extracellular matrix part：胞外基质部分；Extracellular region：胞外区；Extracellular region part：胞外区部分；Macromolecular complex：大分子复合物；Membrane：膜；Membrane part：膜部分；Membrane-enclosed lumen：膜附着腔；Organelle：细胞器；Organelle part：细胞器部分；Synapse：突触；Synapse part：突触部分；Antioxidant activity：抗氧化活性；Binding：蛋白结合；Catalytic activity：催化活性；Electron carrier activity：电子载体活性；Enzyme regulator activity：酶调节器活性；Molecular transducer activity：分子传感活性；Nucleic acid binding transcription factor activity：核酸结合转录因子活性；Protein binding transcription factor activity：蛋白结合转录因子活性；Receptor activity：受体活性；Structural molecule activity：结构分子活性；Translation regulator activity：翻译调节活性；Transporter activity：转运蛋白活性；Biological adhesion：生物黏附；Biological regulation：生物调节；Cell proliferation：细胞增殖；Cellular component organization or biogenesis：细胞组分组织或生物合成；Cellular process：细胞过程；Death：死亡；Developmental process：发育过程；Establishment of localization：定位建成；Growth：生长；Immune system process：免疫系统过程；Localization：定位；Locomotion：运动力；Metabolic process：代谢过程；Multi-organism process：多有机体过程；Multicellular organismal process：多细胞有机体过程；Pigmentation：色素形成；Reproduction：复制；Reproductive process：复制过程；Response to stimulus：刺激反应；Rhythmic process：节律性过程；Signaling：信号传导。

doi: 10.1371/journal.pone.0073911.g003

表 9-4　二点委夜蛾转录组中基因数较少的 GO 功能分类

功能分类		基因数目	比例/%
细胞组分	核质体	1	0.006
	病毒粒子	2	0.013
	病毒粒子部分	2	0.013

续表

功能分类		基因数目	比例/%
分子功能	通道调节活性	6	0.038
	金属伴侣活性	6	0.038
	形态发生素活性	6	0.038
	营养库活性	2	0.013
	蛋白质标记	2	0.013
	受体调节活性	3	0.019
生物过程	碳利用	2	0.013
	细胞杀伤	4	0.026
	病毒增殖	1	0.006

doi: 10.1371/journal.pone.0073911.t005。

在 KEGG 功能分类体系中，有 11 824 条 Unigene 具有功能定义，占总 Unigene 的 14.53%，共涉及 280 个通路。

四、不同发育阶段基因表达的变化

使用 IDEG6 软件对各发育阶段两两之间的差异基因进行检测。结果显示，幼虫和卵之间的差异表达基因最多，为 6202 个(图 9-4)，其中 4582 个基因在幼虫阶段为下调表达(其中 1490 个基因仅在卵中有表达，幼虫中无表达)，1620 个基因为上调表达(其中 556 个基因仅在幼虫中表达，卵中无表达)。10 个最高上调表达的基因均有功能注释，分别为 *putative cuticle protein*、*cuticular protein CPR2*、*putative cuticle protein CPG36*、*moderately methionine rich storage protein*、*hexamerine*、*lipase*、*HMG176*、*Genome polyprotein*，2 个注释结果为 24 kDa *female-specific fat body protein* 的基因；10 个最低下调表达的基因中 9 个有功能注释，分别为 *cuticular protein CPG7*、*cuticular protein CPG8*、*cuticular protein RR-2 motif 101*、*serine protease inhibitor 8*、*Chondroitin proteoglycan-2*、*AT4g32400/F8B4_100*、*hypothetical protein*、*NPL-2* 和 *hypothetical protein F36H12.3*。根

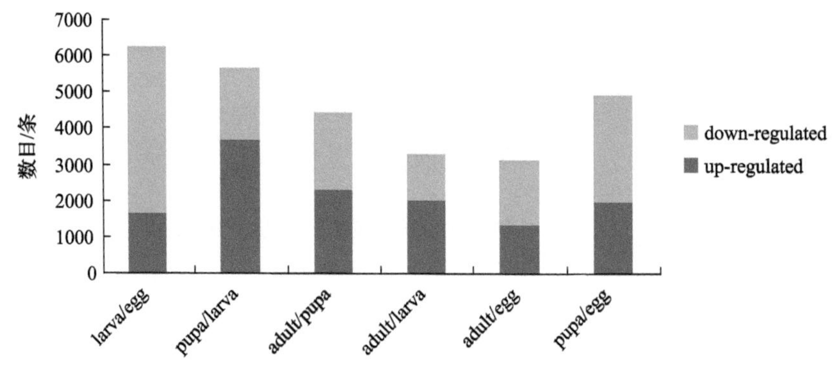

图 9-4 各样本间差异基因数目

down-regulated：下调；up-regulated：上调；larva：幼虫；egg：卵；pupa：蛹；adult：成虫

doi: 10.1371/journal.pone.0073911.g004

据对差异基因的 COG 注释结果，在幼虫中上调表达的基因主要涉及能量的生产与转换、碳水化合物的运输和代谢、氨基酸的运输和代谢、脂类的运输和代谢、无机离子的运输与代谢和次生代谢物的合成、运输和代谢等。其中涉及 23 个 RNA 的加工与修饰、20 个细胞内运输，分泌及囊泡运输和 25 个染色质结构和动力的差异基因在幼虫中全部呈现下调表达。

蛹和幼虫之间的差异表达基因有 5609 个，其中 1993 个基因在蛹期为下调表达(其中 754 个基因仅在幼虫中有表达，蛹中无表达)，3616 个基因为上调表达(其中 966 个基因仅在蛹中表达，幼虫中无表达)。9 个最高上调表达基因有功能注释，分别为 *32 kDa apolipoprotein*、*neuropeptide-like precursor 4*、*cuticular protein hypothetical 12*、*similar to Chymotrypsin-2*、*cobatoxin*、*DUF233 protein*、*hypothetical protein TcasGA2_TC014264*、*cecropin 2* 和 *viral A-type inclusion protein*。10 个最低下调表达基因均有注释，分别为 *putative cuticle protein CPG36*、*Larval cuticle protein 16/17*、*cuticular protein CPR2*、*Larval cuticle protein 1*、*putative cuticular protein*、*serine protease 28*、*lipase*、*trypsin T2a*、*HMG176* 和 *hypothetical protein PPL_08645*。根据对差异基因的 COG 注释结果，与幼虫相比，蛹的上调表达基因主要涉及 RNA 的加工与修饰、转录、复制重组和修复、染色质结构与变化、细胞周期控制、细胞分裂、染色体分离、信号传导机制和细胞骨架等。

成虫和蛹之间的差异表达基因有 4399 个，其中 2126 个基因在成虫阶段为下调表达(其中 733 个基因仅在蛹中有表达，成虫中无表达)，2273 个基因为上调表达(其中 725 个基因仅在成虫中表达，蛹中无表达)。9 个最高上调表达基因有功能注释，分别为 *yolk polypeptide 2*，2 个 *vitellogenin* 基因，*troponin C type IIIa-like protein*、*flightin*、*Anionic antimicrobial peptide 2*、*allergen Bla g 6.0101*、*proteophosphoglycan 5* 和 *peritrophin type-A domain protein 2*；9 个最低下调表达基因有注释，包括 *NADH dehydrogenase subunit 2*、*Cysteine and glycine-rich protein 1*、*glycine/tyrosine-rich eggshell protein*、*GJ17844*、*beta-tubulin*、*viral A-type inclusion protein*、*testis-specific RNA*、*microfilarial sheath protein* 和 *DUF233 protein*。根据对差异基因的 COG 注释结果，与蛹相比，成虫上调表达的基因主要涉及翻译、核糖体结构和生物合成、防御机制，以及各种物质的运输和代谢等。

成虫和幼虫之间的差异表达基因有 3254 个，其中 1275 个基因在成虫阶段为下调表达(其中 505 个基因仅在幼虫中有表达，成虫中无表达)，1979 个基因为上调表达(其中 576 个基因仅在成虫中有表达，幼虫中无表达)。9 个最高上调表达基因有注释，分别为 *AF117586_1 putative cuticle protein*、*yolk polypeptide 2*、*allergen Bla g 6.0101*、*cobatoxin*、*Ribonucleoside-diphosphate reductase small chain*、*hypothetical protein EAI_03498*、*chemosensory protein*、*similar to cathepsin F like protease* 和 *beta-fructofuranosidase2*；9 个最低下调表达基因有注释，包括 *lipase*、*intestinal mucin SeM8*、*astacin*、*polycalin*、*ecdysteroid-regulated protein*、*putative cuticle protein CPH37*、*Larval cuticle protein 16/17*、*serine protease 11* 和 *serine protease 28*。根据对差异基因的 COG 注释结果，与幼虫相比，成虫上调表达的基因主要涉及翻译、核糖体结构和生物合成、转录、复制重组和修复、细胞周期控制和信号传导机制等。

成虫和卵之间的差异表达基因有 3081 个，其中 1771 个基因在成虫阶段为下调表达(其中 505 个基因仅在卵中表达，成虫中无表达)，1310 个基因为上调表达(其中 504 个基因仅在成虫中表达，卵中无表达)。9 个最高上调表达基因有注释，分别为 *yolk polypeptide 2*，3 个 *vitellogenin*，*AF117586_1 putative cuticle protein*、*allergen Bla g 6.0101*、*Anionic antimicrobial peptide 2*、*cobatoxin* 和 *Ribonucleoside-diphosphate reductase small chain*；10 个最低下调表达基因有注释，分别为 *AT4g32400/F8B4_100*、*hypothetical protein*、*Chondroitin proteoglycan-2*、*NPL-2*、*cuticular protein CPG8*、*cuticular protein RR-1 motif 44*、*cuticular protein RR-2 motif 101*、*cuticular protein CPG7*、*serine protease inhibitor 8* 和 *hypothetical protein F36H12.3*。根据对差异基因的 COG 注释结果，与卵相比，成虫上调表达的基因主要涉及翻译后修饰、蛋白质折叠、能量生产和转换、核苷酸运输和代谢等。

蛹和卵之间的差异表达的基因有 4880 个，其中 2922 个基因在蛹期为下调表达(其中 826 个基因仅在卵中有表达，蛹中无表达)，1958 个基因为上调表达(其中 1012 个基因仅在蛹中有表达，卵中无表达)。10 个最高上调表达基因有注释，分别为 *Genome polyprotein*、*Antimicrobial peptide Alo-2*、*similar to Chymotrypsin-2*（*Chymotrypsin II*）、*cobatoxin*、*DUF233 protein*、2 个 *protein tonB*、*glycine/tyrosine-rich eggshell protein*、24 kDa *female-specific fat body protein* 和 *beta-tubulin*；9 个最低下调表达基因有注释，分别为 *AT4g32400/F8B4_100*、*hypothetical protein*、*Chondroitin proteoglycan-2*、*cuticular protein CPG8*、*cuticular protein RR-1 motif 44*、*cuticular protein RR-2 motif 101*、*cuticular protein CPG7*、*NPL-2* 和 *hypothetical protein F36H12.3*。根据对差异基因的 COG 注释结果，与卵相比，除细胞壁、膜、膜生物合成外，在各功能分类下，蛹的上调基因均明显少于下调基因。

五、SSR 分析

通过 MISA 软件对二点委夜蛾转录组数据分析，共发现了 2819 个 SSR，分布在 2411 个序列中，占总转录组序列的 2.96%。除了 2123 个单碱基重复序列外，三个碱基的重复最多，随后是两个碱基重复和复杂重复的序列(表 9-5)。其中 CGC/GCC/GAA/GGC/AAT/AAG/CAA/TGA 基序占三个重复 SSR 的 39.48%。在两个碱基重复的 SSR 中，GC/TG/AT/TA 基序的数量占 54.9%，GC 基序最多。

表 9-5　二点委夜蛾转录组中的 SSR 分析

SSR 类型	重复基序	个数	比例
单碱基	(A) n / (T) n / (C) n / (G) n	1383/779/43/32	75.31%
两个碱基	GC/TG/AT/TA/CA/CG/AC/GT AG/TC/CT/GA	33/23/23/22/17/16/14/13 /9/9/8/8	6.53%
三个碱基	CGC/GCC/GAA/GGC/AAT/AAG/CAA/TGA ATA/ATT/AGA/TAT/GCG/TTC/CCG/CAC TCA/GAT/ACA/CGG/CCA/ACC/TTA/TTG TCT/GAG/CTT/ATG/CAG/TAA/GAC/CAT CGA/AAC/ATC/AGC/GGT/GCA/GCT/CTG AGT/ACG/TGT/TGC/TCG/GTT/GTG/CTC/AGG ACT/TAC/TGG/TCC/GTC/GGA/CTA/CGT/CCT	22/22/20/19/19/18/17/15 14/14/11/11/11/9/9/8 8/8/7/7/7/6/6/6 6/6/6/5/5/4/4/4 4/3/3/3/3/3/3/3 2/2/2/2/2/2/2/2/1 1/1/1/1/1/1/1/1/1	13.66%

续表

SSR 类型	重复基序	个数	比例
四个碱基	ATTT/ AATT/GTAC/TGCG ACTC/AAGA/AAAT/ATTC TGAT/TGTA/TGTT/TTAT/TTAG	3/1/1/1 1/1/1/1 1/1/1/1/1	0.53%
五个碱基	TGGTA/TATTC/GAGAA/TCAAA	1/1/1/1	0.14%
混合型		108	3.83%
总数		2819	

doi: 10.1371/journal.pone.0073911.t004。

六、与杀虫剂靶标和代谢相关基因的分析

表 9-6 列举了二点委夜蛾转录组测序结果中与杀虫剂靶标和代谢抗性相关的基因同源性序列的数目以及这些基因在各样本间表达的差异性。以与杀虫剂代谢相关的细胞色素 P450、谷胱甘肽 S-转移酶和羧酸酯酶相关的基因为例，在二点委夜蛾中分别找到了 184 个、39 个和 21 个相关基因序列。与卵、蛹和成虫相比，在幼虫中这些基因大多表现为上调表达，而在卵、蛹和成虫样本间相比，基因表达差异则较小。例如，幼虫与成虫相比，细胞色素 P450 上调基因有 33 个，下调基因仅 7 个，其中部分在幼虫中高表达的 P450 基因涉及外源化学物质和药物代谢的通路，相关的 P450 在幼虫体内都有高表达；此外，谷胱甘肽 S-转移酶幼虫与成虫相比，上调基因仅有 15 个(李立涛等，2014)。

表 9-6 与杀虫剂靶标和代谢相关的部分基因

基因类型	总数	幼虫 vs 卵		蛹 vs 幼虫		成虫 vs 蛹		成虫 vs 幼虫		成虫 vs 卵		蛹 vs 卵	
		上调	下调	上调	下调	上调	下调	上调	下调	上调	下调	上调	下调
过氧化氢酶	7	1	0	0	2	1	0	0	1	0	0	1	0
乙酰胆碱酯酶	5	0	2	0	0	0	0	0	0	0	0	0	0
超氧化物歧化酶	9	3	0	0	5	3	0	0	2	1	0	0	2
羧酸酯酶	21	4	0	0	4	2	0	1	3	1	0	0	0
NADH 脱氢酶	29	3	0	6	6	11	6	5	0	13	0	7	3
烟碱型乙酰胆碱	19	0	6	0	2	2	0	0	0	2	4	0	4
Na^+通道	8	0	3	1	0	0	0	1	0	1	2	0	2
谷胱甘肽 S-转移酶	39	13	0	3	14	2	2	0	15	2	2	4	2
细胞色素 P450	184	36	9	6	43	12	5	7	33	4	10	5	18

将上述各类基因序列与最新的蛋白质数据库进行 BLASTX 比对分析，并将在幼虫中表现上调表达的相关基因详细信息列举如下，见表 9-7。从表 9-7 中可以看出，与二点委夜蛾基因序列同源匹配度最高的基因多来源于鳞翅目昆虫，在上调表达的 85 个基因中，多数基因在幼虫与各发育阶段相比同时表现为上调表达，其中与海灰翅夜蛾匹配度最高的基因最多，达到了 22 个，其次分别为与棉铃虫、家蚕和甘蓝夜蛾匹配的基因数，分别为 12 个、10 个和 9 个。

表 9-7　在幼虫中与杀虫剂靶标和代谢相关的上调基因的相关信息

基因类型	序列编号	NCBI 登录号	同源基因	生物种（中文名和拉丁名）	期望值	上调对应虫态
过氧化氢酶	T4_20013	GARD01019900	AFC98367.1	棉铃虫 *Helicoverpa armigera*	0	成虫、卵、蛹
超氧化物歧化酶	T2_29491	GARC01028270	ACY70995.1	棉铃虫 *H. armigera*	3.00E-126	成虫、卵、蛹
	T2_34022	GARC01032787	EHJ66050.1	黑脉金斑蝶 *Danaus plexippus*	5.00E-123	卵、蛹
	T4_32272	GARD01032111	EHJ75579.1	黑脉金斑蝶 *D. plexippus*	7.00E-79	成虫、卵、蛹
羧酸酯酶	T1_28617	GARG01027841	ABU88425.1	棉铃虫 *H. armigera*	0	成虫、卵、蛹
	T3_10228	GARB01010201	NP_001040411.1	家蚕 *Bombyx mori*	0	成虫、卵、蛹
	T1_31413	GARG01030626	XP_004933503.1	家蚕 *B. mori*	9.00E-121	成虫、卵、蛹
	T2_19010	GARC01017829	AEL33701.1	海灰翅夜蛾 *Spodoptera littoralis*	2.00E-39	卵、蛹
NADH 脱氢酶	T1_34150	GARG01033356	XP_004929189.1	家蚕 *B. mori*	0	蛹
	T2_35251	GARC01034013	AGT18655.1	小地老虎 *Agrotis ipsilon*	0	卵
	T4_33730	GARD01033563	NP_001040366.1	家蚕 *B. mori*	0	蛹
	T3_11158	GARB01011131	NP_001040176.1	家蚕 *B. mori*	4.00E-131	蛹
	T1_34548	GARG01033753	YP_008475495.1	小地老虎 *A. ipsilon*	3.00E-108	卵
	T1_18482	GARG01017741	ADM64320.1	棉铃虫 *H. armigera*	2.00E-86	蛹
	T2_25144	GARC01023942	NP_001040477.1	家蚕 *B. mori*	4.00E-80	卵、蛹
	T3_36919	GARB01035512	BAM18309.1	柑橘凤蝶 *Papilio xuthus*	3.00E-74	蛹
烟碱型乙酰胆碱	T4_10407	GARD01010326	ABV72691.1	家蚕 *B. mori*	0	蛹
	T3_33070	GARB01031702	NP_001103401.1	家蚕 *B. mori*	4.00E-65	蛹

续表

基因类型	序列编号	NCBI 登录号	同源基因	生物种（中文名和拉丁名）	期望值	上调对应虫态
	T1_28220	GARG01027446	EHJ77935.1	黑脉金斑蝶 *D. plexippus*	3.00E-157	蛹
	T1_30103	GARG01029320	AEG75846.1	斜纹夜蛾 *Spodoptera litura*	6.00E-133	成虫、卵、蛹
	T4_33060	GARD01032895	AHB18378.1	甜菜夜蛾 *Spodoptera exigua*	4.00E-119	成虫、卵、蛹
	T1_27107	GARG01026336	ACU09495.1	棉铃虫 *H. armigera*	9.00E-109	成虫
	T4_30329	GARD01030179	AHB18379.1	甜菜夜蛾 *S. exigua*	2.00E-104	成虫、卵、蛹
	T1_30232	GARG01029448	AEG75843.1	斜纹夜蛾 *S. litura*	2.00E-103	成虫、卵、蛹
	T1_27986	GARG01027212	ACX85225.1	烟夜蛾 *Helicoverpa assulta*	3.00E-99	成虫、卵、蛹
	T4_34411	GARD01034244	ADI32890.1	棉铃虫 *H. armigera*	6.86E-90	成虫、卵、蛹
谷胱甘肽 S-转移酶	T4_30948	GARD01030792	ABK40535.1	棉铃虫 *H. armigera*	6.00E-88	成虫、卵、蛹
	T1_27720	GARG01026948	AAF23078.1	云杉芽卷蛾 *Choristoneura fumiferana*	2.00E-87	成虫、卵、蛹
	T3_10409	GARB01010382	AEG75846.1	斜纹夜蛾 *S. litura*	1.00E-86	成虫、蛹
	T1_33317	GARG01032526	AFF27579.1	甜菜夜蛾 *S. exigua*	2.00E-76	成虫
	T2_27628	GARC01026412	AAF23078.1	云杉芽卷蛾 *C. fumiferana*	2.00E-74	成虫、卵、蛹
	T2_31329	GARC01030102	ACX85225.1	烟夜蛾 *H. assulta*	4.00E-71	卵、蛹
	T2_32100	GARC01030869	AAP75790.1	棉铃虫 *H. armigera*	2.00E-41	成虫、卵、蛹
	T3_10002	GARB01009976	ABU88426.1	棉铃虫 *H. armigera*	2.00E-34	成虫、卵、蛹
	T4_12406	GARD01012315	ABX84142.1	烟夜蛾 *H. assulta*	3.00E-18	成虫、卵
	T1_28749	GARG01027973	ADE05583.1	烟草天蛾 *Manduca sexta*	0	卵、蛹
	T1_28817	GARG01028041	AFP20597.1	海灰翅夜蛾 *S. littoralis*		蛹
细胞色素 P450	T1_29626	GARG01028846	AGI65181.1	棉铃虫 *H. armigera*	0	成虫
	T1_30826	GARG01030040	AAM54723.1	美洲棉铃虫 *H. zea*	0	成虫、卵、蛹
	T1_31292	GARG01030505	AGO62004.1	草地贪夜蛾 *S. frugiperda*	0	成虫、卵、蛹

续表

基因类型	序列编号	NCBI 登录号	同源基因	生物种(中文名和拉丁名)	期望值	上调对应虫态
细胞色素 P450	T1_31569	GARG01030782	AFP20597.1	海灰翅夜蛾 *S. littoralis*	0	成虫、卵、蛹
	T1_32653	GARG01031863	AEL87783.1	斜纹夜蛾 *S. litura*	0	成虫、卵、蛹
	T1_33003	GARG01032212	AFP20612.1	海灰翅夜蛾 *S. littoralis*	0	卵、蛹
	T1_33145	GARG01032354	AFP20584.1	海灰翅夜蛾 *S. littoralis*	0	蛹
	T1_33465	GARG01032674	NP_001108340.1	家蚕 *B. mori*	0	成虫、蛹
	T1_33689	GARG01032895	AAR26518.1	甘蓝夜蛾 *Mamestra brassicae*	0	成虫、卵、蛹
	T1_33812	GARG01033018	AGB93713.1	甘蓝夜蛾 *M. brassicae*	0	成虫、卵、蛹
	T1_34037	GARG01033243	AFP20590.1	海灰翅夜蛾 *S. littoralis*	0	成虫、卵、蛹
	T1_34066	GARG01033272	AAM54722.1	美洲棉铃虫 *Helicoverpa zea*	0	成虫、卵、蛹
	T2_34128	GARC01032893	AFP20609.1	海灰翅夜蛾 *S. littoralis*	0	卵、蛹
	T2_38570	GARC01037326	AAR26518.1	甘蓝夜蛾 *M. brassicae*	0	卵、蛹
	T3_8235	GARB01008214	AFP20588.1	海灰翅夜蛾 *S. littoralis*	0	蛹
	T3_14828	GARB01014799	ABE60885.1	棉铃虫 *H. armigera*	0	成虫、蛹
	T3_14868	GARB01014839	AGO62008.1	草地贪夜蛾 *S. frugiperda*	0	成虫、蛹
	T3_14997	GARB01014968	AFO72902.1	棉铃虫 *H. armigera*	0	成虫、蛹
	T3_15233	GARB01015204	AAL48300.1	甘蓝夜蛾 *M. brassicae*	0	卵、蛹
	T3_15745	GARB01015716	AGO62001.1	草地贪夜蛾 *S. frugiperda*	0	蛹
	T3_42000	GARB01040556	BAN66311.1	甘蓝夜蛾 *M. brassicae*	0	成虫、卵、蛹
	T4_19950	GARD01019837	AAD25104.1	烟芽夜蛾 *H. virescens*	0	卵
	T4_31406	GARD01031249	AFP20600.1	海灰翅夜蛾 *S. littoralis*	0	卵
	T4_33881	GARD01033714	AGU36300.1	海灰翅夜蛾 *S. littoralis*	0	成虫、卵、蛹
	T1_32449	GARG01031659	AAR26518.1	甘蓝夜蛾 *M. brassicae*	5.00E-169	成虫、卵、蛹
	T1_30094	GARG01029311	AFP20593.1	海灰翅夜蛾 *S. littoralis*	1.00E-165	成虫、卵、蛹

续表

基因类型	序列编号	NCBI 登录号	同源基因	生物种(中文名和拉丁名)	期望值	上调对应虫态
细胞色素 P450	T1_31188	GARD01031031	AFP20604.1	海灰翅夜蛾 *S. littoralis*	2.00E-164	卵
	T1_30070	GARG01029288	AFP20610.1	海灰翅夜蛾 *S. littoralis*	5.00E-161	成虫、卵、蛹
	T2_28899	GARC01027682	AFP20590.1	海灰翅夜蛾 *S. littoralis*	2.00E-151	成虫、蛹
	T1_33813	GARG01033019	AGB93714.1	小地老虎 *A. ipsilon*	2.00E-134	成虫、卵、蛹
	T2_13828	GARC01012688	AAL48299.1	甘蓝夜蛾 *M. brassicae*	3.00E-109	卵
	T4_19867	GARD01019754	AFP20593.1	海灰翅夜蛾 *S. littoralis*	4.00E-105	卵
	T3_38442	GARB01037022	AFP20593.1	海灰翅夜蛾 *S. littoralis*	1.00E-99	成虫、卵、蛹
	T2_25155	GARC01023953	NP_001108340.1	家蚕 *B. mori*	6.00E-93	成虫、卵、蛹
	T1_33629	GARG01032835	AFP20610.1	海灰翅夜蛾 *S. littoralis*	2.00E-90	卵、蛹
	T1_30069	GARG01029287	AFP20610.1	海灰翅夜蛾 *S. littoralis*	3.00E-90	成虫、蛹
	T1_27213	GARG01026442	AFP20609.1	海灰翅夜蛾 *S. littoralis*	2.00E-85	蛹
	T2_20085	GARC01018898	AGO62007.1	草地贪夜蛾 *S. frugiperda*	5.00E-82	成虫、蛹
	T1_34418	GARG01033624	AFP20610.1	海灰翅夜蛾 *S. littoralis*	3.00E-70	成虫、卵、蛹
	T2_25154	GARC01023952	ADE05587.1	烟草天蛾 *Manduca sexta*	4.00E-61	成虫、卵、蛹
	T1_33099	GARG01032308	BAM20370.1	玉带凤蝶 *Papilio polytes*	1.00E-60	成虫、卵
	T4_40924	GARD01040689	ADE05588.1	烟草天蛾 *M. sexta*	2.00E-56	成虫、卵、蛹
	T1_32450	GARG01031660	AAR26518.1	甘蓝夜蛾 *M. brassicae*	9.00E-55	成虫、卵、蛹
	T3_27501	GARB01026535	AFP20593.1	海灰翅夜蛾 *S. littoralis*	2.00E-53	成虫、卵、蛹
	T3_27604	GARB01026628	AAR26518.1	甘蓝夜蛾 *M. brassicae*	2.00E-49	成虫、卵、蛹
	T3_14867	GARB01014838	AGO62005.1	草地贪夜蛾 *S. frugiperda*	4.00E-42	成虫、蛹
	T1_34038	GARG01033244	AAF06102.1	美洲棉铃虫 *H. zea*	2.00E-27	成虫、蛹
	T2_26155	GARC01024949	ACM45975.1	海灰翅夜蛾 *S. littoralis*	7.00E-26	卵、蛹

第二节　二点委夜蛾触角转录组测序及嗅觉相关基因鉴定

目前，“绿色、安全、高效”的害虫综合治理策略日益为各国政府部门所倡导，这在一定程度上促进了昆虫化学生态学的发展。昆虫化学通信的基础则是其在长期适应外界环境的过程中，进化出的一套高度灵敏的嗅觉感受系统，该系统可以帮助昆虫感受环境中的各种化学气味，从而精确高效地完成寻找配偶、食物和产卵场所等重要的生理行为。因此，深入解析害虫化学通信的机制将有助于我们开发设计出更加高效、特异的引诱剂和驱避剂。Zhang 等(2016、2017b、2017c)采用高通量测序技术首次对二点委夜蛾成虫触角进行了测序，并应用生物信息学方法对所得数据与模式昆虫家蚕等物种的基因组进行比对分析，共鉴定到 151 条嗅觉相关基因(包括 80 条嗅觉受体、48 条嗅觉结合蛋白和 23 条 UDP-葡糖醛酸基转移酶基因)，这为深入研究二点委夜蛾化学通信的分子机制奠定了重要基础，也为挖掘和开发新的靶标基因用于防控该虫提供了丰富的基因资源。

一、二点委夜蛾触角转录组测序及组装

将收集好的三日龄未交配雌雄蛾触角(各 50 头)混合样，按照 trizol 法提取总 RNA (Ridgeway and Timm，2014)，并用带有 Oligo(dT)的磁珠富集 3μg 总 RNA 样品中的 mRNA，然后加入裂解缓冲液(fragmentation buffer)在 94℃温育 5min 将 mRNA 打断成短片段，以这些片段为模版，用六碱基随机引物(random hexamers)合成第一链 cDNA，随后加入 RNaseH 和 DNA polymerase I 合成第二链 cDNA。得到的 cDNA 经纯化后，修复末端，加 A 以及测序接头。用琼脂糖凝胶电泳分离不同大小的片段，然后进行 PCR 扩增 cDNA 片段并用 QIAquick PCR Purification Kit 回收 PCR 产物，从而构建 cDNA 文库，并在 Illumina HiSeq™2500 平台上进行高通量测序。测序得到的原始图像数据经 base calling 转化为序列数据 Raw reads，结果以 fastq 文件格式存储。数据过滤包括以下几个步骤：去除含 adaptor 的 reads、去除 N 的比例大于 5%的 reads、去除低质量 reads(质量值 Q≤20 的碱基数占整个 reads 数的 50%以上)，最终获得 Total reads。使用短 reads 组装软件 Trinity 做转录组从头组装，Trinity 首先将具有一定长度 overlap 的 reads 连成更长的片段，这些通过 reads overlap 关系得到的不含 N 的组装片段称为 Contig。然后，将 reads 比对 Contig，通过 paired-end reads 能确定来自同一转录本的不同 Contig 以及这些 Contig 之间的距离，Trinity 将这些 Contig 连在一起，中间未知序列用 N 表示，这样就得到 Scaffold。最后得到不含 N，两端不能再延长的序列，称之为 Unigene。

二点委夜蛾触角转录组的测序产量见表 9-8。测序所得数据产量碱基数约 6Gb，一共产生 54 360 792 个 clean reads。经 Trinity 软件进行拼装得到了 45 301 个 Unigene(N50=1780bp)，最长的 Unigene 为 36 016bp，能够与 Nr(non-redundant)库比对上的有 19 105 个 Unigene。所有 Unigene 中，大于 500bp 的序列占到 43.33%(图 9-5)。

表 9-8　二点委夜蛾触角转录组测序产量统计

统计项目	数量
Total clean reads	54 360 792
GC percentage	44.09%
Q20 percentage	96.70%
Total unigene nucleotides	40 740 511
Total unigene	45 301
N50 of unigenes (nt)/bp	1 780
Min length of unigenes (nt)/bp	201
Median length of unigenes (nt)/bp	416
Max length of unigenes (nt)/bp	36 016
Unigenes with homolog in NR	19 105

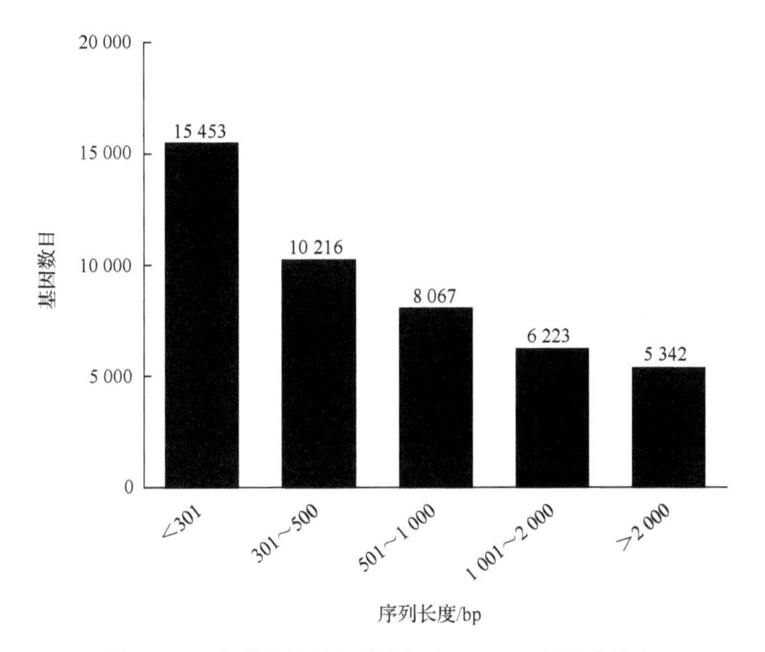

图 9-5　二点委夜蛾触角转录组中 Unigene 的长度分布

二、转录组数据的同源分析和功能注释

在二点委夜蛾所有的 45 301 个 Unigene 中，共有 19 105 个序列能够通过 BLASTX 比对的方法(e-value$<10^{-5}$)同源比对到 NCBI 的 Nr 蛋白库中。其中比对到家蚕(46.20%)的 Unigene 最多，其次是黑脉金斑蝶(27.60%)、赤拟谷盗(2.80%)、棉铃虫(2.00%)和柑橘凤蝶(1.80%)(图 9-6)。

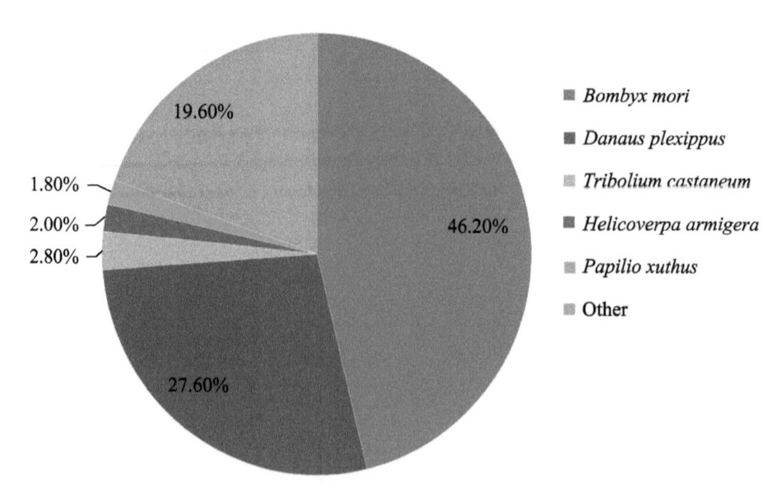

图 9-6　二点委夜蛾触角 Unigene 与其他昆虫的同源比对

二点委夜蛾 Unigene 的功能注释(GO 分析)分析结果显示(图 9-7)，在所有 Unigene 中，共有 13 548 个基因的预测蛋白能够进行 GO 分类，累计归到生物学过程(biological process)不同亚类的有 171 451 个次，其中 cellular、metabolic 和 single-organism processes 的 Unigene 数目最多；归到细胞组分(cellular component)不同亚类的有 46 930 个次，其中 cell、cell part 和 organelle 的 Unigene 最多；在分子功能(molecular function)(30 379 个次)不同亚类的 Unigene 中，与嗅觉密切相关的 binding、catalytic activity 和 transporter activity 的 Unigene 数目最多(图 9-7)。本研究的分析结果与已报道的其他鳞翅目昆虫相似，大量无 GO 分类的基因暗示二点委夜蛾触角转录组中存在众多的非编码基因或者有些基因与其他物种中没有 GO 分类的基因比对上。

三、嗅觉受体 OR、IR 的鉴定及系统发育分析

通过同源比对分析，在二点委夜蛾触角转录组中一共鉴定到 80 个嗅觉受体基因，包括 61 个气味受体(OR)和 19 个离子型受体(IR)(表 9-9)。与已报道的其他昆虫相比，二点委夜蛾的嗅觉受体基因数目接近于棉铃虫(OR：60，IR：21)和烟青虫(OR：51，IR：24)，但是多于二化螟(OR：47，IR：20)和斜纹夜蛾(OR：26，IR：9)。

利用 NCBI-ORF(opening reading frame，ORF)预测和 BLASTX 比对分析(表 9-9)，发现共有 36 个 OR 和 8 个 IR 序列含有完整的可读框，OR 编码的氨基酸为 386～473，IR 编码的氨基酸为 543～926。与其他昆虫类似的是，有 1 个编码非典型性受体 Orco 的序列在二点委夜蛾触角转录组中被成功鉴定，该序列与黏虫的同源基因有高达 97%的一致性，余下 60 个 AlepOR 序列与其他昆虫的一致性为 40%～94%。随后，利用网络在线服务器(http://www.cbs.dtu.dk/services/TMHMM/)对二点委夜蛾含有完整可读框的 OR 和 IR 序列进行跨膜域预测分析，结果发现 AlepOR 的跨膜域结构数为 3～8，而 AlepIR 的跨膜域结构数为 3 个或 4 个，这与已报道的其他昆虫 OR 序列特征相似，也进一步表明我们所获得的 AlepOR 和 AlepIR 序列是准确可信的。

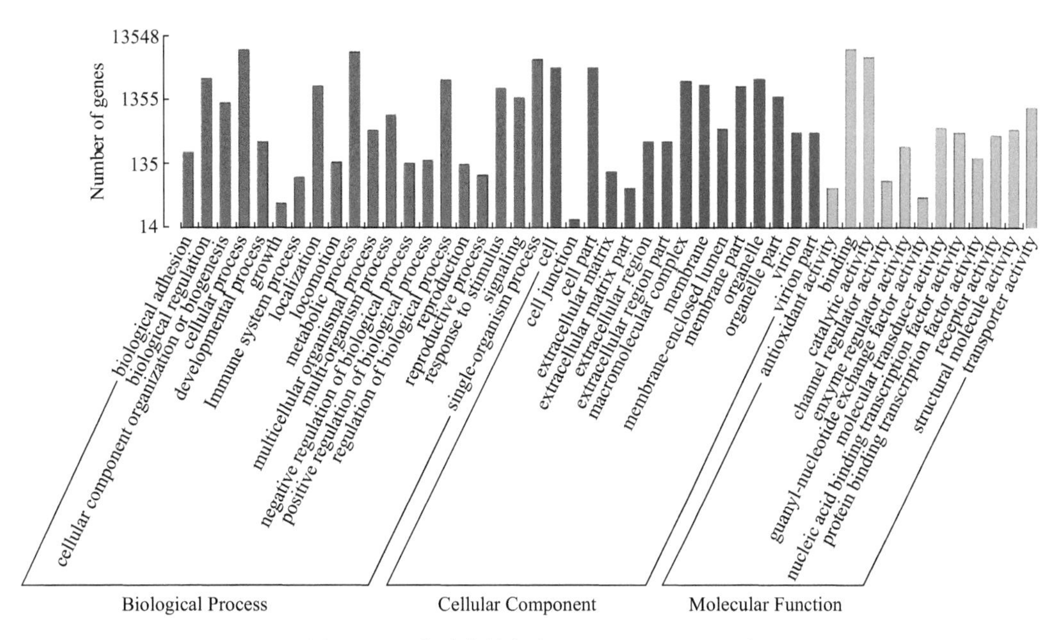

图 9-7　二点委夜蛾触角 Unigene 的 GO 分类

Number of genes：基因数量；Biological Process：生物过程；Cellular Component：细胞组分；Molecular Function：分子功能；Cell：细胞；Cell junction：细胞连接；Cell part：细胞部分；Extracellular matrix：胞外基质；Extracellular matrix part：胞外基质部分；Extracellular region：胞外区；Extracellular region part：胞外区部分；Macromolecular complex：大分子复合物；Membrane：膜；Membrane part：膜部分；Membrane-enclosed lumen：膜附着腔；Organelle：细胞器；Organelle part：细胞器部分；Synapse：突触；Synapse part：突触部分；Antioxidant activity：抗氧化活性；Binding：蛋白结合；Catalytic activity：催化活性；Electron carrier activity：电子载体活性；Enzyme regulator activity：酶调节器活性；Molecular transducer activity：分子传感活性；Nucleic acid binding transcription factor activity：核酸结合转录因子活性；Protein binding transcription factor activity：蛋白结合转录因子活性；Receptor activity：受体活性；Structural molecule activity：结构分子活性；Translation regulator activity：翻译调节活性；Transporter activity：转运蛋白活性；Biological adhesion：生物黏附；Biological regulation：生物调节；Cell proliferation：细胞增殖；Cellular component organization or biogenesis：细胞组分组织或生物合成；Cellular process：细胞过程；Death：死亡；Developmental process：发育过程；Establishment of localization：定位建成；Growth：生长；Immune system process：免疫系统过程；Localization：定位；Locomotion：运动力；Metabolic process：代谢过程；Multi-organism process：多有机体过程；Multicellular organismal process：多细胞有机体过程；Pigmentation：色素形成；Reproduction：复制；Reproductive process：复制过程；Response to stimulus：刺激反应；Rhythmic process：节律性过程；Signaling：信号传导

为进一步揭示二点委夜蛾 OR 和 IR 序列的功能，我们首先将 AlepOR 与棉铃虫、烟青虫、烟芽夜蛾和家蚕的 OR 序列整合在一起进行系统发育分析(图 9-8)。和所有昆虫的 ORco 特性一样，二点委夜蛾的 AlepORco 同家蚕 BmorORco、棉铃虫 HarmORco、烟青虫 HassORco、烟芽夜蛾 HvirORco 序列结构高度保守，一同聚集在一簇上形成 ORco 亚家族。除了 *ORco* 基因之外，昆虫的传统 OR 高度分化并在不同物种之间同源性很低，其中有一类被认为是在鳞翅目昆虫性信息素感受途径中起重要作用的性信息素受体(pheromone receptor，PR)。系统发育分析发现，二点委夜蛾一共有 4 个 OR 序列(OR3、OR4、OR5 和 OR6)能够与其他 4 种蛾子的 PR 序列聚在一起形成 PR 亚家族。此外，利用二点委夜蛾 IR 序列同其他昆虫的 IR 基因构建的进化树发现(图 9-9)，19 个 AlepIR 聚在不同的 IR 亚家族内，包括 IR21a、IR40a、IR41a、IR68a、IR64a、IR87a、IR93a、IR7d、IR75、IR76b 和 IR25a/8a。

表 9-9　二点委夜蛾嗅觉受体的 Blastx 比对结果

基因名称	登录号	跨膜域数	ORF/aa	ORF 是否完整	最佳 Blastx 比对结果				
					基因名称	登录号	物种	E 值	一致性/%
	Odorant Receptor (OR)								
OR1	KT588096	3	257	N	putative odorant receptor	AGY14586.1	大螟 *Sesamia inferens*	3.00E-173	91
ORco	KT588097	7	473	Y	olfactory receptor-2	BAG71415.1	黏虫 *Mythimna separata*	0.00E+00	97
OR3	KT588098	6	432	Y	putative odorant receptor	AGY14579.2	大螟 *S. inferens*	0.00E+00	69
OR4	KT588099	4	432	Y	putative odorant receptor	AGY14579.2	大螟 *S. inferens*	0.00E+00	71
OR5	KT588100	4	442	Y	olfactory receptor-1	BAG71414.1	黏虫 *M. separata*	0.00E+00	80
OR6	KT588101	8	441	Y	olfactory receptor 11	AJD81549.1	烟青虫 *Heliothis assulta*	0.00E+00	75
OR7	KT588102	1	91	N	olfactory receptor 26	AIT69884.1	卷叶蛾 *Ctenopseustis herana*	2.00E-25	60
OR8	KT588103	4	390	Y	olfactory receptor 10	AJG42376.1	棉铃虫 *Helicoverpa armigera*	0.00E+00	93
OR9	KT588104	5	392	Y	odorant receptor	AIG51902.1	棉铃虫 *H. armigera*	2.00E-119	46
OR10	KT588105	3	238	N	putative olfactory receptor 16	BAR43458.1	亚洲玉米螟 *Ostrinia furnacalis*	9.00E-63	50
OR11	KT588106	5	402	Y	odorant receptor	AIG51887.1	棉铃虫 *H. armigera*	0.00E+00	83
OR12	KT588107	5	406	Y	olfactory receptor 7	AGK90001.1	棉铃虫 *H. armigera*	0.00E+00	83
OR13	KT588108	0	102	N	odorant receptor	AIG51902.1	棉铃虫 *H. armigera*	4.00E-52	82
OR14	KT588109	6	442	Y	odorant receptor	AIG51888.1	棉铃虫 *H. armigera*	0.00E+00	94
OR15	KT588110	1	103	N	putative odorant receptor 85d	XP_012548565.1	家蚕 *Bombyx mori*	5.00E-52	64
OR16	KT588111	7	456	Y	putative olfactory receptor 12	AGG08878.1	斜纹夜蛾 *Spodoptera litura*	0.00E+00	68
OR17	KT588112	5	386	Y	odorant receptor 4-like	XP_012545317.1	家蚕 *B. mori*	2.00E-115	44
OR18	KT588113	7	394	Y	odorant receptor	AIG51856.1	棉铃虫 *H. armigera*	1.00E-165	60
OR19	KT588114	4	407	Y	putative olfactory receptor 51	AGG08876.1	斜纹夜蛾 *Spodoptera litura*	0.00E+00	85

续表

基因名称	登录号	跨膜域数	ORF/aa	ORF 是否完整	最佳 Blastx 比对结果				
					基因名称	登录号	物种	E 值	一致性/%
OR20	KT588115	6	464	Y	putative olfactory receptor 29	BAR43471.1	亚洲玉米螟 *O. furnacalis*	1.00E-143	53
OR21	KT588116	3	268	N	odorant receptor	AIG51891.1	棉铃虫 *H. armigera*	9.00E-155	75
OR22	KT588117	7	405	Y	odorant receptor	AII01102.1	思茅松毛虫 *Dendrolimus kikuchii*	6.00E-151	63
OR23	KT588118	7	400	Y	odorant receptor	AIG51896.1	棉铃虫 *H. armigera*	3.00E-173	64
OR24	KT588119	0	99	N	odorant receptor	AIG51903.1	棉铃虫 *H. armigera*	5.00E-43	82
OR25	KT588120	6	415	Y	odorant receptor	AII01083.1	思茅松毛虫 *Dendrolimus kikuchii*	0.00E+00	69
OR26	KT588121	3	167	N	putative chemosensory receptor 9	CAD31950.1	烟芽夜蛾 *Heliothis virescens*	3.00E-89	73
OR27	KT588122	5	396	Y	odorant receptor 30	DAA05986.1	家蚕 *B. mori*	6.00E-153	57
OR28	KT588123	4	344	N	odorant receptor	AII01045.1	云南松毛虫 *Dendrolimus houi*	7.00E-108	48
OR29	KT588124	2	117	N	odorant receptor	AII01092.1	思茅松毛虫 *D. kikuchii*	2.00E-32	62
OR30	KT588125	3	394	Y	olfactory receptor 67	AIT72018.1	棕头卷夜蛾 *Ctenopseustis obliquana*	3.00E-117	43
OR31	KT588126	6	450	Y	odorant receptor	AIG51892.1	棉铃虫 *H. armigera*	0.00E+00	72
OR32	KT588127	4	402	Y	putative chemosensory receptor 21	CAG38122.1	烟芽夜蛾 *H. virescens*	3.00E-177	70
OR33	KT588128	6	408	Y	odorant receptor	AIG51860.1	棉铃虫 *H. armigera*	0.00E+00	78
OR34	KT588129	7	412	Y	odorant receptor	AEF32141.1	甜菜夜蛾 *Spodoptera exigua*	0.00E+00	79
OR35	KT588130	7	389	Y	odorant receptor 15	DAA05974.1	家蚕 *B. mori*	3.00E-117	52
OR36	KT588131	6	390	Y	odorant receptor	AIG51885.1	棉铃虫 *H. armigera*	4.00E-173	63
OR37	KT588132	5	419	Y	odorant receptor	AIG51898.1	棉铃虫 *H. armigera*	0.00E+00	72
OR38	KT588133	0	81	N	olfactory receptor	EHJ75140.1	黑脉金斑蝶 *Danaus plexippus*	2.00E-42	60
OR39	KT588134	3	212	N	putative olfactory receptor 46	BAR43488.1	亚洲玉米螟 *Ostrinia furnacalis*	3.00E-42	40
OR40	KT588135	4	254	N	olfactory receptor 3	AGK89999.1	棉铃虫 *H. armigera*	0.00E+00	86

续表

基因名称	登录号	跨膜域数	ORF/aa	ORF 是否完整	最佳 Blastx 比对结果				
					基因名称	登录号	物种	E 值	一致性/%
OR41	KT588136	6	402	Y	odorant receptor	AIG51886.1	棉铃虫 *H. armigera*	0.00E+00	80
OR42	KT588137	3	231	N	putative olfactory receptor 9	BAR43451.1	亚洲玉米螟 *O. furnacalis*	6.00E-104	61
OR43	KT588138	4	393	Y	putative olfactory receptor 18	ACL81188.1	甘蓝夜蛾 *Mamestra brassicae*	0.00E+00	91
OR44	KT588139	6	398	Y	putative olfactory receptor 27	BAR43469.1	亚洲玉米螟 *O. furnacalis*	0.00E+00	75
OR46	KT588141	4	299	N	olfactory receptor 22	NP_001166613.1	家蚕 *B. mori*	6.00E-112	65
OR47	KT588142	1	77	N	olfactory receptor 7	AGS41446.1	黄地老虎 *Agrotis segetum*	3.00E-37	81
OR48	KT588143	4	326	N	odorant receptor	AIG51873.1	棉铃虫 *H. armigera*	0.00E+00	86
OR49	KT588144	4	273	N	putative olfactory receptor 19	AGG08879.1	斜纹夜蛾 *S. litura*	9.00E-133	70
OR50	KT588145	6	429	Y	putative olfactory receptor 44	AGG08877.1	斜纹夜蛾 *S. litura*	0.00E+00	90
OR51	KT588146	5	398	Y	odorant receptor	AIG51879.1	棉铃虫 *H. armigera*	0.00E+00	83
OR52	KT588147	2	103	N	odorant receptor 22	DAA05980.1	家蚕 *B. mori*	2.00E-42	65
OR53	KT588148	5	392	Y	odorant receptor	AIG51906.1	棉铃虫 *H. armigera*	0.00E+00	82
OR54	KT588149	7	395	Y	putative olfactory receptor 29	AIZ00995.1	棉铃虫 *H. armigera*	0.00E+00	84
OR55	KT588150	7	404	Y	odorant receptor	AIG51871.1	棉铃虫 *H. armigera*	7.00E-169	67
OR56	KT588151	1	89	N	putative olfactory receptor 39	BAR43481.1	亚洲玉米螟 *O. furnacalis*	6.00E-17	46
OR57	KT588152	3	419	Y	odorant receptor	AIG51890.1	棉铃虫 *H. armigera*	0.00E+00	71
OR58	KT588153	6	389	Y	putative olfactory receptor 20	BAR43462.1	亚洲玉米螟 *O. furnacalis*	5.00E-175	65
OR59	KT588154	6	398	Y	putative chemosensory receptor 17	CAG38118.1	烟芽夜蛾 *H. virescens*	0.00E+00	79
OR60	KT588155	0	173	N	odorant receptor 38	ABK27851.1	家蚕 *B. mori*	4.00E-57	59
OR61	KT588156	6	404	Y	odorant receptor	AII01090.1	思茅松毛虫 *D. kikuchii*	0.00E+00	68

续表

基因名称	登录号	跨膜域数	ORF/aa	ORF 是否完整	最佳 Blastx 比对结果				
					基因名称	登录号	物种	E 值	一致性/%
	Ionotropic Receptor (IR)								
IR1	KT588084	2	242	N	putative IR1	ADR64688.1	海灰翅夜蛾 *Spodoptera littoralis*	1.00E-110	74
IR1.2	KT588094	3	656	Y	ionotropic receptor	BAR64812.1	亚洲玉米螟 *O. furnacalis*	3.00E-123	66
IR2	KT588091	1	390	N	ionotropic receptor	BAR64813.1	亚洲玉米螟 *O. furnacalis*	1.00E-131	56
IR7d.1	KT588088	4	595	N	ionotropic receptor	AIG51916.1	棉铃虫 *H. armigera*	8.00E-123	70
IR7d.2	KT588095	2	378	N	ionotropic receptor	AIG51917.1	棉铃虫 *H. armigera*	3.00E-157	72
IR7d.3	KT588083	3	587	N	ionotropic receptor 7d.3	AJD81625.1	烟青虫 *H. assulta*	0.00E+00	80
IR8a	KT588082	2	376	N	putative ionotropic receptor IR8a	AFC91764.1	苹果蠹蛾 *Cydia pomonella*	0.00E+00	91
IR21a	KT588078	3	853	Y	putative IR21a	ADR64678.1	海灰翅夜蛾 *S. littoralis*	0.00E+00	79
IR25a	KT588089	4	926	Y	ionotropic receptor 25a	AJD81628.1	烟青虫 *H. assulta*	0.00E+00	97
IR40a	KT588079	3	684	Y	ionotropic receptor	BAR64799.1	亚洲玉米螟 *O. furnacalis*	0.00E+00	75
IR41a	KT588087	4	608	Y	putative IR41a	ADR64681.1	海灰翅夜蛾 *S. littoralis*	0.00E+00	80
IR64a	KT588093	1	260	N	ionotropic receptor	AIG51920.1	棉铃虫 *H. armigera*	1.00E-103	74
IR68a	KT588080	4	683	Y	putative IR68a	ADR64682.1	海灰翅夜蛾 *S. littoralis*	0.00E+00	83
IR75d	KT588086	1	233	N	ionotropic receptor 75d	AJD81642.1	烟青虫 *H. assulta*	3.00E-104	89
IR75p	KT588092	3	498	N	ionotropic receptor	BAR64805.1	亚洲玉米螟 *O. furnacalis*	0.00E+00	67
IR75q.2	KT588085	4	627	Y	putative IR75q.2	ADR64685.1	海灰翅夜蛾 *S. littoralis*	0.00E+00	84
IR76b	KT588077	3	543	Y	putative ionotropic receptor	AGY49253.1	大螟 *S. inferens*	0.00E+00	88
IR87a	KT588081	3	550	N	ionotropic receptor	BAR64810.1	亚洲玉米螟 *O. furnacalis*	0.00E+00	77
IR93a	KT588090	3	707	N	ionotropic receptor	BAR64811.1	亚洲玉米螟 *O. furnacalis*	0.00E+00	77

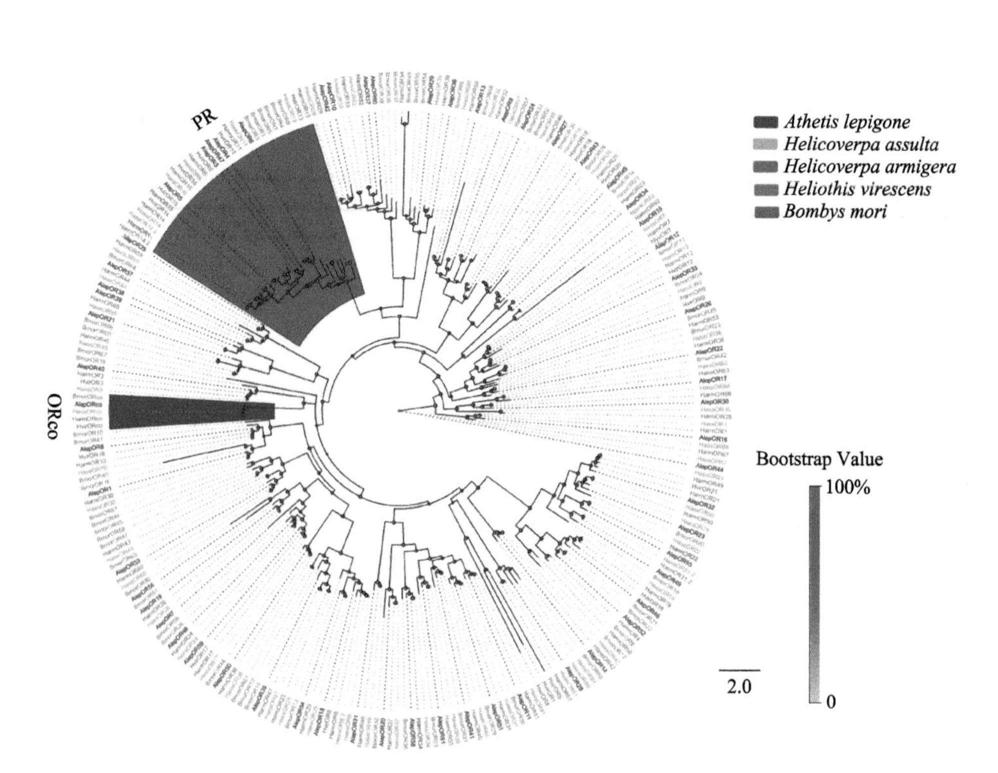

图 9-8　鳞翅目昆虫 OR 基因的系统发育分析(Bootstrap Value：置信值)

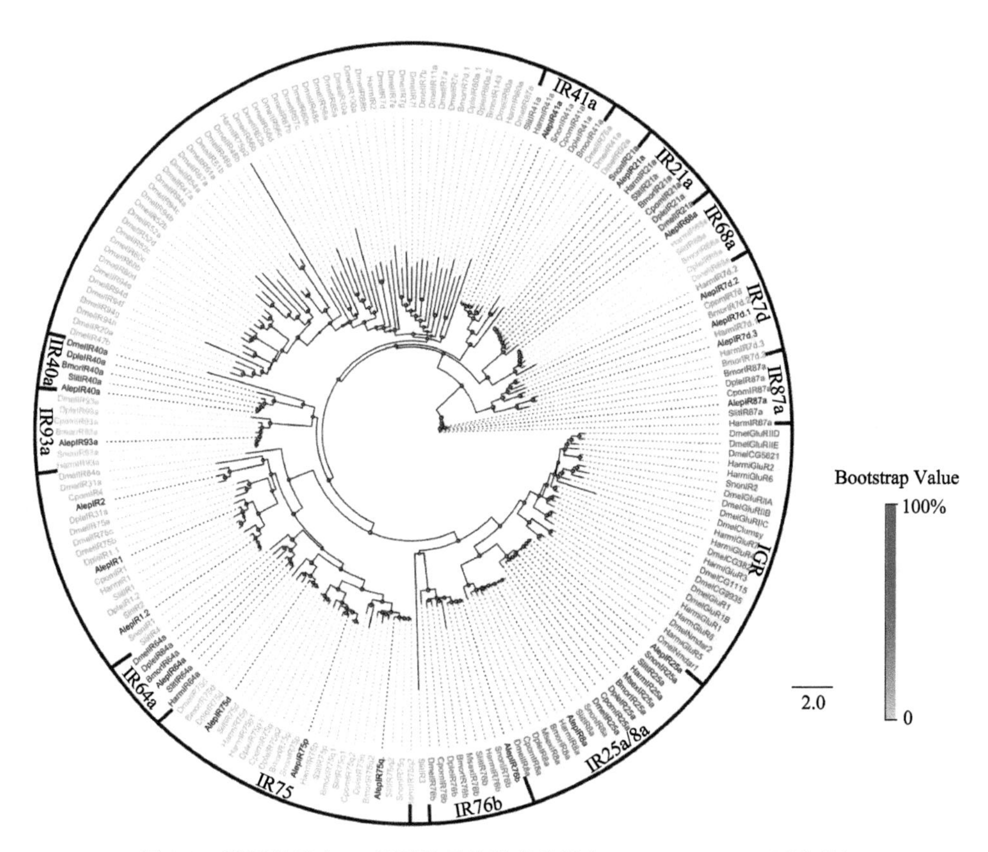

图 9-9　鳞翅目昆虫 IR 基因的系统发育分析(Bootstrap Value：置信值)

四、嗅觉受体 OR、IR 的性别分布特征

基于 RT-PCR 技术分析嗅觉基因的性别表达状况已在多种不同昆虫中得到应用。因此，本研究针对不同的嗅觉受体基因，设计特异性引物，并以甘油醛-3-磷酸脱氢酶(glyceraldehyde-3-phosphate dehydrogenase，GAPDH)作为评估不同 cDNA 样品完整性的内参基因，对二点委夜蛾的嗅觉受体基因的性别分布情况进行了调查分析。结果显示(图 9-10)，4 个 PR 中有 3 个序列(*OR3*、*OR4* 和 *OR5*)表现出了雄蛾触角特异表达的特点，*OR6* 在雌雄蛾触角中均有表达，但在雄蛾中的信号强于雌蛾。

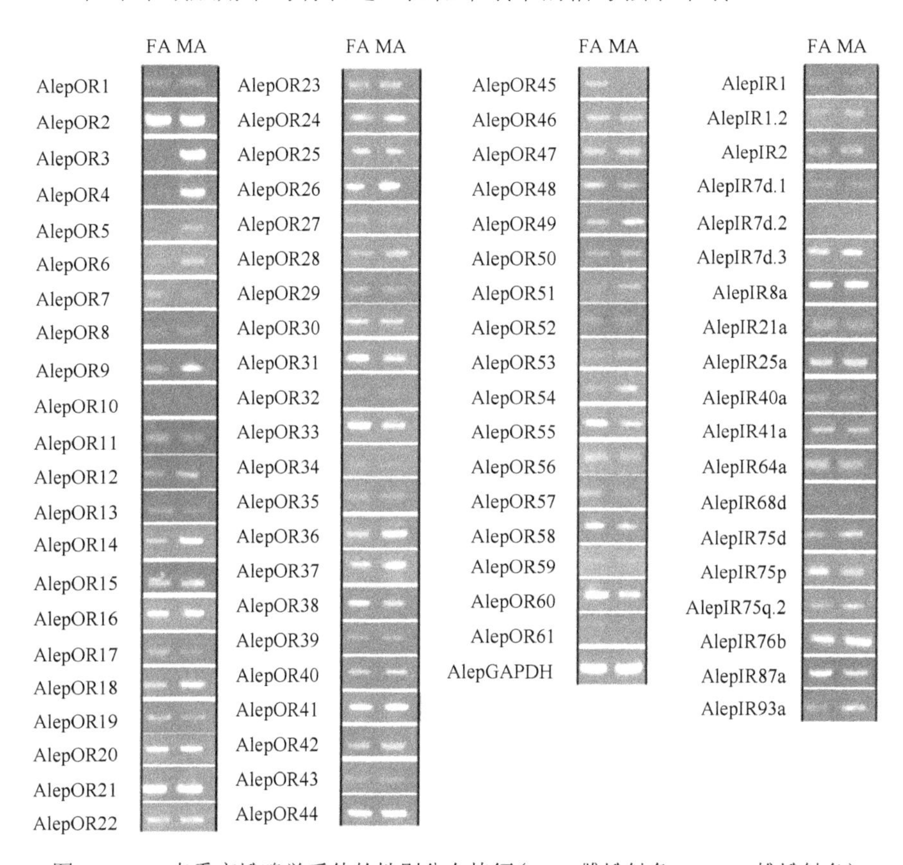

图 9-10　二点委夜蛾嗅觉受体的性别分布特征(FA：雌蛾触角；MA：雄蛾触角)

表明这几个 *PR* 基因很有可能在雄蛾感受性信息素过程中扮演重要的角色；而 *OR47* 虽然能够聚在 *PR* 亚家族内，但在雌雄蛾触角中表达的信号强度相似；所有 *OR* 中，只有 *OR45* 基因表现出了雌蛾特异表达的特点；此外，共有 7 个(*OR8*、*OR9*、*OR14*、*OR36*、*OR37*、*OR51* 和 *OR54*)和 4 个(*OR13*、*OR17*、*OR55* 和 *OR57*)基因分别具有雄蛾和雌蛾高表达的特点。与其他昆虫类似的是，*ORco* 在所有二点委夜蛾 *OR* 基因中拥有最高的表达丰度(RPKM = 277.89)，紧随其后的是两个 *PR* 基因 *OR3*(RPKM = 220.60)和 *OR4*(RPKM = 99.18)(图 9-11)。

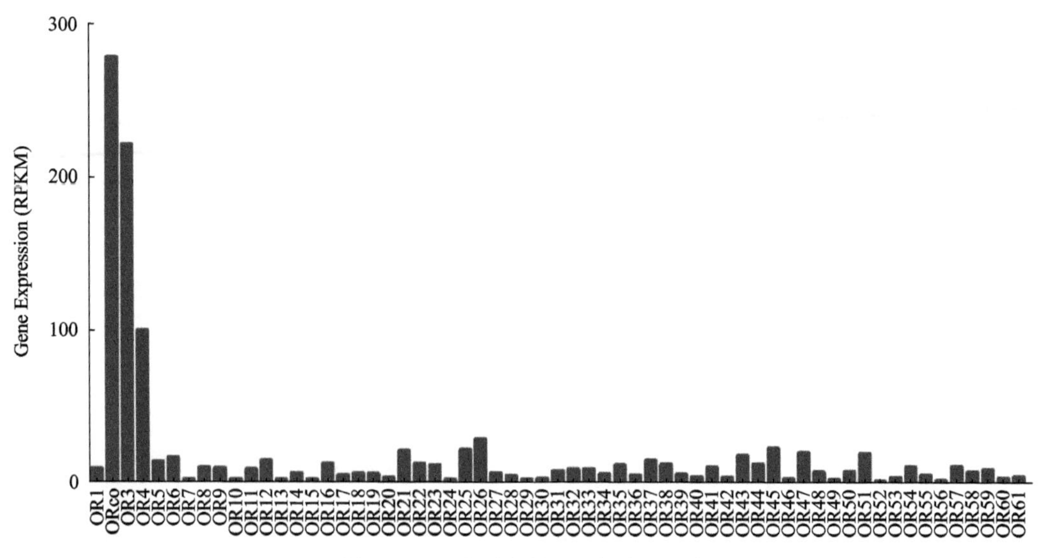

图 9-11　二点委夜蛾 OR 的表达丰度

Gene Expression (RPKM)：基因表达丰度值

与 *OR* 基因拥有明显的性别分布特征不同的是，二点委夜蛾的 IR 中除 *IR1.2* 和 *IR93a* 是雄蛾高表达外，其他 17 个 *IR* 基因都未表现出明显的性别差异特点。在所有 *IR* 中，*IR25a* 拥有最高的表达丰度(RPKM=132.89)，其次是 *IR76b*(RPKM=82.69)和 *IR8a*(RPKM = 62.55)(图 9-12)。

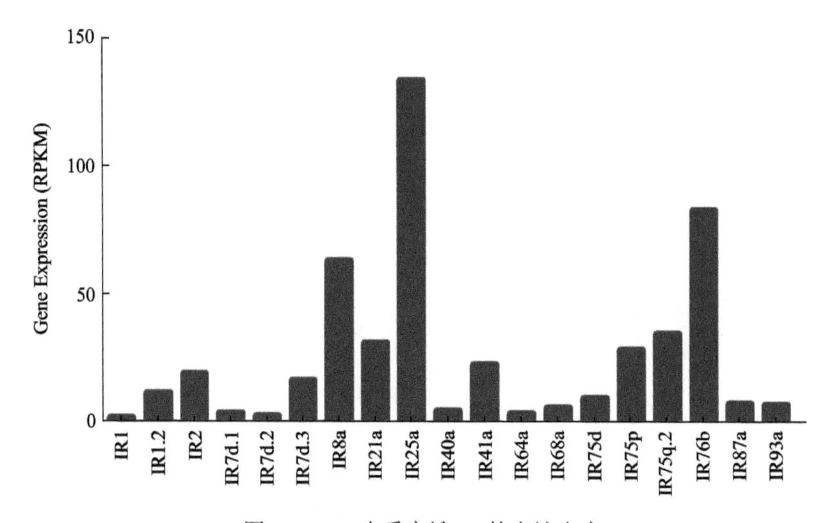

图 9-12　二点委夜蛾 IR 的表达丰度

Gene Expression (RPKM)：基因表达丰度值

五、嗅觉结合蛋白 OBP、CSP 和 UDP-葡糖醛酸基转移酶(UGT)基因的鉴定

基于触角转录组数据，Zhang 等(2017b, 2017c)在二点委夜蛾成虫触角中共鉴定到 28 个 *OBP*、20 个 *CSP* 和 23 个 *UGT* 基因序列，组织表达结果显示接近半数(46.4%)的 *OBP* 基因和超过 70%的 *UGT* 基因表现出了触角高表达的特征，而大多数的 *CSP* 具有非触角

组织高表达的特点。这三类嗅觉基因的鉴定为我们后续探究二点委夜蛾嗅觉感受的分子机制提供了重要的理论基础。

第三节　基于线粒体 *COI* 基因的种群遗传多态性分析

生物体中线粒体基因组(mtDNA)严格遵守母系遗传，几乎不发生遗传重组，能够全面反映种群内和种群间的遗传变异，且基因组较小，结构简单，被广泛应用于探索种群结构和遗传多样性的研究。其中线粒体细胞色素氧化酶亚基 I(*COI*)基因应用较为广泛，常用于研究昆虫各类群系统发育关系和进化以及验证传统分类系统。建立物种的自然系统和进化关系，有助于物种的区别鉴定、发现隐存种、研究物种分化和遗传多样性。朱彦彬等(2012)从不同地区采集了二点委夜蛾样本，选用线粒体 *COI* 基因作为分子标记，对部分重灾区的二点委夜蛾种群的遗传多样性、遗传结构，以及种群间的遗传分化和基因交流程度进行了分析，有助于揭示该害虫的扩散途径和发生规律，为进一步制定该害虫的治理策略提供科学的依据。

一、二点委夜蛾特异线粒体 *COI* 基因序列

从河北、河南、山东、山西 4 省 19 个市县的诱虫灯上采集二点委夜蛾成虫，以 LCO1490：5′-GGTCAACAAATCATAAAGATATTGG-3′和 HCO2198：5′-TAAACTTGAGGGTGACCAAAAAATCA-3′为上下游引物，每头成虫的基因组 DNA 为模板进行 PCR 扩增，用 1%的琼脂糖凝胶电泳检测，并回收目的条带，再把切胶回收目的片段与 pMD19-T 载体连接，把阳性克隆的菌液送上海生工生物工程股份有限公司测序，最终从 19 个种群中得到二点委夜蛾 *COI* 序列 203 个。共有 17 种单倍型，分别命名为 ZB1～ZB17(表 9-10)，长度均为 658bp，GenBank 登录号为 JQ395055～JQ395071。其中 ZB1 出现的频率最高，其基因序列如下：

AACATTATATTTTATTTTTGGTATTTGAGCTGGAATAGTAGGAACTTCCCTAAGA
TTATTAATTCGAGCAGAATTAGGAAATCCTGGATCTTTAATTGGAGATGACCAAATTT
ATAATACTATTGTTACAGCTCATGCATTTATTATAATTTTTTTTATGGTAATACCTATTAT
AATTGGAGGATTTGGAAATTGATTAGTACCTTTAATATTAGGAGCCCCAGATATAGCT
TTTCCTCGAATAAATAATATAAGTTTTTGACTTCTTCCCCCCTCTTTAACTTTACTTAT
TTCAAGAAGAATTGTAGAAAATGGAGCAGGTACAGGATGAACTGTTTATCCTCCTC
TTTCTTCTAATATCGCTCATGGAGGTAGATCTGTTGATTTAGCAATTTTTTCATTACAT
TTAGCTGGTATTTCTTCTATTTTAGGAGCTATTAATTTTATTACTACAATTATTAATATA
CGATTAAATAGACTATCATTTGATCAAATACCTTTATTTATTTGAGCTGTAGGAATTAC
TGCATTTTTACTATTATTATCATTACCTGTTTTAGCTGGAGCTATTACTATACTTTTAAC
GGATCGAAATTTAAATACTTCTTTTTTTGATCCTGCAGGAGGGGGAGACCCAATTTT
ATATCAACATTTATTT

表 9-10　二点委夜蛾样本和小地老虎 COI 单倍型的变异位点

	43	49	50	70	74	82	85	106	121	127	133	139	160	202	220	235	238	277	287	289	306	313	322	334	337	343	346	349	352	361	373
ZB1	A	C	C	A	T	T	T	C	T	T	T	A	G	A	C	T	T	T	C	T	T	T	T	T	T	T	T	T	T	C	T
ZB2	.	.	.	.	.	.	.	.	.	.	.	.	.	.	.	.	.	.	.	.	.	.	.	.	.	.	.	.	.	T	.
ZB3	.	.	.	.	.	.	.	.	.	.	.	.	.	G	.	.	.	.	.	.	.	.	.	.	.	.	.	.	.	.	.
ZB4	.	.	.	.	.	.	.	.	.	.	.	.	.	.	.	.	.	.	.	.	.	.	.	.	.	C	.	.	.	T	.
ZB5	.	.	.	.	.	.	.	.	.	.	.	.	.	.	.	.	.	.	.	.	.	.	.	.	.	.	.	.	.	.	.
ZB6	.	.	.	.	.	.	.	.	.	.	.	.	.	.	.	.	.	.	.	.	.	.	.	.	.	C	.	.	.	.	.
ZB7	.	.	.	.	.	.	.	.	.	.	.	.	.	.	.	.	.	.	.	.	.	.	.	.	.	.	.	.	.	T	.
ZB8	.	.	.	.	.	.	.	.	.	C	.	.	.	.	.	.	.	.	.	.	.	.	.	.	.	.	.	.	.	.	.
ZB9	.	.	.	.	.	.	.	.	.	C	.	.	.	.	.	.	.	.	.	.	.	.	.	.	.	.	.	.	.	T	.
ZB10	G	.	.	.	.	.	.	.	.	.	.	.	.	.	.	A	.	.	.	.	.	.	.	.	.	.	.	.	.	.	.
ZB11	.	.	.	.	.	.	.	.	.	.	.	.	.	.	.	.	.	.	.	.	.	.	.	.	.	.	.	.	.	.	.
ZB12	.	.	.	.	.	.	.	.	.	.	.	.	.	.	.	.	C	.	.	.	C	.	.	.	.	.	.	.	.	.	.
ZB13	.	.	.	.	.	.	.	.	.	.	.	.	.	.	.	.	.	.	.	.	.	.	.	.	.	.	.	.	.	T	.
ZB14	.	.	.	.	.	.	.	.	.	.	.	.	.	.	T	.	.	.	.	.	C	.	.	.	.	.	.	.	.	.	.
ZB15	.	.	.	.	.	.	.	.	.	.	.	.	.	.	.	.	.	.	.	.	.	.	.	.	.	.	.	C	.	T	.
ZB16	.	.	.	.	.	.	.	.	.	.	.	.	.	.	.	.	.	.	.	.	.	.	.	.	.	.	.	.	.	T	.
ZB17	.	.	.	.	.	.	.	.	.	.	.	.	.	.	.	.	.	.	.	.	.	.	.	.	.	.	.	.	.	.	.
WQ	a	t	T	t	c	c	a	t	a	t	a	t	a	a	t	t	t	A	t	a	t	c	a	a	a	c	a	t	a	t	a

续表

	3	3	3	3	3	3	4	4	4	4	4	4	4	4	4	4	4	4	5	5	5	5	5	5	5	5	6	6	6	6	6	6
	7	8	8	8	8	9	0	0	0	1	2	2	7	7	7	7	8	8	2	2	3	3	4	5	8	8	0	1	2	2	3	3
	9	2	5	6	8	1	0	1	3	5	1	8	4	7	8	9	4	7	3	9	3	6	7	3	6	9	4	0	7	8	4	7
ZB1	T	T	T	T	A	A	A	T	A	T	T	T	A	G	A	C	A	T	T	A	T	C	A	T	G	T	T	T	G	G	C	A
ZB2	.	.	.	.	.	.	.	.	.	.	.	.	.	.	.	.	.	.	.	.	.	.	.	.	A	.	.	.	.	.	.	.
ZB3	.	.	.	.	.	.	.	.	.	.	.	.	.	.	.	.	.	.	.	G	.	.	.	.	.	.	.	.	.	.	.	.
ZB4	.	.	.	.	.	.	.	.	.	.	.	.	.	.	.	.	.	.	.	.	.	.	.	.	A	.	.	.	.	.	.	.
ZB5	.	.	.	.	.	.	.	.	.	.	.	.	.	.	.	.	.	.	.	.	.	.	.	.	.	.	.	.	.	A	.	.
ZB6	.	.	.	.	.	.	.	.	.	.	.	.	.	.	.	.	.	.	C	.	.	.	.	.	.	.	.	.	.	.	.	.
ZB7	.	.	.	.	.	.	.	.	.	.	.	.	.	.	.	.	.	.	.	.	.	.	.	.	A	.	.	.	A	.	.	.
ZB8	.	.	.	.	.	.	.	.	.	.	.	.	.	.	.	.	.	.	.	.	.	.	.	.	.	.	.	.	.	.	.	.
ZB9	.	.	.	.	.	.	.	.	.	.	.	.	.	.	.	.	.	.	.	.	.	.	.	.	A	.	.	.	.	.	.	.
ZB10	.	.	.	.	.	.	.	.	.	.	.	.	.	.	.	.	.	.	.	.	.	.	.	.	.	.	.	.	.	.	.	.
ZB11	.	.	.	.	.	.	.	.	.	.	.	.	.	.	.	.	.	.	.	.	.	.	.	.	A	.	.	.	.	.	.	.
ZB12	.	.	.	.	.	.	.	.	.	.	.	.	.	.	.	T	.	.	.	.	.	.	.	.	.	.	.	.	.	.	.	.
ZB13	.	.	.	.	.	.	.	.	.	.	.	.	.	.	.	T	.	.	.	.	.	.	.	.	A	.	.	.	.	.	.	.
ZB14	.	.	.	.	.	.	.	.	.	.	.	.	G	.	.	.	.	.	.	.	.	.	.	.	.	.	.	.	.	.	.	.
ZB15	.	.	.	.	.	.	.	.	.	.	.	.	.	.	.	.	.	.	.	.	.	.	.	.	.	.	.	.	.	.	.	.
ZB16	.	.	.	.	.	.	.	.	.	.	.	.	.	.	.	T	.	.	.	.	.	.	.	.	.	.	.	.	.	.	T	.
ZB17	.	.	.	.	.	.	.	.	.	.	.	.	.	.	.	T	.	.	.	.	.	.	.	.	.	.	.	.	.	.	T	.
WQ	a	a	c	c	t	t	t	c	t	a	c	c	a	a	t	t	t	c	T	a	c	t	t	a	a	c	a	c	g	t	t	t

ZB1～ZB17：二点委夜蛾单倍型(GenBank 登录号 JQ395055～JQ395071)；WQ：小地老虎单倍型(GenBank 登录号 GU438723.1)；下同。
“·”与 ZB1 的核苷酸相同。

利用 DNAMAN_v6、ClustalX1.81 软件对测得的序列与从 GenBank 上下载的序列（外群序列）进行多序列同源比对，分析单倍型数和变异位点。结果发现（表 9-10），二点委夜蛾 *COI* 基因种内多态性位点有 18 个，其中多变异位点 7 个，这些突变多数发生在密码子第一位上，以 A—G/T—C 颠换为主，这些变异大多属于同义突变，这样的变异可能使得基因更稳定。二点委夜蛾种内变异为 2.73%，并且 A+T 含量很高，为 70.6%～71.4%，平均为 71.1%，有明显的 A+T 偏向性。这是昆虫线粒体基因序列碱基组成的一种共性，且二点委夜蛾表现出明显的 T 偏倚。此外，*COI* 基因片段所编码的氨基酸不含缬氨酸（V）、谷氨酰胺（Q）和谷氨酸（E），其中苯丙氨酸（F）最高，为 31.8%，其次为酪氨酸（Y）、异亮氨酸（I）、天冬酰胺（N）和丝氨酸（S）等。在 63 个密码子中有 19 个密码子没有使用，密码子使用频率最高的为 UUU（苯丙氨酸），同科不同属的小地老虎 *mtCOI* 片段（GU438723.1）密码子使用频率最高的也为 UUU。

二、不同种群的遗传多态性分析

根据上述实验的测序结果，运用软件 DnaSP5.0 分析其单倍型多样度 Hd、核苷酸多样度指数 Pi 和 Tajima's *D* 分析；根据 MEGA5.05 中提供的模型，以夜蛾科的小地老虎（*Agrotis ipsilon*）*COI* 基因（GU438723.1）作为外群，用邻接法构建单倍型系统树，并利用 *p* 距离计算各单倍型之间的遗传距离；用 Arlequin 3.5.1.2 软件对种群进行分子变异分析（AMOVA）；用软件 NETWORK4.6 绘制单倍型网络图，从不同角度分析二点委夜蛾不同地理种群间的多态性。

结果显示（表 9-11），大部分区域都存在 ZB1 和 ZB2 这两种类型的 *COI* 基因。在 17 种单倍型中出现频率最高的是 ZB1，占全部个体的 54.2%（110/203），除易县种群（YX）外其他 18 个种群都具有该单倍型，且故城种群的全部个体均属于该单倍型，因此可选择 ZB1 当做二点委夜蛾的标识；其次出现频率较高的单倍型为 ZB2，约占 22.2%（45/203），有 4 个地区没有检测到该类型；ZB11 单倍型有 15 头个体，ZB15 单倍型有 10 头个体；其他单倍型出现频率较低，有 10 个单倍型仅出现一次，属于稀有单倍型。河北沧县和辛集两地遗传多样性丰富。

表 9-11　二点委夜蛾各地理种群 *COI* 单倍型多样度、核苷酸多样性分析及 Tajima's *D* 中性检验

种群代码	单倍型分布（h）	单倍型总数	单倍型多样度（Hd）	核苷酸多样度指数（Pi）	核苷酸平均差异（K）	中性检测 *D*	中性检测显著性
CX	ZB1（2） ZB2（3） ZB10（1） ZB11（1） ZB15（1） ZB16（1） ZB17（1）	7	0.911	0.003 65	2.400 00	−0.127 36	$P>0.10$
FN	ZB1（10） ZB15（1）	2	0.182	0.000 28	0.181 82	−1.128 50	$P>0.10$
GC	ZB1（10）	1	0	0	—	—	—

续表

种群代码	单倍型分布(h)	单倍型总数	单倍型多样度(Hd)	核苷酸多样度指数(Pi)	核苷酸平均差异(K)	中性检测 D	中性检测显著性
AX	ZB1(9) ZB7(1) ZB15(1) ZB16(1)	4	0.455	0.001 84	1.212 12	−0.987 59	$P>0.10$
YX	ZB2(5) ZB9(1) ZB11(2) ZB15(3)	4	0.709	0.003 15	2.072 73	1.895 76	$0.10 > P > 0.05$
FP	ZB1(6) ZB2(4) ZB14(1)	3	0.618	0.001 88	1.236 36	0.708 80	$P>0.10$
LC	ZB1(4) ZB2(4) ZB5(1) ZB11(2)	4	0.764	0.002 93	1.927 27	1.505 77	$P>0.10$
ZD	ZB1(8) ZB8(1) ZB11(1) ZB15(1)	4	0.491	0.001 39	0.909 09	−1.791 07	$P<0.05$
XJ	ZB1(2) ZB2(3) ZB3(1) ZB11(1) ZB15(3)	5	0.848	0.003 43	2.257 58	1.340 04	$P>0.10$
LY	ZB1(6) ZB2(3) ZB11(1) ZB15(1)	4	0.673	0.001 55	1.018 18	1.501 94	$P>0.10$
LX	ZB1(5) ZB2(3) ZB4(1) ZB11(1)	4	0.711	0.001 96	1.288 89	0.775 01	$P>0.10$
QX	ZB1(4) ZB2(1) ZB10(1) ZB17(4)	4	0.733	0.003 11	2.044 44	0.628 48	$P>0.10$
GT	ZB1(3) ZB2(5) ZB6(1) ZB11(2)	4	0.764	0.002 93	1.927 27	0.494 20	$P>0.10$
YY	ZB1(8) ZB6(1) ZB7(1)	3	0.378	0.000 84	0.555 56	−0.690 98	$P>0.10$
SQ	ZB1(6) ZB2(3) ZB11(1)	3	0.389	0.001 18	0.777 78	0.195 90	$P>0.10$
QD	ZB1(9) ZB2(1) ZB11(1)	3	0.439	0.001 80	1.8182	−0.379 01	$P>0.10$

续表

种群代码	单倍型分布(h)	单倍型总数	单倍型多样度(Hd)	核苷酸多样度指数(Pi)	核苷酸平均差异(K)	中性检测 *D*	中性检测显著性
JN	ZB1(4) ZB2(4) ZB11(1) ZB15(3)	4	0.773	0.003 71	2.139 39	1.744 85	0.10>*P* >0.05
HT	ZB1(5) ZB2(4) ZB5(1)	3	0.644	0.001 93	1.266 67	0.699 62	*P*>0.10
JC	ZB1(9) ZB2(2)	2	0.327	0.000 99	0.654 55	−0.126 70	*P*>0.10
总种群		17	0.650	0.002 01	1.322 83	−1.490 04	*P*>0.10

注：表中 CX 表示河北沧县；FN 表示河北丰宁；GC 表示河北故城；AX 表示河北安新；YX 表示河北易县；FP 表示河北阜平；LC 表示河北栾城；ZD 表示河北正定；XJ 表示河北辛集；LY 表示河北隆尧；LX 表示河北临西；QX 表示河北邱县；GT 表示河北馆陶；YY 表示河南原阳；SQ 表示河南商丘；QD 表示山东青岛；JN 表示山东济南；HT 表示山西洪洞；JC 表示山西晋城。

对各种群间的单倍型进行 Tajima's *D* 中性检测分析，结果表明(表 9-11)，河北正定的群体表现显著，而其他地区的群体表现均不显著，说明在所检测的 19 个地区中，仅有正定的二点委夜蛾在较近的历史时期种群发生了增长。但是，对所有种群单倍型进行 Tajima's *D* 分析，Tajima's *D* = −1.490 04，结果不显著($P>0.10$)，表明二点委夜蛾总体上在较近的历史时期未经历明显的种群扩张。

根据 MEGA5.05 中提供的模型，选择邻接法(NJ)构建系统进化树。从进化树可以看出(图 9-13)，二点委夜蛾 *COI* 基因 17 种单倍型与外群 *COI* 基因明显分开，在种群中出

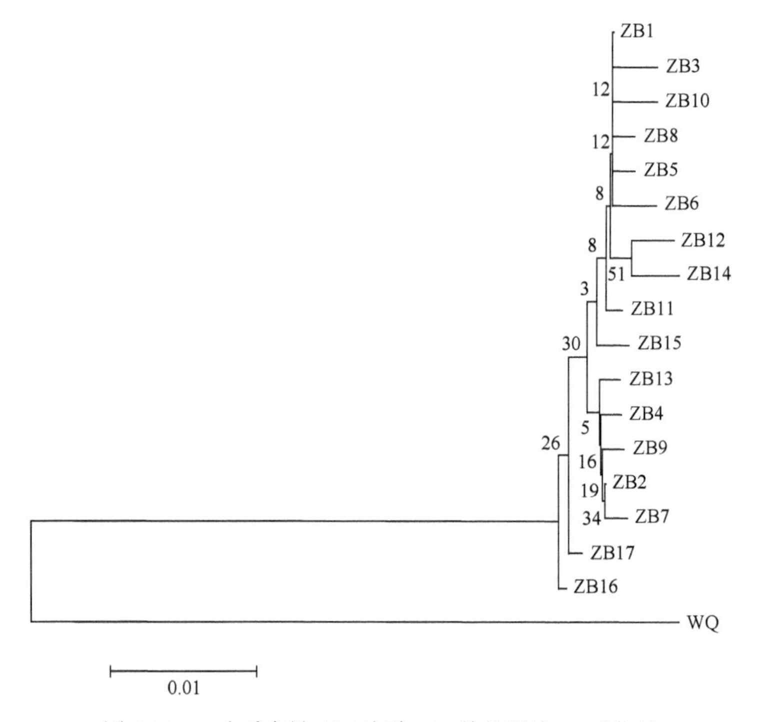

图 9-13　二点委夜蛾不同种群 *COI* 单倍型的 NJ 进化树

以 WQ 为外群；以 0.01 的遗传距离作为标尺；引导指令重复数为 1000 次

现次数较多的 ZB1 和 ZB2 分别位于两支上；单倍型网络图更清晰地说明各单倍型之间的关系(图 9-14)，ZB1 和 ZB2 与其他单倍型都有紧密的联系，因此推测 ZB1 和 ZB2 为二点委夜蛾的主要单倍型类型。

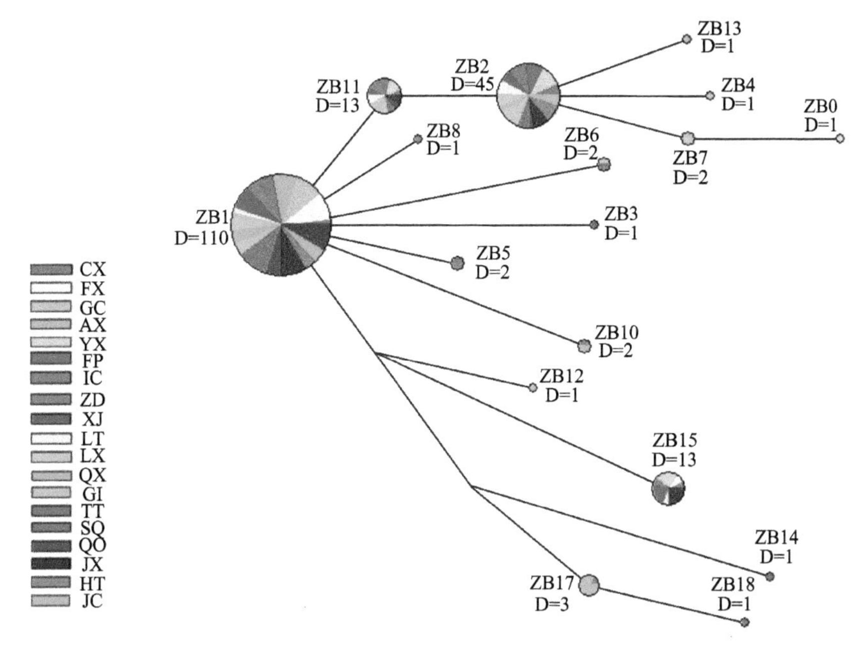

图 9-14　二点委夜蛾不同种群 *COI* 基因单倍型网络图

圆面积表示具有相同单倍型的个体数量，扇形面积表示不同种群样本在同一单倍型中所占比例

二点委夜蛾总种群的基因流(N_m)为 1.93，固定系数(F_{st})为 0.115 17，遗传分化系数(G_{st})为 0.115 24。$N_m>1$，表明群体间的基因流水平较高，群体间有某种渠道可以发生基因交流，因此总种群之间还未产生明显的遗传分化。各种群间的 F_{st} 为–0.085 33～0.538 86；G_{st} 为–0.044 43～0.444 91。二点委夜蛾总种群的 G_{st} 与 F_{st} 接近，且都小于 0.15，表明总种群间不存在遗传结构上的高度分化，但是河北易县分别与河北丰宁、河北故城、河北安新、河南原阳、山东青岛、山西晋城的种群之间，河北故城与河北沧县、河北辛集、河北馆陶种群间的 G_{st} 均大于 0.25，说明个别种群之间还是存在明显差异。

AMOVA 分析结果(表 9-12)显示种群内的遗传变异(88.48%)远远大于种群间的遗传变异(11.52%)。二点委夜蛾 *COI* 基因的单倍型之间 ZB16 和 ZB6 的距离最远，为 0.038，但明显低于二点委夜蛾与外群小地老虎之间 *COI* 单倍型之间的最近距离 0.114(ZB6 与 WQ 之间)(表 9-13)。

表 9-12　二点委夜蛾 19 个种群线粒体 *COI* 基因的分子变异分析

变异来源	自由度 df	平方和	方差组分	变异百分率	Fst
种群间	18	25.607	0.077 47 Va	11.52	
种群内	184	109.506	0.595 14 Vb	88.48	
总变异	202	135.113	0.672 61	100	0.115 17

表 9-13　二点委夜蛾不同种群 COI 单倍型未校正 *p* 距离

	ZB1	ZB2	ZB3	ZB4	ZB5	ZB6	ZB7	ZB8	ZB9	ZB10	ZB11	ZB12	ZB13	ZB14	ZB15	ZB16	ZB17	WQ
ZB1																		
ZB2	0.003																	
ZB3	0.006	0.015																
ZB4	0.002	0.002	0.014															
ZB5	0.002	0.002	0.014	0.000														
ZB6	0.006	0.015	0.012	0.008	0.008													
ZB7	0.008	0.002	0.026	0.003	0.003	0.020												
ZB8	0.002	0.008	0.008	0.003	0.003	0.002	0.012											
ZB9	0.002	0.002	0.014	0.000	0.000	0.008	0.003	0.020										
ZB10	0.002	0.008	0.005	0.005	0.005	0.005	0.014	0.002	0.005									
ZB11	0.002	0.002	0.014	0.000	0.000	0.008	0.003	0.003	0.000	0.005								
ZB12	0.002	0.008	0.008	0.003	0.003	0.002	0.012	0.000	0.003	0.002	0.003							
ZB13	0.008	0.002	0.020	0.006	0.006	0.026	0.003	0.015	0.006	0.014	0.006	0.015						
ZB14	0.002	0.008	0.002	0.006	0.006	0.008	0.015	0.003	0.006	0.002	0.006	0.003	0.012					
ZB15	0.000	0.003	0.006	0.002	0.002	0.006	0.008	0.002	0.002	0.002	0.002	0.002	0.008	0.002				
ZB16	0.014	0.008	0.020	0.015	0.015	0.038	0.012	0.024	0.015	0.020	0.015	0.024	0.003	0.015	0.014			
ZB17	0.006	0.003	0.012	0.008	0.008	0.024	0.008	0.014	0.008	0.011	0.008	0.014	0.002	0.008	0.006	0.002		
WQ	0.147	0.150	0.193	0.129	0.129	0.114	0.135	0.129	0.129	0.141	0.129	0.129	0.175	0.169	0.147	0.220	0.193	

从研究结果整体来看，河南、山东、山西等地的二点委夜蛾单倍型都能在河北地区的单倍型中找到，而且河北省的单倍型更具多样化，其中河北省正定县二点委夜蛾群体中性检测结果表现显著，这可能与二点委夜蛾在河北省发生早且危害严重有关。从20世纪末开始，河北省严格禁止秸秆焚烧，并率先推行秸秆还田和免耕播种技术，为二点委夜蛾创造了良好的适生环境，再加上该虫繁衍能力强，群体积累快，为河北省二点委夜蛾丰富的群体多样性提供了条件。基于二点委夜蛾 *COI* 单倍型之间的系统进化和遗传分析结果表明，二点委夜蛾不同地理种群间基因流水平较高，种群间没有明显的遗传分化，在较近的历史时期未经历明显的种群扩张，说明二点委夜蛾多省份大范围暴发成灾不是在短期内种群扩散所致，而是本地种群在合适的条件下大量增殖造成的。

第四节　基于 ISSR 分子标记的种群遗传多态性分析

ISSR（inter-simple sequence repeat），即简单序列重复区间扩增多态性，由 Zietkiewicz 等（1994）首先提出，是在微卫星分子标记基础上发展起来的分子标记技术。该技术可提供大量的遗传信息，实验成本低，操作简单。Chen 等（2014）利用 ISSR 分子标记技术对采集自河北、山东、河南、山西和江苏 5 省 15 个地理种群的二点委夜蛾的遗传多态性开展了研究（表 9-14），并对不同地理种群间的基因交流进行了分析。

表 9-14　用于 ISSR 研究的二点委夜蛾地理种群

种群代码	采集地点	供试个体数	地理坐标	采集日期（月/年）	寄主植物
HS	河北衡水	50	38.00N,115.56E	7/2012	玉米
HD	河北邯郸	34	36.63N,114.54E	10/2012	大豆
SJZ	河北石家庄	50	37.94N,114.72E	7/2012	玉米
BD	河北保定	32	38.78N,115.49E	10/2013	大豆
CZ	河北沧州	35	38.33N,116.09E	10/2013	玉米
JNan	山东济南	33	36.47N,116.57E	7/2012	玉米
JNing	山东济宁	50	35.43N,116.63E	7/2012	玉米
LY	山东临沂	50	35.16N,118.93E	7/2012	玉米
WF	山东潍坊	40	36.59N,119.13E	7/2012	玉米
DZ	山东德州	50	37.34N,116.58E	7/2012	玉米
YC	山西运城	45	34.91N,110.88E	7/2012	玉米
XX	河南新乡	39	35.23N,114.66E	7/2012	玉米
SQ	河南商丘	34	34.65N,115.17E	7/2013	玉米
LYG	江苏连云港	27	34.53N,118.76E	9/2012	玉米
XZ	江苏徐州	38	34.41N,116.35E	9/2012	玉米

一、ISSR-PCR 扩增及不同地理种群遗传多态性

7 条引物对 15 个二点委夜蛾地理种群的 607 个基因组 DNA 进行 ISSR-PCR 扩增，并对扩增条带数进行统计分析。各引物的扩增情况见表 9-15。7 条 ISSR 引物总共扩增出

183 条清晰、稳定的条带。扩增片段大小为 100～4000bp，共有多态性条带 174 条，总体多态性条带比率为 95.08%。扩增条带的平均值是 26.14 条，其中引物 880、886 扩增条带数最多，引物 810 最少。多态性条带的平均值是 24.86，其中引物 880、886 扩增的多态性条带比例最高，引物 811 最低。

表 9-15　7 条引物 ISSR-PCR 的扩增结果

UBC 序号	总条带数	多态性条带数	多态性条带百分率/%
810	20	19	95.00
811	25	23	92.00
879	22	21	95.46
872	27	26	96.30
887	29	27	93.10
886	30	29	97.00
880	30	29	97.00
平均	26.14	24.86	95.08
合计	183	174	95.08

二点委夜蛾不同地理种群的多态位点数和百分率各不相同，各种群的遗传变异参数如表 9-16 所示。在研究的 15 个地理种群中，德州种群的多态性位点数和百分率最高，分别为 162 和 88.52%；连云港种群的多态性位点数和百分率最低，分别为 145 和 79.23%。

表 9-16　二点委夜蛾种群间遗传变异统计

种群	观测等位基因数 Na	有效等位基因数 Ne	Nei's 基因多态性系数 H	Shannon 信息指数 I	多态性位点数 PB	多态性位点百分率 PPB
HS	1.8798±0.3261	1.5277±0.2933	0.3156±0.1583	0.4711±0.2203	161	87.98
HD	1.8361±0.3712	1.6248±0.3133	0.3531±0.1660	0.5114±0.2350	153	83.61
SJZ	1.8634±0.3444	1.6285±0.2864	0.3595±0.1531	0.5227±0.2170	158	86.34
BD	1.8743±0.3324	1.5171±0.3013	0.3097±0.1601	0.4636±0.2223	160	87.43
CZ	1.8361±0.3712	1.4826±0.2831	0.2966±0.1550	0.4473±0.2217	153	83.61
JNan	1.8525±0.3556	1.6002±0.2902	0.3473±0.1560	0.5077±0.2216	156	85.25
JNing	1.8306±0.3761	1.5922±0.3185	0.3386±0.1694	0.4937±0.2390	152	83.06
LY	1.8470±0.3610	1.6265±0.3260	0.3521±0.1682	0.5106±0.2347	155	84.70
WF	1.8306±0.3761	1.5076±0.2789	0.3088±0.1540	0.4621±0.2217	152	83.06
DZ	1.8852±0.3196	1.5027±0.3114	0.3018±0.1614	0.4548±0.2204	162	88.52
YC	1.8743±0.3324	1.5665±0.2742	0.3359±0.1495	0.4968±0.2114	160	87.43
XX	1.8142±0.3900	1.5861±0.3158	0.3360±0.1713	0.4891±0.2442	149	81.42
SQ	1.8142±0.3900	1.5441±0.3226	0.3167±0.1738	0.4659±0.2461	149	81.42

续表

种群	观测等位基因数 Na	有效等位基因数 Ne	Nei's 基因多态性系数 H	Shannon 信息指数 I	多态性位点数 PB	多态性位点百分率 PPB
LYG	1.7923±0.4067	1.5445±0.3488	0.3113±0.1857	0.4554±0.2615	145	79.23
XZ	1.8087±0.3944	1.5759±0.3153	0.3316±0.1719	0.4836±0.2456	148	80.87
Mean±SD	1.8426±0.3613	1.5618±0.3053	0.3276±0.1636	0.4823±0.2308	154.2	84.26
Total	1.9617±0.1923	1.5843±0.2211	0.3537±0.1108	0.5288±0.1474	174	95.08

Nei's 基因多态性系数和 Shannon 信息指数是反应种群多态性的常用指标。在物种水平上，Nei's 遗传多态性系数为 0.3537，Shannon 信息指数为 0.5288。在种群水平上，Nei's 遗传多态性系数和 Shannon 信息指数平均值分别为 0.3276 和 0.4823，其中石家庄种群两个参数的值最高（H = 0.3595±0.1531，I = 0.5227±0.2170），沧州的最低（H = 0.2966±0.1550，I = 0.4473±0.2217）。

二、不同地理种群遗传分化和基因流

对二点委夜蛾的遗传分化进行分析，15 个种群间总的遗传多态性指数（H_t）为 0.3533，种群内的遗传多态性（H_s）为 0.3269（表 9-17）。利用 Nei's 基因多态性计算出遗传分化系数（G_{st}）为 0.0747，这个结果表明，92.53%的遗传变异来自种群内部个体之间，而只有 7.47%的遗传变异来自种群之间。根据 N_m 值可以估算出种群间的基因流大小。本研究检测出的二点委夜蛾种群间的基因流（N_m）为 6.1911。

表 9-17　二点委夜蛾地理种群的遗传分化系数和基因流

地理种群总数	个体数量	H_t	H_s	G_{st}	N_m
15	607	0.3533±0.0123	0.3269±0.0125	0.0747	6.1911

注：H_t. 种群间总的遗传变异；H_s. 各种群内的遗传变异；G_{st}. 种群间的遗传分化系数；N_m. 种群间的基因流。

三、不同地理种群的遗传距离和聚类分析

对 7 条引物的扩增带谱进行了统计分析，计算了 15 个种群间的遗传距离和遗传相似度。从表 9-18 可知，种群间遗传距离为 0.0133～0.0595，而种群间的遗传相似度为 0.9423～0.9868。这说明种群间的遗传距离较近，而遗传相似度较高。根据 Nei's 遗传距离利用邻接法进行聚类分析，由图 9-15 可以看出，德州、连云港、潍坊、沧州、保定、衡水 6 个地理种群先聚为一支，剩下的 9 个地理种群聚为一类。尽管有一些地理位置相近的种群聚合在一起，如商丘和新乡、衡水和保定、邯郸和石家庄，但总体上来看，大部分地理位置相近的种群并没有聚在一起。遗传距离和地理距离的 Mantel 分析结果如图 9-16 所示，相关系数 r 为 0.074，且差异不显著（$P>0.05$），说明了遗传距离和地理距离之间不存在明显的相关性。这些结果均表明了二点委夜蛾种群间的遗传分化和地理分布之间没有必然联系，进一步说明了二点委夜蛾种群间的遗传变异较少，大部分遗传变异存在于种群内部个体之间。

表 9-18　不同地理种群二点委夜蛾遗传相似性(右上角)和遗传距离(左下角)

种群	HS	HD	SJZ	BD	CZ	JNan	JNing	LY	WF	DZ	YC	XX	SQ	LYG	XZ
HS	—	0.9423	0.9563	0.9784	0.9505	0.9486	0.9481	0.9477	0.9620	0.9567	0.9533	0.9526	0.9459	0.9544	0.9531
HD	0.0595	—	0.9731	0.9377	0.9471	0.9662	0.9580	0.9659	0.9583	0.9476	0.9712	0.9697	0.9634	0.9504	0.9684
SJZ	0.0447	0.0273	—	0.9500	0.9516	0.9701	0.9714	0.9619	0.9584	0.9579	0.9689	0.9650	0.9584	0.9540	0.9686
BD	0.0218	0.0643	0.0513	—	0.9467	0.9445	0.9414	0.9389	0.9602	0.9531	0.9501	0.9435	0.9390	0.9517	0.9475
CZ	0.0508	0.0544	0.0496	0.0548	—	0.9464	0.9510	0.9440	0.9866	0.9586	0.9592	0.9514	0.9485	0.9616	0.9517
JNan	0.0528	0.0344	0.0303	0.0571	0.0550	—	0.9642	0.9689	0.9596	0.9447	0.9639	0.9666	0.9606	0.9555	0.9647
JNing	0.0533	0.0429	0.0290	0.0604	0.0503	0.0364	—	0.9615	0.9550	0.9479	0.9715	0.9652	0.9602	0.9461	0.9693
LY	0.0537	0.0347	0.0388	0.0630	0.0576	0.0316	0.0393	—	0.9539	0.9508	0.9665	0.9669	0.9624	0.9581	0.9736
WF	0.0387	0.0426	0.0424	0.0406	0.0135	0.0412	0.0460	0.0472	—	0.9650	0.9659	0.9588	0.9566	0.9699	0.9602
DZ	0.0443	0.0539	0.0430	0.0481	0.0423	0.0569	0.0535	0.0505	0.0357	—	0.9538	0.9513	0.9521	0.9565	0.9581
YC	0.0479	0.0292	0.0316	0.0512	0.0417	0.0368	0.0289	0.0341	0.0347	0.0473	—	0.9741	0.9718	0.9572	0.9740
XX	0.0486	0.0308	0.0356	0.0581	0.0498	0.0340	0.0355	0.0337	0.0421	0.0500	0.0262	—	0.9868	0.9550	0.9744
SQ	0.0556	0.0372	0.0425	0.0629	0.0529	0.0402	0.0406	0.0383	0.0444	0.0491	0.0286	0.0133	—	0.9466	0.9743
LYG	0.0467	0.0509	0.0471	0.0495	0.0392	0.0455	0.0554	0.0428	0.0306	0.0445	0.0437	0.0461	0.0549	—	0.9570
XZ	0.0481	0.0321	0.0319	0.0539	0.0496	0.0359	0.0312	0.0267	0.0406	0.0428	0.0264	0.0260	0.0260	0.0440	—

注：“—”自己与自己比较，不存在，不用标注。

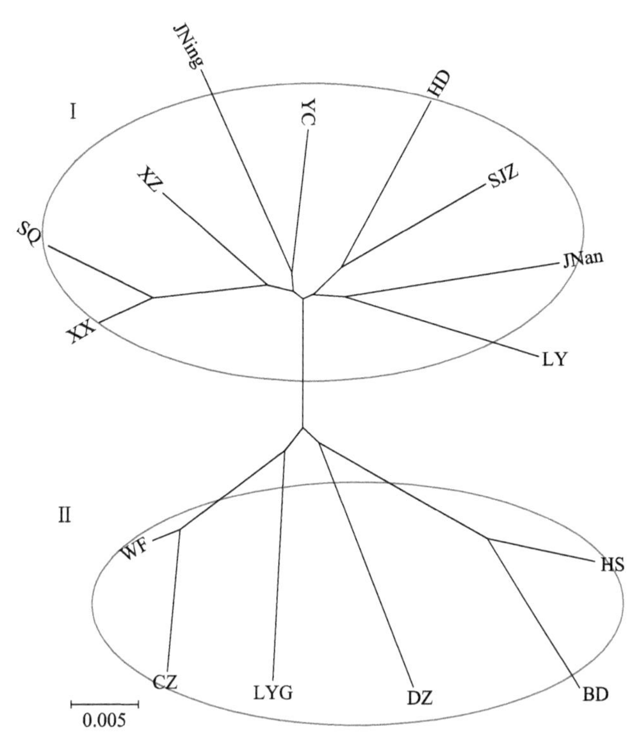

图 9-15　二点委夜蛾 15 个种群间基于 Nei 氏遗传距离的聚类图

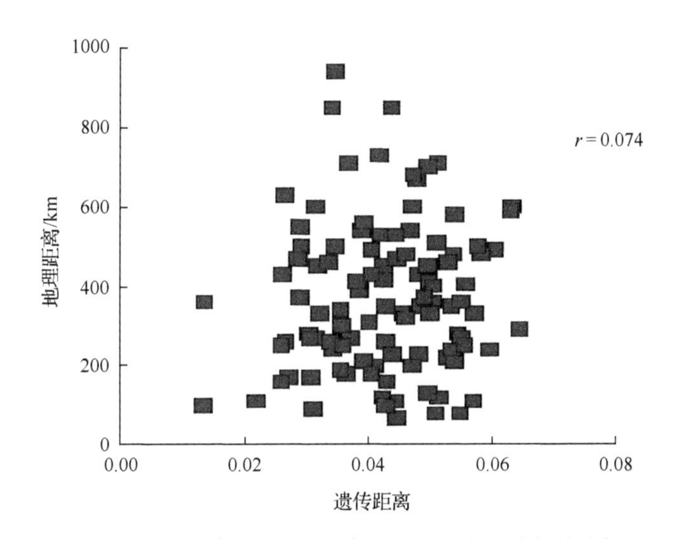

图 9-16　二点委夜蛾遗传距离与地理距离间的相关分析

大多数迁飞性昆虫不同地理种群之间的遗传变异水平较低，而遗传变异大部分存在于种群内部个体之间。这是因为迁飞可使种群间的基因流变大，从而使种群间的遗传变异变小。与二点委夜蛾具有兼性迁飞的研究结果相一致。

第十章　二点委夜蛾的预测预报技术

二点委夜蛾是我国夏玉米上新发生的一个重要害虫，在黄淮海夏玉米区一年发生 4 代，以结茧的老熟幼虫在秋季寄主植物的残枝落叶覆盖下的土表越冬。1 代和 2 代幼虫主要取食小麦和玉米等禾本科植物，第 3、第 4 代则部分转移到甘薯、花生、大豆、棉花、瓜菜、果园、杂草等非禾本科作物田。该虫无论成虫还是幼虫均昼伏夜出，喜在作物茎叶覆盖的阴暗处栖息。2 代幼虫发生期与夏玉米苗期相遇，造成黄淮海夏玉米受害严重。因此，认真做好虫情监测调查，准确做出害虫发生期及为害程度的预测预报，及时指导二点委夜蛾的防控工作，对保证玉米安全生产是十分必要的。

第一节　二点委夜蛾主害代的确定

2006～2012 年通过连续 6 年对二点委夜蛾的调查和研究，已明确该虫在河北省中南部以及黄淮海地区一年发生 4 代，主要以作茧后的老熟幼虫越冬，少数未作茧的老熟幼虫也能顺利越冬。翌年 3 月陆续化蛹，一般 4 月上旬、中旬成虫即可羽化，若春季气温回升快 3 月下旬即见成虫，持续至 5 月上中旬。此期小麦拔节并封垄，为越冬代成虫和 1 代幼虫提供了适宜的生存环境，使其可在小麦田大量繁衍。5 月下旬至 7 月上旬为 1 代成虫发生期，一般 6 月上旬、中旬为盛发期，此时恰与小麦收获期相遇，大量小麦秸秆还田，再次为 1 代成虫和 2 代幼虫创造了良好的栖息环境。6 月下旬开始，二点委夜蛾 2 代幼虫开始为害玉米幼苗，啃食叶片、咬断幼茎、钻蛀玉米茎基部造成枯心苗，或咬断玉米次生根造成倒伏，是二点委夜蛾为害夏玉米的主害代，延续到 7 月上中旬。7 月中下旬幼虫陆续化蛹羽化。2 代成虫虫量大，但是，受到夏季高温和食物的影响，虽然蛾量大但产卵量并不多，所以 3 代幼虫量较少，而且栖息场所较复杂，有的继续在玉米田间取食，有的则转移至豆类、薯类等作物田、蔬菜田或草坪等有地面覆盖物的田块栖息、取食、产卵、繁殖。8 月底至 9 月初，3 代成虫主要在甘薯、花生、大豆等有大量落叶覆盖的地块繁殖，并主要以 4 代老熟幼虫作茧越冬。

由此可见，尽管二点委夜蛾寄主多、食性杂，但是，主要集中在麦收后夏玉米苗期进行集中为害，其余时间可以查到各代幼虫，但是没有明显为害。为此，将 2 代幼虫定义为二点委夜蛾的主害代，做好 1 代成虫发生动态和 2 代幼虫发生和为害监测预报，是做好二点委夜蛾预测预报、指导生产防治的重点；越冬前，调查 4 代幼虫分布范围、虫口密度，掌握越冬种群数量是预测翌年发生情况的关键依据。

第二节　成虫监测调查方法

根据二点委夜蛾成虫趋性研究，明确了灯光、性诱剂诱蛾效果较好，可以用于成虫监测，不同地点可以根据当地具体情况，选用一种诱测工具。

一、灯光诱测

有条件的植保部门可以采购和安装自动虫情测报灯（姜玉英等，2011），要求测报灯安装在四周没有高大建筑物和树木遮挡、无干扰光源、视野开阔的田间，按照安装要求架设多功能自动虫情测报灯。这种测报地点固定，不能随着发生区域的不同进行移动，且自动收集诱到的成虫，可每日自动收集、一周回收一次，使用方便，适用于二点委夜蛾全年成虫监测，便于进行多地比较和同一地区不同年份间的比较研究。经过多年研究，在黄淮海小麦玉米连作区，越冬代成虫从3月下旬始见，如2014年馆陶县始见越冬代蛾在3月22日，安徽、江苏可能会更早，为了保证全年数据齐全，利用虫情测报灯进行系统监测可从3月中旬开始。第3代成虫末见日一般在10月中旬，全年系统监测需要持续到10月底，也即监测时间要从3月15日开灯，至10月31日结束。该项诱蛾时间的安排可保证全年诱测的完整性，又避免过早或过长的盲目开灯。每日统计雌蛾、雄蛾数量，分别记载于表10-1，并填写当日20时的气温、降雨量、风速等天气情况。对这些数据按照统计分析方法，确定每世代中累计数量达到全代总量16%、50%、84%的日期分别计为发生始盛期、盛日、盛末期，统计每代成虫始见日、末见日、始盛期、盛日、盛末期及全代累计成虫数量等值。

表10-1　二点委夜蛾诱测结果记载表

调查单位	日期(年/月/日)	灯光诱测/头				气象要素
		雌蛾	雄蛾	合计	累计	

为了准确预测，麦茬玉米集中种植区域，或每年发生较重的区域，可以采购便携式黑光灯或频振式杀虫灯，利用根据二点委夜蛾敏感波长制作的二点委夜蛾高效诱虫灯效果更佳。这种诱虫灯需要每天观察记载，使用比较麻烦，可以重点监测与主害代发生直接相关的越冬代成虫和1代成虫发生时期及发生量，时间可从4月1日至7月10日，记载同上。

二、性诱剂诱测

利用二点委夜蛾性信息素顺-7-十二碳烯醋酸酯、顺-9-十四碳烯醋酸酯，结合增效剂和稳定剂制备的二点委夜蛾高效性诱剂，结合适宜诱捕装置，可用于对成虫进行监测。该方法具有成本低、特异性强、地点选择灵活的优点，尤其对越冬代成虫灵敏度高，能够更加准确监测田间越冬成虫种群的大小，并直接影响到对1代成虫数量和主害代幼虫发生量的预测，可作为灯光诱测的重要补充。因而，建议在越冬代成虫发生始见期3月15日开始增设性诱剂诱捕装置，直至1代成虫发生末期，即7月5日。

具体监测方法为：在田间(麦田)放置性诱剂水盆诱捕器，3盆为一组，每个诱捕器间隔40～50m。诱捕器底部高出作物冠层顶部10～20cm。适时补水和洗衣粉(洗涤液也可)，每日早晨捞查一次，将监测结果记入表10-2。

表 10-2　二点委夜蛾性诱剂诱测结果记载表

调查单位	日期(年/月/日)	一盆	二盆	三盆	平均	合计	累计	气象要素

水盆诱捕器的制作方法：选用绿色塑料盆，口径 25～30cm，深 15cm。将细铁丝穿过性诱剂诱芯橡胶塞的小头一端，并固定诱芯于盆口中央。在盆沿下 1cm 处对称钻两个排水孔，盆内注清水至排水孔下沿，并加少量洗衣粉或洗涤液(浓度约 0.3%)，搅拌均匀。调节铁丝高度，使诱芯底部高出水面 0.5～1.0cm。

第三节　幼虫系统调查项目及方法的确定

基于二点委夜蛾主要为害夏玉米，第 1 代幼虫发生期在 4～5 月，主要在广阔的小麦田间，调查难度大，基本不对小麦造成为害，不需调查。同样，由于 2 代成虫一部分留守在玉米田，一部分迁移到甘薯、花生、大豆、棉花等有郁闭环境的田间产卵，使得第 3 代幼虫生活范围更加广泛，调查难度更大，而且本代害虫基本不造成危害，也不需调查。为此，本部分重点调查主害代(第 2 代)幼虫和越冬代(第 4 代)幼虫。

一、主害代(第 2 代)幼虫调查

(一)调查时间

根据二点委夜蛾发生规律和多年来 1 代成虫发生盛期，以及 2 代幼虫发生期与玉米苗期相遇，幼苗期就可以被咬食的情况，调查时间确定为夏玉米出苗后开始；根据幼虫每个龄期 3～5 天的发育历期，为了及时掌握龄期变化，确定每 3 天调查一次，直至蛹期(停止危害)为止，即二代幼虫调查时间段为 6 月中旬至 7 月中旬。

(二)调查地块及方法

调查研究发现，幼虫首先发生在早播的夏玉米田，田间分布不均，覆盖大量麦秸和麦糠的地方幼虫数量多，覆盖物过薄则幼虫数量少。低龄期多躲藏在玉米田中麦秸和麦糠堆积物下，3 龄以后向玉米苗周围集中，主要为害有麦秸和麦糠围棵的玉米苗。

依据以上规律，确定调查田块应该是早播和适期播种、并覆盖大量麦秸和麦糠的夏玉米地块。

在二点委夜蛾幼虫调查时，如果扒开玉米周边的麦秸和麦糠，会破坏害虫原有的栖息环境，幼虫将爬向别处，因而二点委夜蛾幼虫的定期系统调查不同于一般害虫，应采用定田、定期但不定点的调查方式。

具体调查方法为：从夏玉米出苗开始调查，每 3 天调查 1 次，至蛹盛期结束。选前茬为小麦且田间散落麦残体较多的早播和适期播种的夏玉米田各 1 块，面积不小于 2 亩。按随机 5 点取样，每点 $1m^2$(分别记录玉米根围 10cm 虫量和苗基外延 30cm 的虫量)，扒开地表覆盖物，查找幼虫，分龄期计数，同时调查植株被害情况，将调查结果记入表 10-3。

表 10-3　主害代幼虫系统调查记载表

［单位：日期(月.日)，长度、高度(cm)］

调查单位	年度	调查日期	调查地点		玉米苗龄(几叶期)	类型田	调查株数	各龄幼虫数/头								危害类型株数				被害株数/株	死亡株数/株	平均每平方米幼虫量	折百株虫量/头	根围百株虫量/头	麦茬高度	麦秸长度	小麦收获日期	玉米播种日期
								1龄	2龄	3龄	4龄	5龄	6龄	蛹	蛹壳	茎基部被咬断	心叶萎蔫	倒伏株	茎叶缺刻									
			地点一	样点1																								
				样点2																								
				样点3																								
				样点4																								
				样点5																								
			合计或平均																									
			地点二	样点1																								
				样点2																								
				样点3																								
				样点4																								
				样点5																								
			合计或平均																									
			…																									

注：危害类型包括以下 4 种——茎基部被咬断(死亡株)、心叶萎蔫(茎基部有蛀孔的死亡株)、倒伏株(次生根被咬断或茎部咬成缺刻较重)、茎叶缺刻(不影响产量)。根围是指根茎基部 10cm 以内。下同。

（三）被害株率系统调查（定点）

根据多年的调查经验，二点委夜蛾发生世代不整齐，河北省主害代幼虫为害期在6月20日至7月10日，此时正值玉米幼苗期。不同阶段的玉米被害症状不同，主要有4种类型：嫩茎被咬断死亡株、钻蛀茎基部死亡株、咬断气生根倒伏株和茎叶缺刻被害株。

具体调查方法为：从玉米出苗开始调查，每3天调查一次（与幼虫调查同时进行），至蛹盛期结束。田间选取有代表性的为害重、为害一般、为害轻的样点各一块，每块田在覆盖麦秸、麦糠较多处随机5点取样，顺垄定点，连续调查20株，做好标记，将调查情况记入表10-4。

表 10-4　田间危害情况系统调查记载表　　［单位：日期（月.日）］

调查单位	年度	调查日期	类型田	调查地点		玉米苗龄（叶期）	调查株数/株	危害类型株数				新增被害株数/株	累计被害株数/株	累计死亡株数/株	被害株率/%	死亡株率/%
								茎基部被咬断	心叶萎蔫	倒伏株	茎叶缺刻					
				地点一	样点1											
					样点2											
					样点3											
					样点4											
					样点5											
				地点二	样点1											
					样点2											
					样点3											
					样点4											
					样点5											
				……	……											

注：类型田指重发地块、一般发生地块、轻发生地块。

（四）幼虫发生和危害情况普查

普查时间：在进行第2代幼虫系统调查时，发现幼虫群体主龄期达3龄和5龄时各进行1次普查，抽取前茬为小麦、有代表性的玉米田10～20块开展调查，调查每平方米虫量、百株虫量、单株最高虫量、被害株率、死亡株率。统计发生面积、发生程度、补种及复（改）种面积、化防面积等。将调查结果记入表10-5和表10-6。

表 10-5 幼虫发生普查原始记载表

调查单位	年度	调查日期（月.日）	调查地点		调查田块类型（若是防治田，标明具体措施）	单样点每平方米玉米株数/株	单样点每平方米虫量/头	折百株虫量/(头/百株)	单样点根围10cm以内总虫量/(头/m^2)	平均单株根围虫量/头	根围单株最高虫量/头	每平方米被害株数/株				被害株率/%	死亡株率/%	幼虫主体龄期	玉米苗龄（叶期）	小麦收获日期	玉米播种日期	麦茬高度/cm	粉碎麦秸长度/cm
												茎基部被咬断	心叶萎蔫	倒伏株	茎叶缺刻								
			地点一	样点 1																			
				样点 2																			
				样点 3																			
				样点 4																			
				样点 5																			
				合计或平均																			
			地点二………	样点 1																			
				样点 2																			
				样点 3																			
				样点 4																			
				样点 5																			
				合计或平均																			

注：调查田块类型指未进行生态调控措施类型田或采用了某种生态调控措施的类型田，包括旋耕和耕翻、清除田间麦秸、小麦灭茬、清除玉米播种行麦秸、小麦收割机秸秆细粉碎等措施类型田。

表 10-6　幼虫发生和为害面积普查统计表

调查单位	调查日期	发生面积/万亩	不同被害株率(%)发生面积/万亩					发生程度	平均百株虫量/头	单株最高虫量/头	平均被害株率/%	最高被害株率/%	平均死苗株率/%	最高死苗株率/%	补种面积/万亩	复改种面积/万亩	化防面积/万亩
			<3	3～5	5.1～10	10.1～20	>20										

二、越冬代(第 4 代)幼虫调查

(一)调查地块的确定

二点委夜蛾第 3 代成虫发生期与秋季作物成熟期相遇，匍匐作物、秋季作物形成的落叶和秋收过程中遗留在田间的植物残体等，为二点委夜蛾的栖息创造了有利条件，并在该作物田产卵、孵化出幼虫，直至越冬。调查地点主要为大豆、花生、棉花、甘薯和玉米田，在果园、杂草丛和部分蔬菜地也有少量幼虫，但情况并不普遍，可不做重点调查。

基于二点委夜蛾第 4 代幼虫主要集中在田间残存的植物干秧子上或下，落叶中或落叶下，幼虫期容易调查，但一旦作茧后与植株残体混合或在 1cm 左右的表土层中，则不容易发现，调查难度大。为此，为了更好地调查越冬基数，可先进行冬前越冬虫量调查，在有越冬虫量的田块继续调查越冬基数和春季越冬存活率更加容易。

(二)冬前越冬虫量调查

10 月中旬，选择上述作物田，包括未收获或收获但未耕翻的田块，每种作物田选择 1～2 块，5 点随机取样，每样点 $1m^2$，各类取样田累计不少于 20 个点，翻查田中落叶、秸秆、残留秧等植物残体，调查幼虫数量。调查记载越冬幼虫数，折算亩活虫量，结果记入表 10-7。

表 10-7　冬前越冬虫量调查记载表

调查单位	日期(年/月/日)	地点	寄主田	取样点个数	活幼虫/头	死亡幼虫/头	总虫量/头	折算亩活虫量/头

(三)冬前越冬基数调查

11 月上旬，选择上述有越冬虫源的地块，随机调查 3 点，每点 $1m^2$。先翻查遗留在该点内的地表作物残体，调查土茧、幼虫数量及幼虫死亡或寄生情况，剥土茧调查寄生和死亡情况(只剥查土茧一端观看幼虫死活)，统计幼虫死亡率、寄生率、折算亩活虫数量，结果记入表 10-8。

表 10-8　越冬基数调查记载表

调查单位	日期(年/月/日)	地点	作物	调查面积/m^2	幼虫/头		茧/头				活虫数量/头	死亡数量/头	死亡率/%	折亩活虫数/头
					活虫	死虫	空茧	寄生茧	死茧	活虫茧				

（四）春季存活率调查

为确定春季化蛹始期，参照预蛹的发育起点温度15.08℃和蛹的发育起点温度11.79℃，并结合气象数据，确定调查春季越冬幼虫存活率的时期一般在化蛹之前的3月上旬。

具体调查方法：3月上旬，选择冬前越冬虫量调查时有越冬虫源的田块，每块地随机调查3点，每点1m^2。先翻查遗留在该点内的地表作物残体，调查土茧、幼虫数量。剥查土茧寄生和死亡情况，调查幼虫死亡或寄生情况，统计幼虫死亡率、寄生率，调查化蛹情况等，结果记入表10-9。

表 10-9　春季存活率调查记载表

调查单位	日期(年/月/日)	地点	作物	调查面积/m^2	幼虫/头		茧/头				茧蛹/头		裸蛹/头		活虫数量/头	死亡数量/头	死亡率/%	折亩活虫数
					活虫	死虫	空茧	寄生茧	死茧	活虫茧	活蛹	死蛹	活蛹	死蛹				

注：死亡率＝(幼虫死虫数＋空茧数＋寄生茧数＋死茧数＋茧蛹死蛹＋裸蛹死蛹)/(幼虫数＋茧数＋茧蛹数＋裸蛹数)。
存活率＝(1−死亡率)×100%。

第四节　生态因子收集或监测

研究发现，二点委夜蛾是一种受生态环境因素影响较大的害虫，其主害代发生危害程度除了取决于1代蛾量外，还受到各种生态因素的影响。经研究筛选出三类预测影响因素，根据预测需要，对三类生态预测因素进行收集和监测：一是蛾盛期至低龄幼虫期的气象因素(温度、湿度)；二是生态调控措施应用的面积和比率；三是秸秆腐熟程度。这三项因素是二点委夜蛾中期、短期发生程度的重要预测依据。

一、蛾盛期至低龄幼虫期的气象因子(温度、湿度)指标收集

研究表明，36℃以上的温度、40%以下的湿度对害虫不利。为使预测因素收集及应用简单易行，各气象因素尽量简化，易收集，只收集日最高气温≥36℃的日数和日平均相对湿度≤40%的日数。通过天气网，如河北http://hebei.weather.com.cn/，或向当地气象部门收集逐日气象实况，记录日最高气温、日平均相对湿度、降雨量，统计1代成虫始盛期至2代低龄(2龄)幼虫期日最高气温≥36℃累计天数，日平均相对湿度≤40%的累计天数、降雨次数及降雨量情况，统计结果填入表10-10。

表 10-10　二点委夜蛾 1 代成虫始盛期至 2 代低龄幼虫期气象因子收集结果

调查单位	年度	月	日	日最高气温/℃	日平均相对湿度/%	日降雨量/mm	气象因子统计				
							1 代成虫始盛期至 2 代低龄幼虫期时段(月/日～月/日)	日最高气温≥36℃的天数/d	日平均相对湿度≤40%的天数/d	降雨次数/次	累计降雨量/mm

二、生态调控措施应用情况调查

二点委夜蛾是大面积小麦秸秆还田、玉米贴茬播种等耕作方式变革引发的典型的生态型害虫，生态调控措施能显著降低二点委夜蛾虫量和被害株率，生态调控措施应用面积比率应作为一项主要的预测因素予以调查。生态调控措施应用面积调查内容主要包括：旋耕和耕翻、清除田间麦秸、小麦灭茬、清除玉米播种行麦秸、小麦收割机秸秆细粉碎(麦秸长度 5cm 以下并在田间均匀抛洒)等技术措施应用面积，统计生态调控措施占麦茬夏玉米种植面积的比率，调查结果记入表 10-11。

表 10-11　生态调控措施应用情况调查表

调查单位	日期(年/月/日)	小麦种植面积/万亩	麦茬夏玉米播种面积/万亩	旋耕和耕翻		清除田间麦秸		小麦灭茬		清除玉米播种行麦秸		小麦收割机秸秆细粉碎		合计	
				面积/万亩	占夏玉米播种面积比率/%	面积/万亩	占夏玉米播种面积比率/%	面积/万亩	占夏玉米播种面积比率/%	面积/万亩	占夏玉米播种面积比率/%	面积/万亩	占夏玉米播种面积比率/%	面积/万亩	占麦茬夏玉米播种面积比率/%

注：其中技术叠加应用不重复累计。叠加应用技术按优化效果进行统计，旋耕和耕翻＞清除田间麦秸＞小麦灭茬＞清除玉米播种行麦秸＞小麦收割机秸秆细粉碎。例如，既进行了清除玉米播种行麦秸又进行了小麦收割秸秆细粉碎的田块面积，只计算在清除玉米播种行麦秸面积内。

三、秸秆腐熟程度监测

二点委夜蛾具有腐食性。秸秆腐熟程度，反映该虫的食料丰富程度，直接影响二点委夜蛾对玉米幼苗的危害程度，是进行短期预测的重要预测因素。通过对秸秆腐熟程度进行研究及标准定性，将腐熟程度分级标准分为：未腐熟秸秆，特征为发白、光滑、鲜亮、发干、发硬，秸秆含水量 15%以下；正在腐熟秸秆，特征为发暗、发软、未变质，麦秸含水量 30%以上；基本腐熟秸秆，特征为发黑、易碎、已腐烂、变质，麦秸含水量 60%以上(图 10-1)。

图 10-1　田间麦秸腐熟程度

a.未腐熟秸秆；b.正在腐熟的秸秆；c.基本腐熟的秸秆

从 6 月下旬幼虫始见期开始，对小麦秸秆腐熟程度进行调查，每 3 天一次，共调查 3 次，结果填入表 10-12。

表 10-12　小麦秸秆腐熟程度调查表

调查单位	年度	调查日期(月/日)	调查面积/亩	其中未腐熟面积占调查面积比率	正在腐熟面积占调查面积比率	基本腐熟面积占调查面积比率

第五节　二点委夜蛾预测预报技术

根据田间调查和试验，室内生物学的温度、湿度适宜指标研究，分析多年发生规律，筛选预测因素并进行田间实况验证后，确定了 1 代成虫数量是预测发生轻重的基础，小麦收获至玉米幼苗期的气候条件、小麦秸秆还田量及处理方式、秸秆腐熟程度是影响发生程度的关键。综合主要影响因素，建立了二点委夜蛾主害代预测预报技术体系。

一、影响二点委夜蛾发生程度的预测因素筛选

(一)1 代成虫数量与发生程度划分指标

根据 2006～2011 年正定县成虫诱测数量及田间发生为害情况的历史资料(表 10-13)，研究认为 6 月主害代的测报灯诱蛾始盛日至盛末的盛期内日平均 10 头以下为轻发生；11～20 头为偏轻发生；21～30 头为中等发生；31～99 头为偏重发生，大于 100 头将大发生(姜京宇等，2011b)。这个成虫预测等级划分标准，于 2016 年在河北省地方标准“二点委夜蛾预测预报技术规范”修订过程中，根据统计方法，结合历年田间实际发生情况和专家意见得到了进一步修改完善，即统计正定县 2006～2011 年蛾盛期日均蛾量的历年平均值为 55 头，因此将 50 头定为中等发生；将介于轻发生和中发生之间的指标 11～30 头定为偏轻发生；将介于中发生和大发生之间的指标 51～99 头定为偏重发生；将历史上高年份的蛾盛期平均日诱蛾量≥100 头定为大发生，见表 10-14。

表 10-13　正定县 2006～2011 年二点委夜蛾盛期蛾量统计

年份	盛期蛾量累计	盛期日平均蛾量	备注
2006	433	54	局部偏重
2007	579	36	局部发生,邢台发生 $3.3hm^2$，被害株率 5%～10%,个别 20%～30%,单株 3～5 头
2008	202	22	3～5 头/株,最高 10 余头,被害株率 1%～2%,个别 10%
2009	305	21	南部偏重,正定百株 0.3 头,最高 46 头
2010	94	10	南部夏玉米偏重,点片为主
2011	1669	185	大发生。全省发生 $66.6hm^2$,涉及 91 个县,百株 5～20 头,个别 200 头,最高单株 27 头。正定发生 20 万亩，百株 30.5 头，单株最高 6 头

表 10-14　发生程度划分表

发生程度	一级	二级	三级	四级	五级
盛期内日平均蛾量/头	≤10	11～30	31～50	51～99	≥100

利用 2011～2013 年多个地点成虫诱测数量与田间发生为害程度的实况对以上预测指标进行验证。结果表明，2011 年各地完全吻合，但 2012 年、2013 年隆尧、临西、馆陶、故城等多地表现为蛾量大，但实际田间发生程度轻，蛾量与幼虫发生程度不匹配。以隆尧县为例，2011 年、2012 年和 2013 年盛期日均诱蛾分别为 745 头、313 头、273 头，如按成虫数量预测，幼虫发生程度均应该为 5 级，但是，田间实际幼虫发生程度仅 2011 年为 5 级，与成虫数量一致；而 2012 年、2013 年田间的幼虫实际发生程度却分别仅为 3 级、2 级，与成虫数量不一致。说明 1 代蛾量是基础条件，但是否会造成严重为害，还受到卵及幼虫是否正常发育的其他限制性因素的影响。

（二）田间温度、湿度预测指标

通过对重发区多个监测区域站的历年发生程度与气象资料的比较研究（李秀芹等，2015），筛选历年发生关键期 6 月至 7 月上旬气象要素中逐日最高温度、平均温度、平均相对湿度、降雨等要素发现，田间温度、湿度与发生程度关系密切。参考曹美琳、马继芳等温度、湿度对二点委夜蛾发育影响的室内研究结果（曹美琳等，2012；马继芳等，2014b）：其适宜温度为 20～28℃、适宜湿度 40%～80%；当温度达到 36℃时成虫会死亡，卵也不能孵化，低龄幼虫不能存活；相对湿度小于 40%，成虫产卵量低，孵化出的幼虫发黑弱小；水淹不适合幼虫存活。从上述研究结果可以看出，该虫怕高温、干旱。≥36℃的高温，≤40%的湿度对其生存有不利影响。最终从各种气象因素中选取日最高气温≥36℃和日平均相对湿度≤40%这两个关键指标。依据这两个指标，分析了馆陶、隆尧等县 2011～2013 年的 6 月、7 月气象数据，再对比历年各地发生情况发现，如果蛾盛期至低龄幼虫期（一般为 6 月中下旬）日最高气温≥36℃的日数多于 3 天，其中连续日数多于 2 天；或日平均相对湿度≤40%日数多于 3 天，其中连续日数多于 2 天；将会抑制二点委夜蛾种群数量，日数与抑制效果正相关，如高温、干旱相遇叠加，抑制效果更显著。

如果持续高温（≥36℃）或干旱天气（≤40%）出现在蛾盛期末尾至低龄幼虫盛期（3 龄期以前）这一时间段，则表现为蛾量大，幼虫发生危害轻。例如，2012 年隆尧蛾盛期在 6 月 6～17 日，期间 6 月 12 日、16 日、17 日、18 日、19 日、21 日共 6 天日最高气温超过 36℃。其中持续 4 天超过 36℃，高温时段在蛾盛期末尾及以后，6 月 11～17 日有 5 天相对湿度≤40%，高温、干旱抑制了幼虫数量。

（三）生态调控预测指标

粉碎秸秆、清理播种行麦秸等破坏二点委夜蛾幼虫适宜生存环境的农艺措施，可以显著降低田间幼虫数量与玉米被害株率。机械化作业发展迅速，使得这些农艺措施能够大面积实施。目前，防治策略已经确定为以破坏害虫适生环境为主导的生态调控，生态调控将成为影响该虫发生、为害的重要因素。因此，应将其应用比率作为对该虫预测预报的重要依据之一。2013 年以来，河北省进行了生态调控技术的大面积示范推广。结果表明，生态调控等措施的应用面积比率越大，控制效果越明显，并且各项措施叠加应用，效果更好。累计应用面积在 70%以上的地区，为害程度会明显减轻；应用不足 50%的地区，为害较重。

（四）秸秆腐熟程度预测指标

田间调查发现，幼虫可以取食吸水膨胀的麦粒和萌发的麦苗，也可取食潮湿腐烂的麦秸和麦秸下幼嫩的杂草为生。正在腐熟的麦秸可为幼虫提供丰富的食料，直接影响幼虫危害程度。因此，预测幼虫危害的因素需增加秸秆腐熟程度这一指标，即秸秆干燥、未腐熟，幼虫食料缺乏，有利于幼虫为害玉米幼苗；秸秆潮湿、正在腐熟，幼虫食料充足，玉米苗受害程度降低。

二、中期、短期发生程度预测模型

根据以上影响因素筛选，确定了影响幼虫发生为害的重要因素包括：1 代成虫数量，蛾盛期至低龄幼虫期（3 龄前）的温度、湿度，生态措施应用面积比率，秸秆腐熟程度（3 龄后）。几类因素相互影响，处于主导或非主导。综合考虑，将几类因素组合构建中期、短期发生危害程度预测模型（李秀芹等，2015），见表 10-15。

表 10-15　二点委夜蛾中期、短期发生程度预测模型

发生危害程度	预测因子指标
轻—偏轻	①1 代成虫盛期日均诱蛾量：轻，10 头以下；偏轻，11～30 头
轻—中	①1 代成虫盛期日均诱蛾量：中，31～50 头；偏重，51～99 头；可能大发生，大于 100 头 ②日最高气温≥36℃多于 3 天，持续多于 2 天；或日相对湿度≤40%多于 3 天，持续多于 2 天；或湿度持续 100%不利于发生 ③生态调控面积达 70%以上 ④田间湿度大，麦粒软，自生麦苗多，麦秸含水量 30%以上，腐熟程度高
偏重—大发生	①1 代成虫盛期日均诱蛾量：偏重，51～99 头；可能大发生，大于 100 头，玉米播期与成虫盛期相遇 ②最适宜温度 24～27℃，日最高气温≥36℃少于 2 天；最适宜发生湿度 60%～80%，相对湿度≤40%少于 2 天 ③生态调控面积在 50%以下 ④田间干燥，麦粒干硬，秸秆含水量 15%以下，腐熟程度低

三、发生程度预测

（一）长期预测

每年3月中旬进行预报。根据越冬基数、春季存活率、小麦生长情况及产量预测、近年小麦玉米栽培管理方式以及气象部门发布的长期气象预测，并结合历史资料进行综合分析评价后，做出当年发生趋势的长期预报。一般越冬场所数量多、面积大、虫口密度高、小麦种植密度大、小麦秸秆还田量大、1代成虫盛期至低龄幼虫期温度偏低、雨水较多等有利于二点委夜蛾发生。

（二）中期预报

主要根据中期、短期预测模型预测。一般在6月中旬进行中期预报，即1代成虫达到高峰期后，诱蛾量开始下降时，已可以确定1代成虫盛期日均蛾量，生态调控因素和成虫盛期的气象因素已有实况值，预测准确率大大提高。根据1代成虫数量初步确定二点委夜蛾发生程度的基调。盛期单灯日均诱蛾量10头以下为轻发生，11～30头为偏轻发生，31～50头为中发生，51～99头为偏重发生，100头以上可能大发生。当成虫数量较大，满足偏重发生的数量时，还要分析气象因素、生态调控因素是否会抑制发生，根据实况值做出预测判断，即当日最高气温≥36℃的天数多于3天，其中持续天数多于2天；或日平均相对湿度≤40%的天数多于3天，其中持续天数多于2天；或遇大暴雨相对湿度持续100%时，均不利于虫害发生；小麦收获后耕翻、秸秆清除、麦茬粉碎，或清除播种行麦秸等处理面积达70%以上也不利于该虫发生。上述2个因素实况值，满足其一就会显著降低发生程度，应做出轻—中等发生的预测。反之，幼虫发生与成虫匹配一致，要做出偏重发生的预测。另外还需要根据未来天气预报，预测卵期至低龄幼虫期气象因素的情况及秸秆腐熟程度，进一步做出预测。

（三）短期预报

主要根据中期、短期预测模型预测。一般6月下旬进行短期预报。此时气象因素、秸秆腐熟因素已有实况值，田间已经始见低龄幼虫，但由于发育不整齐，只有少量幼虫将进入3龄期，开始由垄间向玉米幼苗周围集中，并咬食玉米造成为害。因此，本阶段的灭虫保苗措施是防治该虫为害的最后一道防线。此时应根据气象数据、秸秆腐熟实况、玉米苗龄与虫龄的吻合度立即做出综合分析。蛾盛期至低龄幼虫期累计日若最高气温≥36℃的天数多于3天，其中持续天数多于2天；或日平均相对湿度≤40%的天数多于3天，其中持续天数多于2天；或遇大暴雨相对湿度持续达100%时，均会抑制田间幼虫种群数量。田间湿度大、麦粒吸水变软、自生麦苗多、麦秸腐熟程度较高，均不利于该虫危害。反之，若田间麦秸干燥、腐殖质少，幼虫缺少食物，害虫往往更集中取食玉米，危害加重。另外，还要考虑玉米苗受害敏感期与虫龄的吻合度。当幼虫发生数量偏高，玉米3～5叶期与幼虫3～5龄吻合，则危害加重；而玉米6叶期后，幼虫为3～4龄或以下，则危害程度降低。

四、发生期预测

（一）二点委夜蛾发育历期

已有研究成果表明(Li et al.，2013)，在24～27℃的适宜条件下，各虫态发育历期为：成虫羽化后2～3天产卵，即产卵前期为2～3天，卵期4～5天，1龄幼虫3～4天，2龄幼虫发育历期3～4天，见表10-16。

表10-16 二点委夜蛾发育历期表 （单位：天）

温度	产卵前期	卵期	1龄	2龄	3龄	4龄	5龄
24℃	3	5.03	4.1	4.2	4.3	4.45	4.35
27℃	2	3.89	3.21	3.3	3.9	3.65	3.91

（二）历期法预测

分析统计多年多地成虫诱测数据，1代成虫的始盛日至盛日天数的期距平均值为5.2天，见表10-17。

表10-17 历年1代成虫发生期统计表

县	年度	始盛日	盛日	高峰日	盛末	始盛日–盛日/d
馆陶	2011	6.9	6.14	6.12	6.21	6
正定	2011	6.19	6.21	6.20	6.27	3
安新	2011	6.19	6.21	6.21	6.26	3
隆尧	2011	6.13	6.17	6.19	6.20	5
临西	2012	6.6	6.10	6.10	6.19	5
辛集	2012	6.6	6.10	6.9	6.19	5
正定	2012	6.6	6.12	6.6	6.24	7
安新	2012	6.11	6.15		6.21	5
隆尧	2012	6.6	6.12	6.15	6.17	7
馆陶	2013	6.10	6.15	6.20	6.20	6
临西	2013	6.9	6.14	6.14	6.19	6
正定	2013	6.23	6.28	6.26	7.2	6
隆尧	2013	6.12	6.14	6.15	6.17	3
临西	2014	6.5	6.9	6.6	6.18	5
辛集	2014	6.7	6.10	6.10	6.20	4
隆尧	2014	5.31	6.5	6.2	6.18	6
安新	2014	6.12	6.15	6.16	6.24	4
故城	2014	5.31	6.6	6.6	6.16	7
馆陶	2014	6.2	6.7	6.5	6.17	5
平均						5.2

依据上述指标作为预测依据，采用历期法构建出成虫盛日、3 龄始盛期推算公式，依据推算公式推断出田间成虫盛期、3 龄盛期，在成虫始盛日发出预报，并预报成虫盛日(成虫喷药适期)、2 龄盛期(幼虫防治适期)(姜京宇等，2011b)。

成虫盛日＝成虫始盛日＋(盛日–始盛日)＝成虫始盛日＋5.2 天。(可用于成虫防治短期预报)

3 龄始盛期＝成虫盛日＋产卵前期＋卵期＋1 龄幼虫期＋2 龄幼虫期＝成虫盛日＋(2～3)天＋(4～5)天＋(3～4)天＋(3～4)天＝成虫盛日＋(12～16)天＝成虫始盛日＋(17.2～21.2)天。(可用于幼虫防治中期预报)

另外，多年监测结果表明，小麦收获期基本上与成虫盛期相遇，小麦收获并秸秆还田后，二点委夜蛾成虫在麦秸下集聚所产的卵，是造成为害玉米幼苗的主要虫源。如果小麦收获时田间湿度较大，成虫产的卵能够正常孵化，若小麦收获时田间干燥，成虫则不喜欢在此产卵，或产的卵不孵化，需播种玉米并灌水造墒后卵才能开始孵化。幼虫 3 龄后期向玉米苗集中，开始为害幼苗，4 龄和 5 龄幼虫食量大为害加重。因此还可以利用小麦收获或玉米播种期进行推算。

成虫防治适期＝小麦收获后或玉米播种后 0～3 天

幼虫防治适期＝小麦收获或玉米播种期＋卵期+1 龄幼虫期+2 龄幼虫期

＝小麦收获或玉米播种期＋(4～5)天＋(3～4)天＋(3～4)天

＝小麦收获或玉米播种期＋(10～13)天

在小麦开始收获时期发出预报，10 天后加强大面积普查，结合系统调查，及时指导田间用药防治二点委夜蛾主害代幼虫。根据多年经验，小麦收获或玉米播种后 10 天，如在田间发现幼虫，2 天后可见危害，应立即进行防治。

五、防治指标的确定

(一)成虫防治指标

二点委夜蛾是大面积小麦秸秆还田、免耕播种玉米引发的一种生态害虫，基于其幼虫数量大，在麦秸下呈暴发毁灭性危害玉米幼苗的特性，利用常规方法防治幼虫的难度极大，为此，1 代成虫防治是控制该虫为害的关键。

结合越冬代成虫数量，在小麦收获前期，1 代成虫日单灯诱蛾量达到中等发生程度，也即单灯日均诱蛾量达到 31 头及以上，结合气象预报，在小麦收获玉米播种期间及之后 10 天范围内温度偏低、湿度大，应注意进行成虫防治。

(二)幼虫应急防治指标

二点委夜蛾幼虫田间防治指标的确定难度极大，主要原因包括主害代幼虫数量与危害程度不匹配，即有时田间有虫但不为害玉米幼苗，致使田间虫口密度的大小并不能作为准确预测玉米苗受害率的依据。这是由该虫的特性决定的：①二点委夜蛾幼虫具有腐生性，可以取食田间潮湿的麦秸、吸胀的麦粒或杂草，田间有虫但不一定为害玉米，也就是田间麦秸腐熟程度高，不适宜为害；②该虫具有转株危害的习性，在室内有时 1 头幼虫可为害 7～8 株玉米幼苗，也就是若为害期田间干旱时，麦秸干燥，尽管田间虫量不多，但是为害率高，也就是田间麦秸腐熟程度低，适宜为害。

基于以上原因，该虫防治主要在适宜为害的田块进行，幼虫防治指标在确定虫量的基础上，同时需要确定为害率。田间不适宜为害至适宜为害实际上反映的是田间麦秸从腐熟、正在腐熟至未腐熟程度的一个连续变化过程，人工模拟试验很难完全模拟或反映出田间如此复杂的生境状态过程。为此，通过田间大规模调查，找出出现频率较高的适宜为害地块的虫量，是确定幼虫防治指标的关键(马继芳等，2017)。

1. 二点委夜蛾百株虫量与被害损失率的相关分析

2011～2016 年在河北中南部及山东二点委夜蛾幼虫发生的 29 个县(市)进行的田间实际危害情况调查，只调查虫量和死苗数，不调查倒伏株，然后折合成百株虫量和被害损失率(也即死苗率)，共得到有效数据 278 组，见表 10-18，其百株虫量与被害损失率的关系见图 10-2。

表 10-18　调查地点及有效数据量　　（单位：组）

地区	县(市)	2011 年	2012 年	2013 年	2014 年	2015 年	2016 年
石家庄	藁城	3					
	辛集	39				15	
	正定					6	
邢台	邢台市				16		
	平乡		12			8	
	临西			13			
	隆尧					11	
	宁晋	3	2	3	6		
邯郸	馆陶				27		
	永年					5	
	邱县					6	
	大名					6	
衡水	衡水市		5				
	深州		8				
	故城					8	2
	景县					3	
沧州	南大港			11			2
	沧县						6
保定	安新		2	3	3		
	博野					4	
	定州					8	
济南	商河			1	19		
淄博	高青			1			
临沂	沂水				1		
德州	宁津		1	1	1		
聊城	冠县				1		
菏泽	郓城				1		
济宁	嘉祥					1	
枣庄	滕州市		1	1	1	1	

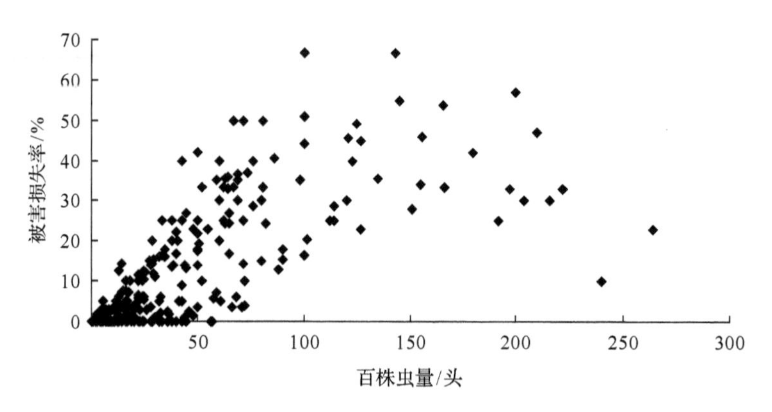

图 10-2　百株虫量与被害损失率的关系

对上述数据进行统计分析，首先计算被害损失率与百株虫量的比值，即被害系数，对其出现的频次进行曲线拟合(图 10-3)，得到一元三次方程 $y=-2332.9030x^3+2143.6474x^2-536.9099x+67.3777$ ($R^2=0.9604$)。该频次分布曲线呈现倒“S”形，其中，0 为田间有虫量但是没有为害，属于极端不适宜为害；1 为百株虫量与被害损失率相等，属于极端适宜为害；随着被害系数增大，田间表现为二点委夜蛾从不适宜为害到适宜为害的过渡。具体体现为：被害系数为 0～0.1755(第 1 个拐点)时，田间表现为虫量非常大但为害非常轻，属于极端不适宜为害区段；被害系数为 0.1755～0.4370(第 2 个拐点)时，田间表现为虫量比较大而为害相对轻，属于不适宜为害区段；被害系数为 0.4370～0.60 时，田间表现为虫量低但为害重，属于适宜为害区；被害系数为 0.60～1.0 时，田间表现为尽管虫量不高但是为害却特别重，属于极端适宜为害区段。曲线下的面积代表该比值出现的概率，从整体曲线可以看出二点委夜蛾不适宜为害出现的频率远远大于适宜为害出现的频率，说明二点委夜蛾并不是为害性非常大的害虫，其在田间主要营腐生生活，与田间实际调查情况吻合。

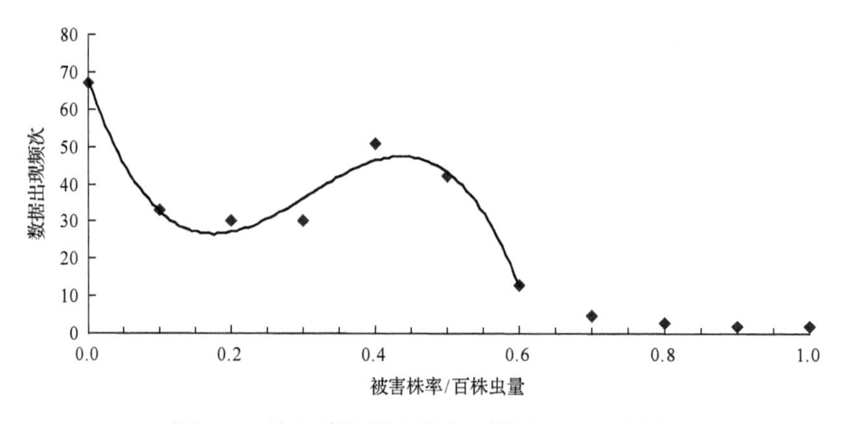

图 10-3　被害系数(被害株率/百株虫量)出现频次

由上述分析可知，在既有虫量又有为害的区段内，即不适宜为害与适宜为害之间，当被害系数为 0.4370 时，可得到频次极大值 47.4207。因此，可以将被害系数为 0.4370 作为二点委夜蛾从不适宜为害到适宜为害的拐点。据此，可得到田间单株被害苗周围的平均虫量为 2.2881 头(百株虫量/被害损失率＝1/0.4370)，并根据上述数据将田间为害情况划分为适宜为害区和不适宜为害区两组数据。其中，适宜为害区百株虫量/被害损失率≤2.2881 头，不适宜为害区百株虫量/被害损失率＞2.2881 头，以此分别构建田间百株虫量与被害损失率的曲线回归模型。

用最小二乘法进行二点委夜蛾在田间适宜为害区和不适宜为害区百株虫量与被害损失率的曲线拟合(图 10-4)，求解得到非线性回归方程，其中，适宜为害区 $\hat{Y}=53.4758/(0.4682+e^{-0.0205x})-36.1521$，相关系数($R^2$)＝0.9522，呈指数形曲线，说明虫量与为害损失率呈正相关，当虫量很大时为害趋于稳定；不适宜为害区 $\hat{Y}=1.0540/(0.0288+e^{-0.0475x})$，$R^2$=0.8182，呈典型的“S”形曲线，说明虫量大时不一定为害重，但是当虫量非常大时必然要为害重。该结果与观测值吻合度高，并与生产实际情况相吻合。

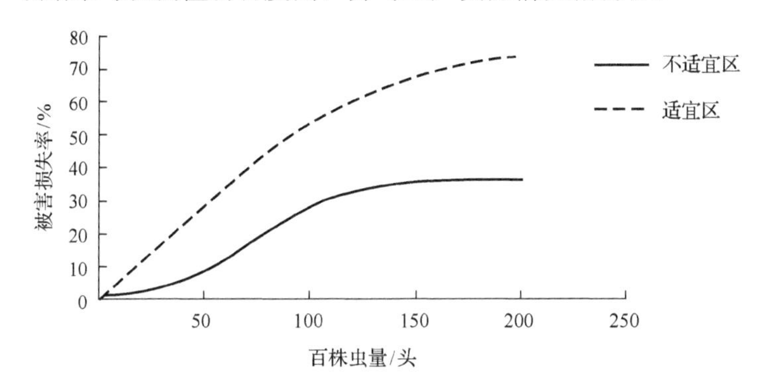

图 10-4　田间适宜为害区与不适宜为害区百株虫量与被害损失率的拟合曲线

2. 经济允许损失及防治指标的确定

经济允许损失率计算公式为 $L=C\times H/(Y\times P\times E)\times 100\%$，其中，$C$ 为防治费用(元/hm^2)，H 为经济系数，Y 为玉米单产(kg/hm^2)，P 为玉米价格(元/kg)，E 为防治效果(%)。根据目前生产实际折算，利用毒饵进行应急防治，防治成本为 300 元/hm^2，防治效果为 86.52%，二点委夜蛾发生地块一般为小麦产量高肥力强的地块，玉米产量水平一般为 8250kg/hm^2，按照当前价格 2.2 元/kg，经济系数为 2，代入公式，得到经济允许损失率为 3.82%。

将经济允许损失率 3.82%分别代入到上述适宜为害和不适宜为害区百株虫量与被害损失率的回归方程式，得到适宜为害和不适宜为害区的动态经济阈值(即防治指标)，其中，适宜为害区的防治指标为百株虫量 6.81 头，不适宜为害区的防治指标则为百株虫量 29.40 头。

基于二点委夜蛾幼虫具有集聚性，田间分布不均匀，麦秸围棵的玉米苗附近虫量多危害重，而没有麦秸的地方基本没有为害，为此，田间调查时要选择麦秸围棵的玉米行进行。另外，由于小麦收获后，1 代成虫在麦茬上覆盖麦秸形成的空隙内集聚产卵，孵化出的幼虫是为害夏玉米的主要虫源，根据卵孵化和幼虫发育历期，10 天后进入 3 龄，并开始向玉米周围集聚为害。假若田间干旱，1 代成虫则在玉米播种并灌水造墒后再集聚其内产卵并孵化，10 天后，幼虫进入 3 龄，玉米幼苗在 3～4 叶期，田间条件适宜为害时，幼虫开始为害玉米幼苗，田间可见被害株，应立即进行防治。假若田间条件不适宜为害，虫量大也难见被害株，则不需要防治。综合考虑以上因素，二点委夜蛾为害夏玉米幼苗的防治指标为：小麦收获或玉米播种后 10 天开始调查，当百株虫量 6 头、围棵玉米沿行死苗率达 3%时，应立即进行防治。

3. 发生程度分级标准

参照农业部相关规定，可依照作物减产损失率，将农作物病虫害发生程度划分为 5 级。将被害损失率带入回归方程可以计算出二点委夜蛾适宜为害地块的百株虫量，根据二点委夜蛾发生为害特点，划分出适宜的发生程度分级标准(表 10-19)。

表 10-19　二点委夜蛾适宜为害地块的发生程度分级标准

百株虫量(*X*)	被害株率 *Y*/%	发生程度
≤6	<3	1 级轻发生
6.1～9	3～5	2 级中等偏轻发生
9.1～18	5.1～10	3 级中等发生
18.1～35	10.1～20	4 级中等偏重发生
>35	>20	5 级大发生

因此将二点委夜蛾发生程度分为五级，即轻发生(1 级)、偏轻发生(2 级)、中等发生(3 级)、偏重发生(4 级)、大发生(5 级)。二点委夜蛾第二代(即主害代)发生程度分级指标以幼虫虫口密度、玉米苗被害株率为指标，同时参考发生面积比率确定发生程度，各级具体指标见表 10-20。

表 10-20　二点委夜蛾发生程度分级指标

发生指标	发生程度级别				
	1 级	2 级	3 级	4 级	5 级
虫口密度/(头/百株)	0.5～6	6.1～9	9.1～18	18.1～35	>35
被害株率/%	<3	3.0～5.0	5.1～10.0	10.1～20.0	>20
发生面积比率/%	≤10	>10	>20	>20	>20

第十一章　二点委夜蛾的防控技术

二点委夜蛾食性杂，繁殖能力强，群体积累快，具有暴发性危害等特征，田间呈现出发生范围广、虫口密度高、为害程度重以及产量损失大等特点。因此，做好防控工作、确保夏玉米生产安全是研究该虫的最终目的。随着研究的深入，该虫的防控技术逐渐完善，其防控策略和技术体系研究可分为三个阶段。第一阶段是在研究初期，农业防治措施只能是人工扒开玉米苗周围的麦秸，效率低且容易机械伤苗；主推技术是苗期喷雾防治幼虫，由于幼虫在麦秸下隐蔽，喷 2～3 遍药效果不佳；早期控制靠毒饵、毒土；应急防治用全田灌药，用药量非常大，若掌握不好时机，玉米苗也难免受害严重。第二阶段，随着对该虫研究的深入，防控技术逐渐改进，直到 2012 年制定了以改进小麦秸秆还田方式为先导、成虫早期控制为重点，幼虫为害期用毒饵、毒土进行应急防治为补充的“预、控、治”技术体系，这时的改进小麦还田方式的农业措施只是旋耕灭茬、麦茬粉碎、玉米播种并灌蒙头水后人能进地时，人工将播种行的麦秸扒到垄背上等简易的措施，应用面积受限，主推技术是成虫控制，也就是小麦收获后特别是玉米播后苗前大力提倡农药同封地面除草剂一起喷雾杀灭成虫，将常用的吡虫啉等防治刺吸性蚜虫、飞虱的农药改变为有机磷类农药，以杀灭二点委夜蛾成虫为主并兼治刺吸性害虫，当时，毒饵和毒土应急防治面积也非常大，拌种子的机械用来拌毒饵，麦麸供不应求，比前期的全田灌药节省了不少时间和农药。第三阶段就是近年来，随着研究的深入，明确了二点委夜蛾生物学特点及发生规律，澄清了该虫的暴发机制，农机农艺结合，研发了二点委夜蛾专用清垄机、麦茬地清垄施肥免耕精量播种机等专门用于防控二点委夜蛾的机械，进一步明确小麦灭茬的关键技术，改进小麦收割机的作业质量等，建立了以农业生态调控预防措施为核心的二点委夜蛾防控技术体系，该技术使用得当可以不用农药防治。目前这一技术正在黄淮海小麦—玉米连作区进行大面积推广应用。为了确保二点委夜蛾研究的完整性，以及对其他病虫害研究的借鉴性，在此将二点委夜蛾所有的有效防治技术进行详细介绍，以便各地参考应用。

第一节　农业生态调控措施

20 世纪末，河北省中南部在玉米—小麦一年两茬种植区率先推行秸秆还田、贴茬播种的保护性耕作，小麦收割后的秸秆直接散落到田间并直接播种玉米的耕种方式(图 11-1)，为二点委夜蛾生存繁衍创造了适宜的栖息环境。通过研究和田间示范表明，调整玉米播期，使玉米躲避受害，或清洁田园、旋耕灭茬，清除播种行麦秸等措施，人为破坏二点委夜蛾的适生环境，可以达到控制二点委夜蛾危害的目的(姜京宇等，2015)，是防治二点委夜蛾的一项简便、易行、省工、节本、环保的有效措施。

图 11-1　小麦秸秆还田

a.麦秸散布全田；b.麦秸成行散落田间

一、麦套玉米、躲避受害

麦套玉米指小麦收获前，利用玉米点播机等在麦田播种玉米，5～7 天后再收获小麦。小麦秸秆还田后，二点委夜蛾成虫在散落田间的秸秆缝隙间聚集产卵。孵化出的幼虫达到 3 龄危害期时，玉米已在 5 叶期以上，躲过了被害敏感期，受害轻或不受害，见图 11-2。该技术适合于黄淮海中北部，在石家庄和保定地区应用较多。该地区有效积温不足，麦收后再播种夏玉米，往往不能完全成熟，提前套播有利于提高产量。该项技术在玉米粗缩病发生重的区域不宜采用。

图 11-2　麦套玉米

二、清除田间麦秸、合理利用

小麦收获后遗留在田间的麦秸，为二点委夜蛾创造了适宜的生存环境，有利于成虫在麦秸形成的空隙内栖息、产卵，幼虫在麦秸覆盖下为害玉米幼苗。2011 年在南和县贾宋镇郭屯村进行了清洁田园麦秸试验，小麦收获后即将散落的麦残体、杂草等覆盖物清出田间，四行覆盖、四行清出，依次排列，重复 4 次。每小区长 50m，宽 2.2m，面积 110m^2。结果显示，清洁田园处理的玉米被害株率明显低于不清洁田园的被害株率（苏增朝等，

2012)，防治效果达到 76.38%，见表 11-1。这项措施在南和县、宁晋县等地大面积推广应用(图 11-3)，并将麦秸收集后送往当地造纸厂进行充分利用，有些地区还可将麦秸进行木炭制作或板材加工等多种利用方式。

表 11-1　夏玉米播种前清洁田园对二点委夜蛾防治效果(南和，2011 年)

试验处理	总株数/株	被害株数/株	被害株率/%	防效/%
清洁田园	740	24.5	3.31	76.38
不清洁田园	740	103.6	14.02	—

注：表中数据为 4 次重复的平均值。

图 11-3　清除田间麦秸

a.人工清除；b.机械打捆清除

焚烧秸秆造成严重的环境污染，是国家明文禁止的。但是，有些农户受劳力、耕作、时间和病虫危害等影响，小麦收获后偷偷焚烧秸秆。隆尧县等多地调查显示，焚烧小麦秸秆后的田块直接播种玉米，没有二点委夜蛾的发生与危害(图 11-4)。2012 年江苏、安徽、山东、河南等地出现了大面积小麦秸秆焚烧情况(图 11-5)，对二点委夜蛾的危害起到了积极的控制作用。但焚烧秸秆造成环境污染，在二点委夜蛾防控中不提倡应用。

图 11-4　小麦秸秆焚烧后直接播种玉米

图 11-5　2012 江苏等地大面积小麦秸秆焚烧现场

三、麦茬地耕翻或旋耕

小麦收获后利用耕翻机或旋耕机将小麦根茬和收割时遗留的麦秸打碎混入耕作层(图 11-6)，耙平后播种玉米的田块，没有二点委夜蛾危害。2011 年安新县调查，同一区域、播种时旋耕灭茬、地表秸秆残留覆盖少的地块，基本无危害；而田间麦秸残留覆盖多的地块，发生危害较为严重。2012 年董志平等考察，在山东南部、河南和江苏北部有大面积成方连片的地块，将小麦秸秆旋耕到耕作层，根据机械动力和旋耕深度的不同，整地效果虽有差异(图 11-7)，但均对二点委夜蛾危害起到了良好的防控作用。2013 年江苏省徐州市贾汪区小麦收获后，区政府组织进行麦茬旋耕处理，结果周边未处理地块遭受二点委夜蛾严重危害，而本区玉米基本没有受害，见图 11-8。该技术更适合黄淮海南部有效积温较高的地区。

图 11-6　小麦收获后旋耕灭茬再播种玉米

a.麦茬地旋耕；b.麦茬地耕翻

图 11-7　2012 年山东南部大面积小麦旋耕灭茬后各种整地效果

a.地表面可见麦残体；b.地表面麦残体较少

图 11-8　江苏徐州贾汪区旋耕防控效果

a.旋耕防控二点委夜蛾；b.麦茬地二点委夜蛾危害状

四、麦茬地灭茬并压实

根据多年调查结果，小麦收割时遗留麦茬高、麦秸长、麦残体多的地方害虫多、危害重，而在细碎麦糠覆盖、缝隙小的地方反而害虫少。2012 年在吴桥县安陵镇姜阁村进行了粉碎麦茬对二点委夜蛾的防治效果试验(韩玉芹等，2013)。首先在二点委夜蛾重发区，选择小麦种植密度大、生长好、麦残体多的地块，设置麦收后利用灭茬机将麦残体粉碎还田 1 遍和粉碎还田 2 遍两个处理，以麦收后麦秸直接散落在田间为对照，小区长 70m，宽 3.4m，3 次重复。分期对各处理小区进行 5 点取样，每样点 $1m^2$，调查幼虫数量，计算防效，见表 11-2。同时对各小区植株进行全面普查，分别记录被害株数，计算被害株率，见表 11-3。结果显示，粉碎秸秆 1 遍的处理，田间幼虫量明显低于对照，防效达 87.85%；粉碎秸秆 2 遍的处理，田间幼虫量更低，防效可达 90.38%，但两者差异不大。粉碎 1 遍和 2 遍对玉米被害株率的防治效果均在 95%以上，两者差异也不显著。从经济角度考虑，粉碎 1 遍即可有效控制二点委夜蛾危害。

表 11-2 粉碎秸秆对二点委夜蛾幼虫防治效果(吴桥，2011 年)

试验处理	幼虫量/(头/m^2)							合计	防效/%
	6.25	6.30	7.5	7.10	7.15	7.20	7.25		
粉碎 1 遍	2.4	3.8	3.2	3.6	1.8	2.2	1.6	18.6	87.85
粉碎 2 遍	2.8	2.6	2.2	1.6	2.2	1.8	2.0	15.2	90.38
对照	19.6	20.6	29.8	30.6	20.2	22.6	14.6	158.0	—

表 11-3 粉碎秸秆对玉米被害株率的影响(吴桥，2011 年)

试验处理	被害株率/%							防效/%
	6.25	6.30	7.5	7.10	7.15	7.20	7.25	
粉碎 1 遍	0.00	0.07	0.14	0.21	0.21	0.28	0.28	96.0
粉碎 2 遍	0.00	0.00	0.21	0.21	0.21	0.21	0.21	96.9
对照	0.56	1.82	2.73	3.22	4.76	6.79	6.86	—

在目前大力提倡秸秆还田和免耕播种的情况下，利用机械对田间麦秸和根茬粉碎并压实，提高了工作效率，同时，不利于成虫进入其间活动和产卵，对其上已有的卵和幼虫也有一定的杀伤作用，还有利于秸秆腐烂及农事操作，简便易行、省工节时。这一措施的关键技术需要小麦收获后随即进行灭茬，若小麦收获后没有及时灭茬，二点委夜蛾已经把卵产在田间，灭茬后也会发生危害。2012 年以来在河北，特别是石家庄、保定等机械化程度较高的地区逐渐推广应用(图 11-9、图 11-10)，是二点委夜蛾防控的主推技术，适合各地应用。

图 11-9　灭茬机(a)及小麦灭茬(b)

图 11-10　小麦灭茬防控二点委夜蛾效果

a.麦茬地危害重；b.灭茬地危害轻

五、清除玉米播种行麦秸

在当前大力提倡小麦秸秆还田、玉米免耕播种的条件下，根据二点委夜蛾喜欢在麦秸覆盖下为害玉米的习性，可以采用机械或人工方式将播种行上覆盖的麦秸推到两边，露出播种行，避免玉米出苗后被麦秸覆盖而受害。

(一)二点委夜蛾防控专用清垄机

在玉米播种机上安装二点委夜蛾防控专用清垄机，该清垄机可以安装在播种机前面，先用扇形齿轮将 15cm 播种行的麦秸扒到垄背上，接着播种玉米，实现了清除玉米播种行麦秸和播种一体化，如图 11-11、图 11-12 所示。

图 11-11　二点委夜蛾防控专用清垄机

图 11-12　携带清垄机的玉米播种效果

（二）麦茬地清垄施肥免耕精量播种机

采用麦茬地清垄施肥免耕精量播种机。该播种机首先将玉米播种行 15cm 内的麦秸粉碎并利用分流器抛向播种行的两边，然后再播种玉米。一次作业可同时完成玉米播种行麦秸的清理、施肥、玉米免耕播种和覆土镇压作业，并最大限度地保留了玉米行间的麦茬和麦秸覆盖，有利于田间保墒和抑制田间杂草生长。宽度为 15cm 的玉米播种行内没有麦秸杂物，大大提高了机具播种效率和玉米播种质量。玉米出苗后没有麦秸围棵，破坏了二点委夜蛾发生危害的环境，能够达到高效防控该虫危害的目的，如图 11-13～图 11-15 所示。2015 年，该播种机在正定二点委夜蛾防控示范区示范成功，并在高邑、徐水，以及渤海粮仓示范县宁晋、清河、馆陶等地进行了示范推广，深受当地农户的欢迎。该新型播种机的研制成功，为保护性耕作条件下病虫害防控和提高玉米等夏粮播种质量做出了贡献。2016 年该播种机已全面推广。

图 11-13 麦茬地清垄施肥免耕精量播种机

图 11-14 麦茬地清垄施肥免耕精量播种机清垄效果

图 11-15 麦茬地清垄施肥免耕精量播种机清垄出苗效果

(三)播种行旋耕玉米播种机

利用播种行旋耕玉米播种机进行播种，见图 11-16，先将 20cm 宽的玉米播种行旋耕，随后播种玉米，实现耕翻播种一体化，效果好，如图 11-17、图 11-18 所示。

图 11-16　播种行旋耕玉米播种机

图 11-17　播种行旋耕玉米播种机播种效果

图 11-18　播种行旋耕玉米播种机播种出苗效果

采用玉米播种行先旋耕后播种的方式，肥料施入后随即旋耕，肥料、秸秆和土壤混合，旋耕深度可达 10cm 左右，旋耕播种行宽度可达 20～25cm，而后玉米播种开沟宽度可达 15～20cm。这样，可确保玉米播种行 15～20cm 范围内无麦秸覆盖，破坏玉米播种行秸秆覆盖和围棵环境效果明显。玉米出苗后不被麦秸围棵，不适宜二点委夜蛾发生，使玉米免受为害。此外，这种播种方式，清垄、播种作业一次性完成，仅将施肥器的开沟器换成旋耕刀片，没有增加额外的装置，旋耕只是在播种行进行，没有增加作业难度。2015 年在馆陶县夏玉米田进行试验，结果表明，在对照区被害株率达到 6%的情况下，试验区玉米播种行没有发现害虫和被害株，二点委夜蛾危害得到了明显控制(陈立涛等，2016)。

(四)拓宽玉米播种行宽度

随着机械化程度的提高，也可以在播种时进行播种行麦秸清除。播种时，将开沟器与施肥器之间的水平距离由原来的 5cm 调整到 10cm，这样就加大了播种沟的深度与宽度，从而将麦秸推到播种行两侧，播种行无麦秸覆盖，在破坏二点委夜蛾适生环境的同

图 11-19　利用玉米播种机(a)推开播种行麦秸(b)

图 11-20　拓宽玉米播种行宽度播种效果

时，减少了危害，如图 11-19、图 11-20 所示。田间秸秆量较多时，需要采用大马力播种机，若先将田间麦茬、麦秸粉碎后再进行播种效果更佳。有些麦秸较多、未清除干净的地方可以再用人工扒开的方法加以补充。

(五)人工清除播种行麦秸

2011 年在南和县贾宋镇郭屯村进行了清洁播种行麦秸试验(苏增朝等，2012)。6 月 16 日收获小麦，6 月 17 日播种玉米并浇蒙头水，6 月 19 日即 2 天后人能进地时，把覆盖在播种行上的麦残体用耙子横向耧至距玉米播种行 15cm 的垄背上(图 11-21)，因为这时地面、麦秸均湿润，耙耧麦秸更方便、快捷和彻底。隔 5 行(玉米)耧 5 行，重复 4 次，每个小区长 50m，宽 2.75m，面积 137.5m^2。结果显示，清除播种行麦秸可以有效防控二点委夜蛾危害(图 11-22)，防效可达 81.06%，见表 11-4。隆尧县同期进行上述试验，田间麦秸量较小且播种行麦秸清除较彻底时(图 11-23)，未见二点委夜蛾危害。

图 11-21　人工清除播种行麦秸

a.小麦收获后播种玉米并浇蒙头水；b.清除播种行麦秸

图 11-22　清除播种行麦秸的玉米田块

a.清除玉米播种行麦秸的效果；b.清除玉米播种行麦秸的出苗效果

表 11-4　夏玉米播种后出苗前耧耙清洁播种行麦残体对二点委夜蛾的防治效果（南和，2011 年）

试验处理	总株数/株	被害株数/株	被害株率/%	防效/%
清除播种行麦秸	925	22.3	2.41	81.06
不清除播种行麦秸	925	121.5	13.14	—

注：表中数据为 4 次重复的平均值。

图 11-23　隆尧彻底清除播种行麦秸的田块

六、小麦秸秆细粉碎

随着小麦收割机研制水平的不断提高和改造升级，小麦收获时，在收割机的秸秆出口处加载秸秆细粉碎装置，对麦秸进行粉碎并抛撒均匀，同时降低留茬高度（秸秆粉碎长度在 5cm 以下，麦茬不高于 15cm），能减少成虫的隐蔽空间，不利于成虫进入活动产卵，可大大压低虫源基数。小麦完全成熟后收割，特别在晴天中午干燥时收获效果好。该技术结合玉米播种时，拓宽玉米播种行宽度（将开沟器与施肥器之间的水平距离由原来的 5cm 调整到 10cm）效果更佳。

第二节 物理防治

一、灯光诱杀成虫

根据二点委夜蛾成虫趋光性强的特点，从3月15日开始至10月30日，每30～50亩地安装1盏二点委夜蛾高效杀虫灯，底部距地面1.5m(图11-24)，每日晚18时至翌日5时工作或采用光控开关，并及时清理接虫袋。期间可诱杀大量成虫，大幅度降低二点委夜蛾的产卵量，进而减少2代幼虫对玉米的为害(图11-25、图11-26)。可同时兼杀玉米螟、黏虫、金龟子、棉铃虫等多种害虫。农业合作社、种粮大户等条件允许、组织化程度高的地方可选择使用。

图11-24　二点委夜蛾高效杀虫灯

图11-25　二点委夜蛾高效杀虫灯在小麦田间应用

图 11-26　二点委夜蛾高效杀虫灯在玉米田间应用

二、杨树枝把诱杀成虫

利用二点委夜蛾成虫对杨树枝把有较强的趋性的特点，在 1 代成虫盛发期可选用 1～2 年生枝叶较多的毛白杨枝条，将基部捆扎成 10cm 直径粗的枝把，阴干 1 天，叶片萎蔫后使用，竖立或平放于玉米田行间(图 11-27)，每 667m^2 放置 5 把，每把至少间距 10m。每日清晨检查并杀死潜伏在枝叶内的成虫。

图 11-27　田间架设杨树枝把

第三节　生 物 防 治

一、性诱剂诱杀雄蛾

选用二点委夜蛾高效专用性诱芯(图 11-28)及配套的水盆诱捕器(图 11-29)，在 1 代成虫发生期使用，诱杀雄蛾。一般在田间每 667m^2 放 3～5 个诱捕器，按照边缘密集、

图 11-28　二点委夜蛾高效专用性诱芯

图 11-29　水盆诱捕器

图 11-30　二点委夜蛾水盆诱捕器在小麦田使用

图 11-31　二点委夜蛾水盆诱捕器在玉米田使用

内部稀疏的方式排列，即四周按照每 667m^{2}4～5 个诱捕器，内部 2～3 个诱捕器。诱捕器使用直径 25～30cm 的绿色塑料盆，在盆沿下 1cm 处对称钻 2 个排水孔，用细铁丝横穿诱芯胶塞小头端，悬吊于水盆中央(诱芯口向下)，盆内注浓度为 0.3%洗衣粉水，至诱芯底部以下 0.5～1cm。诱杀期间需及时捞出盆内死虫、调整诱芯高度或补充水量。该诱捕装置可从麦收前 10 天至玉米播种后 15 天使用，如图 11-30、图 11-31 所示。

二、昆虫病原线虫防治幼虫

在二点委夜蛾幼虫发生期采用机动或手动喷雾器在玉米田间喷施异小杆线虫(*Heterorhabditis bacteriophora*)或格氏线虫(*Steinernema glaseri*)，每 667m^2 用量 1 亿～2 亿条，用水 60～100kg。具体做法是将吸附在海绵内的昆虫病原线虫洗入清水中，然后

图 11-32　田间被异小杆线虫侵染致死的二点委夜蛾幼虫

图 11-33　被格氏线虫侵染致死的二点委夜蛾幼虫

将线虫液倒入喷雾器中顺玉米行喷施到地表，不仅能防治二点委夜蛾幼虫，还能防治地老虎等地下害虫。因为线虫喜欢高湿的土壤环境，因此如果田间土壤湿度较低，应该在喷施线虫之前或之后进行浇水，才能达到好的防治效果。被异小杆线虫侵染致死的二点委夜蛾幼虫体色变成红色(图 11-32)，被格氏线虫侵染致死的二点委夜蛾幼虫体色变化不大(图 11-33)。7～10 天后线虫会从虫尸内爬出，大量侵染期的病原线虫会在土壤中继续寻找并侵染新的二点委夜蛾幼虫，也会侵染其他地下害虫。

第四节　化 学 防 治

一、农药筛选

为了找到对二点委夜蛾防治有效的化学药剂，对 16 种常用农药进行了筛选，见表 11-5。分别针对二点委夜蛾成虫、幼虫的触杀、胃毒作用进行了室内生物测定，并测定了其中 6 种药效较好的杀虫剂毒力(王玉强等，2012)。

2010 年 7 月将田间采集得到的二点委夜蛾幼虫进行人工饲养，成虫产卵后将幼虫饲养至试验所需龄期。触杀毒力测定采用浸渍法：取生长一致的 2 龄及 4 龄幼虫，在处理药液中浸渍 3s 后置于吸水纸上吸去多余药液，然后放入装有正常苋菜叶片的 12 孔板中，每处理 30 头幼虫，3 次重复，以清水处理作对照，并将各处理置于 26℃恒温箱中，24h 后统计试虫死亡数。二点委夜蛾成虫采用喷雾法测定，每处理 30 头，3 次重复，以清水处理作对照，2h 后统计试虫死亡数。胃毒毒力测定采用浸叶法：将苋菜叶片在药液中浸泡 10～15s 后，取出晾干，用直径为 1cm 的打孔器制成圆叶片，放入 12 孔板，每孔 3 片，挑健康整齐的 2 龄及 4 龄二点委夜蛾幼虫，每孔 1 头，每处理 30 头，3 次重复，以清水处理作对照；将各处理置于 26℃恒温箱中，24h 后统计试虫死亡数，结果见表 11-6。

表 11-5　农药种类、剂型及生产厂家

药剂名称	剂型	生产厂家
48%毒死蜱	乳油 EC	江苏宝灵化工有限公司
90%晶体敌百虫	原药 TC	湖北沙隆达股份有限公司
40%辛硫磷	乳油 EC	江苏宝灵化工有限公司
40%甲基异柳磷	乳油 EC	河北威远生物化工有限公司
80%敌敌畏	乳油 EC	湖北沙隆达股份有限公司
2.5%高效氯氟氰菊酯	乳油 EC	徐州龙威药物化工有限公司
2.5%溴氰菊酯	乳油 EC	浙江威尔达化工股份有限公司
4.5%高效氯氰菊酯	乳油 EC	山东中石药业有限公司
20%氯虫苯甲酰胺(康宽)	悬浮剂 SC	美国杜邦公司
15%茚虫威	悬浮剂 SC	美国杜邦公司
5%氟啶脲(抑太保)	乳油 EC	浙江石原金牛农药有限公司
1.8%阿维菌素	乳油 EC	河北威远生物化化工有限公司
2%甲维盐	乳油 EC	河北威远生物化化工有限公司
70%吡虫啉	水分散粒剂 WG	德国拜耳作物科学公司
苏云金杆菌	粉剂 DP	鹤壁市沃德环保生物技术研究所
BM 白僵菌	粉剂 DP	百德生物科技有限公司

表 11-6　不同杀虫剂对二点委夜蛾的药效

药剂名称及剂型	稀释倍数	触杀校正死亡率/%			胃毒校正死亡率/%	
		2 龄幼虫	4 龄幼虫	成虫	2 龄幼虫	4 龄幼虫
48%毒死蜱 EC	800	92.93±1.45a	83.33±2.41b	93.00±1.33a	97.16±1.42a	94.44±1.39a
90%晶体敌百虫 TC	800	49.28±3.28e	44.4±2.78e	68.90±4.19c	94.26±1.48a	84.72±1.39b
80%敌敌畏 EC	800	97.16±1.42a	56.94±1.39b	97.16±1.42a	95.71±0.06a	94.44±1.39a
40%甲基异硫磷 EC	1000	97.22±2.41a	0g	77.54±6.05b	94.26±2.56a	38.89±2.41d
40%辛硫磷 EC	1000	97.16±1.42a	84.72±1.39b	94.32±1.51a	97.16±1.42a	94.44±1.39a
2.5%高效氯氟氰菊酯 EC	2000	64.73±5.34c	51.39±2.41d	55.01±5.48d	39.98±4.59c	16.67±4.17f
4.5%高效氯氰菊酯 EC	2000	78.80±4.72b	0g	63.41±1.57c	42.81±3.40c	15.28±2.41f
20%氯虫苯甲酰胺 SC	3000	92.93±1.45a	0g	47.95±2.11de	55.74±2.63b	26.39±1.39e
15%茚虫威 SC	3000	97.16±1.42a	94.44±1.39a	35.27±1.93f	97.16±1.42a	97.22±1.39a
5%氟啶脲(抑太保)EC	1000	39.49±3.12g	0g	0g	1.28±2.30e	0h
70%吡虫啉 WG	1500	46.44±1.91ef	0g	38.04±0.54f	15.64±2.60e	0h
1.8%阿维菌素 EC	1000	46.50±0.66ef	0g	52.17±2.17de	94.26±1.48a	0h
2%甲维盐 EC	3000	54.89±1.81d	6.94±1.39f	46.50±0.66e	95.71±0.06a	61.11±1.39c
2.5%溴氰菊酯 EC	2000	69.02±1.23c	0g	64.86±2.36c	41.43±1.26c	9.72±1.39g
苏云金杆菌(Bt)DP	500	−0.06±2.46h	0g	—	17.09±2.25e	0h
BM 白僵菌 DP	500	−1.45±1.45h	0g	—	24.21±2.48d	0h
清水(CK)	—	0.0139h	0g	0.0139g	2.78±1.39f	0h

注：表中数据为平均值±标准误，不同字母表示在 5%水平上差异显著；“—”表示没有做此处理。

从表 11-6 可以看出，不同药剂对二点委夜蛾的作用方式和药效有较大差异，不同龄期的幼虫抗药性、耐药性不同。毒死蜱、敌敌畏、甲基异硫磷、辛硫磷、茚虫威对二点委夜蛾 2 龄幼虫触杀和胃毒的校正死亡率均在 90%以上；敌百虫、阿维菌素和甲维盐对二点委夜蛾幼虫的触杀活性较弱，对 2 龄幼虫的校正死亡率约为 50%，但是胃毒活性较强，校正死亡率约 95%；氯虫苯甲酰胺、高效氯氟氰菊酯、高效氯氰菊酯和溴氰菊酯对二点委夜蛾幼虫有一定的触杀作用，校正死亡率分别为 92.93%、64.73%、78.8%和 69.02%，但胃毒活性较差；抑太保、吡虫啉、Bt 和白僵菌对二点委夜蛾幼虫的触杀和胃毒活性均较差，校正死亡率最高的仍不足 50%。随着二点委夜蛾幼虫虫龄的增加，除茚虫威外各药剂的触杀作用均显著下降；毒死蜱、敌敌畏、敌百虫、辛硫磷和茚虫威对 2 龄和 4 龄幼虫均具有较高的胃毒活性，其他药剂对 4 龄幼虫的胃毒作用显著低于对 2 龄幼虫的胃毒作用。对于二点委夜蛾成虫，除抑太保、Bt、白僵菌外，其他药剂均有一定触杀作用，其中敌敌畏、辛硫磷和毒死蜱对成虫的触杀毒力最强，校正死亡率分别达到 97.16%、94.32%和 93%。

毒力测定结果显示(表 11-7)，2%甲维盐乳油对二点委夜蛾幼虫的毒力最强，其 LC_{50} 值为 0.22mg/L；40%辛硫磷乳油次之，其 LC_{50} 值为 5.91mg/L；48%毒死蜱乳油和 15%茚虫威悬浮剂毒力较弱，LC_{50} 值分别为 10.93mg/L 和 14.23mg/L；80%敌敌畏乳油和 90%晶体敌百虫毒力最差，LC_{50} 值分别为 123.77mg/L 和 196.95mg/L。毒力回归方程的斜率(b)值大小顺序依次为：甲维盐＞辛硫磷＞毒死蜱＞茚虫威＞敌敌畏＞敌百虫，根据 b 值的生物学意义可知，对二点委夜蛾敏感性最高的药剂是 2%甲氨基阿维菌素苯甲酸盐乳油，其次依次为 40%辛硫磷乳油、48%毒死蜱乳油、15%茚虫威悬浮剂、80%敌敌畏乳油，而 90%晶体敌百虫对二点委夜蛾的敏感性则最低。

表 11-7　6 种药剂对二点委夜蛾三龄幼虫的毒力

处理药剂	毒力回归方程	LC_{50}/(mg/L)	LC_{50} 的 95%置信区间	LC_{95}/(mg/L)	LC_{95} 的 95%置信区间	相关系数(r)
2%甲维盐	$y=5.1164x+8.3847$	0.22	0.20～0.23	0.46	0.41～0.54	0.9829
40%辛硫磷	$y=4.4479x+1.5673$	5.91	5.47～6.38	13.85	11.92～17.13	0.9819
48%毒死蜱	$y=4.3808x+0.4502$	10.93	10.10～12.03	25.94	2133.36～3483.23	0.9965
80%敌敌畏	$y=3.0792x-1.4436$	123.77	110.31～142.38	423.45	321.33～636.70	0.998
15%茚虫威	$y=3.3449x+1.143$	14.23	12.89～15.93	44.14	34.60～63.71	0.9874
90%晶体敌百虫	$y=2.3793x-0.459$	196.95	170.83～230.32	967.56	706.43～1518.08	0.9937

以上药剂筛选结果表明，对二点委夜蛾成虫和幼虫防效均好的药剂有敌敌畏、毒死蜱、辛硫磷、茚虫威，其他的如甲基异硫磷对 2 龄幼虫效果好，敌百虫对幼虫的胃毒作用较好，除茚虫威外全部属于有机磷农药。二点委夜蛾幼虫危害防治适期与玉米苗后除草适宜期一致，玉米苗后除草常用的茎叶除草剂多为烟嘧磺隆类，施药 7 天前后若同时使用有机磷农药进行杀虫容易产生药害。为了筛选与烟嘧磺隆除草剂能够同时使用的防治二点委夜蛾的有效药剂，进一步对更多的农药种类和复配农药进行了筛选(王玉强等，2012)，结果见表 11-8。

表 11-8　不同药剂对二点委夜蛾的毒性试验

药剂	来源	使用浓度	死亡率/%	
			2 龄	4 龄
2%高氯·甲维盐微乳剂	河北威远生物化工有限公司	500 倍	100.00	91.67
		800 倍	77.78	61.11
30%毒·辛微胶囊悬浮剂	安阳市全丰农药化工有限责任公司	800 倍	100.00	100.00
		1500 倍	100.00	94.44
20%灭多威乳油	开封市普朗克生物化学有限公司	800 倍	91.67	83.33
0.5%甲氨基阿维菌素苯甲酸盐微乳剂	河北威远生物化工股份有限公司	500 倍	97.22	58.33
4.5%高效氯氰菊酯乳油	山东中石药业有限公司	2000 倍	47.78	21.11
清水(CK)	—		0.00	0.00

表 11-8 结果表明，2%高氯·甲维盐微乳剂(500 倍)，30%毒辛微胶囊悬浮剂(800 倍或 1500 倍)，20%灭多威乳油(800 倍)，对 2 龄幼虫、4 龄幼虫效果均较好。特别是 2%高氯·甲维盐微乳剂(500 倍)，比单剂 0.5%甲维盐微乳剂 500 倍和 4.5%高效氯氰菊酯 2000 倍液效果高，两者混配对防治二点委夜蛾有明显的增效作用。这些农药与玉米除草剂烟嘧磺隆混合使用，不会产生药害。

二、农药施用技术研究

柴同海等(2012)在平乡县利用毒·辛和菊酯两种农药，于幼虫 2 龄期进行田间试验。施用方法有喷雾、灌根、毒土、毒饵 4 种，其结果见表 11-9。结果表明，防治二点委夜蛾可用有机磷和菊酯类农药，但有机磷农药优于菊酯类农药。以毒·辛作为毒饵、毒土的防效均达 90%以上，喷雾次之，防效可达 85.19%，灌根效果最差，仅为 57.12%。这可能与二点委夜蛾 2 龄期幼虫主要在行间麦秸下，而灌根仅能杀死玉米茎基部的部分害虫有关。为此建议防治 2 龄期幼虫采用毒饵、毒土和喷雾的方法。

表 11-9　不同施药方法对二点委夜蛾防治效果(平乡，2011 年)

试验处理	施药前虫口密度/(头/百株)	药后 11 天		
		虫口数密度量/(头/百株)	虫口减退率/%	幼虫防效/%
30%毒·辛 EC 1500 倍液喷雾	20	4	80.00	85.19
2.5%溴氰菊酯 EC 2500 倍液喷雾	18	9	50.00	62.97
30%毒·辛 EC 67ml/667m^2 灌根	19	11	42.11	57.12
2.5%溴氰菊酯 EC 300ml/亩灌根	20	12	40.00	55.56
30%毒·辛 EC 500ml/667m^2 毒土	24	3	87.50	90.74
2.5%溴氰菊酯 EC 200ml/667m^2 毒土	18	6	66.67	75.31
30%毒·辛 EC 100ml/667m^2 毒饵	22	1	95.45	96.68
2.5%溴氰菊酯 EC 300ml/667m^2 毒饵	19	9	52.63	64.91
80%敌敌畏 EC 500ml/667m^2 毒土	20	4	80.00	85.19
清水对照	20	27	–35.00	—

陈秀双等(2012)在故城县对药剂种类和药液用量进行了田间试验。试验地块于2012年6月10日收获小麦并贴茬播种玉米，7月3日在田间进行喷雾，试验药剂有40%辛硫磷乳油(山东麒麟农化有限公司)、77.5%敌敌畏乳油(江苏安邦电化有限公司)、2.5%高效氯氟氰菊酯微乳剂(青岛金尔农化研制开发有限公司)和48%毒死蜱乳油(河北盛世基农化工有限公司)。施药前调查幼虫基数，施药10天后，每小区随机取样5点，调查幼虫消长情况，重复3次。结果表明(表11-10)，玉米田在喷施化学药剂后，田中的二点委夜蛾幼虫基数明显减少。当667m^{2}用药液量为45kg时，喷施40%辛硫磷乳油1000倍液、77.5%的敌敌畏乳油1000倍液、2.5%高效氯氟氰菊酯微乳剂2000倍液、48%毒死蜱乳油1000倍液的防治效果分别为85.6%、84.2%、90.3%和92.2%。当48%毒死蜱乳油1000倍液的667m^{2}用液量减少到30kg时，防效下降到81.2%。说明48%毒死蜱乳油667m^{2}用药液量45kg防效显著高于667m^{2}用药液量30kg，说明提高667m^{2}用药液量可以有效杀灭二点委夜蛾幼虫，提高防效。为保证较好的除治效果，建议667m^{2}用药液量45kg以上。

表11-10　化学农药喷雾对二点委夜蛾防治效果(故城，2011年)

试验处理	药前虫口密度/(头/百棵)	药后10天		
		虫口密度/(头/百棵)	虫口减退率/%	幼虫防效/%
40%辛硫磷EC 1000倍液45kg	119.3	20.6	82.7	85.6b B
77.5%敌敌畏EC 1000倍液45kg	116.0	22.0	81.0	84.2bc B
2.5%高效氯氟氰菊酯ME 2000倍液45kg	120.6	14.0	88.3	90.3a A
48%毒死蜱EC 1000倍液45kg	114.6	18.7	83.7	92.2a A
48%毒死蜱EC 1000倍液30kg	112.7	25.3	77.5	81.2c B
清水对照	116.6	140.0	–20.1	—

另据隆尧、宁晋、馆陶等地试验，对于主龄期达到3龄及以上的幼虫，田间玉米发现明显被害后，喷雾防控效果较差。主要原因是地面被麦秸麦糠覆盖，药液触及不到其下的二点委夜蛾幼虫，大龄幼虫对药剂抗耐性也强。据安新县2011年田间试验观察(张小龙等，2011)，扒开垄间麦秸、麦糠后喷雾，防治效果好。在不扒开垄间麦秸、麦糠情况下，使用手动喷雾器喷雾，每667m^{2}用药液量15～30kg时，基本没有防治效果。但使用15马力拖拉机悬挂三缸泵高压喷雾机进行喷雾作业，由于喷撒药液量大，穿透能力强，防治效果较好。为此，对于二点委夜蛾幼虫主龄期达到3龄以上的地块建议采用毒饵、毒土法防治更为便利。

张全力等(2012b)对毒饵、毒土施药方法和安全性进行了试验。试验田设在辛集市马兰村，小麦收获后，麦糠碎屑均匀散落在田间。玉米于2011年6月13日采用精量播种机播种，6月14日浇水一次，6月23日降水30mm，田间土壤湿润。上年二点委夜蛾发生不严重，但2011年6月20日黑光灯单日诱蛾量达1248头。6月27日调查，幼虫都在麦糠碎屑下的玉米行间土壤表层，玉米播种行内找不到，幼虫多2龄，尚未为害玉米。6月28日上午布置试验，试验前未使用杀虫杀菌剂。毒土按每667m^2 25kg细土，毒饵按每667m^2 5kg麦麸的用量，模拟农民田间施药方式，顺垄均匀撒施于玉米苗行内。施药时玉米处于3叶1心，晴天、无风，气温28℃左右。6月30日在试验田中喷施精威玉净(烟嘧磺隆＋阿特拉津)1500ml/hm^{2}玉米苗后除草剂进行茎叶处理。施用杀虫剂后1天、3天、7天、10天调查玉米被害株数，每小区5点取样，每点20株，同时调查药害情况。结果见表11-11和表11-12。

表11-11 11种药剂对二点委夜蛾的田间防治效果(辛集，2011年) (单位：%)

药剂品种	处理方法	施药后3天(7.1)		施药后7天(7.5)		施药后10天(7.8)	
		被害株率	防效	被害株率	防效	被害株率	防效
50%辛硫磷500ml	毒土	0	100aA	0	100 aA	0	100 aA
80%敌敌畏500ml	毒土	0	100 aA	0	100 aA	0	100 aA
48%毒死蜱500ml	毒土	0	100 aA	0	100 aA	0	100 aA
20%氯虫苯甲酰胺10ml	毒土	0	100 aA	0	100 aA	0	100 aA
30%毒辛悬浮剂500ml	毒土	0	100 aA	1	80 bB	2	81.82 bB
2.5%溴氰菊酯50ml	毒饵	0	100 aA	1	80 bB	1	90.91 bB
90%敌百虫100g	毒饵	0	100 aA	0	100 aA	0	100 aA
48%毒死蜱100ml	毒饵	0	100 aA	0	100 aA	0	100 aA
2.5%高效氯氟氰菊酯100ml	毒饵	0	100 aA	0	100 aA	0	100 aA
苜核苏云菌300ml	毒饵	1	66.67bB	1	80 bB	1	90.91 bB
48%毒死蜱30ml	毒饵	0	100 aA	0	100 aA	0	100 aA
空白对照	—	3	0	5	0 cC	11	0 cC

表11-12 田间防治二点委夜蛾药害调查表(辛集，2011年)

药剂品种	处理方法	小区总苗数	施药后药害株率/%				
			药后1天(6.29)	药后3天(7.1)	药后7天(7.5)	药后10天(7.8)	药后17天(7.15)
50%辛硫磷500ml	毒土	190	—	38.42	—	—	—
80%敌敌畏500ml	毒土	238	22.69	—	—	—	—
48%毒死蜱500ml	毒土	206	4.37	—	—	100	—
20%氯虫苯甲酰胺10ml	毒土	224	—	—	—	—	—
30%毒辛悬浮剂500ml	毒土	216	—	—	—	—	—
2.5%溴氰菊酯50ml	毒饵	233	—	—	—	—	—
90%敌百虫100g	毒饵	220	—	—	—	—	—
48%毒死蜱100ml	毒饵	226	—	—	—	8.85	—
2.5%高效氯氟氰菊酯100ml	毒饵	220	—	—	—	—	—
苜核苏云菌300ml	毒饵	229	—	—	—	—	—
48%毒死蜱30ml	毒饵	204	2.45	—	—	2.45	—
空白对照	—	209	—	—	—	—	—

由表 11-11 可以看出，50%辛硫磷、80%敌敌畏、48%毒死蜱、20%氯虫苯甲酰胺的毒土处理和 90%敌百虫、48%毒死蜱、2.5%高效氯氟氰菊酯毒饵处理均未见被害株，防效为 100%；2.5%溴氰菊酯、苜核苏云菌(苜蓿银蚊夜蛾多角体病毒+苏云金杆菌)毒饵处理仅发现 1 株被害，防效达 90.91%；30%毒·辛毒土处理有 2 株被害，防效为 81.82%；对照小区玉米被害株率为 11%。本实验防效较高的原因可能与实验地块麦秸量较少，容易发挥药效作用有关。但是，能够充分说明毒土、毒饵均可有效防治二点委夜蛾幼虫为害。但毒土处理用药量是毒饵的 5 倍，而二点委夜蛾幼虫对炒香的麦麸有较强趋性，可以起到更好的诱杀效果。多地多点试验均表明，毒饵对大龄幼虫的诱杀效果也较好。为此，在同样条件下，建议选用毒饵法诱杀二点委夜蛾幼虫。

关于药害，由表 11-12 可以看出：药后 1 天调查，80%敌敌畏的毒土处理药害株率 22.69%，症状表现为最上层的展开叶失绿、萎蔫，见图 11-34；48%毒死蜱毒土处理和 48%毒饵 100ml 处理药害株率分别为 4.37%和 2.45%，症状表现为上层叶片出现白色斑点型药害斑，见图 11-35。药后 3 天调查，50%辛硫磷的毒土处理药害株率 38.42%，症状表现也是上层叶片出现白色斑点型药害斑，见图 11-35。这些药害均出现在上部叶片，均属于直接接触药液产生的灼伤斑，之后没有继续扩展，植株恢复正常生长。但是，药后 10 天调查，48%毒死蜱 500ml 毒土处理出现了严重药害反应，药害株率达到 100%，主要表现为株高显著降低，玉米心叶畸形扭曲，有 2 叶片出现较大的白化斑，失去叶绿素(图 11-36)，白化斑以外的叶片叶色浓绿，最严重的植株新叶严重扭曲，甚至折叠成死结。而 48%毒死蜱 100ml 和 30ml 的两个毒饵处理也出现了药害，药害株率分别为 8.85%和 2.45%，主要表现为新叶形成白化斑，病斑较小基本不影响生长。这一药害属于使用有机磷杀虫剂后增加了玉米对除草剂的敏感性所致。但是，在 50%辛硫磷、80%敌敌畏、30%毒·辛的毒土处理区以及 90%敌百虫毒饵处理区没有发现与毒死蜱相同的药害症状。2012 年重复本实验，于 6 月 26 日喷施烟嘧磺隆除草剂，6 月 28 日撒毒土、毒饵，成堆撒施在玉米苗基部 3～5cm，结果没有药害出现。由此可见，在毒土、毒饵使用过程中，不能将药剂撒施到玉米植株上。若将毒饵或毒土成堆撒施在距玉米幼苗基部 3～5cm 处，间隔 2 天使用除草剂也不会出现明显药害。

图 11-34　敌敌畏药害状

图 11-35　毒死蜱、辛硫磷药害状

图 11-36　毒死蜱与烟嘧磺隆类除草剂(精威玉净)混用药害状

另外，在大量毒饵、毒土和喷雾防治大龄幼虫时，发现在农药中加入敌敌畏和毒死蜱等具有熏蒸作用的药剂后，效果更佳，可能与二点委夜蛾在麦秸下栖息活动，熏蒸药剂更易发挥其优势有关。

同时，利用常用杀虫剂，如克百威、氟虫氰、噻虫嗪制作种衣剂对玉米进行包衣，防治二点委夜蛾田间使用效果不佳(张金林教授提供数据，未发表)。安静杰等(2017)通过培养皿法和室内盆栽试验，比较了 9 种不同类型杀虫剂拌种对玉米种子萌发的影响和保苗效果，结果表明，60%溴氰虫酰胺悬浮剂和 20%氯虫苯甲酰胺悬浮剂拌种处理效果较好，保苗效果分别达到 90.02%和 70.07%，可将死苗率控制在 10%以内。采用穴施法施用 2.5%甲基异硫磷颗粒剂防治二点委夜蛾效果也不佳(辛集市植保站数据，未发表)。其他药剂是否有效还待进一步研究。

三、成虫防治

小麦收获至夏玉米播种后出苗前，正值第 1 代二点委夜蛾成虫盛发期，在二点委夜蛾成虫栖息、聚集的夏玉米田，应选用具有触杀、熏蒸作用的有机磷或有机磷复配制剂，如 48%毒死蜱乳油 800～1000 倍液，30%毒·辛微囊悬浮剂 800～1000 倍液，80%敌敌畏乳油 1000～1500 倍液，40%辛硫磷乳油 800～1000 倍液等，也可选用 6.5%高氯·甲维盐微乳剂 1000 倍液、20%氯虫苯甲酰胺悬浮剂 3000 倍液、15%茚虫威悬浮剂 3000 倍液、4.5%高效氯氰菊酯乳油 1000 倍液、2.5%氯氟氰菊酯乳油 1000 倍液等，每 $667m^2$ 30～45kg 药液，于傍晚全田均匀喷雾，杀灭成虫并兼治低龄幼虫。施药时可结合封地面化学除草一起进行，省工、省力，兼治蚜虫、飞虱等杂草上栖息的其他害虫。这个时期玉米还没有出苗，可以采用大型喷雾机进行机械作业(图 11-37)，便于开展统防统治，效率高，喷雾均匀，药液易保障。2013 年临西县摇鞍镇乡秦白地村农民具有成虫防控经验，尽管虫量大，玉米基本没有受害；而吕寨乡姚楼村原来是棉区，2012 年开始有 50%的农田改种小麦—玉米，未采取成虫防控措施，2013 年二点委夜蛾虫田率达 60%以上，被害株率达 30%以上。

图 11-37　农用飞机(a)、自走式喷雾机(b)防治二点委夜蛾成虫

四、幼虫应急防治

二点委夜蛾 1 代成虫盛发期与小麦收获期相遇，主害代 2 代幼虫发育伴随着夏玉米苗期生长。田间幼虫龄期不整齐，大部分幼虫所处的龄期为主龄期，针对主龄期进行防治。

（一）毒饵法

幼虫进入 3 龄后，生存能力增强，食量增大，抗药性明显增加，向玉米苗转移集中，大量幼虫迁移到玉米苗茎基周围。这时田间喷雾效果不佳，防治应采用熏蒸诱杀的方式来保证防治效果。

小麦收获或玉米播种后 10 天开始调查，在田间选择麦秸覆盖的玉米行进行，3 龄期幼虫体长 1cm 左右，正常行走，这时开始钻蛀玉米苗茎基部，田间百株虫量在 6 头以上，田间被害株率在 3%时，应采用毒饵、毒土法进行防治。

毒饵的制作：每 667m^2 选用 48%毒死蜱乳油 200ml，或 30%毒·辛微囊悬浮剂 250ml，或 90%敌百虫晶体 250g，或 48％毒死蜱乳油 100ml 加 80%敌敌畏乳油 200ml，加适量水后均匀拌入 5kg 炒香的麦麸中制成毒饵，用手攥麦麸可握成团但不滴水即可（图 11-38），加碎青菜（草）叶 1.5kg 效果更佳。傍晚时分，撒于距离玉米苗茎基部 3～5cm 处，每株一小撮，2～4g，重点撒施在有较多麦秸覆盖包围的玉米苗附近，若扒开麦秸进行撒施效果更佳，施药第 2 天就可见麦麸内有毒死的幼虫（图 11-39）。注意毒饵不要撒到玉米植株上，间隔 2 天再使用茎叶除草剂不会产生药害。整体防控效果见图 11-40。

图 11-38　麦麸毒饵（湿度适中）

图 11-39　田间毒饵撒施方法和杀虫效果

图 11-40　毒饵防治二点委夜蛾田间效果

a. 未防治（后补种）；b. 毒饵防治效果

毒饵防治二点委夜蛾具有成本低、易操作、速效和高效性，已经被农户广泛接受，二点委夜蛾发生严重年份导致麦麸脱销和涨价现象。2011 年 7 月 16 日在隆尧县进行现场检测，利用敌敌畏与毒死蜱配制的毒饵防治二点委夜蛾防效可达 86.3%。毒饵具有熏杀、引诱和胃毒作用，效果优于毒土(姜京宇等，2014)。

（二）毒土法

主龄期为 3 龄的幼虫，除了上述毒饵法，还可以采用毒土法进行防治，取材更方便。

毒土的制备：每 667m^2 用 80%敌敌畏乳油 300～500ml，48%的毒死蜱乳油 500ml，或 30%毒·辛微囊悬浮剂 500ml 等具有触杀和熏蒸作用的药剂，适量加水均匀拌入 25kg 细土(沙)中，或用 5%毒死蜱颗粒剂 1kg，或 2.5%甲基异柳磷颗粒剂 2.5kg 拌细土 25kg，于清晨顺垄撒在玉米苗茎基部。注意毒土也不要撒到玉米植株上，间隔 2 天再使用茎叶除草剂不会产生药害。

（三）灌药法

当幼虫体长 1.1cm 以上，进入暴食期，田间虫量大，钻蛀玉米茎基部和咬食气生根，玉米受害速度快，一天就能造成大量死苗，这时的幼虫已在玉米周围集中，可以果断采用毒饵、毒土方法进行防治。另外，还可以采取药剂喷灌或随水灌药等应急防治措施。这时玉米田已经完成化学除草，可以使用有机磷农药进行防治。

药剂喷灌：将喷雾器喷头旋水片拧下或用直喷头、扇形喷头针对玉米苗茎基部周围 30cm 范围直接喷淋。药剂可选用 48%毒死蜱乳油 1500 倍液、30%毒·辛微囊悬浮剂 1000～1500 倍液，或 15%茚虫威悬浮剂 3000 倍液等。每 667m^2 喷灌药液 100kg。

随水灌药：每 667m^2 用 48%毒死蜱乳油 800ml，或 40%辛硫磷乳油 500ml 加 48%毒死蜱乳油 300ml，或 30%毒·辛微囊悬浮剂 1000ml，将药剂与水 1∶1 稀释后，装入可乐瓶中，用输液管滴入水池，随水浇入玉米地(图 11-41)，并要在浇水的同时，用铁锨或穿上胶鞋将浮在水面的麦秸压入药水中充分浸湿，防止二点委夜蛾幼虫随麦秸上浮(图 11-42)。2011 年在藁城市增村进行试验，灌药区二点委夜蛾被毒死，玉米苗不再被害(图 11-43)，而未防

图 11-41　田间随水灌药

图 11-42　踩压麦秸到药水中

治区二点委夜蛾则会继续危害(图 11-44)，整体防治效果可达 93.59%(图 11-45)。施药后对受害倒伏株要及时进行培土扶苗，以促使受害株尽快恢复生长。随水加入黄腐植酸等营养物质，更有利于被害倒伏植株恢复生长。

图 11-43　灌药防治二点委夜蛾效果(a)幼虫被毒死(b)玉米苗不再受害

图 11-44　未灌药二点委夜蛾为害状(a)幼虫为活虫；(b)玉米苗受害严重

图 11-45　防控田与未防控田玉米生长情况对比

药剂喷灌和随水灌药的应急防控措施，2011 年在河北省二点委夜蛾严重发生地块广泛应用，但其用药量大，对环境影响大，劳动负荷重，目前生产上基本不再应用。

第五节　玉米幼苗后期管理

一、扒开玉米苗周围麦秸

玉米出苗后，小麦秸秆和麦糠围棵严重的地块，需扒开玉米苗周围的麦秸和麦糠。

二、灌水降低为害

二点委夜蛾具有腐食性，在田间可取食吸水膨胀的麦粒和潮湿的麦秸等，不为害玉米幼苗。但是，如果田间非常干燥，麦秸麦粒干硬，幼虫不能取食，从而寻找并取食田间幼嫩的玉米幼苗，玉米往往被害更重。这时灌水，有助于幼虫取食膨胀的麦粒和潮湿的麦秸，有利于降低玉米被害。

三、移苗补栽

发生重的地块可推迟定苗时间，采取移栽方式弥补缺苗断垄造成的产量损失。

四、培土扶苗

根部被害造成倒伏的大苗，在采取其他有效措施进行防治的同时，需要及时培土扶苗，以促使受害苗尽快恢复正常生长。

参 考 文 献

安静杰, 党志红, 李耀发, 抗云风, 潘文亮, 高占林*. 2017. 拌种防治玉米二点委夜蛾的药剂筛选及其安全性研究. 植物保护, 43(3): 213-217.

安立云, 张志英, 李智慧, 李保俊, 姜京宇, 董志平. 2012. 二点委夜蛾成虫对不同诱测物质趋性研究. 中国植保导刊, 32(1): 25-27.

曹美琳, 刘顺, 董金皋, 何运转*. 2012. 温度对二点委夜蛾实验种群的影响. 植物保护学报, 39(6): 531-535.

柴同海, 梅成彬, 翟晖, 霍立强, 郭丽伟, 刘奎胜, 梁建辉, 马继芳. 2012. 二点委夜蛾化学防治方法研究. 植物保护, (2): 167-170.

陈广文, 陈曲侯. 1999. 甜菜夜蛾微孢子虫的研究III: 超微结构与致病机理. 动物学报, 45(2): 121-128.

陈浩, 门兴元, 于毅, 张安盛, 王振营*, 李丽莉*. 2015. 基于地统计学的二点委夜蛾幼虫田间分布及与玉米受害率之间的关系. 植物保护学报, 42(4): 598-603.

陈立涛, 姜京宇, 郝延堂, 马建英, 张大鹏, 张龙, 王梅娟, 姚树然, 董志平*. 2014. 气象、生态因素对二点委夜蛾发生危害的影响. 中国植保导刊, 34(7): 35-41.

陈立涛, 李秀芹, 曹烁, 刘莉, 张文英, 郝延堂, 马建英, 张大鹏, 董志平, 马继芳*. 2016. 播种行旋耕种植玉米方式对二点委夜蛾的控制效果. 河北农业科学, 20(5): 18-20.

陈秀双, 贾彦华, 张星璨, 吕书亮, 李秀芹. 2012. 四种药剂对二点委夜蛾幼虫的田间防治效果研究. 河北农业科学, 16(12): 16-17.

陈一心. 1999. 中国动物志. 昆虫纲(16卷), 鳞翅目夜蛾科. 北京: 科学出版社: 751-762.

董立, 马继芳, 李立涛, 全建章, 白辉, 郑直, 甘耀进, 董志平*. 2014a. 二点委夜蛾越冬存活及冬后发育进度影响因素研究. 中国植保导刊, 34(1): 34-38.

董立, 李彦青, 马继芳, 马继芳, 李立涛, 董志平*. 2014b. 二点委夜蛾主害代危害夏玉米主要虫源及暴发机制分析. 中国植保导刊, 34(8): 26-29.

董志平, 甘耀进, 董立, 马继芳, 姜京宇, 许佑辉, 柴同海, 李智慧, 张志英, 安立云. 2007. 二点委夜蛾在河北为害夏玉米的调查研究简报. 河北农业科技, (9): 19.

董志平, 姜京宇, 董立, 马继芳, 甘耀进, 许佑辉, 李智慧, 高立起, 郝延堂, 柴同海, 邵立侠. 2009. 新耕作制度下河北省小麦玉米病虫草害发生动态及防控对策. 见: 成卓敏. 粮食安全与植保科技创新——中国植物保护学会 2009 年学术年会. 北京: 中国农业科学技术出版社: 862-866.

董志平, 姜京宇, 董金皋. 2011. 玉米病虫草害防治原色生态图谱. 北京: 中国农业出版社: 37-38.

董志平, 王振营, 姜玉英. 2017. 玉米重大新害虫二点委夜蛾综合治理技术手册. 北京: 中国农业出版社.

关秀敏, 朱军生, 陈淑娟, 刘麦丰, 胡英华, 李国强, 董保信*. 2013. 小波分析二点委夜蛾发生规律. 应用昆虫学报, 50(16): 1643-1648.

关秀敏, 董保信, 纪国强, 朱军生, 于玲雅, 黄渭. 2015. 近年山东省二点委夜蛾发生特点变化及其原因浅析. 中国植保导刊, 35(11): 22-24.

郭婷婷, 门兴元, 于毅, 陈浩, 周仙红, 庄乾营, 王振营*, 李丽莉*. 2016a. 温度对双委夜蛾实验种群生长发育及繁殖的影响. 昆虫学报, 59(8): 865-870.

郭婷婷, 于志浩, 门兴元, 于毅, 郑长英, 孙廷林, 张思聪, 李丽莉*. 2016b. 双委夜蛾不同虫态耐寒性及体内生化物质含量变化. 昆虫学报, 59(12): 1291-1297.

郭于蒙, 曹美琳, 白雪纯, 刘廷辉, 任倩, 何运转*. 2017. 光周期对二点委夜蛾生长发育的影响. 植物保护学报, 45(4): 731-738.

韩辉林, 李成德. 2008. 中国委夜蛾属二新种记述(鳞翅目, 夜蛾科, 幕冬夜蛾亚科). 动物分类学报, 33(4): 696-701.

韩慧, 李静雯, 门兴元, 于毅, 陈浩, 魏国树*, 李丽莉*. 2016. 二点委夜蛾对不同植物的产卵和取食选择. 植物保护, 42(3): 123-127.

韩日畴, 李丽英, 庞雄飞. 1995. 昆虫病原线虫固体培养系统干粉培养基的优化. 昆虫天敌, (4): 153-164.

韩玉芹, 郜欢欢, 李秀芹. 2013. 粉碎麦秸对二点委夜蛾的防治效果初探. 河北农业科学, 17(1): 9-11.

韩玉芹. 2014. 二点委夜蛾在吴桥县的发生规律及绿色防控技术. 基层农技推广, (2): 50-51.
郝延堂, 姜京宇, 陈立涛, 李洁, 郭超众. 2011. 馆陶县二点委夜蛾监测研究初报. 见: 吴孔明. 植保科技创新与病虫防控专业化——中国植物保护学会2011年学术年会. 北京: 中国农业科技出版社: 555-556.
姜京宇, 甘耀进, 许佑辉, 董志平, 董立, 李智慧, 安立云, 张志英. 2005. 河北省发现新玉米害虫——二点委夜蛾. 河北农民报, 3.
姜京宇, 席建英. 2006. 河北省2005年农作物病虫害新动态概述. 中国植保导刊, 26(7): 45-47.
姜京宇, 李秀芹, 许佑辉, 李智慧, 张志英, 许昊. 2008. 二点委夜蛾研究初报. 植物保护, 34(3): 123-126.
姜京宇, 李秀芹, 刘莉, 王鹏, 郝延堂, 许昊, 马继芳, 柴同海, 许佑辉, 梁建辉. 2011a. 河北省玉米田二点委夜蛾发生危害初报. 植物保护, 37(5): 213.
姜京宇, 李秀芹, 刘莉, 许昊, 张志英, 安立云. 2011b. 二点委夜蛾的监测技术初报. 植物保护, 37(6): 141-143.
姜京宇, 李秀芹, 刘莉, 郝延堂, 许佑辉. 2011c. 河北省二点委夜蛾发生规律研究. 河北农业科学, 15(10): 1-3.
姜京宇, 李秀芹, 李素平, 许佑辉, 郝延堂, 王永波, 李智慧, 周芳. 2011d. 二点委夜蛾越冬规律研究. 河北农业科学, 15(11): 1-4.
姜京宇, 李秀芹, 李素平, 许佑辉, 郝延堂, 王永波. 2012a. 河北省二点委夜蛾越冬幼虫春季化蛹检测简报. 中国植保导刊, 32(5):20.
姜京宇, 许佑辉. 2012b. 二点委夜蛾: 玉米新重大害虫. 农资与市场, (1): 82-84.
姜京宇. 2012c. 6月重防二点委夜蛾与草地螟. 农资与市场, (6): 100-102.
姜京宇, 李秀芹, 许佑辉, 等. 2012d. 夏玉米将大战二点委夜蛾. 农资与市场, (7): 74-77.
姜玉英, 龚一飞, 姜京宇. 2011. 二点委夜蛾测报技术初探. 中国植保导刊, 31(8): 17-19.
姜玉英. 2012a. 2011年全国二点委夜蛾暴发概况及其原因分析. 中国植保导刊, 32(10): 34-37.
姜玉英. 2012b. 2012年二点委夜蛾2代幼虫在黄淮海玉米产区将严重发生. 中国植保导刊, 32(6): 37-38.
姜京宇, 曹烁, 刘莉, 董立, 许昊. 2014. 二点委夜蛾生态防控技术关键. 河北农业, (8): 34-36.
姜京宇, 李素平, 陈立涛, 马建英, 张小龙, 张志英, 李彦青, 李景玉. 2015. 二点委夜蛾生态调控技术研究和示范. 农业灾害研究, (3): 7-9.
雷利平, 南宫自艳, 李立涛, 董志平, 王勤英*. 2013. 昆虫病原线虫对二点委夜蛾致病力的研究. 环境昆虫学报, 35(2): 171-175.
李保俊, 刘桂荣, 常俊凤, 刘荫旭, 王强, 秦春英. 2011. 二点委夜蛾成虫对不同诱测物质趋性的研究(初报). 河北农业科学, (9): 7-8.
李景玉, 2015. 利用性诱剂防治玉米田二点委夜蛾的试验结果. 中国农业信息, 173: 55.
李静雯, 于毅, 张安盛, 门兴元, 周仙红, 翟一凡, 庄乾营, 王振营*, 李丽莉*. 2014. 山东省发现一新记录种二点委夜蛾近似种——双委夜蛾. 植物保护, 40(6): 193-195.
李立涛, 马继芳, 董立, 许佑辉, 柴同海, 董金皋, 姜京宇, 董志平*. 2011. 二点委夜蛾的形态、危害及防控. 中国植保导刊, 31(8): 22-24.
李立涛, 马继芳, 董立, 董立, 刘磊, 甘耀进, 盛世蒙, 盛承发, 董志平*. 2012a. 二点委夜蛾性诱剂诱芯的田间诱捕效果研究. 中国植保导刊, 32(4): 18-20.
李立涛, 王玉强, 甘耀进, 董志平, 马继芳*. 2012b. 二点委夜蛾卵巢发育分级及在预测预报中的应用. 应用昆虫学报, 49(4): 890-894.
李立涛, 王新玉, 杨利华, 刘磊, 马继芳, 董立, 甘耀进, 董志平*. 2012c. 二点委夜蛾成虫夜间活动规律及对不同杀虫灯管的趋性反应. 中国植保导刊, 32(5): 21-22.
李立涛, 马继芳, 张安邦, 董立, 刘磊, 甘耀进, 董志平*. 2013. 不同食物对二点委夜蛾生长发育和繁殖的影响. 中国植保导刊, 33(8): 42-45.
李立涛, 白辉, 朱彦彬, 李志勇, 马继芳, 董志平*. 2014. 二点委夜蛾中与杀虫剂靶标和代谢相关基因的分析. 中国植保导刊, 34(8): 5-9, 22.
李丽莉, 赵楠, 石洁, 王振营*, 于毅*, 张思聪, 张安盛, 门兴元, 周仙红. 2012. 秸秆还田与药剂处理对夏玉米田二点委夜蛾发生数量的影响. 山东农业科学, 44(9): 95-97.

李丽莉, 李静雯, 门兴元, 陈浩, 王振营*, 于毅*. 2015. 夏玉米苗期二点委夜蛾防治指标. 植物保护学报, 42(6): 1014-1019.

李素平. 2013. 二点委夜蛾防治主推技术简报. 见: 王振营. 第三届全国玉米病虫害防治关键技术专家论坛论文集. 北京: 43-44.

李素平, 李秀芹, 刘明霞, 李长明, 李彦青, 陈立涛, 张小龙, 刘桂荣, 曹烁. 2014. 二点委夜蛾发生和危害与降雨关系分析. 农业灾害研究, 4(01): 15-19.

李维维, 孟宪佐, 邓延海, 胡效刚. 1993. 几种性诱剂对夜蛾科昆虫的田间诱捕效果试验. 昆虫知识, 30(1): 38-40.

李霞, 盛世蒙, 王振营, 于毅, 潘文亮, 李梅, 高占林, 盛承发*. 2013. 二点委夜蛾两种新型性诱芯田间诱蛾性能比较. 植物保护, 39(3): 141-143, 166.

李秀芹, 孙彦敏. 2014. 科学防治二点委夜蛾. 河北农业, (8): 33-34.

李秀芹, 刘莉, 崔彦, 曹烁, 姚树然, 许昊, 陈秀双, 王玉强, 陈哲, 李保俊, 高炳华, 姜京宇, 董志平. 2015. 二点委夜蛾的预报影响因子指标研究. 中国植保导刊, 35(7): 57-60.

李召波, 李静雯, 赵楠, 于毅, 张安盛, 翟一凡, 李丽莉*. 2014. 二点委夜蛾幼虫虫龄的测定. 应用昆虫学报, 51(5): 1350-1355.

李哲, 刘廷辉, 陶晡, 马卓, 何运转*. 2014. 麦麸及其挥发性物质对二点委夜蛾幼虫的引诱作用. 昆虫学报, 57(5): 572-580.

李智慧, 张志英, 曹烁, 陈哲, 董超, 周芳, 张小龙, 张燕, 陈立涛, 姜京宇, 李秀芹. 2013. 河北省二点委夜蛾发生世代研究初报. 植物保护, 39(1): 148-150.

刘杰, 姜玉英, 曾娟, 关秀敏, 刘莉. 2013. 2012 年二点委夜蛾发生特点和原因分析. 中国植保导刊, 33(9): 25-28.

刘杰, 姜玉英, 曾娟, 刘万才*. 2016. 2015 年玉米重大病虫害发生特点和趋势分析. 中国植保导刊, 36(10):53-58.

刘玉娟, 张天涛, 白树雄, 何康来, 王振营*. 2014. 越冬期不同阶段二点委夜蛾越冬幼虫耐寒性变化. 昆虫学报, 57(3): 379-384.

刘玉娟, 张天涛, 白树雄, 何康来, 王振营*. 2014. 不同变温组合条件下二点委夜蛾的生长发育, 昆虫学报, 57(10): 1198-1205.

刘忠强. 2007-7-30. 抓紧查治夏玉米二点委夜蛾. 山东科技报, 5 版.

马广源, 党志红, 李耀发, 程志, 潘文亮, 高占林*. 2015. 性诱剂与杀虫灯结合使用对二点委夜蛾诱捕效果初探, 中国植保导刊, 35(3): 45-47.

马继芳, 董立, 甘耀进, 董志平*. 2010. 二点委夜蛾发生为害及人工饲养初报. 见: 吴孔明. 《公共植保与绿色防控》——中国植物保护学会 2010 年学术年会. 北京: 中国农业科学技术出版社: 834.

马继芳, 李立涛, 王玉强, 董立, 甘耀进, 董志平*. 2011a. 二点委夜蛾(*Athelis lepigone*)形态特征的初步观察. 应用昆虫学报, 48(6): 1869-1873.

马继芳, 王玉强, 李立涛, 刘磊, 甘耀进, 董志平*. 2011b. 二点委夜蛾过冷却点测定及越冬虫态分析. 河北农业科学, 15(9): 1-3.

马继芳, 王玉强, 李立涛, 甘耀进, 董志平*. 2011c. 二点委夜蛾生活习性研究简报. 见: 吴孔明. 植保科技创新与病虫防控专业化——中国植物保护学会 2011 年学术年会. 北京: 中国农业科技出版社: 761.

马继芳, 王玉强, 李立涛, 姜京宇, 甘耀进, 董志平*. 2012a. 二点委夜蛾冬前田间调查及越冬虫态研究简报. 中国植保导刊, 32(1): 28-30.

马继芳, 李立涛, 王新玉, 甘耀进, 董志平*. 2012b. 二点委夜蛾幼虫的形态特征、生活习性及危害损失研究. 中国植保导刊, 32(5): 16-19.

马继芳, 董立, 王新玉, 李立涛, 甘耀进, 董志平*. 2012c. 二点委夜蛾发生规律及防治技术. 中国植保导刊, 32(5): 26-28.

马继芳, 李立涛, 甘耀进, 董志平*. 2012d. 二点委夜蛾年生活史及天敌种类调查. 中国植保导刊, 32(12): 37-40.

马继芳, 李立涛, 盛世蒙, 王强, 董立, 李梅, 董志平, 盛承发*. 2013a. 二点委夜蛾两种性诱芯的田间诱蛾效果. 中国植保导刊, 33(1): 22-24.

马继芳. 2013b. 河北发现二点委夜蛾为害玉米雌穗. 中国植保导刊, 33(10): 78.

马继芳, 李立涛, 甘耀进, 董志平*. 2013c. 我国二点委夜蛾地理分布及适宜生境调查初报. 创新驱动与现代植保——中国植物保护学会 2013 年学术年会. 中国农业科技出版社: 439.

马继芳, 张全国, 杨利华, 全建章, 董志平*. 2013d. 二点委夜蛾在玉米上新为害部位的确定. 中国植保导刊, 33(11): 43-44.

马继芳, 徐璟琨, 王维莲, 林英杰, 靳群英, 董志平*. 2014a. 二点委夜蛾不同世代成虫适宜生境调查及其在作物间的转移规律研究. 中国植保导刊, 34(4): 29-33.

马继芳, 李立涛, 甘耀进, 董立, 董志平*. 2014b. 湿度对二点委夜蛾生长发育和繁殖的影响. 中国植保导刊, 34(7): 46-50.

马继芳, 李秀芹, 刘莉, 王玉强, 李丽莉, 关秀敏, 李计勋, 李利平, 杨利华, 董立, 董志平*. 2017. 二点委夜蛾为害夏玉米幼苗的防治指标研究. 河北农业科学, 2017(5): 4-9.

马建英, 郝延堂, 周霄, 陈立涛, 张大鹏, 张龙. 2012. 馆陶县二点委夜蛾发生危害特点及防治措施. 河北农业科学, 16(12): 18-20.

牛朝阳, 宋小娟, 赵永莉, 魏新田*. 2012. 二点委夜蛾为害线椒, 植物保护, 38(5): 200.

秦华伟, 门兴元, 于毅, 卢增斌, 孙廷林, 周仙红, 李丽莉*. 2017. 不同寄主植物对二点委夜蛾幼虫抗寒性的影响. 昆虫学报, 60(2): 205-210.

冉红凡, 冯书亮*, 潘文亮, 范秀华. 2003. 棉铃虫幼虫感染棉铃虫微孢子虫后的组织病理变化. 昆虫学报, 46(1): 118-121.

盛世蒙, 屈振刚, 李霞, 王书友, 刘家魁, 孙作文, 李建成, 盛承发*. 2012. 二点委夜蛾诱捕器中不同数量性诱芯诱蛾效果比较. 中国植保导刊, 32(2): 29-31.

石洁, 王振营*, 姜玉英, 单旭南, 张海剑, 王静, 戈星. 2011. 二点委夜蛾越冬场所调查初报. 植物保护, 37(6): 138-140.

石洁, 张海剑, 王振营*, 秦雁宇, 李娟, 陈丹, 郭宁, 杨硕. 2015. 二点委夜蛾越冬代生物学特性及其天敌种类的初步研究. 植物保护, 31(1): 14-20.

宋月芹, 李文亮, 刘顺通, 孙会忠, 石洁, 董钧锋*. 2015. 双委夜蛾非典型嗅觉受体 Orco 的克隆、分子特征及表达. 植物保护学报, 42(6): 997-1003.

苏增朝, 柴彦, 王玉强, 霍立强, 王凤芝, 霍书珍, 马继芳, 翟辉. 2012. 清洁田园对二点委夜蛾的防治效果初报. 中国植保导刊, 32(1): 33-34.

苏增朝. 2010. 二点委夜蛾危害特点及防治技术. 现代农村科技, (13): 29.

王建勤, 刘秀红, 张树坡. 2011. 高海拔地区二点委夜蛾诱测试验. 河北农业科学, (9): 9-10.

王静, 于毅, 赵楠, 张安盛, 周仙红, 庄乾营, 门应元, 李丽莉*. 2013. 二点委夜蛾研究进展. 生物灾害科学, 36(1): 95-99.

王静, 赵楠, 于毅, 张安盛, 门兴元, 周仙红, 庄乾营, 王振营, 石洁, 李丽莉*. 2014a. 2012 年山东省二点委夜蛾发生情况调查初报. 植物保护, 40(1): 173-178.

王静, 于毅, 陶云荔, 李丽莉*, 褚栋. 2014b. 山东省二点委夜蛾不同地理种群遗传结构. 应用生态学报, 25(2): 562-568.

王孟泉. 2013. 2013 年平乡县农业重大新害虫二点委夜蛾测报防治技术试验示范简报. 河北农业, (12): 38-39.

王强, 田有国. 2014. 我国二点委夜蛾发生及其防控研究进展. 中国植保导刊, 34(7): 30-34.

王勤英, 杨云鹤, 苏俊平, 宋萍, 李立涛, 董志平. 2012. 对二点委夜蛾高毒力 Bt 菌株的筛选及评价. 植保科技创新与现代农业建设——中国植物保护学会 2012 年学术年会. 中国农业科技出版社: 534.

王维莲. 2013.石家庄市二点委夜蛾发生及防治. 河北农业, (12): 33-34.

王维莲. 2014. 2014 年石家庄市二点委夜蛾暴发原因分析及防治对策. 现代农村科技, (15): 18.

王玉强, 李立涛, 刘磊, 甘耀进, 董志平, 马继芳*. 2011. 二点委夜蛾的交配行为与产卵量. 河北农业科学, 15(9): 4-6.

王玉强, 李立涛, 马继芳, 刘磊, 甘耀进, 董志平*. 2012. 二点委夜蛾防治药剂的室内筛选和毒力测定. 中国植保导刊, 32(5): 23-25.

王玉强, 王永芳, 陈立涛, 杨长青, 刘磊, 李秀芹, 姚树然, 董志平, 马继芳*. 2018. 冀中南地区二点委夜蛾主害代幼虫田间消长与暴发为害规律. 应用昆虫学报, 55(1): 126-131.

王振营, 石洁, 董金皋. 2012. 2011 年黄淮海夏玉米区二点委夜蛾暴发危害的原因与防治对策. 玉米科学, 20(1): 132-134.

吴春柳, 赵跃锋, 曹烁, 吕玉品, 周彦群. 2015. 小麦收割机粉碎秸秆对二点委夜蛾防治效果调查. 河北农业, (2): 52-53.

徐璟坤. 2009. 二点委夜蛾的发生与防治. 现代农村科技, (18): 30.

许昊, 吕书亮, 李秀芹, 姜京宇, 马继芳, 许佑辉. 2012. 河北省二点委夜蛾各代寄主田调查报告. 河北农业科学, 16(12): 8-11.

杨长青, 史均环, 李秀芹, 马继芳, 姜京宇. 2014. 二点委夜蛾对夏播作物的危害调查. 中国植保导刊, 34(2): 34-37.

杨心月, 范凡, 陈洁, 刘廷辉, 何运转*. 2015. 光谱对二点委夜蛾成虫趋光行为的影响. 植物保护学报, 42(6): 1009-1013.

杨云鹤, 宋萍, 王振营, 董志平, 王勤英*. 2014. 对二点委夜蛾高毒力苏云金芽孢杆菌的筛选及其基因型分析. 应用昆虫学报, 51(3): 630-635.

杨云鹤, 石洁, 张海剑*, 郭宁, 杜立新. 2017. 一种二点委夜蛾微孢子虫的致病机理, 中国生物防治学报, 33(4): 571-574.

张国峰. 2013. 搞好二点委夜蛾防控从基数调查开始. 河北农业, (11): 38-40.

张海剑, 石洁, 王振营*, 秦艳宇. 2012a. 二点委夜蛾越冬虫态及其在越冬场所的空间分布调查初报. 植物保护, 20(1): 132-134.

张海剑, 石洁, 郭宁, 王振营*. 2012b. 二点委夜蛾幼虫高毒力球孢白僵菌菌株筛选与生物学特性初步研究. 中国生物防治学报, 38(3): 146-150.

张海剑, 宋健, 杜立新, 杨云鹏, 石洁*. 2016. 微孢子虫对二点委夜蛾致病力研究. 中国生物防治学报, 42(4): 462-467.

张全力, 姚树然, 张星璨, 陈哲, 张燕, 周芳, 杨素芳. 2012a. 二点委夜蛾性诱剂诱杀成虫效果研究简报. 河北农业科学, 16(12): 12-15.

张全力, 刘莉, 陈哲, 周芳, 李秀芹, 张燕, 姜京宇, 董志平. 2012b. 毒土毒饵防治二点委夜蛾试验简报. 中国农学通报, 28(12): 211-215.

张全力, 陈哲, 张秋兰, 王丽川, 张燕, 李智慧, 郝延堂, 姜京宇, 董志平*. 2014. 玉米田二点委夜蛾不同虫态发生与危害系统调查. 中国植保导刊, 34(7): 42-45.

张全力, 陈哲, 张秋兰, 刘云, 王丽川, 张燕. 2015. 二点委夜蛾发生规律与防治技术研究简报. 基层农技推广, 3(5): 24-26.

张小龙, 张艳刚, 李虎群, 刘莉, 董志平. 2011. 二点委夜蛾发生为害特点发生规律及防治技术研究. 河北农业科学, (12): 1-4.

张志良, 赵颖, 丁秀云. 2009. 沈阳昆虫原色图鉴. 沈阳: 辽宁民族出版社: 258.

张志英, 安立云, 李智慧, 马继芳, 董志平. 2011. 植物诱饵对二点委夜蛾幼虫的诱杀效果研究初报. 植保科技创新与病虫防控专业化——中国植物保护学会 2011 年学术年会. 中国农业科技出版社: 560-562.

张智, 张云慧, 姜玉英, 谢爱婷, 魏书军, 程登发*, 蒋金炜, 张方梅, 彭赫. 2013. 华北二点委夜蛾种群动态监测及北京北部地区虫源性质分析. 昆虫学报, 56(10): 1189-1202.

郑作涛, 江幸福*, 张蕾, 程云霞, 罗礼智. 2014. 二点委夜蛾飞行行为特征. 应用昆虫学报, 51(3): 643-653.

中国农技推广网. [2011-8-20]. 二点委夜蛾性诱剂使用方法. http://www.natesc.gov.cn/Html/2011_08_01/28154_29226_2011_08_01_179071.html.

朱彦彬, 马继芳, 董立, 李立涛, 姜京宇, 李智慧, 董志平, 董金皋*, 王勤英*. 2012. 利用线粒体 *COI* 基因序列分析二点委夜蛾的遗传多态性. 昆虫学报, (4): 457-465.

Chen F, Ahmed T, Liu Y-J, He K-G, Wang Z-Y*. 2014. Analysis of genetic diversity among different geographic populations of *Atheis lepigone* using ISSR molecular markers. Journal of Asia-Pacific Entomology, 17: 793-798.

Dong J-F, Song Y-Q, Li W-L, Jie S, Wang Z-Y*. 2016. Identification of putative chemosensory receptor genes from the *Athetis dissimilis* antennal transcriptome. PLoS ONE, 11(1): e0147768.

Fauna Europaca. 2010. Fauna Europaca version 2. 4[EB/OL]. http://www.faunacur.org/full_results.php? id=447320.

Fibiger M, Hacker H. 2007. Noctuidae Europaeae 9: Amphipyrinae, Condicinae, Eriopinae, Xyleninae. Entomological Press. In Soro ISBN 9788789430119.

Fu X-W, Liu Y-Q, Abid A, Wu K-M*. 2014. Does *Athetis lepigone* Moth (Lepidoptera: Noctuidae) Take a Long-Distance Migration? Journal of Econamic Entomology, 107(3): 955-1002.

Guo T-T, Li L-L*, Men X-Y, Lu Z-B, Chen H, Wang Z-Y, Sun T-L, Yu Y. 2016. Impact of temperature on the growth and development of *Athetis dissimilis* (Lepidoptera: Noctuidae). Journal of Economic Entomology, 110 (1): 274-281.

Han H-L, Konoenko V-S. 2011. Twelve new species of *Athetis* Hübner, [1821]1816 from China (Lepidoptera, Noctuidae). Zootaxa, 3068: 49-68.

Hreblay M, Ronkay L, Plante J. 1998. Contribution to the Noctuidae (Lepidopte ra) fauna of Tibet and the adjacent regions. (II.) A systematic survey of the Tibetan Noctuidae fauna based on the material of the Schäfer-expedition (1938–1939) and recent expeditions (1993–1997) (Lepidoptera: Noctuidae). Esperiana Buchreihe zur Entomologie, 6: 69-184.

Hunter F-E. 1964 The mitochondrion molecular basis of structure and function. Journal of the American Chemical Society, 86(24): 5704-5705.

Kononenko V S, Han H L. 2007. Atlas Genitalia of Noctuidae in Korea(Lepidoptera). *In*: Park K-T. Insects of Korea(Series 11). Junhaeng-Sa, Seoul, South Korea, 102 pp.

Lafontaine J, Christian S. 2010. Annotated check list of the Noctuoidea(Insecta, Lepidoptera) of North America north of Mexico. Donald. ZooKeys, 40: 1-239.

Li L-T, Wang Y-Q, Ma J-F, Liu L, Hao Y-T, Dong C, Gan Y-J, Dong Z-P*, Wang Q-Y*. 2013a. The effects of temperature on the development of the moth *Athetis lepigone*, and a prediction of field occurrence. Journal of Insect Science, 13: 103. Available online: http://www.insectscience.org/13.103.

Li L-T, Zhu Y-B, Ma J-F, Li Z-Y, Dong Z-P*. 2013b. An analysis of the *Athetis lepigone* transcriptome from four developmental stages. PLOS One, 8(9): e73911.

Lindeborg M. 2008. Remarkable records of Macrolepidoptera in Sweden. Entomologisk Tidskrift, 129(1): 43-52.

Liu Y-J, Zhang T-T, Bai S-X, He K-L, Wang Z-Y. 2015. Effects of host plants on the fitness of *Athetis lepigone* (Moschler). Journal of Applied Entomology, 139: 478-485.

Nieminen M, Hanski I. 1998. Metapopulations of moths on islands: A test of two contrasting models. Journal of Animal Ecology, 67: 149-160.

Nikolaevitch P A, Vjatcheslavovna I E. 2003. The Noctuidae(Lepidoptera) of the Daghestan Republic(Russia) II. Phegea, 31(4): 167-181.

Nowacki J, Hołowin'S Pałka K. 2001. *Athetis lepigone* (Mőschler 1860) (Lepidoptera Noctuidae). a noctuid moth new for the Polish fauna. Polskic Pismo Entomologiczne, 70: 271-275.

Poltavsky A N, Matov A Y, Ivlievc P P. 2009. Heteroceran moths(Lepidoptera,Heterocera) of the Don River Delta.Entomological Review, 89(9): 1072-1081.

Poole R W. 1989. Lepidopterorum Catalogus(New Series) Fascicle 118, Noctuidae. Boca Raton: CRC Press.

Ridgeway J A, Timm A E. 2014.Comparison of RNA isolation methods from insect larvae. Journal of Insect Science, 14(268): DOI: 10. 1093/jisesa/ieu130.

Szöcs G, Tóth M, Novák L. 1981. Sex attractants for eight lepidopterous species. zeitschrift für angewandte entomologie, 91(3): 272-280.

Wang D I, Moeller F E. 1971. Ultrastructural changes in the hypopharyngeal glands of worker honeybees infected by *Nosema apis*. Journal of Invertebrate Pathology, (17): 308-320.

Wang Y-Q, Ma J-F, Li X-Q, Wang Y-F, Cao S, Xie A-T, Ye S-F, Dong B-X, Zhao W-X, Qin Y-X, Xia F, Zheng Z-Y, Zhu Y-M, Jiang J Y, Dong Z-P*. 2017. The distribution of *Athetis lepigone* and predictiion of its potential distribution based on GARP and MaxEnt. Journal of Applied Entomology, 141(6): 431-440.

Weissenberg R. 1976. Host-parasite relations of microsporidia at the cellular level. Comparative Pathobiology, (1): 203-237.

Yan Q, Zheng M-Y, Xu J-W, Ma J-F, Chen Y, Dong Z-P, Liu L, Dong S-L*, Zhang Y-N*. 2017. Female sex pheromone of *Athetis lepigone* (Lepidoptera: Noctuidae): Identification and field evaluation. Journal of Applied Entomology, 142(1-2): 125-130.

Zhang Y-N, Ma J-F, Sun L, Dong Z-P, Li Z-Q, Zhu X-Y, Wang Y, Wang L, Deng D-G. 2016. Molecular identification and sex distribution of two chemosensory receptor families in *Athetis lepigone* by antennal transcriptome analysis. Journal of Asia-Pacific Entomology, 19(3): 571-580.

Zhang Y-N, Li Z-Q, Zhu X-Y, Qian J-L, Dong Z-P, Xu L*, He P*. 2017a. Identification and tissue distribution of carboxylesterase(CXE) genes in *Athetis lepigone* (Lepidoptera: Noctuidae) by RNA-seq. Journal of Asia-Pacific Entomology, 20: 1150-1155.

Zhang Y-N, Ma J-F, Xu L, Dong Z-P, Xu J-W, Li M-Y, Zhu X-Y*. 2017b. Identification and expression patterns of UDP-glycosyltransferase(UGT) genes from insect pest *Athetis lepigone* (Lepidoptera: Noctuidae). Journal of Asia-Pacific Entomology, 20(1): 253-259.

Zhang Y-N, Zhu X-Y, Ma J-F, Dong Z-P, Xu J-W, Kang K, Zhang L-W*. 2017c. Molecular identification and expression patterns of odorant binding protein and chemosensory protein genes in *Athetis lepigone* (Lepidoptera: Noctuidae). PeerJ. 5: e3157; DOI 10. 7717/peerj. 3157.

Zhang Y-N, Du L-X, Xu J-W, Wang B, Zhang X-Q, Yan Q. 2018. Functional characterization of four sex pheromone receptors in the newly discovered maize pest *Athetis lepigone*. Journal of Insect Physiology. https://doi.org/10.1016/J.jinsphys.2018. 08. 009.

Zietkiewicz E, Rafalski A, Labuda D. 1994. Genome fingerprinting by simple sequence repeats (SSR) -anchored PCR amplification. Genomics, 20 (2): 176-183.

有关专利

1. 董志平，盛承发，河北省农林科学院谷子研究所. 2013. 一种高效二点委夜蛾性诱剂. 中国. ZL201210127154. 8
2. 河北农业大学. 2013. 一种防治二点委夜蛾的诱杀剂及其制备方法. 中国. ZL201210113992. X
3. 河北农业大学. 2013. 一种防治二点委夜蛾的熏蒸剂及其制备方法. 中国. ZL201210113970. 3
4. 河北省农林科学院谷子研究所. 2013. 一种二点委夜蛾的人工饲料及其简便饲养方法. 中国. ZL201210083369. 4
5. 河北省农林科学院谷子研究所. 2013. 一种包含丁基羟基茴香醚增效剂的昆虫性诱剂. 中国. ZL201210127155. 2
6. 河北省农林科学院谷子研究所. 2013. 一种利用灭多威防治二点委夜蛾的新用途. 中国. ZL201210204248. 0
7. 河北省农林科学院谷子研究所. 2013. 一种利用茚虫威防治二点委夜蛾的新用途. 中国. ZL201210084340. 8
8. 河北省农林科学院谷子研究所. 2014. 一种二点委夜蛾的分子鉴定方法. 中国. ZL201210101254. 3
9. 河北省农林科学院谷子研究所，河北省农林科学院粮油作物研究所. 2016. 玉米播种清垄器. 中国. ZL201620863958. 8
10. 河北省农林科学院粮油作物研究所. 2015. 一种秸秆粉碎清理免耕精量玉米播种机. 中国. ZL201420812322. 1
11. 河北省农林科学院植物保护研究所. 2014. 一种用于防治二点委夜蛾的家蚕微孢子虫及其应用. 中国. ZL201410425709. 6
12. 河北省农林科学院植物保护研究所. 2015. 一种二点委夜蛾的人工接种方法. 中国. ZL201510846988.8
13. 山东省农业科学院植物保护研究所. 2014. 一种供试二点委夜蛾的人工饲养方法. 中国. ZL201310308093. X
14. 山东省农业科学院植物保护研究所. 2014. 一种二点委夜蛾的人工合成饲料及其制备方法. 中国. ZL201310309525. 9
15. 山东省农业科学院植物保护研究所. 2017. 一种防治二点委夜蛾的复配农药及方法. 中国. ZL201510756047. 5

部分报纸专题报道

1. 姜京宇, 甘耀进, 许佑辉等.2005-9-10. 河北省发现新玉米害虫——二点委夜蛾. 河北农民报, 3 版
2. 姜京宇, 许佑辉, 甘跃进等. 2007-7-8. 紧急除治二点委夜蛾. 河北科技报, 2 版
3. 姜京宇, 许佑辉, 甘跃进等. 2007-7-12. 认识二点委夜蛾. 科学施治. 河北科技报, 4 版
4. 姜京宇. 2010-6-17. 今年夏玉米苗期病虫防治重点. 河北科技报, 4 版
5. 姜京宇. 2010-6-17. 夏玉米保苗抑病 把好四道关(下). 河北农民报, B8 版
6. 马继芳, 董立, 邵立侠等. 2010-7-3. 警惕二点委夜蛾危害玉米. 河北农民报, 3 版
7. 姜京宇, 许昊. 2011-6-2. 6 月下旬农业病虫害防治——玉米除草、查治二点委夜蛾. 河北农民报, B4 版
8. 姜京宇, 许佑辉.2011-6-23. 防治二点委夜蛾 保护玉米幼苗. 河北科技报, B4 版
9. 姜京宇, 董金皋, 董志平等. 2011-6-25. 二点委夜蛾暴发 火速用药防治. 河北科技报, 5 版
10. 姜京宇. 2011-6-25. 二点委夜蛾暴发 专家呼吁火速防治. 河北农民报, 1 版
11. 姜京宇. 2011-6-30. 立即防治病虫 力保玉米幼苗. 河北科技报, 1 版
12. 姜京宇, 张国锋.2011-7-2. “快刀”斩除玉米幼苗病虫. 河北科技报, 5 版
13. 杨利华, 李立涛. 2011-6-28. 二点委夜蛾来势猛 试验站里监测虫情. 河北农民报, A6 版
14. 张志英. 2011-7-8. 虫坚强咬伤玉米 喷药杀不死. 河北青年报, A14 版
15. 姜京宇. 2011-7-9. 虫坚强肆虐 省农业厅发提醒. 河北青年报, 7 版
16. 姜京宇, 董志平. 2011-7-14. 可恶的“虫坚强”——二点委夜蛾. 河北农民报, B7 版
17. 杨利华, 姜京宇. 2012-4-12. 今年应该高度关注的玉米重要病虫—二点委夜蛾的防治是重中之重. 河北农民报, B2B7 版
18. 姜京宇, 李秀芹, 许佑辉等. 2012-5-22. 夏玉米苗期: 大战二点委夜蛾 势在必行. 河北农民报, A6 版
19. 姜京宇, 曹烁, 张丽等. 2012-6-21. 二点委夜蛾蛾量骤增, 需立即防治. 河北农民报, B3 版
20. 董志平, 姜京宇. 2012-6-29. 二点委夜蛾的防治. 农民日报, 6 版
21. 二点委夜蛾防控体系建成. 2013-1-3. 河北科技报, B1 版
22. 董志平. 2013-1-15. 二点委夜蛾防治研究成果达到国际领先水平. 河北日报, 5 版
23. 董志平, 姜京宇.2013-5-29. 早防控, 阻击“农业新害虫”. 河北日报, 5 版
24. 董志平. 2013-5-29. 已发现二点委夜蛾危害蔬菜. 河北日报, 5 版
25. 董志平, 姜京宇. 2013-5-31. 二点委夜蛾农业新害虫治理有道. 科技日报, 6 版
26. 董志平, 姜京宇. 2013-6-6. 二点委夜蛾全程防控技术. 河北科技报, B4 版
27. 董志平, 姜京宇. 2013-6-7. 全力围歼二点委夜蛾. 农民日报, 6 版
28. 董志平, 姜京宇. 2013-6-24. 二点委夜蛾 早防控成虫. 河北农民报, A2 版
29. 姜京宇, 许昊. 2013-6-27. 提高警惕 防好二点委夜蛾. 河北科技报, A3 版
30. 许昊. 2013-7-1. 防治二点委夜蛾 七月上旬最关键. 河北农民报, A2 版
31. 姜京宇, 董立, 许昊等. 2014-3-25. 二点委夜蛾: 生态防控效果好. 河北农民报, A2 版
32. 董志平, 姜京宇. 2014-6-5. 二点委夜蛾治理主推关键技术. 农民日报, 6 版
33. 李秀芹. 2014-6-7. 科学防治二点委夜蛾. 河北科技报, 7 版

34. 姜京宇. 2014-6-10. 生态防控二点委夜蛾, 河北农民报, A2 版
35. 姜京宇. 2014-6-12. 河北 6 月玉米田二点委夜蛾的生态预测. 北方农资, 6 版
36. 姜京宇, 曹烁, 李秀芹. 2014-6-19. 玉米二点委夜蛾发生预测. 河北科技报, B4 版
37. 姜京宇. 2014-6-24. 临近二点委夜蛾危害期 专家提醒采取防控措施. 河北农民报, A2 版
38. 姜京宇, 许昊, 董志平等. 2014-7-1. 专家呼吁: 紧急剿灭二点委夜蛾. 河北科技报, 4 版
39. 姜京宇. 2014-7-3. 二点委夜蛾再次暴发 专家呼吁紧急防控. 河北农民报, 1 版
40. 姜京宇, 董立. 2014-7-8. 防治二点委夜蛾 毒饵诱杀效果最佳. 河北农民报, A2 版
41. 姜京宇. 2014-8-26. 今年玉米虫害多 怎样防控更科学. 河北科技报, B4 版
42. 董志平. 2016-6-25. 二点委夜蛾今年虫多势重 专家呼吁赶快防控. 河北农民报, 1 版
43. 董志平. 2016-6-26. 专家预警“玉米杀手”今年或将大发生. 河北日报, 2 版
44. 姜玉英, 刘杰. 2016-6-27. 二点委夜蛾总体偏重发生, 农民日报, 3 版
45. 董志平. 2016-6-28. 加强防控二点委夜蛾. 河北科技报, B6 版
46. 董志平. 2016-7-12. 二点委夜蛾 生态防控好. 河北农民报, A2 版
47. 董志平. 2016-7-28. 只需小小改变 防控二点委夜蛾可以不用药. 农民日报, 6 版

部分电视台专题报道

1. 姜京宇. 2007-6-26. 玉米新害虫二点委夜蛾. 河北电视台农民频道, 致富情报站
2. 姜京宇, 杨利华. 2010-5-23. 夏玉米丰产总动员. 河北电视台农民频道, 致富情报站
3. 董志平, 姜京宇. 2010-7-8. 我国新害虫——二点委夜蛾防治. 河北电视台农民频道, 农博士在行动
4. 董志平, 姜京宇. 2011-7-6. 二点委夜蛾的识别与防治. 河北电视台农民频道, 农博士在行动
5. 姜玉英. 2011-7-9. 二点委夜蛾发生预警. 中央电视台, 新闻联播后天气预报节目
6. 董志平. 2011-7-10. 河北 1000 万亩玉米遭虫害威胁. 河北电视台, 河北新闻
7. 姜京宇. 2011-7-17. 紧急剿灭二点委夜蛾. 河北电视台农民频道, 致富情报站
8. 董志平, 姜京宇. 2012-6-8. 二点委夜蛾防治. 河北电视台农民频道, 农博士在行动
9. 姜京宇. 2012-6-25. 农博士问答——二点委夜蛾趋势与指导意见. 河北电视台农民频道, 农博士在行动
10. 姜京宇. 2012-6-27. 农博士问答——二点委夜蛾防治技术. 河北电视台农民频道, 农博士在行动
11. 董志平. 2013-7.《专家谈农事》第 38 期——玉米新虫害二点委夜蛾的防治(一). 河北省农林科学院、河北省委统战部河北省农村党员干部现代远程教育管理中心电视节目
12. 董志平. 2013-7.《专家谈农事》第 39 期——玉米新虫害二点委夜蛾的防治(二). 河北省农林科学院、河北省委统战部河北省农村党员干部现代远程教育管理中心电视节目
13. 董志平. 2014-7. 《专家谈农事》第 102 期——二点委夜蛾的发生与防治(上). 河北省农林科学院、河北省委统战部河北省农村党员干部现代远程教育管理中心电视节目
14. 姜京宇. 2014-7. 《专家谈农事》第 103 期——二点委夜蛾的发生与防治(下). 河北省农林科学院、河北省委统战部河北省农村党员干部现代远程教育管理中心电视节目
15. 董志平, 姜京宇. 2013-7-15. 玉米地的“不速之客”. 中央电视台 7 频道, 聚焦三农
16. 闵文江, 董志平. 2013-7-26. 玉米新害虫二点委夜蛾的识别及防治. 中国教育电视台 1 频道, 农业新天地
17. 姜京宇. 2014-7-3. 小小虫子 危害不小. 河北电视台, 今日资讯
18. 姜玉英. 2016-6-23. 二点委夜蛾发生预警, 中央电视台, 新闻联播后天气预报节目

附录 1:

ICS 65.020
B 61

DB13

河 北 省 地 方 标 准

DB13/T 1546—2017
代替 DB13/T 1546-2012

二点委夜蛾测报技术规范

2017-03-29 发布 2017-06-01 实施

河北省质量技术监督局 发布

前　　言

本标准按照GB/T　1.1-2009给出的规则起草。

本标准代替DB13/T　1546-2012《二点委夜蛾测报技术规范》。

本标准由河北省农林科学院提出并修订。

本标准起草单位：河北省植保植检站，河北省农林科学院谷子研究所，邢台市植物保护检疫站。

本标准主要起草人：李秀芹、刘莉、董志平、马继芳、王玉强、王维莲、郭丽伟、曹烁、陈立涛、徐璟琨、史均环、王孟泉、张全力、陈哲、吴春柳、张小龙、陈秀双、李彦青、安立云、李利平。

本标准所代替标准的历次版本发布情况为：

——DB13/T　1546-2012。

二点委夜蛾测报技术规范

1 范围

本标准规定了二点委夜蛾主害代发生程度分级指标、成虫诱测、生态因子调查、幼虫及危害系统调查和普查、越冬基数调查、预测预报方法。

本标准适用于二点委夜蛾发生区域的虫情测报。

2 术语和定义

下列术语和定义适用于本文件。

2.1

主害代

是指为害夏玉米苗的二点委夜蛾第二代幼虫。

3 发生程度分级指标

二点委夜蛾发生程度分为五级，即轻发生（1 级）、偏轻发生（2 级）、中等发生（3 级）、偏重发生（4 级）、大发生（5 级）。二点委夜蛾第二代（即主害代）发生程度分级指标以幼虫虫口密度、玉米苗被害株率为指标，同时参考发生面积比率确定发生程度，各级具体指标见表 1。

表 1　二点委夜蛾发生程度分级指标

发生指标	发生程度级别				
	1 级	2 级	3 级	4 级	5 级
虫口密度（头/百株）	0.5～6	6.1～9	9.1～18	18.1～35	＞35
被害株率（%）	＜3	3.0～5.0	5.1～10.0	10.1～20.0	＞20
发生面积比率（%）	≤10	＞10	＞20	＞20	＞20

4 成虫诱测

灯光诱蛾为主，性诱剂诱蛾作为补充。

4.1 灯光诱蛾

4.1.1 诱测工具设置

在四周没有高大建筑物和树木遮挡、无干扰光源、视野开阔的田间，按照安装要求架设 1 台多功能自动虫情测报灯。

4.1.2 诱蛾时间

从 3 月 15 日开灯，至 10 月 31 日结束。

4.1.3 观察记载方法

每日统计成虫诱集数量，雌、雄蛾分别记载，结果记入附表 A.1，并填写当日 20 时的气温、降雨量、风速和天气状况。

4.2 性诱剂诱蛾

4.2.1 诱蛾时间

3 月 15 日～7 月 5 日。

4.2.2 方法

在田间放置性诱剂水盆诱捕器，3 盆为一组，每个诱捕器间隔 40 m～50 m。诱捕器底部高出作物冠层顶部 10 cm～20 cm。适时补水和洗衣粉，每日早晨捞查一次蛾,将检查结果记入附表 A.2。

水盆诱捕器的制作方法：选用绿色塑料盆，口径 25 cm～30 cm，深 15cm。将细铁丝穿过性诱剂诱芯橡胶塞的小头一端，并固定诱芯于盆口中央。在盆沿下 1 cm 处对称钻两个排水孔，盆内注清水至排水孔下沿，并加少量洗衣粉（浓度约 0.3%），搅拌均匀。调节铁丝高度，使诱芯底部高出水面 0.5 cm～1.0 cm。

5 生态因子调查

5.1 生态调控措施应用情况调查

小麦收获和玉米播种期调查生态调控措施应用情况，主要分为旋耕和耕翻、清除田间麦秸、小麦灭茬、清除玉米播种行麦秸、小麦收割机秸秆粉碎等技术措施应用面积，统计生态调控措施占麦茬夏玉米种植面积的比率。调查结果记入附表 A.3。

5.2 秸秆腐熟程度监测

从 6 月下旬幼虫始见期开始,对小麦秸秆腐熟程度进行调查，每 3 d 一次，共调查 3 次，结果填入附表 A.4（秸秆腐熟程度分级标准见附录 C）。

6 主害代幼虫调查

6.1 幼虫发生数量和为害情况系统调查

夏玉米出苗开始调查，每 3 d 调查一次，至蛹盛期结束。

6.1.1 调查田块

选前茬为小麦且田间散落麦残体较多的早播和适期播种的夏玉米田各 1 块，面积不小于 2 亩。

6.1.2 调查方法

6.1.2.1 虫量调查

定田不定点调查,随机五点取样，每点 1 m^2（分别记录玉米根围 10 cm 内虫量和苗基外延 30 cm 的虫量）。扒开地表覆盖物，查找幼虫，分龄期计数，同时调查植株被害情况，将调查结果记入附表 A.5。

6.1.2.2 被害株率系统调查

玉米出苗开始调查，每3 d调查一次，至蛹盛期结束。选取有代表性的被害重、一般、轻的田块各1块，每块田在覆盖麦秸、麦糠较多处随机5点取样，定点顺行连续调查20株，做好标记，将调查的被害情况记入附表A.6（为害类型见附录D）。

6.2 幼虫发生和为害情况普查

6.2.1 普查时间

当系统调查发现幼虫达到3龄和5龄盛期时分别进行两次普查。

6.2.2 调查方法

同幼虫系统调查。

6.2.3 普查田块

抽取前茬为小麦、有代表性的玉米田10块～20块开展调查，调查每平米虫量、根围虫量、单株最高虫量、被害株率、死亡株率。统计发生面积、发生程度、补种及复（改）种面积、化防面积。将调查结果记入附表A.7、附表A.8中。

7 冬前越冬基数调查

7.1 冬前越冬虫源调查

7.1.1 调查时间

10月中旬。

7.1.2 调查田块

当地末代二点委夜蛾主要寄主作物田（为害寄主见附录E），如甘薯、花生、大豆、玉米、棉花、果园等，包括未收获或收获但未耕翻的上述作物田。

7.1.3 调查方法

每样点1 m^2，各类取样田累计不少于20个点，翻查田中落叶、秸秆、残留秧下，调查幼虫数量。调查记载越冬幼虫数，折亩虫量。结果记入附表A.9。

7.2 冬前越冬基数调查

7.2.1 调查时间

11月上旬。

7.2.2 调查田块

玉米、甘薯、棉花、大豆、花生等有覆盖物，且10月中旬调查有越冬虫源的冬闲地。

7.2.3 调查方法

每块地随机查 3 点，每点 1 m^2。先翻查遗留在点内地表作物残体，调查土茧、幼虫数量。调查幼虫死亡或寄生情况，剥土茧调查寄生和死亡情况，统计幼虫死亡率、寄生率、折亩活虫数量。结果记入表 A.10。

8 春季存活率调查

8.1 调查时间

3 月上旬。

8.2 调查方法

选择冬前越冬虫量调查时有越冬虫源田，每块地随机查 3 点，每点 1 m^2。先翻查遗留在点内地表作物残体，调查土茧、幼虫数量。剥土茧调查幼虫死亡或寄生情况，统计幼虫死亡率、寄生率、调查化蛹情况。结果记入附表 A.11。

9 测报资料收集和汇总

9.1 气象资料收集

于 1 代成虫始盛日开始，至 2 代幼虫 2 龄盛期结束，收集每天的日最高气温、日平均相对湿度、日降雨量、统计日最高气温≥36℃和日平均相对湿度≤40%的天数，统计结果填入附表 A.12。

9.2 预测资料汇总

各地根据 1 代成虫消长变化日期、诱蛾量、夏玉米播种时期、生态调控措施应用面积比率等情况，整理数据资料，记入二点委夜蛾 1 代成虫统计模式报表（见附表 A.13）、二点委夜蛾 2 代幼虫预测模式报表（见附表 A.14），于 6 月 15 日前上报业务主管部门。

10 预报方法

10.1 发生期预报

采取期距法、历期法进行预报。

10.1.1 以成虫发生期为基准

根据对成虫始见期、始盛日、高峰期、盛末期、终见期的调查数据整理，1 代成虫的始盛日-盛日天数的期距平均值为 5.2 d。27℃情况下，成虫产卵前期为 2 d～3 d，卵期 3 d～4 d，1 龄幼虫 3 d～4 d，2 龄幼虫 3 d～4 d。

采用期距法推断成虫盛日（成虫防治适期）、采用历期法推断 3 龄始盛期（幼虫防治适期）。

成虫盛日=成虫始盛日+（盛日-始盛日历期）=成虫始盛日+5.2 d。

3 龄始盛期=成虫盛日+产卵前期+卵期+ 1 龄幼虫期+2 龄幼虫期。

在成虫始盛日发出预报，预报成虫盛日和 3 龄始盛期，指导田间开始防治。

10.1.2 以小麦收获期为基准

成虫防治适期：小麦收获后或玉米播种后 1 d～3 d。

幼虫防治适期=小麦收获或玉米播种期+卵期+1 龄幼虫期+2 龄幼虫期。
=小麦收获或玉米播种期+（10 d～20 d）。

10.2 发生程度预报

10.2.1 长期预报

每年 3 月中旬进行预报，根据越冬基数、冬后调查虫源分布及数量，小麦生长情况及产量预测，近年小麦玉米栽培管理方式以及气象部门发布的长期气象预测，结合历史资料综合分析评价后，做出当年发生趋势长期预报。

10.2.2 中、短期预报

采用数值预报模型预报，以 1 代成虫数量做预测等级基础，再根据 1 代蛾盛期至 2 代低龄幼虫期的气候条件、生态调控面积比率、秸秆腐熟程度预测发生程度。预测因子指标见表 2。

表 2 二点委夜蛾中、短期发生程度数值预测模型

发生危害程度	预测因子指标
轻～偏轻	① 1 代成虫盛期日均诱蛾量：轻：10 头以下；偏轻：11 头～30 头。
轻～中	① 1 代成虫盛期日均诱蛾量：中：31 头～50 头；偏重：51 头～99 头；可能大发生：大于 100 头。
	② 日最高气温≥36℃多于 3 d，持续多于 2 d；或日相对湿度≤40%多于 3 d，持续多于 2 d；或湿度持续 100%不利于发生。
	③ 生态调控面积达 70%以上。
	④ 田间湿度大，麦粒软，自生麦苗多，麦秸含水量 30%以上，腐熟程度高。
偏重～大发生	① 1 代成虫盛期日均诱蛾量：偏重：51 头～99 头；可能大发生：大于 100 头，并且播期与成虫盛期相遇。
	② 最适宜温度 24℃～27℃，日最高气温≥36℃少于 2 d。 最适宜发生湿度 60%～80%，相对湿度≤40%少于 2 d。
	③ 生态调控处理面积在 50%以下。
	④ 田间干燥，麦粒干硬，秸秆含水量 15%以下，腐熟程度低。

附　录　A
（规范性附录）
二点委夜蛾调查资料表册

表 A.1　二点委夜蛾诱测结果记载表

调查单位	日期（年/月/日）	灯光诱测（头）				气象要素
		雌蛾	雄蛾	合计	累计	

表 A.2　二点委夜蛾性诱剂诱测结果记载表

调查单位	日期（年/月/日）	一盆	二盆	三盆	平均	合计	累计	气象要素

表 A.3　生态调控措施应用情况调查表

调查单位	日期（年/月/日）	小麦种植面积（万亩）	麦茬夏玉米播种面积（万亩）	旋耕和耕翻		清除田间麦秸		小麦灭茬		清除玉米播种行麦秸		小麦收割机秸秆细粉碎		合计	
				面积（万亩）	占夏玉米播种面积比率（%）	面积（万亩）	占夏玉米播种面积比率（%）	面积（万亩）	占夏玉米播种面积比率（%）	面积（万亩）	占夏玉米播种面积比率（%）	面积（万亩）	占夏玉米播种面积比率（%）	面积（万亩）	占麦茬夏玉米播种面积比率（%）

注：其中技术叠加应用不重复累计。叠加应用技术按优化效果进行统计，旋耕和耕翻＞清除田间麦秸＞小麦灭茬＞清除玉米播种行麦秸＞小麦收割机秸秆细粉碎。如：既进行了清除玉米播种行麦秸又进行了小麦收割秸秆细粉碎的田块面积，只计算在清除玉米播种行麦秸面积内。

表 A.4　小麦秸秆腐熟程度调查表

调查单位	年度	调查时间（月/日）	调查面积（亩）	其中未腐熟面积占调查面积比率	正在腐熟面积占调查面积比率	基本腐熟面积占调查面积比率

表 A.5　主害代幼虫系统调查记载表

调查单位	年度	调查日期（月/日）	调查地点		玉米苗龄（几叶期）	类型田	取样面积m²	调查株数	各龄幼虫数（头）								危害类型株数				被害株数（株）	死亡株数（株）	平均每m²幼虫量	折百株虫量（头）	根围百株虫量（头）	麦茬高度（cm）	麦秸长度（cm）	小麦收获日期（月/日）	玉米播种日期（月/日）
									1龄	2龄	3龄	4龄	5龄	6龄	蛹	蛹壳	茎基部被咬断（死亡株）	心叶萎蔫（茎基部有蛀孔，死亡株）	倒伏株（次生根被咬断或茎部咬成缺刻较重）	茎叶缺刻（不影响产量）									
			地点一	样点1																									
				样点2																									
				样点3																									
				样点4																									
				样点5																									
				合计或平均																									
			地点二	样点1																									
				样点2																									
				样点3																									
				样点4																									
				样点5																									
				合计或平均																									
			……																										

表 A.6 主害代幼虫田间危害情况系统调查记载表

调查单位	调查日期（年/月/日）	类型田	调查地点		玉米苗龄（叶期）	调查株数（株）	危害类型株数				新增被害株数（株）	累计被害株数（株）	累计死亡株数（株）	被害株率（%）	死亡株率（%）
							茎基部被咬断（死亡株）	心叶萎蔫(茎基部有蛀孔，死亡株)	倒伏株（次生根被咬断或茎部咬成缺刻较重）	茎叶缺刻（不影响产量）					
			地点1	样点 1											
				样点 2											
				样点 3											
				样点 4											
				样点 5											
			地点2	样点 1											
				样点 2											
				样点 3											
				样点 4											
				样点 5											
			…	…											

注：类型田指重发地块、一般发生地块、轻发生地块。

表 A.7　幼虫发生普查原始记载表

调查单位	调查日期（月/日）	调查地点		调查田块类型（选未防治田，若是防治田，标明具体措施）	单样点每平米玉米株数（株）	单样点每平米虫量（头/m²）	折百株虫量（头/百株）	单样点根围10 cm以内总虫量（头/m²）	平均单株根围虫量（头/株）	根围单株最高虫量（头/株）	每平米被害株数（株）				被害株率（%）	死亡株率（%）	幼虫主体龄期（龄）	玉米苗龄（叶期）	小麦收获日期（月/日）	玉米播种日期（月/日）	麦茬高度（cm）	粉碎麦秸长度（cm）
											茎基部被咬断（死亡株）	心叶萎蔫(茎基部有蛀孔，死亡株)	倒伏株（次生根被咬断或茎部咬成缺刻较重）	茎叶缺刻（不影响产量）								
		地点一	样点1																			
			样点2																			
			样点3																			
			样点4																			
			样点5																			
			合计或平均																			
		地点二……	样点1																			
			样点2																			
			样点3																			
			样点4																			
			样点5																			
			合计或平均																			

注:调查田块类型指未进行生态调控措施类型或采用了某种生态调控措施的类型田，包括旋耕和耕翻、清除田间麦秸、小麦灭茬、清除玉米播种行麦秸、小麦收割机秸秆细粉碎等措施类型田。

表 A.8　幼虫发生和为害面积普查统计表

调查单位	调查时间	发生面积（万亩）	不同被害株率(%)发生面积（万亩）					发生程度	平均百株虫量（头/百株）	单株最高虫量（头/株）	平均被害株率（%）	最高被害株率（%）	平均死苗株率（%）	最高死苗株率（%）	补种面积（万亩）	复改种面积（万亩）	化防面积（万亩）
			<3	3~5	5.1~10	10.1~20	>20										

表 A.9　冬前越冬虫量调查记载表

调查单位	时间（年/月/日）	地点	寄主田	取样点个数	活幼虫（头）	死亡幼虫（头）	总虫量（头）	折亩活虫量（头）

表 A.10　越冬基数调查表

调查单位	日期（年/月/日）	地点	作物	调查面积（m^2）	幼虫（头）		茧（头）				活虫数量（头）	死亡数量（头）	死亡率（%）	折亩活虫数（头）
					活虫	死虫	空茧	寄生茧	死茧	活虫茧				

表 A.11　春季存活率调查

调查单位	日期（年/月/日）	地点	作物	调查面积（m^2）	幼虫（头）		茧（头）				茧蛹		裸蛹		活虫数量（头）	死亡数量（头）	死亡率（%）	折亩活虫数
					活虫	死虫	空茧	寄生茧	死茧	活虫茧	活蛹	死蛹	活蛹	死蛹				

注1：死亡率=（幼虫死虫数+空茧数+寄生茧数+死茧数+茧蛹死蛹+裸蛹死蛹）/幼虫数+茧数+茧蛹数+裸蛹数。

注2：存活率=（1－死亡率）×100%。

表 A.12　气象因子记载及统计表

调查单位	年度	月	日	日最高气温（℃）	日平均相对湿度（%）	日降雨量（mm）	气象因子统计				
							蛾始盛期至低龄幼虫期时段（月/日—月/日）	日气温≥36℃的天数（d）	日平均气温≤40%的天数（d）	降雨次数（次）	累计降雨量（mm）

表 A.13　二点委夜蛾一代成虫统计模式报表（要求汇报时间：6 月 15 日以前）

调查单位	年度	始见日（月/日）	始盛日（月/日）	盛日（月/日）	盛日蛾量（头）	盛末日（月/日）	末日（月/日）	始盛日-盛日期距（d）	始盛日-盛末日期距（d）	盛期 日平均诱蛾量（头）	盛期内累计蛾量（头）	全代累计蛾量（头）

表 A.14　二点委夜蛾二代幼虫预测模式报表（要求汇报时间：6 月 15 日以前）

调查单位	调查时间（月/日）	小麦播种面积（万亩）	夏玉米播种面积（万亩）	当地小麦收获日期（月/日）	当地夏玉米播种日期（月/日）	播种期比常年早晚（d）	麦茬高度比率调查		生态调控措施比率调查														预防措施		1代成虫情况		预计2代幼虫发生程度	预计2代幼虫发生面积（万亩）
							麦茬低于15厘米占夏玉米播种面积比率（%）	麦茬高度高于16厘米占播种面积比率（%）	①旋耕和耕翻面积（万亩）	旋耕和耕翻面积占夏玉米播种面积比率（%）	②清除田间麦秸面积（万亩）	清除田间麦秸面积占夏玉米播种面积比率（%）	③小麦灭茬面积（万亩）	小麦灭茬面积占夏玉米播种面积比率（%）	④清除玉米播种行麦秸面积（万亩）	清除玉米播种行麦秸面积占夏玉米播种面积比率（%）	⑤小麦收割机秸秆粉碎面积（万亩）	秸秆粉碎程度比率			粉碎秸秆面积占夏玉米播种面积比率（%）	预计结合封地面除草喷杀成虫面积（万亩）	预计结合封地面除草喷杀成虫面积占夏玉米播种面积比率（%）	1代成虫始盛日期（月/日）	始盛日至盛日日平均诱蛾量（头/日）		
																		其中粉碎至5厘米以下（细粉碎）秸秆占夏播种面积比率（%）	粉碎至5～10厘米秸秆占夏播种面积比率（%）	粉碎至10～15厘米秸秆占夏播种面积比率（%）							

附 录 B
（资料性附录）
二点委夜蛾形态特征

二点委夜蛾（*Athetis lepigone*）属鳞翅目夜蛾科，分布于日本、朝鲜、俄罗斯、欧洲、中国等地。

B.1 成虫

灰褐色，被暗灰色长毛片。雌虫体长 8.1 mm～11.0 mm，翅展 20.5 mm～23.5 mm；雄虫体长 7.8 mm～10.5 mm，翅展 18.4 mm～20.0 mm。前翅具金属光泽，布有暗褐色细点，基线隐约可见；中线和外线为暗褐色波浪纹；环纹为暗褐色点，有时不明显；中剑纹为黑色三角形或菱形斑；肾形斑由黑点组成边缘，外侧中凹有白点；翅外缘端部有约 7～8 个黑点排成一列。

B.2 幼虫

5 或 6 个龄期。老熟幼虫体节缩短，较僵直不活跃。

1 龄：体长 2.0 mm～3.4 mm，头部黄褐色有光泽，前胸背板黄褐色，体色透明，中后胸有一横排黑色毛瘤，腹部各节黑色毛瘤排列不规则，第 1、2 对腹足微突，步行法呈半结式。

2 龄：体长 3.31 mm～6.8 mm，头和前胸黄褐色，中后胸及腹部淡黄白色，各节布有黑色毛瘤，第 1 对腹足已有突起，不如第 2 对明显，但第 2 对足仍小于第 3 对和第 4 对腹足，第 1、2 对腹足仍不具行走功能，步行法为半结式。

3 龄：体长 6.72 mm～10.80 mm，头部黄褐色，头顶倒八字褐色斑纹明显，腹背各节显现 4 个毛瘤，1、2 对腹足已长成，属正常行走步法。

4 龄：体长 10.10 mm～14.05 mm，头部黄褐色，胸腹为灰褐色，腹背具两条褐色、边缘灰白色的亚背线，各节背部具倒“V”字型斑纹，4 个褐色毛瘤排列和黑色气门明显，显现出大龄幼虫特征。

5 龄：体长 13.2 mm～20.00 mm，头部黄褐色，头顶颅侧区两侧黑褐色倒八字纹；胸部灰褐色，前中后胸腹面各具 1 对腹足；腹部灰褐色，腹背两侧各具 1 条深褐色边缘灰白色的亚背线，气门黑色，气门线白色，气门上线呈褐色；腹背各节有“V”型纹和 4 个深褐色毛瘤，前 2 个较近，后 2 个较远。腹足分别位于腹面第 3、4、5、6、10 节，趾钩为单序缺环排列，臀板深褐色，下方有 8 根刚毛。

6 龄：体长 18.0 mm～25.0 mm，头部和体色斑纹同 5 龄。

越冬虫态：主要以老熟幼虫作茧越冬。老熟幼虫吐丝结白色丝茧，外粘土粒，于土表或依附植物枝叶。土茧椭圆形，长 1.2 cm～1.7 cm，宽 0.6 cm～1.0 cm。

B.3 卵

单产，圆形馒头状，底宽（横轴）0.63 mm，高（纵轴）0.45 mm。初产淡青色或淡乳白色，逐渐变褐；卵壳表面光滑，有纵棱和横道。

B.4 蛹

有茧蛹和裸蛹。蛹长 0.7 cm～1.1 cm，宽 0.3 cm。黄褐色，羽化前变深。末端有臀刺 2 根。

附 录 C
（资料性附录）
秸秆腐熟程度分级标准

C.1 未腐熟

秸秆白滑，鲜亮，干硬，秸秆含水量15%以下。

C.2 正在腐熟

秸秆发暗，发软，未变质，麦秸含水量30%以上。

C.3 基本腐熟

发黑，易碎，已腐烂，变质。秸秆含水量60%以上。

附　录 D
（资料性附录）
二点委夜蛾为害类型

二点委夜蛾幼虫喜欢在阴暗潮湿的环境条件下生活，主要以幼虫隐蔽在夏玉米幼苗周围的碎麦秸下钻蛀茎基部或咬食玉米根部进行危害，造成植株枯心或倒伏。危害类型分为四种：

a）茎基部被咬断。主要指玉米出苗至 2 叶期，二点委夜蛾从基部咬断玉米嫩茎，使植株难以生长而死亡；

b）心叶萎蔫。玉米 3～5 叶期，幼虫在玉米苗茎基部蛀孔为害，造成心叶萎蔫，然后逐渐枯死；

c）倒伏株。玉米 6 叶期及以后，部分根被幼虫咬断造成植株倾斜倒伏，如能及时采取培土扶苗措施，玉米可以恢复生长，但后期生长细弱，生育期后延，授粉不良而出现雌穗瘦小或秃尖，结实性差，对产量影响较大。

d）茎叶缺刻。幼虫为害玉米苗根茎或叶片，咬成孔洞、缺刻、破损等症状，对玉米生长影响不大，后期能正常开花结实，基本不影响产量。

附 录 E
（资料性附录）
二点委夜蛾为害寄主范围

二点委夜蛾幼虫的食性十分广泛且复杂，室内饲喂试验显示，其幼虫至少可以取食 13 科超过 30 种植物。包括禾本科的玉米、小麦、大麦、高粱、谷穗、稗草、狗尾草、黑麦草和草坪草等；豆科的大豆、花生；旋花科的甘薯、打碗花；十字花科的萝卜、白菜、芥菜、油菜；伞形科的胡萝卜；茄科的番茄、辣椒；菊科的苦苣菜、刺儿菜、油麦菜、茼蒿、泥胡菜；藜科的小藜、菠菜；葡萄科的地锦；百合科的葱、韭菜；锦葵科的棉花；大戟科的苋菜；马齿苋科的马齿苋等。除为害植物绿叶、果实外，有时也会取食干枯的茎叶和植物残体沤制的腐殖质等。

田间调查发现，为害寄主除玉米外，河北、山东等地均观测到其取食为害大豆、花生、白菜、棉苗，还取食小麦自生苗和麦残体下的小麦籽粒。二点委夜蛾越冬场所较多，在甘薯、大豆、花生、玉米、棉花、瓜类、果园等田间郁闭或地面有落叶覆盖的作物田均可发现老熟幼虫，且部分作物田虫量较大。

附录 2:

ICS 65.020
B 61

DB13

河 北 省 地 方 标 准

DB13/T 1547—2017
代替 DB13/T 1547－2012

二点委夜蛾防治技术规程

2017－03－29 发布 2017－06－01 实施

河北省质量技术监督局 发 布

前　言

本标准按照GB/T 1.1-2009给出的规则起草。

本标准代替DB13/T 1547-2012《二点委夜蛾防治技术规程》。

本标准由河北省农林科学院提出并修订。

本标准起草单位：河北省农林科学院谷子研究所，河北省植保植检站，邢台市植物保护检疫站。

本标准主要起草人：董志平、马继芳、许昊、李秀芹、苏增朝、刘磊、董立、张金林、刘莉、李智慧、张志英、霍书珍、高炳华、梁建辉、李景玉、杨长青、李保俊、韩玉芹、张亚楠、闫祺。

本标准所代替标准的历次版本发布情况为：

——DB13/T 1547-2012。

二点委夜蛾防治技术规程

1 范围

本标准规定了为害玉米苗期的二点委夜蛾主害代，二点委夜蛾的防治原则、农业生态调控、成虫早期控制、幼虫应急防治方法。

本标准适用于夏玉米苗期的主害代二点委夜蛾防治。

2 规范性引用文件

下列文件对于本文件的应用是必不可少的。凡是注日期的引用文件，仅注日期的版本适用于本文件。凡是不注日期的引用文件，其最新版本（包括所有的修改单）适用于本文件。

GB 4285 农药安全使用标准

GB/T 8321.1-8321.7 农药合理使用准则

3 术语和定义

下列术语和定义适用于本文件。

3.1

主害代

为害夏玉米苗期的二点委夜蛾二代幼虫。

3.2

清垄机

是指能够清除夏玉米播种行小麦秸秆的专用机械。

3.3

清垄播种机

是指能够清除夏玉米播种行小麦秸秆同时完成玉米播种的专用机械。

4 总体要求

4.1 防治原则

贯彻“预防为主，综合防治”的植保方针。以农业生态调控预防措施为主导，最大限度地破坏害虫生存空间，压低虫源基数；以成虫期早期控制为重点，毒饵、毒土应急防治为补充进行综合治理。

4.2 农药使用

农药按照 GB 4285、GB/T 8321.1-8321.7 使用。

5 防治技术

根据害虫发生情况，因地制宜选用下列其中一种或几种方法进行防治。

5.1 生态调控预防措施

5.1.1 粉碎秸秆

小麦收获时，在小麦收割机上增加秸秆粉碎机，使麦茬不高于 15 cm，麦秸长度控制在 5 cm 以下，并抛撒均匀。

5.1.2 清除田间麦秸

小麦收获后，清除散落在田间的小麦秸秆残体等覆盖物到田外。

5.1.3 麦田耕翻或旋耕

小麦收获后利用耕翻机或旋耕机，将田间遗留的麦秸翻入耕作层，然后再播种夏玉米。

5.1.4 小麦灭茬

小麦收获后利用灭茬机将麦秸和麦茬残体粉碎并压实，然后再播种夏玉米。

5.1.5 清理玉米播种行麦秸

人工或使用清垄机、玉米清垄播种机、播种行旋耕播种机等清除播种行麦秸。也可将玉米播种机开沟器与施肥器之间的水平距离调整到 10 cm 左右，进行清理。

5.2 成虫防治

5.2.1 灯光诱杀

从小麦收获前 10 d 至玉米播种后 15 d，在防治区每 30 亩～50 亩地架设一盏杀虫灯诱杀成虫。

5.2.2 性诱剂诱杀

从小麦收获前 10 d 至玉米播种后 15 d，在田间放置性诱剂水盆诱捕器，每亩 3 盆～5 盆，间隔 12 m～15 m。诱捕器底部高出作物冠层顶部 10 cm～20 cm。适时补水和洗衣粉，并及时捞出虫体。

水盆诱捕器的制作方法：选用绿色塑料盆，口径 25 cm～30 cm。将细铁丝穿过性诱剂诱芯橡胶塞的小头一端，并固定诱芯于盆口中央。在盆沿下 1 cm 处对称钻两个排水孔，盆内注清水至排水孔下沿，并加少量洗衣粉（浓度约 0.3%），搅拌均匀。调节铁丝高度，使诱芯底部高出水面 0.5 cm～1 cm。

5.2.3 药剂防治

小麦收获后，夏玉米播种至出苗期间，根据当地预报和监测情况，对未采取生态调控措施的地块选用具有触杀、熏蒸作用的农药，如 48%毒死蜱 EC 800～1000 倍液、80%敌敌畏 EC 1000～1500 倍液、40 %辛硫磷 EC 800～1000 倍液或 30%毒・辛 CS 1200 倍液全田均匀喷雾。可结合封地面化学除草一起进行。

5.3 幼虫应急防治

小麦收获或玉米播种后 10 d 开始调查，在有麦秸覆盖的玉米行进行，若百株虫量达 6 头，玉米苗被害株率达 3%时，应立即采用毒饵或毒土进行防治。

5.3.1 毒饵

选用 30%毒•辛 CS 250 mL、48 %毒死蜱 EC 200 mL、90%敌百虫晶体 250 g 或 48%毒死蜱 EC 100 mL 加 80%敌敌畏 EC 200 mL，加适量水后均匀拌入 5 kg 炒香的麦麸中制成毒饵，麦麸可攥握成团但不滴水即可，加碎青菜（草）叶 1.5 kg 效果更佳。于傍晚撒于玉米苗茎基部约 3 cm～5 cm 距离处，每株 2 g～4 g，重点撒施在有较多麦秸覆盖包围的玉米苗附近。注意毒饵不要撒到玉米植株上，间隔 2 d 再使用茎叶除草剂，避免发生药害。

5.3.2 毒土

用 80%敌敌畏 EC 300～500 mL、30%毒•辛 CS 500 mL 或 48%的毒死蜱 EC 500 mL 等具有触杀和熏蒸作用的药剂，适量加水，均匀拌入 25 kg 细土（沙）中；也可用 5%毒死蜱 GR 1 kg 或 2.5%甲基异柳磷 GR 2.5 kg，拌细土 25 kg，于清晨顺垄撒在玉米苗茎基部周围，每亩 25 kg。注意毒土不要撒到玉米植株上，间隔 2 d 再使用茎叶除草剂，避免发生药害。

5.4 其他措施

5.4.1 拔开玉米苗周围麦秸

玉米苗周围小麦秸秆围棵严重的，扒开周围的麦秸。

5.4.2 扶苗培土

因气生根被二点委夜蛾幼虫取食造成倒伏的大苗，在采取其它有效措施进行防治的同时，要及时培土扶苗，以促使受害苗尽快恢复正常生长。

附　录 A

（资料性附录）

二点委夜蛾形态特征

二点委夜蛾（*Athetis lepigone*）属鳞翅目夜蛾科，分布于日本、朝鲜、俄罗斯、欧洲、中国等地。

A.1　成虫

灰褐色，被暗灰色长毛片。雌虫体长 8.1 mm～11.0 mm，翅展 20.5 mm～23.5 mm；雄虫体长 7.8 mm～10.5 mm，翅展 18.4 mm～20.0 mm。前翅具金属光泽，布有暗褐色细点，基线隐约可见；中线和外线为暗褐色波浪纹；环纹为暗褐色点，有时不明显；中剑纹为黑色三角形或菱形斑；肾形斑由黑点组成边缘，外侧中凹有白点；翅外缘端部有约 7～8 个黑点排成一列。

A.2　幼虫

5 或 6 个龄期。老熟幼虫体节缩短，较僵直不活跃。

1 龄：体长 2.0 mm～3.4 mm，头部黄褐色有光泽，前胸背板黄褐色，体色透明，中后胸有一横排黑色毛瘤，腹部各节黑色毛瘤排列不规则，1、2 对腹足微突，步行法呈半结式。

2 龄：体长 3.31 mm～6.8 mm，头和前胸黄褐色，中后胸及腹部淡黄白色，各节布有黑色毛瘤，第 1 对腹足已有突起，不如第 2 对明显，但第 2 对足仍小于第 3 对和第 4 对腹足，1、2 对腹足仍不具行走功能，步行法为半结式。

3 龄：体长 6.72 mm～10.80 mm，头部黄褐色，头顶倒八字褐色斑纹明显，腹背各节显现 4 个毛瘤，1、2 对腹足已长成，属正常行走步法。

4 龄：体长 10.10 mm～14.05 mm，头部黄褐色，胸腹为灰褐色，腹背具两条褐色、边缘灰白色的亚背线，各节背部具倒“V”字型斑纹，4 个褐色毛瘤排列和黑色气门明显，显现出大龄幼虫特征。

5 龄：体长 13.2 mm～20.00 mm，头部黄褐色，头顶颅侧区两侧黑褐色倒八字纹；胸部灰褐色，前中后胸腹面各具 1 对腹足；腹部灰褐色，腹背两侧各具 1 条深褐色边缘灰白色的亚背线，气门黑色，气门线白色，气门上线呈褐色；腹背各节有“V”型纹和 4 个深褐色毛瘤，前 2 个较近，后 2 个较远。腹足分别位于腹面第 3、4、5、6、10 节，趾钩为单序缺环排列，臀板深褐色，下方有 8 根刚毛。

6 龄：体长 18.0 mm～25.0 mm，头部和体色斑纹同 5 龄。

越冬虫态：主要以老熟幼虫作茧越冬。老熟幼虫吐丝结白色丝茧，外粘土粒，于土表或依附植物枝叶。土茧椭圆形，长 1.2 cm～1.7 cm，宽 0.6 cm～1.0 cm。

A.3　卵

单产，圆形馒头状，底宽（横轴）0.63 mm，高（纵轴）0.45 mm。初产淡青色或淡乳白色，逐渐变褐；卵壳表面光滑，有纵棱和横道。

A.4　蛹

有茧蛹和裸蛹。蛹长 0.7 cm～1.1 cm，宽 0.3 cm。黄褐色，羽化前变深。末端有臀刺 2 根。

附录 3：

ICS 65.020
B 16

中华人民共和国农业行业标准

NY/T 3158—2017

二点委夜蛾测报技术规范

Technical specification for forecast technology of *Athetis lepigone* (Mŏschler)

2017-12-22 发布　　　　2018-06-01 实施

中华人民共和国农业部　发布

前　言

本标准按照GB/T 1.1-2009 给出的规则起草。

本标准由农业部种植业管理司提出并归口。

本标准起草单位：全国农业技术推广服务中心，河北省省植保植检站，山东省植物保护总站。

本标准主要起草人：刘杰、姜玉英、刘莉、纪国强、邱坤、徐永伟、叶少锋。

二点委夜蛾测报技术规范

1　范围

本标准规定了二点委夜蛾主害代（即二代）在夏玉米田发生危害情况的预测预报方法，其中包括发生程度分级指标、成虫诱测、幼虫系统调查、幼虫及其危害普查、越冬虫源普查、预报方法、测报资料整理和汇报。

本标准适用于二点委夜蛾的调查和预报。

2　发生程度分级指标

发生程度分级指标以二点委夜蛾幼虫虫口密度、被害株率为依据，同时参考发生面积比率确定发生程度，划分为5级，即轻发生（1级）、偏轻发生（2级）、中等发生（3级）、偏重发生（4级）、大发生（5级），各级具体指标见表1。

表1　二点委夜蛾发生程度分级指标

发生程度	轻发生（1级）	偏轻发生（2级）	中等发生（3级）	偏重发生（4级）	大发生（5级）
虫口密度（Y）,头/百株	$0.5 \leqslant Y \leqslant 5.0$	$5.0 < Y \leqslant 20.0$	$20.0 < Y \leqslant 50.0$	$50.0 < Y \leqslant 100.0$	$Y > 100$
被害株率（X）,%	$0.5 \leqslant X \leqslant 2.0$	$2.0 < X \leqslant 5.0$	$5.0 < X \leqslant 10.0$	$10.0 < X \leqslant 30.0$	$X > 30$
发生面积比率（Z）,%	$Z < 5$	$Z > 10$	$Z > 20$	$Z > 20$	$Z > 30$

3　成虫诱测

3.1　灯诱

4月1日开灯，9月30日结束。

灯具设在常年适于成虫发生的场所，要求其四周没有高大建筑物和树木遮挡，无强光源干扰。选用自动虫情测报灯（或普通黑光灯），灯管下端与地表面垂直距离为1.5m，需每年更换一次新的灯管。每日统计一次成虫发生数量，分雌、雄(二点委夜蛾形态特征参见附录A)记载，记录当晚的气象要素。结果记入二点委夜蛾灯诱结果记载表（见附录B的表B.1）。

3.2　性诱

诱测时间：5月15日至7月15日。

选择常年适于成虫发生的场所设置，选用钟罩倒置漏斗式诱捕器，诱捕器设在准备种夏玉米、长势旺盛的小麦田或田边垄沟，分别以三角型或水平线设3个诱捕器，诱捕器相距至少50 m，离地面1 m左右或比植物冠层高出20 cm～30 cm。诱芯（二点委夜蛾性诱剂组分和含量参见附录C），每30 d更换一次。每日调查记录每个诱捕器内的诱虫数量，结果记入二点委夜蛾性诱结果记载表（见表B.2）。

4　幼虫系统调查

4.1　调查时间

调查时间在夏玉米出苗至9叶期，每3 d调查一次。

4.2　调查地点

调查田块选前茬为小麦且麦秸、麦糠多的夏玉米田3块，田块面积不小于0.33 hm^2，固定为系统调查田。

4.3 调查方法

每块田对角线5点取样，每点调查20株，调查点应包括麦秸、麦糠集中堆积处或麦秸、麦糠多的玉米苗。调查时，扒开玉米植株周围15 cm内的麦糠和麦秸，查找幼虫，分龄期计数。同时，调查受害玉米植株数，调查结果记入二点委夜蛾幼虫系统调查记载表(见表B.3)。由于调查破坏了害虫栖息生境，下次调查应重新选点。

5 幼虫及其危害普查

5.1 普查时间

当系统调查大部分幼虫为2～3龄期时，立即组织一次普查；防治后或幼虫进入高龄（危害终止时），再进行第二次普查。

5.2 普查地点

普查田块选前茬为小麦、田间有麦秸和麦糠覆盖且生育期在9叶期以下的夏玉米田，普查区域涵盖本县（区、市）各乡镇，各乡镇依当地夏玉米种植面积多少定普查田块数，一般调查田块不少于20块，玉米种植面积较大的乡镇取样数应占玉米总田块的5%以上。

5.3 普查方法

第一次普查重点调查虫口密度和危害情况，每块田随机取5点，每点调查10株，调查记载虫口密度、被害株数和死苗数，结果记入二点委夜蛾幼虫发生危害情况普查记载表（见表 B.4）。第二次重点调查并估算不同被害株率的发生面积、化学防治面积、补种面积及改种面积，将调查结果记入二点委夜蛾幼虫危害面积普查记载表（见表B.5）。

6 越冬基数普查

6.1 普查时间

在10月下旬至11月中旬，每年调查时间相对固定。

6.2 普查田块

选当地末代二点委夜蛾主要寄主作物田（如玉米、棉花、花生、大豆、甘薯等）未翻耕的休闲田，每种寄主田不少于5块。

6.3 普查方法

每块地随机取5点，兼顾地边和中间，每点取样面积不少于5 m^2。扒开枯叶、秸秆或杂草处，调查记载幼虫和虫茧数量。根据普查情况估算虫源越冬面积。结果记入二点委夜蛾冬前基数调查表(见表B.6)。

7 预报方法

7.1 发生期预报

7.1.1 期距法

在一代成虫出现始盛后，按当地卵、1龄～2龄幼虫历期（二点委夜蛾发育历期参见附录D），即可做出2龄和3龄防治适期预测。

7.1.2 有效积温法

依据卵或幼虫等虫态发育起点温度、有效积温（二点委夜蛾发育历期、发育起点温度、有效积温参见附录D），结合当地气象预报温度，由有效积温公式，按式（1）计算卵和幼虫等虫态发生历期，由此进行发生期预报。

$$d = \frac{K}{T - t} \quad \cdots\cdots(1)$$

式中：

d——发生历期，单位为天（d）；

K——有效积温，单位为摄氏度（℃）；

T——气象预报温度，单位为摄氏度（℃）；

t——发育起点温度，单位为摄氏度（℃）。

7.2 发生程度预报

7.2.1 长期预报

每年秋末冬初，根据越冬虫源量和气象部门长期气候预测，综合分析做出翌年发生趋势长期预测。

7.2.2 中期预报

每年6月上中旬，根据一代成虫诱蛾量，结合当地玉米田麦秸麦糠覆盖量、玉米清理播种行和灭茬面积、玉米苗生育期，6月份气温、降水量，做出中期发生程度预报。

8 测报资料整理和汇报

8.1 主害代发生趋势预测表

各地根据一代成虫累计诱蛾量、6月份降水距平、9叶以下玉米苗期与二点委夜蛾幼虫发生吻合度、小麦秸秆还出面积、玉米清理播种行和灭茬面积比率等情况，整理数据资料，记入夏玉米二点委夜蛾发生趋势模式报表（见附录E的表E.1），于6月15日前报上级业务主管部门。

8.2 全年发生实况统计表

根据当年二点委夜蛾二代发生情况，整理数据资料，记入二点委夜蛾全年发生实况统计表（见表B.7），11月30日前报上级业务主管部门。

8.3 越冬基数调查和翌年发生预测表

根据越冬基数调查结果，整理数据资料，记入二点委夜蛾翌年发生趋势模式报表（见表E.2），于11月30日前报上级业务主管部门。

附 录 A
（资料性附录）
二点委夜蛾形态特征

属鳞翅目夜蛾科，学名[*Athetis lepigone* (Mŏschler，1860)]，各虫态形态特征如下：

A.1 成虫

翅展20mm。头、胸、腹灰褐色。前翅灰褐色，有暗褐色的细点；内线、外线暗褐色，环纹为1黑点；肾纹小，有黑点组成的边缘，外侧中凹，有1白点；外线波浪形，翅外缘有1列黑点。后翅白色微褐，端区暗褐色。腹部灰褐色。雄蛾外生殖器的抱器瓣端半部宽，背缘凹，中部有1钩状突起；阳茎内有刺状阳茎针。

A.2 幼虫

6龄。不同龄期幼虫形态描述如下：

A.2.1 1龄：头宽0.27 mm～0.29 mm，体长2.0 mm～3.4 mm。头部黄褐色，有光泽，前胸背板黄褐色，体色透明，中后期有一横排黑色毛瘤，腹部各节黑色毛瘤排列不规则。第1、第2对腹足显微突，步行发呈半结式。

A.2.2 2龄：头宽0.34 mm～0.39 mm，体长3.31 mm～6.8 mm。头部和前胸黄褐色，中后胸及腹部淡黄白色，各节有黑色毛瘤。第1对腹足已有突起，不如第2对明显，但第2对足仍小于第3对和第4对腹足。第1、第2对腹足仍不具行走功能，步法为半结式。

A.2.3 3龄：头宽0.51 mm～0.62 mm，体长6.72 mm～10.80 mm。头部黄褐色，头顶倒八字褐色斑纹明显，腹背各节呈现4个毛瘤。第1、第2对腹足已长成，属正常行走步法。

A.2.4 4龄：头宽0.70 mm～0.82 mm，体长10.10 mm～14.0 5mm。头部黄褐色，胸腹灰褐色，亚背线褐色，边缘灰白，各节背部V字形斑纹，4个褐色毛瘤排列和黑色气门明显，呈现出大龄幼虫特征。

A.2.5 5龄：头宽1.02 mm～1.18 mm，体长13. 2 mm～20.00mm。头部黄褐色，头顶颅侧区两侧有黑褐色倒八字纹；胸部灰褐色，前、中、后胸腹面各具1对腹足；腹部灰褐色，腹背两侧各具1条深褐色边缘灰白色的亚背线，气门黑色，气门线白色，气门上线呈褐色；腹背各节有“V”形纹和4个深褐色毛瘤，前2个较近，后2个较远。腹足分别位于腹面第3节、第4节、第5节、第6节、第10节，趾钩为单序缺环排列。臀板深褐色，下方有8根刚毛。

A.2.6 6龄：头宽1.40 mm～1.62 mm，体长18.0 mm～25.0 mm。头部和体色斑纹同5龄。

A.3 卵

馒头状，上有纵脊。初产黄绿色，后土黄色。直径不到1 mm。产在潮湿的麦秸下土表和土中。

A.4 蛹

老熟幼虫入土做一丝质土茧，包被内化蛹，或化为裸蛹。蛹长10mm，化蛹初期淡黄褐色，逐渐变为褐色。

附　录　B

（规范性附录）

二点委夜蛾调查资料表册

B.1　二点委夜蛾灯诱结果记载表

见表 B.1。

表 B.1　二点委夜蛾灯诱结果记载表

调查日期 月/日	雌蛾 头	雄蛾 头	合计 头	累计 头	天气 情况	备注

B.2　二点委夜蛾性诱结果记载表

见表 B.2。

表 B.2　二点委夜蛾性诱结果记载表

调查 日期 月/日	玉米生育期 叶龄	诱虫量 头/台					备注
		诱捕器1	诱捕器2	诱捕器3	平均	累计	

B.3　二点委夜蛾幼虫系统调查记载表

见表 B.3。

表 B.3　二点委夜蛾幼虫系统调查记载表

调查 日期 月/日	玉米 生育期 叶龄	调查玉 米株数 株	各龄幼虫数 头							平均百 株虫量 头	被害 株数 株	被害 株率 %	备注
			1 龄	2 龄	3 龄	4 龄	5 龄	6 龄	合计				

B.4　二点委夜蛾幼虫发生危害情况普查记载表

见表 B.4。

表 B.4　二点委夜蛾幼虫发生危害情况普查记载表

调查 地点	调查 日期 月/日	玉米生 育期 叶龄	虫口密度 头		被害株率 %		死苗率 %		备注*
			平均	最高	平均	最高	平均	最高	

*小麦秸秆覆盖情况。

B.5　二点委夜蛾幼虫危害面积普查记载表

见表B.5。

表B.5　二点委夜蛾幼虫危害面积普查记载表

调查地点	调查日期 月/日	不同被害株率的发生面积 hm^2					化防面积 hm^2	补种面积 hm^2	改种面积 hm^2	备注
		≤2%	2.1%～5.0%	5.1%～10.0%	10.1%～20.0%	>20%				

B.6　二点委夜蛾冬前基数调查表

见表B.6。

表B.6　二点委夜蛾冬前基数调查表

调查日期 月/日	调查地点	调查作物	调查面积 m^2	幼虫数 头	茧数 头	平均虫量 头/m^2	备注

B.7　二点委夜蛾发生实况统计表

见表B.7。

表B.7　二点委夜蛾发生实况统计表

地点	发生面积 万 hm^2	防治面积 万 hm^2	发生程度	为害盛期	主要发生区域	备注

附　录　C
（资料性附录）
二点委夜蛾性诱剂组分和含量

二点委夜蛾性信息素主要有效成分为顺9-十四碳烯乙酸酯、顺7-十二碳烯乙酸酯，配比为1:1，每枚诱芯有效成分含量1000 μg，载体类型为橡皮头。

附录D

（资料性附录）

二点委夜蛾发育历期、发育起点温度及有效积温

温度对二点委夜蛾各虫态的发育历期有显著影响。在一定温度范围内，二点委夜蛾不同虫态的发育历期呈现随环境温度升高而缩短的趋势，且个体间发育差异较大，高温低温均不利于其生存发育。刘玉娟等（2014）在变温条件下，测定了二点委夜蛾各虫态、世代的发育历期（见表D.1）、发育起点温度和有效积温（见表D.2）。

表D.1　二点委夜蛾各虫态及世代发育历期

发育阶段	发育历期，d					
	20℃/24℃	20℃/28℃	20℃/32℃	24℃/28℃	24℃/32℃	28℃/32℃
卵	4.11±0.07	3.72±0.07	3.34±0.04	3.10±0.05	3.08±0.07	2.87±0.03
1龄幼虫	5.12±0.10	3.08±0.02	3.10±0.04	3.11±0.04	2.97±0.03	2.92±0.01
2龄幼虫	5.37±0.08	3.38±0.04	3.74±0.04	3.69±0.04	3.12±0.05	2.59±0.11
3龄幼虫	4.92±0.22	3.72±0.07	3.47±0.43	3.50±0.39	3.46±0.06	2.61±0.08
4龄幼虫	5.14±0.26	4.19±0.06	3.83±0.08	3.67±0.07	3.47±0.17	2.87±0.07
5龄幼虫	6.00±0.43	4.47±0.14	3.92±0.02	3.81±0.06	3.58±0.09	3.36±0.04
6龄幼虫	7.19±0.62	4.58±0.14	3.67±0.02	3.60±0.06	3.50±0.17	3.00±0.14
幼虫	35.01±0.42	23.58±0.51	21.12±0.51	19.12±1.59	16.95±0.34	14.59±0.10
预蛹	3.51±0.04	2.71±0.11	2.70±0.05	2.68±0.03	2.30±0.03	2.36±0.03
蛹	9.26±0.13	9.19±0.27	7.06±0.34	6.92±0.39	7.16±0.05	5.90±0.15
产卵前期	2.70±0.21	2.40±0.34	1.40±0.22	1.30±0.15	1.50±0.27	2.30±0.26
世代	58.05±1.28	48.06±0.45	42.60±1.09	41.58±0.66	37.10±0.78	34.61±0.27

表D.2　二点委夜蛾各虫态及世代发育起点温度和有效积温

发育阶段	发育起点温度，℃	有效积温，℃
卵	5.73±1.00	67.26±3.28
1龄幼虫	13.77±0.34	39.83±1.01
2龄幼虫	14.97±0.44	38.30±1.90
3龄幼虫	14.44±1.97	40.05±7.00
4龄幼虫	11.82±1.44	52.90±5.09
5龄幼虫	11.47±1.28	59.29±4.71
6龄幼虫	16.00±0.70	39.10±2.63
幼虫	16.22±0.29	197.30±8.96
预蛹	8.31±0.51	47.06±1.76
蛹	11.31±1.94	108.79±16.33
产卵前期	10.37±0.22	663.17±14.58

附 录 E
（规范性附录）
二点委夜蛾测报模式报表

E.1 夏玉米田二点委夜蛾发生趋势模式报表

见表E.1。

表E.1 夏玉米田二点委夜蛾发生趋势模式报表

汇报时间：6月15日前

序号	编报项目	编报内容
1	填报单位	
2	一代成虫灯诱累计虫量，头	
3	一代成虫灯诱累计虫量比历年平均值增减比率，±%	
4	一代成虫性诱累计虫量，头	
5	一代成虫性诱累计虫量比历年平均值增减比率，±%	
6	夏玉米播期比常年早晚天数，±d	
7	苗期与幼虫发生吻合度，(好/一般/差)	
8	小麦秸秆还田面积比率，%	
9	小麦秸秆还田面积比率比常年增减比率，±%	
10	玉米清理播种行和灭茬面积比率，%	
12	玉米清理播种行和灭茬面积比率比常年增减比率，±%	
13	预计发生程度，级	
14	预计发生面积，hm^2	
15	预计发生区域	

E.2 二点委夜蛾翌年发生趋势模式报表

见表E.2

表E.2 二点委夜蛾翌年发生趋势模式报表

汇报时间：11月30日前

序号	编报项目	编报内容
1	填报单位	
2	查见越冬虫源县市区数，个	
3	估算越冬虫源面积，hm^2	
4	越冬面积比历年平均值增减比率，±%	
5	平均虫口密度，头/m^2	
6	最高虫口密度，头/m^2	
7	平均虫口密度比历年平均值增减比率，±%	
8	预计翌年发生程度，级	
9	预计翌年发生面积，hm^2	

附录 4:

ICS 65.020
B 16

中华人民共和国农业行业标准

NY/T 3261 — 2018

二点委夜蛾综合防控技术规程

Regulation for integrated control technology of *Athetis lepigone* (Mŏschler)

2018 – 7 – 27 发布　　2018 – 12 – 01 实施

中华人民共和国农业农村部　　发 布

前　言

本标准按照GB/T1.1-2009给出的规则起草。

本标准由农业农村部种植业管理司提出并归口。

本标准起草单位：全国农业技术推广服务中心、河北省农林科学院谷子研究所。

本标准主要起草人：董志平、赵中华、王振营、朱晓明、马继芳、李秀芹、王玉强、李丽莉、徐永伟。

二点委夜蛾综合防控技术规程

1 范围

本标准规定了为害玉米二点委夜蛾主害代的防治原则、农业生态调控、早期成虫控制、幼虫应急防治方法。

本标准适用于夏玉米二点委夜蛾主害代的综合防控。

2 规范性引用文件

下列文件对于本文件的应用是必不可少的。凡是注日期的引用文件仅注日期的版本适用于本文件。凡是不注日期的引用文件，其最新版本（包括所有的修改单）适用于本文件。

NY/T 1276　农药安全使用规范总则。

GB/T 8321（所有部分）　农药合理使用准则。

3 术语和定义

3.1

主害代 Major damage generation

为害夏玉米的二点委夜蛾二代幼虫。

3.2

清垄机 Row cleaning machine

指清除夏玉米播种行内小麦秸秆的机械。

3.3

清垄播种机 Row cleaning and sowing machine

指清除夏玉米播种行内小麦秸秆同时完成玉米播种的机械。

4 总体要求

4.1　防治原则

贯彻“预防为主，综合防治”的植保方针。采用以农业生态调控预防措施为重点，早期成虫理化诱控和幼虫为害期药剂应急防治为辅助的综合防控策略。

4.2　农药使用

农药按照 NY/T 1276-2007、GB/T 8321（所有部分）使用。

5　防控技术

根据二点委夜蛾发生情况，因地制宜选用下列方法进行防控。

5.1　生态调控技术

5.1.1　麦套玉米

小麦收获前 5 d～7 d 播种玉米。

5.1.2　粉碎秸秆

小麦收获时粉碎秸秆，使麦茬不高于 15 cm，麦秸长度控制在 5 cm 以下，并抛撒均匀。

5.1.3　清除田间麦秸

小麦收获后，清除散落在田间的小麦秸秆。

5.1.4　麦田耕翻或旋耕

小麦收获后利用耕翻机或旋耕机，将田间遗留的麦秸翻入耕作层，然后再播种夏玉米。

5.1.5　小麦灭茬

小麦收获后利用灭茬机将麦秸和麦茬残体粉碎并压实，然后再播种夏玉米。

5.1.6　清理玉米播种行麦秸

人工或使用清垄机、玉米清垄播种机、播种行旋耕播种机等清除玉米播种行的麦秸到垄背上。也可将玉米播种机开沟器与施肥器之间的水平距离调整到 10 cm 左右，进行清理。

5.2　成虫防控技术

5.2.1　灯光诱杀

小麦收获前 10 d 至玉米播种后 15 d，每 2 hm^2～3 hm^2 架设一盏杀虫灯，间隔 140 m～180 m。要求杀虫灯离地面 1.5 m，当日 18:00 开灯至次日 6:00 关闭。

5.2.2　性诱剂诱杀

小麦收获前 10 d 至玉米播种后 15 d ，每 667 m^2 放置水盆诱捕器 3 盆～5 盆，间隔 12 m～15 m。诱捕器底部高出作物冠层顶部 10 cm～20 cm。适时补水和洗衣粉，并及时捞出虫体。

水盆诱捕器的制作方法参见附录 A. 1。

5.2.3　药剂防治

夏玉米出苗前，选用 48%毒死蜱乳油 800～1000 倍液、80%敌敌畏乳油 1000～1500 倍液、40%辛硫磷乳油 800～1000 倍液、30%毒・辛微囊悬浮剂 1200 倍液、6.5%高氯•甲维盐微乳剂 1000 倍液、20%氯虫苯甲酰胺悬浮剂 3000 倍液、15%茚虫威悬浮剂 3000 倍液、4.5％高效氯氰菊酯乳油 1000 倍液或 2.5%氯氟氰菊酯乳油 1000 倍液等，全田均匀喷雾。可结合地面封闭化学除草一起进行。

5.3　幼虫防控技术

5.3.1　防治指标

小麦收获或玉米播种后 10 d 开始调查，在有麦秸覆盖的玉米行进行，若百株虫量达 6 头，玉米苗被害株率达 3%时，应立即采用毒饵、毒土或药剂进行防治。

5.3.2　防控技术

5.3.2.1　毒饵

毒饵在傍晚撒施于玉米苗茎基部约 3 cm～5 cm 距离处，每株 2 g～4 g，重点撒施在有较多麦秸包围的玉米苗附近。注意毒饵不要撒到玉米植株上，间隔 2 d 再使用茎叶除草剂，避免发生药害。

毒饵的制作方法参照附录 A.2。

5.3.2.2　毒土

毒土于清晨顺垄撒在玉米苗茎基部周围，每亩 25 kg。注意毒土不要撒到玉米植株上，间隔 2 d 再使用茎叶除草剂，避免发生药害。

毒土的制作方法参照附录 A.3。

5.3.2.3　药剂防治

可用 6.5%高氯•甲维盐微乳剂 1000 倍液、20%氯虫苯甲酰胺悬浮剂 3000 倍液、15%茚虫威悬浮剂 3000 倍液、4.5％高效氯氰菊酯乳油 1000 倍液或 2.5%氯氟氰菊酯乳油 1000 倍液等，在傍晚进行高压灌药，每 667 m2 使用 50 kg 以上，可用高压喷头、直喷头或扇形喷头保证药液喷淋到玉米苗茎基部。并注意已用过除草剂烟嘧磺隆的田块，7 d 内慎用有机磷类农药，避免发生药害。

5.4　其他措施

5.4.1　苗周清洁

玉米苗周围小麦秸秆、麦糠围棵严重的，扒开周围的麦秸、麦糠离玉米苗 10 cm 以上。

5.4.2　培土扶苗

因气生根被二点委夜蛾幼虫取食造成倒伏的大苗，在采取其他有效措施进行防治的同时，要及时培土扶苗，以促使受害苗尽快恢复正常生长。

附 录 A
（资料性附录）
水盆诱捕器、毒饵和毒土制作方法

A.1 水盆诱捕器的制作方法

选用绿色塑料盆，口径25 cm～30 cm。将细铁丝穿过性诱剂诱芯橡胶塞的小头一端，并固定诱芯于盆口中央，钟口朝下。在盆沿下1 cm处对称钻两个排水孔，盆内注清水至排水孔下沿，并加少量洗衣粉（浓度约0.3%），搅拌均匀。调节铁丝高度，使诱芯底部高出水面0.5 cm～1 cm。

A.2 毒饵的制作方法

选用 30%毒•辛微囊悬浮剂 250 mL、48%毒死蜱乳油 200 mL、90%敌百虫晶体 250 g、48％毒死蜱乳油 100 mL 加 80%敌敌畏乳油 200 mL 或 90%杀虫单可溶性粉剂 100 g，加适量水后均匀拌入 5 kg 炒香的麦麸中制成毒饵，麦麸可攥握成团但不滴水即可，加碎青菜（草）叶 1.5 kg 效果更佳。

A.3 毒土的制作方法

选用 80%敌敌畏乳油300 mL～500 mL、30%毒•辛微囊悬浮剂 500 mL 或 48%的毒死蜱乳油 500 mL 等具有触杀和熏蒸作用的药剂，适量加水，均匀拌入 25 kg 细土（沙）中；也可用 5%毒死蜱颗粒剂 1 kg 拌细土 25 kg。